中国轻工业"十三五"规划立项教材

食品科学实验技术

主　编◎敬思群　李　梁

U0220112

中国轻工业出版社

图书在版编目（CIP）数据

食品科学实验技术/敬思群，李梁主编. —北京：中国轻工业出版社，2020.11

中国轻工业"十三五"规划立项教材

ISBN 978-7-5184-2757-4

Ⅰ.①食⋯　Ⅱ.①敬⋯②李⋯　Ⅲ.①食品科学—实验—高等学校—教材　Ⅳ.①TS201-33

中国版本图书馆 CIP 数据核字（2020）第 065584 号

责任编辑：罗晓航

策划编辑：李亦兵　罗晓航　　责任终审：白　洁　　封面设计：锋尚设计
版式设计：砚祥志远　　　　　　责任校对：吴大鹏　　责任监印：张　可

出版发行：中国轻工业出版社（北京东长安街 6 号，邮编：100740）
印　　刷：三河市国英印务有限公司
经　　销：各地新华书店
版　　次：2020 年 11 月第 1 版第 2 次印刷
开　　本：787×1092　1/16　印张：25
字　　数：576 千字
书　　号：ISBN 978-7-5184-2757-4　　定价：58.00 元
邮购电话：010-65241695
发行电话：010-85119835　传真：85113293
网　　址：http://www.chlip.com.cn
Email：club@ chlip.com.cn
如发现图书残缺请与我社邮购联系调换
201311J1C102ZBW

◀◀ 本书编写人员 ▶▶

主　编　敬思群（韶关学院）
　　　　李　梁（西藏农牧学院）

副主编　李文钊（天津科技大学）
　　　　岳　丽（新疆农业科学院生物质能源研究所）
　　　　尹凯丹（广东农工商职业技术学院）

编　者（按姓氏笔画排序）
　　　　甘芝霖（北京林业大学）
　　　　王　洁（华南农业大学）
　　　　叶　俊（韶关学院）
　　　　刘惠娟（广州城市职业学院）
　　　　李海渤（韶关学院）
　　　　涂亦娴（新疆大学）
　　　　罗依扎·瓦哈甫（新疆大学）
　　　　莫美华（华南农业大学）
　　　　杨青珍（运城学院）
　　　　武俊瑞（沈阳农业大学）
　　　　茹先古丽·买买提明（新疆大学）
　　　　薛　蓓（西藏农牧学院）

◀ 前 言 ▶

《食品科学实验技术》终于和大家见面了。高等教育的目标是培养思想品德好，社会责任感强，专业基础扎实，学习能力、实践能力强，具有创新创业精神的食品科学与工程专业应用型高级专门人才。坚持"面向产业需求、创新培养模式、注重专业技能、强化工程实践"的教育理念，遵循国际工程教育规范，实验教学作为高校教学不可缺少的环节，在培养学生专业技能及其实践能力、新技术应用能力、食品工业素质与职业道德、专业及行业信息的检索获取能力、团队协作与基本的管理能力、进入岗位后的自我持续学习与提高能力等核心能力和创新能力方面有着课堂理论教学无法替代的作用。尤其是应用性很强的食品科学与工程专业，实验教学的地位更为重要。

本教材编写遵循成果导向（OBE）教学理念，以食品科学与工程专业实验技术和方法为主线，根据专业理论体系，按模块方式组织教学内容，将原来按理论课程设置实验内容转为按专业毕业要求的核心能力来确定实验内容。将生物化学、微生物学、食品工程原理、食品化学、食品技术原理、食品工艺学、食品机械与设备、食品分析的分段实验教学内容有机地结合起来，避免了实验内容的重复设置，将实验内容整合为食品生物技术基础类实验、食品技术原理类实验、食品加工及分析类实验共3篇。这3篇包含生物化学实验、微生物实验、食品工程原理实验、食品化学实验等以课程命名的各章，各章又分为验证性、综合性、设计研究性3个层次独立构建的实验教学新体系。新体系采用"独立设课"模式，从第3学期开始开设至第7学期结束。使学生从二年级开始到毕业论文（设计），都受益于实验新体系的建设和改革，知识系统而时效强。

本教材由韶关学院、西藏农牧学院、天津科技大学、新疆农业科学院生物质能源研究所、新疆大学、华南农业大学、北京林业大学、沈阳农业大学、广东农工商职业技术学院、广州城市职业学院、运城学院合编。绪论由李海渤编写，第一章由杨青珍、李梁、薛蓓编写，第二章由王洁、茹先古丽·买买提明、莫美华编写，第三章由甘芝霖编写，第四章由敬思群、刘惠娟编写，第五章由敬思群、李文钊、刘惠娟编写，第六章由武俊瑞、岳丽、涂亦娴编写，第七章由甘芝霖编写，第八章由尹凯丹、罗依扎·瓦哈甫、岳丽、叶俊编写。全书由敬思群统稿、整理、审定。

本教材在编写过程中，得到中国轻工业出版社、韶关学院教务处和韶关学院英东食品学院领导以及工作人员的大力支持，谨在此一并表示衷心感谢。

由于时间和编者水平有限，不妥之处在所难免，恳请读者批评指正，编写组成员不胜感激。

编者

2020 年 2 月

目 录

第三篇　食品加工及分析类实验

实验基本要求

一、实验室规则

①每位同学都应该自觉地遵守课堂纪律，维护课堂秩序。不迟到，不早退，保持室内安静，不大声谈笑。

②在实验过程中要听从教师的指导，严肃认真地按操作规程进行实验，并简要准确地将实验结果和数据记录在实验记录本上。

③环境和仪器的清洁整齐是做好实验的重要条件。实验台面、试剂柜必须保持整洁，仪器、试剂要井然有序。勿将试剂药品洒在台面和地板上。公用试剂用毕应立即放回原处。实验完毕，需将试剂排列整齐，仪器洗净放好，实验台面擦拭干净，经教师认可后，方可离去。

④爱护仪器，节约试剂。保持试剂的纯净，严防混杂。不要将滤纸和称量纸做其他用途。使用和洗净仪器时，应小心仔细，防止损坏仪器。使用贵重精密仪器时，应严格遵守操作规程。发现故障立即报告教师，不要自己动手检修。要爱护国家财产，厉行节约。

⑤实验中充分注意安全。实验室内严禁吸烟！煤气灯应随用随关，必须严格做到"火着人在，人走火灭"。有机溶剂等易燃品不能直火加热，并要远离火源操作和放置，实验完毕，应立即关好煤气阀和水龙头，拉下电闸。离开实验室前应认真负责地进行检查，严防不安全事故。

⑥废弃液体（强酸、强碱液必须先用水稀释）可倒入水槽内，同时放水冲洗。废纸、火柴头及其他固体废弃物和带有渣滓沉淀的废物都应倒入废品缸内，不能倒入水槽或到处乱扔。

⑦仪器损坏时，应如实向教师报告，认真填写损坏仪器登记表。

⑧实验室一切物品，未经本实验室教师批准严禁携出室外，借物必须办理登记手续。

⑨对实验的内容和安排不合理的地方可提出改进和意见，对实验中出现的一切反常现象应进行讨论，并大胆提出自己的看法。

⑩每次实验课由班长安排同学轮流值日，值日生要负责当天实验室的卫生、安全和一切服务性的工作。

二、实验项目类型

根据实验训练的不同目的和作用，实验项目分为 3 个类别。

1. 基础性实验

基础性实验包含演示性实验、验证性实验和基本技能实验。

①演示性实验：由教师操作，学生仔细观察，验证理论，说明原理和介绍方法。

②验证性实验：按照实验教材（或实验指导书）的要求，由学生操作验证课堂所学的理论，加深对基本理论、基本知识的理解，掌握基本的实验知识、实验方法和实验技能、实验数据处理，撰写规范的实验报告。

③基本技能实验：学生按要求动手拆装和调试实验装置或上机操作、程序设计和数据处理，掌握其基本原理和方法。

2. 综合性实验

综合性实验是指实验内容涉及本课程的综合知识或与本课程相关课程知识的实验。它可以是学科内一门或多门课程教学内容的综合，也可以是跨学科的综合。综合性实验主要培养学生综合运用所学知识和实验方法、实验技能，分析、解决问题的能力。

3. 设计研究性实验

设计研究性实验是指给定实验目的要求和实验条件，在教师的指导下，由学生自行设计实验方案，选择实验方法和实验仪器，拟定实验步骤，加以实现并对实验结果进行分析处理的实验。它可以是实验方案的设计，也可以是系统的分析与设计。设计研究性实验主要培养学生的实验组织能力、自主实验能力和创新能力。

三、数据处理

对实验中所得到的一系列数值，采取适当的处理方法进行整理、分析，才能准确地反映出被研究对象的数量关系。实验中通常采用列表法或作图法表示实验结果，可使结果表达得清楚、明了，而且还可以减少和弥补某些测定误差。根据对标准样品的一系列测定，也可以列出表格或绘制标准曲线，可由测定数据直接查出结果。

①列表法：将实验所得各数值用适当的表格列出，并表示出它们之间的关系。通常数据的名称和单位写在标题栏中，表内只填写数字。数据应正确保留有效数字，必要时应计算出误差值。

②作图法：实验所得到的一系列数据之间关系及其变化情况，可以用图线直观地表现出来，作图时通常先在坐标纸上确定坐标轴，表明轴的名称和单位，然后将各数值点用"+"字或"×"字标注在图纸上。再用直线或曲线把各点连接起来。图形必须是平滑的，可以不通过所有的点，而要求线两旁偏离的点分布较均匀。在画线时，个别偏离过大的点应当舍去，或重复实验校正。采用作图法时至少要有 5 个以上的点，否则没有意义。

四、实验记录及实验报告

实验课前应认真预习，将实验名称、目的和要求、原理、实验内容、操作方法和步骤简单扼要地写在记录本中。

实验记录本应标上页数，不要撕去任何一页，更不要擦抹和涂改，写错时可以准确地划去重写，记录时必须使用钢笔和圆珠笔。

实验中观察到的现象、结果和数据，应该及时地直接记在记录本上，绝对不可以用单片纸作记录或草稿，原始记录必须准确、简练、详细、清楚。从实验课开始就应养成这种良好的习惯。

记录时，应做到正确记录实验结果，切忌夹杂主观因素，这是十分重要的。在实验条件下观察到的现象，应如实仔细地记录下来。在定量实验中观测的数据，如称量物的质量、滴定管的读数，测温计的读数等，都应设计一定的表格准确记下正确的读数，并根据仪器的精确度准确记录有效数字。例如，pH 为 5.0 不应写成 5。每一个结果最少要重复观测两次以上，当符合实验要求并确知仪器工作正常后再写在记录本上，实验记录上的每一个数字，都是反映每一次的测量结果。所以，重复观测时即使数据完全相同也应如实记录下来。数据的计算也应该写在记录本的另一页上，一般写在正式记录左边的一页。总之，实验的每个结果都应正确无遗漏地做好记录。

实验中所用仪器的型号以及试剂的规格、化学式、分子质量、浓度等，都应记录清楚。以便于撰写实验报告并作为查找实验成败原因的参考依据。

如果发现记录的结果有怀疑、遗漏、丢失等，都必须重做实验。因为将不可靠的结果当作正确的记录，在实际工作中可能造成难以估量的损失。所以，在学习期间就应一丝不苟，努力培养严谨的科学作风。

实验结束后，应及时整理和总结实验结果，写出实验报告。在实验报告中，目的和要求、原理以及操作方法部分应简单扼要地叙述，但是对于实验条件（试剂配制及使用仪器）和操作的关键环节必须写清楚。对于实验结果部分，应根据实验课的要求将一定实验条件下获得的实验结果和数据进行整理、归纳、分析和对比，并尽量总结成各种图表，如原始数据及其处理的表格、标准曲线图以及比较实验组与对照组实验结果的图表等。另外，还应针对实验结果进行必要的说明和分析，讨论部分可以包括：关于实验方法（或操作技术）和有关实验的一些问题，如实验的正常结果和异常现象及思考题，进行探讨；对于实验设计的认识、体会和建议；对实验课的改进意见等。

下面列举了验证性、综合性、设计研究性实验报告的格式，供参考。

1. 验证性实验（实验报告格式）

实验报告

一、目的要求

二、内容

三、原理

四、实验原料及使用仪器

五、操作方法

六、实验（数据）记录与数据处理

七、实验结果（包括成品率和成本费计算）

八、问题与讨论（或思考题）

2. 综合性、设计研究性实验

实验报告可以由实验小组整体来写。方式是：①共同讨论实验结果的可信性；②讨论实验设计实施的成败得失，经验教训，心得体会；③进一步完善综合性设计性实验的方案步骤。实验报告一般应包含的内容是：实验题目，实验目的、任务和要求，实验原理，实验仪器（药品），测量条件，实验步骤，数据记录，数据处理，分析评价和总结。

实验后的总结非常重要，是实验到认识的升华，是学生分析问题、归纳问题，从而解决问题，提高科学实验兴趣的重要手段和过程；同时，也是专家认定综合性、设计研究性实验的重要依据之一。已成功完成的设计要由指导教师对其各项指标进行鉴定评议，指出不足之处，并将其作为新的课题留给学生继续思考与探索，从而使学生通过设计性实验得到知识和能力的综合训练。

综合性、设计研究性实验的总结也可以以写成一篇小学术论文、一篇小科普文章的形式，这一方面是对学生的科学研究的初步训练，同时也可为学生在毕业前撰写毕业论文打下良好基础。这篇小论文可以由以下几部分组成：实验题目、摘要、引言、正文、结论和参考文献等。

（1）实验题目　应准确、鲜明、简练。

（2）摘要　是对文章内容做一准确扼要的表述，文字不超过 250 字。

（3）引言　是向读者揭示论文主题的总纲，可对实验题目研究的历史和现状进行简要的叙述，并提示研究所用的新方法和新结果等。

（4）正文　为小论文的主体部分。根据课题的性质选用不同的书写格式。对于基础理论研究性质的论文，一般包括基本理论和推证、结果分析与讨论等；对于实验性质的论文，一般包括实验材料与设备的说明、实验过程的说明、实验结果和分析讨论。

（5）结论　是根据实验结果，经过判断和推理的过程形成自己的总观点。

（6）参考文献　是将文中引用他人的定理和论述，在参考文献中列出。

五、成绩评定

教师根据学生文献查阅、综述撰写、实验方案设计、实际操作、实验报告答辩、实验记录等几个方面综合评定，给学生一个成绩。

第一篇

食品生物技术基础类实验

第一章

生物化学实验

模块一 验证性实验

实验一 蛋白质的提取

一、实验目的

学习从牛乳中制备酪蛋白的原理和方法，加深对等电点概念的理解。

二、实验原理

牛乳中主要的蛋白质是酪蛋白，含量约为 35g/L。酪蛋白是以酪蛋白酸钙-磷酸钙复合体胶粒存在，胶粒直径为 20~800nm，平均为 100nm。在酸或凝乳酶的作用下酪蛋白会沉淀，加工后可制得干酪或干酪素。本实验利用加酸，当达到酪蛋白的等电点 pI=4.7 时，酪蛋白沉淀。用乙醇、乙醇-乙醚混合物、乙醚来洗涤沉淀物，以去除醇溶性和脂溶性杂质，就可得到较纯的酪蛋白。

三、实验材料、仪器与试剂

1. 材料

牛乳。

2. 仪器

离心机、恒温水浴锅、抽滤装置、烧杯、温度计、精密试纸 pH 4.7、玻璃棒、三角瓶、量筒。

3. 试剂

（1）95%乙醇 1200mL。

（2）无水乙醚 1200mL。

（3）乙醇-乙醚混合液=1∶1（体积分数）2000mL。

（4）2mol/L pH 4.7 醋酸-醋酸钠缓冲溶液 3000mL。

先配置 A 液与 B 液。

A 液（0.2mol/L 醋酸钠溶液）：称取 NaAc·3H$_2$O 54.44g，定容至 2000mL。

B 液（0.2mol/L 醋酸溶液）：称取优级纯醋酸（含量>99.8%）12.0g，定容至 1000mL。取 A 液 1770mL，B 液 1230mL，混合即得 pH4.7 的醋酸-醋酸钠缓冲液 3000mL。

四、实验步骤

（1）将 40mL 牛乳加热至 40℃，边搅拌边向烧杯中慢慢加入预热至 40℃、pH 4.7 的醋酸缓冲液 40mL，用精密试纸或酸度计调 pH 至 4.7。

（2）将上述悬浮液冷至室温。3000r/min 离心 15min，沉淀为酪蛋白粗制品。

（3）用水洗沉淀 3 次，每次洗后 3000r/min 离心 10min，弃去清液。

（4）在沉淀中加入约 10mL 乙醇，搅拌，将悬浊液转移至布氏漏斗中抽滤。用乙醇-乙醚混合液洗沉淀 2 次。最后用乙醚洗沉淀 2 次，抽干。

（5）将沉淀摊开在表面皿上，风干，得酪蛋白纯品。

五、结果与讨论

准确称重，计算含量和得率，如式（1-1）、式（1-2）所示。

$$含量（g/100mL）= \frac{m}{V} \times 100 \tag{1-1}$$

式中　m——酪蛋白质量，g；

　　　V——牛乳体积，mL。

$$得率 = \frac{测定含量}{理论含量} \times 100\% \tag{1-2}$$

式中，理论含量为 3.5g/100mL 牛乳。

六、注意事项

（1）离心管装入样品后必须严格配平，否则对离心机损坏严重。

（2）离心管装入样品后必须盖严，擦干表面的水分和污物后方可放入离心机。

（3）离心机用完后应拔下电源，然后检查离心腔中有无水迹和污物，擦除干净后才能盖上盖子放好保存，以免生锈和损坏。

思考题

1. 为什么调整溶液的 pH 可以将酪蛋白沉淀出来？
2. 制备高得率纯酪蛋白的关键是什么？
3. 试设计一个利用蛋白质其他性质提取蛋白质的实验。

☞ **参考文献**

［1］王秀奇，秦淑媛，高天慧，等. 基础生物化学实验[M]. 2 版. 北京：高等教育出版社，1999.

［2］陈钧辉，袁道强，陈世锋. 生物化学实验[M]. 2 版. 北京：科学出版社，2003.

实验二　血清蛋白的醋酸纤维薄膜电泳

一、实验目的
掌握醋酸纤维薄膜电泳的原理和方法。

二、实验原理
采用醋酸纤维薄膜作为支持物的电泳方法称为醋酸纤维薄膜电泳。该法简单、快速、样品量少、区带清晰、灵敏度高、便于照相和保存。广泛用于血清蛋白、球蛋白、血红蛋白、脂蛋白、糖蛋白、类固醇、同工酶的分离与鉴定。

三、实验材料、仪器与试剂
1. 材料
未溶血的人或动物血清、镊子、玻璃板直尺和铅笔、醋酸纤维薄膜（2cm×8cm）。
2. 仪器
点样器、电泳仪、电泳槽。
3. 试剂
（1）巴比妥-巴比妥钠缓冲液（pH 8.6，离子强度 0.07）5000mL　13.8g 巴比妥，77.25g 巴比妥钠，加热溶解，冷后稀释至 5000mL，置 4℃保存。
（2）染色液（氨基黑 10B）500mL　1.25g 氨基黑，200mL 水，250mL 甲醇，50mL 冰乙酸（可重复使用）。
（3）漂洗液 1000mL　450mL 95%乙醇，50mL 冰乙酸，500mL 水。
（4）透明液 1000mL（用前配制）　300mL 冰乙酸，700mL 无水乙醇。
（5）0.4mol/L 氢氧化钠溶液。

四、实验步骤
（1）浸泡　用镊子取醋酸纤维薄膜 1 张，（识别出光泽面与无光泽面，并在角上做上记号）放在缓冲液中浸泡 20min。
（2）点样　取出薄膜夹在滤纸中吸取多余水分，无光面朝上铺于玻板上，将点样器在血清中蘸一下，再在薄膜一端 2~3cm 处轻轻地水平落下并随即提起（先在滤纸上练习）。
（3）电泳　电泳槽中倒上缓冲液，桥头铺滤纸，滤纸一端浸入缓冲液，驱除滤纸条上的气泡。薄膜样点端在负极，无光面朝下放于滤纸桥上。盖严电泳室，调节电压 160 V，电流强度 0.4~0.7mA/cm 膜宽，电泳 25min。
（4）染色　取出膜条浸于染色液 10min。
（5）漂洗　取出膜条在漂洗液中漂洗数次至无蛋白区底色脱净为止。
定量测定时可将膜条用滤纸压平吸干，按区带分段剪开，分别浸在 0.4mol/L 氢氧化钠液中 30min，并剪取相同大小的无色带膜条做空白对照，在 650nm 进行比色。或者将干燥的电泳图谱膜条放入透明液中浸泡 2~3min 后取出贴于洁净玻璃板上，干后即为透明的薄膜图谱，可用光密度计直接测定。

五、结果与讨论

电泳图谱如图 1-1 所示。

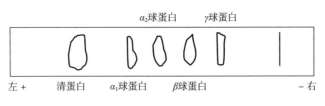

图 1-1 电泳薄膜图谱

六、注意事项

（1）点样要少、轻、直、匀。

（2）不要将薄膜吸得过干。

（3）漂洗时不要用镊子来回拉动。

（4）节约漂洗液。

思考题

1. 用醋酸纤维薄膜作电泳支持物有什么优点？

2. 电泳图谱清晰的关键是什么？如何正确操作？

 **参考文献**

［1］王镜岩，朱圣庚，徐长法. 生物化学［M］. 北京：高等教育出版社，2002.

［2］Robert H. Glew, Miriam D. Rosenthal. Clinical studies in medical biochemistry［M］. 3rd ed. Oxford University Press, 2007.

［3］李巧枝，程绎南. 生物化学实验技术［M］. 北京：中国轻工业出版社，2010.

实验三 蛋白质的性质——等电点、沉淀、变性和呈色反应

内容一 蛋白质等电点测定

一、实验目的

了解等电点的意义及其与蛋白质分子聚沉能力的关系。

二、实验原理

蛋白质的分子质量很大，它能形成稳定均一的溶液，主要是由于蛋白质分子都带有相

同符号的电荷，同时蛋白质分子周围有一层溶剂化的水膜，避免蛋白质分子之间聚集而沉降。

蛋白质分子所带的电荷与溶液的 pH 有很大关系，蛋白质是两性电解质，在酸性溶液中成阳离子，在碱性溶液中成阴离子（图 1-2）。

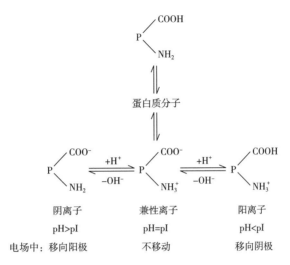

图 1-2　溶液中蛋白质分子在不同 pH 时的带电情况及在电场中的行为

蛋白质分子所带净电荷为零时的 pH 称为蛋白质的等电点（pI）。在等电点时，蛋白质分子在电场中不向任何一极移动，而且分子间因碰撞而引起聚沉的倾向增加，这时蛋白质溶液的黏度、渗透压均降到最低，且溶液变混浊。若再加入一定量的溶剂如乙醇、丙酮，与蛋白质分子争夺水分子，降低蛋白质水化层的厚度而使混浊更加明显。

各种蛋白质的等电点都不相同，偏酸性的较多，如牛乳中的酪蛋白的 pI 为 4.7 ~ 4.8，血红蛋白的 pI 为 6.7 ~ 6.8，胰岛素 pI 为 5.3 ~ 5.4，鱼精蛋白是一种碱性蛋白质，其等电点为 12.0 ~ 12.4。蛋白质的 pI 可以用等电聚焦电泳准确测定。本实验采用蛋白质在不同 pH 溶液中形成的混浊度来确定，即混浊度最大时的 pH 即为该种蛋白质的等电点，这个方法虽然不很准确，但在一般实验条件下都能进行，操作简便。

三、实验材料、仪器与试剂

1. 材料

试管：φ1.5cm 9 支；吸管：1、2、10mL 各 2 支；容量瓶：50mL 2 个、500mL 1 个。

2. 仪器

水浴锅、温度计。

3. 试剂

（1）0.4% 酪蛋白醋酸钠溶液　称取酪蛋白 2g，放在烧杯中，加入 40℃ 的蒸馏水。加入 50mL 1.00mol/L 氢氧化钠溶液，微热搅拌直到蛋白质完全溶解为止。将溶解好的蛋白质溶液转移到 500mL 容量瓶中，并用少量蒸馏水洗净烧杯，一并倒入容量瓶。在容量瓶中再加入 100mol/L 醋酸溶液 50mL，摇匀。加入蒸馏水定容至 500mL，得 0.1mol/L 酪蛋白醋酸钠溶液。

（2）0.01mol/L 醋酸溶液 50mL。

（3）0.10mol/L 醋酸溶液 100mL。

（4）1.00mol/L 醋酸溶液 100mL。

（5）1.00mol/L 氢氧化钠溶液 50mL。

四、实验步骤

取同样规格的试管 4 支，按表 1-1 顺序准确地加入各试剂，加入后立即摇匀。观察各管产生的混浊并根据混浊度来判断酪蛋白的等电点，最混浊的一管的 pH 即为酪蛋白的等电点。观察时可用+、++、+++表示混浊度。

表 1-1　　　　　　　　　　　　　　酪蛋白等电点测定

管号	H₂O/mL	0.01mol/L HAc/mL	0.1mol/L HAc/mL	1.0mol/L HAc/mL	酪蛋白醋酸钠溶液/mL	pH	观　察		
							0min	10min	20min
1	8.4	0.6	—	—	1	5.9			
2	8.7	—	0.3	—	1	5.3			
3	8.0	—	1.0	—	1	4.7			
4	7.4	—	—	1.6	1	3.5			

五、结果与讨论

酪蛋白的等电点为多少？为什么？

六、注意事项

4 支试管加入试剂时需要准确。

思考题

1. 在等电点时蛋白质的溶解度为什么最低？请结合你的实验结果和蛋白质的胶体性质加以说明。

2. 本实验中，酪蛋白在等电点时从溶液中沉淀析出，所以说凡是蛋白质在等电点时必然沉淀出来。这种结论对吗？为什么？

3. 在分离蛋白质时等电点有何实际应用意义？

☞ **参考文献**

［1］王秀奇，秦淑媛，高天慧，等.基础生物化学实验［M］.2 版.北京：高等教育出版社，1999.

[2] 李可群. 利用对分法求取蛋白质等电点[J]. 思茅师范高等专科学校学报, 2009, 25 (3): 41-42.

[3] 李可群. 一种蛋白质等电点的简便计算方法[J]. 曲靖师范学院学报, 2009, 28(3): 25-28.

内容二　蛋白质的沉淀反应

一、实验目的

加深对蛋白质胶体溶液稳定因素的认识，了解沉淀蛋白质的几种方法及其实用意义，了解蛋白质变性与沉淀的关系。

二、实验原理

在水溶液中的蛋白质分子由于表面生成水化层和双电层而成为稳定的亲水胶体颗粒，在一定的理化因素影响下，蛋白质颗粒可因失去电荷和脱水而沉淀。

蛋白质的沉淀反应可分为两类。

1. 可逆的沉淀反应

此时蛋白质分子的结构尚未发生显著变化，除去引起沉淀的因素后，蛋白质的沉淀仍能溶解于原来的溶剂中，并可保持其天然性质而不变性。如大多数蛋白质的盐析作用或在低温下用乙醇（或丙酮）短时间作用于蛋白质。提纯蛋白质时，常利用此类反应。

2. 不可逆沉淀反应

此时蛋白质分子内部结构发生重大改变，蛋白质常变性而沉淀，不再溶于原来溶剂中。加热引起的蛋白质沉淀与凝固，蛋白质与重金属离子或某些有机酸的反应都属于此类。

蛋白质变性后，有时由于维持溶液稳定的条件仍然存在（如电荷），并不析出。因此，变性蛋白质并不一定都表现为沉淀，而沉淀的蛋白质也未必都已变性。

三、实验材料、仪器与试剂

1. 材料

试管：ϕ1.5cm 9 支；吸管：1、2、10mL 各 2 支；容量瓶：100、500mL 各 1 个；胶头滴管 2 支；量筒：100、500mL 各 1 个。

2. 仪器

水浴锅、温度计、天平、试管架。

3. 试剂

（1）蛋白质溶液 500mL　5%卵清蛋白溶液或鸡蛋清的水溶液（新鲜鸡蛋清：水=1∶9）。

（2）pH 4.7 醋酸-醋酸钠的缓冲溶液 100mL。

（3）3%硝酸银溶液 10mL。

（4）5%三氯乙酸溶液 50mL。

（5）95%乙醇 250mL。

（6）饱和硫酸铵溶液 250mL。

（7）硫酸铵结晶粉末 500g。

（8）0.1mol/L 盐酸溶液 300mL。

（9）0.1mol/L 氢氧化钠溶液 100mL。

（10）0.05mol/L 碳酸钠溶液 100mL。

（11）0.1mol/L 醋酸溶液 100mL。

（12）甲基红溶液 20mL。

（13）2%氯化钠溶液 150mL。

（14）2%醋酸 50mL。

（15）20%磺基水杨酸溶液 50mL。

四、实验步骤

（1）蛋白质的盐析　无机盐（硫酸铵、硫酸钠、氯化钠等）的浓溶液能析出蛋白质。盐的浓度不同，析出的蛋白质也不同。如球蛋白可在半饱和硫酸铵溶液中析出，而清蛋白则在饱和硫酸铵溶液中才能析出。由盐析获得的蛋白质沉淀，当降低其盐类浓度时，沉淀又能再溶解，故蛋白质的盐析作用是可逆过程。

加 5%卵清蛋白溶液 5mL 于试管中，再加等量的饱和硫酸铵溶液，混匀后静置数分钟则析出球蛋白的沉淀。倒出少量混浊沉淀，加少量水，观察沉淀是否溶解，为什么？将管中内容物过滤，向滤液中添加硫酸铵粉末到不再溶解为止，此时析出的沉淀为清蛋白。

取出部分清蛋白，加少量蒸馏水，观察沉淀的再溶解。

（2）重金属离子沉淀蛋白质　重金属离子与蛋白质结合成不溶于水的复合物。

取 1 支试管，加入蛋白质溶液 2mL，再加 3%硝酸银溶液 1~2 滴，振荡试管，有沉淀产生。放置片刻，倾去上清液，向沉淀中加入少量的水，观察沉淀是否溶解，为什么？

（3）某些有机酸沉淀蛋白质　取 1 支试管，加入蛋白质溶液 2mL，再加 1mL 5%三氯乙酸溶液，振荡试管，观察沉淀的生成。放置片刻，倾出上清液，向沉淀中加入少量水，观察沉淀是否溶解。

（4）有机溶剂沉淀蛋白质　取 1 支试管，加入 2mL 蛋白质溶液，再加入 2mL 95%乙醇。混匀，观察沉淀的生成。

（5）乙醇引起的变性与沉淀　取 3 支试管，编号。按表 1-2 顺序加入试剂。

表 1-2　　　　　　　　　　乙醇引起的变性与沉淀　　　　　　　　　单位：mL

管号	5%卵清蛋白溶液	0.1mol/L 氢氧化钠溶液	0.1mol/L 盐酸溶液	95% 乙醇	pH 4.7 缓冲溶液
1	1	—	—	1	1
2	1	1	—	1	—
3	1	—	1	1	—

振摇混匀后，观察各管有何变化。放置片刻，向各管内加水 8mL，然后在三支管中各加一滴甲基红，再分别用 0.1mol/L 醋酸溶液及 0.05mol/L 碳酸钠溶液中和 2、3 号两支试

管。观察各管颜色的变化和沉淀的生成。每管再加 0.1mol/L 盐酸溶液数滴，观察沉淀的再溶解。解释各管发生的全部现象。

（6）尿蛋白的定性检验　正常人尿中只含有微量蛋白质，不能用常规方法测定出来。用临床常规方法能检查出蛋白质的尿称为蛋白尿。患肾脏疾病的人（如患肾小球肾炎、肾盂肾炎）往往有蛋白尿，因此，尿中蛋白质的检查在临床上具有重要的诊断意义。

①加热醋酸法：尿中的蛋白质加热变性后溶解度降低，因此可以被沉淀出来，加入醋酸使尿液呈弱酸性后，蛋白质仍不易溶解，但因加热引起的磷酸盐混浊则在加入醋酸后消失，故二者可以区别。

取尿液 3mL 置于试管中，加热至沸腾（应在火焰上移动试管，严防尿液喷出）。观察有无沉淀产生。若产生沉淀，则加入 2%醋酸数滴使溶液显酸性，然后观察沉淀情况。按表 1-3 记录结果。

表 1-3　　　　　　加热醋酸法结果与尿中蛋白质的浓度的关系

观 察 所 得 结 果	记录符号	尿中蛋白质的浓度
有混浊或混浊在加入醋酸后消失	−	阴性
极轻微混浊，对着黑背景才能看到	±	0.01%以下
混浊明显，但尚无颗粒状或絮状物产生	+	0.01%~0.05%
颗粒状白色混浊，但尚无絮状物产生	++	0.05%~0.2%
混浊浓厚，不透明而呈絮状	+++	0.2%~0.3%
混浊甚浓，几乎完全凝固	++++	0.5%以上

②磺基水杨酸法：利用有机酸沉淀蛋白质，是临床常用的方法。此法较"加热醋酸法"更为灵敏，尿中蛋白质浓度为 0.0015%即可检出。

a. 取尿约 3mL 加入试管中。

b. 加入 20%磺基水杨酸 8~10 滴，如出现沉淀，表示尿中有蛋白质存在。参考表 1-3，按沉淀多少记录结果。

五、结果与讨论

记录实验结果，解释各部分实验发生的全部现象。

六、注意事项

乙醇引起的变性与沉淀部分：用 0.1mol/L 醋酸溶液中和 2 号试管及 0.05mol/L 碳酸钠溶液中和 3 号试管，观察各管颜色的变化和沉淀的生成。重点是观察沉淀的生成，颜色的变化用于判断 pH。

思考题

1. 如何从低分子质量的胺类化合物（非蛋白质的化合物）分离出蛋白质？
2. 鸡蛋清为何可作铅、汞中毒的解毒剂？
3. 氯化汞为何能作杀菌剂？
4. 沉淀、变性之间有什么样的关系？哪些沉淀往往伴随变性？
5. 有机酸（如三氯乙酸）沉淀蛋白质有无实际应用意义？
6. 有机溶剂是否一定引起蛋白质发生变性？

参考文献

王秀奇，秦淑媛，高天慧，等. 基础生物化学实验[M]. 2版. 北京：高等教育出版社，1999.

内容三　蛋白质的呈色反应

一、实验目的

（1）了解构成蛋白质的基本结构单位及主要连接方式。

（2）了解蛋白质和某些氨基酸的呈色反应原理。

（3）学习几种常用的鉴定蛋白质和氨基酸的方法。

二、实验原理

1. 双缩脲反应

双缩脲反应过程如图 1-3 所示。

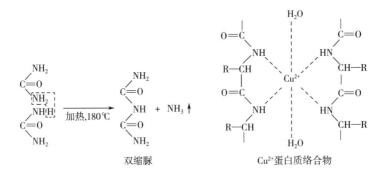

图 1-3　双缩脲反应

尿素加热至 180℃左右，生成双缩脲并放出 1 分子氨。双缩脲在碱性环境中能与 Cu^{2+} 结合生成紫红色化合物，此反应称为双缩脲反应，蛋白质分子中有肽键，其结构与双缩脲相似，也能发生此反应。可用于蛋白质的定性或定量测定。

双缩脲反应不仅为含有两个以上肽键的物质所有。含有 1 个肽键和 1 个—CS—NH_2、—CH_2—NH_2、—CRH—NH_2、—CH_2—NH_2—CH_2—NH_2—CH_2OH　　或—$CHOHCH_2$

NH_2 等基团的物质以及含有乙二酰二胺等物质也有此反应。NH_3 也干扰此反应，因为 NH_3 与 Cu^{2+} 可生成暗蓝色的络离子 $Cu(NH_3)_4^{2+}$。因此，一切蛋白质或二肽以上的多肽都有双缩脲反应，但有双缩脲反应的物质不一定都是蛋白质或多肽。

2. 茚三酮反应

除脯氨酸、羟脯氨酸和茚三酮反应产生黄色物质外，所有 α-氨基酸及一切蛋白质都能和茚三酮反应生成蓝紫色物质。

β-丙氨酸、氨和许多一级胺都对茚三酮呈正反应。尿素、马尿酸、二酮吡嗪和肽键上的亚氨基不呈现此反应。因此，虽然蛋白质和氨基酸均有茚三酮反应，但能与茚三酮呈阳性反应的不一定就是蛋白质或氨基酸。在定性、定量测定中，应严防干扰物存在。

该反应十分灵敏，1：1500000 浓度的氨基酸水溶液即能给出反应，是一种常用的氨基酸定量测定方法。

茚三酮反应分为两步，第一步是氨基酸被氧化形成二氧化碳、氨气和醛，水合茚三酮被还原成还原型茚三酮；第二步是所形成的还原型茚三酮与另一个水合茚三酮分子和氨缩合生成有色物质。

此反应的适宜 pH 为 5~7，同一浓度的蛋白质或氨基酸在不同 pH 条件下的颜色深浅不同，酸度过大时甚至不显色。

3. 黄色反应

黄色反应过程如图 1-4 所示。

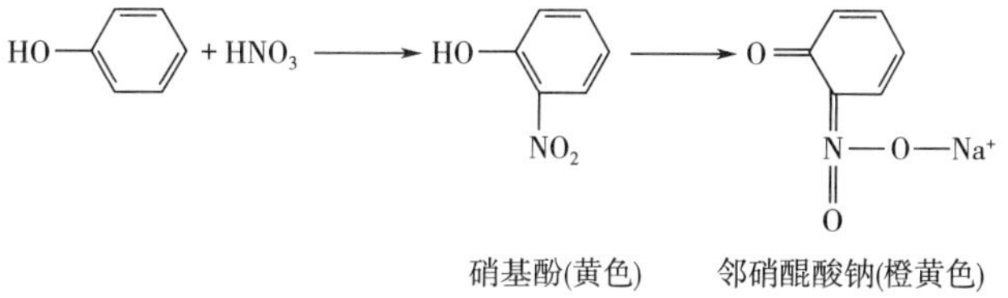

硝基酚(黄色)　　邻硝醌酸钠(橙黄色)

图 1-4　黄色反应

含有苯环结构的氨基酸，如酪氨酸和色氨酸，遇硝酸后，可被硝化成黄色物质，该化合物在碱性溶液中进一步形成深橙色的硝醌酸钠。

多数蛋白质分子含有带苯环的氨基酸，所以有黄色反应，苯丙氨酸不易硝化，需加入少量浓硫酸才有黄色反应。

三、实验材料、仪器与试剂

（一）双缩脲反应

1. 材料

牛乳。

2. 仪器

吸头、试管。

3. 试剂

（1）尿素。

（2）10%氢氧化钠溶液 1000mL。

（3）1%硫酸铜溶液 500mL。

（4）2%卵清蛋白溶液（可用牛乳代替）。

（二）茚三酮反应

1. 材料

新鲜鸡蛋（牛乳）、甘氨酸。

2. 仪器

试管、吸头、滤纸。

3. 试剂

（1）蛋白质溶液　2%卵清蛋白或鸡蛋清溶液（蛋清：水＝1：9）（牛乳）。

（2）0.5%甘氨酸溶液 500mL。

（3）0.1%茚三酮水溶液 500mL。

（4）0.1%茚三酮乙醇溶液 500mL。

（三）黄色反应

1. 材料

新鲜鸡蛋、大豆、头发、指甲。

2. 仪器

纱布、研钵、试管、吸头。

3. 试剂

（1）鸡蛋清溶液（牛乳）100mL　将新鲜鸡蛋的蛋清与水按1：20混匀，然后用6层纱布过滤。

（2）大豆提取液 1000mL　将大豆浸泡充分吸胀后研磨成浆状再用纱布过滤。

（3）0.5%苯酚溶液 100mL。

（4）浓硝酸 200mL。

（5）0.3%色氨酸溶液 100mL。

（6）0.3%酪氨酸溶液 100mL。

（7）10%氢氧化钠溶液 200mL。

四、实验步骤

1. 双缩脲反应

取少量尿素结晶，放在干燥试管中。用微火加热使尿素熔化。熔化的尿素开始硬化时，停止加热，尿素放出氨，形成双缩脲。冷却后，加10%氢氧化钠溶液约1mL，振荡混匀，再加1%硫酸铜溶液1滴，再振荡。观察出现的粉红颜色。要避免添加过量硫酸铜，否则，生成的蓝色氢氧化铜能掩盖粉红色。

向另一试管加牛乳约1mL和10%氢氧化钠溶液约2mL，摇匀，再加1%硫酸铜溶液2滴，随加随摇。观察紫玫瑰色的出现。

2. 茚三酮反应

（1）取 2 支试管分别加入蛋白质溶液和甘氨酸溶液 1mL，再各加 0.5mL 0.1%茚三酮水溶液，混匀，在沸水浴中加热 1~2min，观察颜色由粉色变紫红色再变蓝。

（2）在一小块滤纸上滴 1 滴 0.5%甘氨酸溶液，风干后，再在原处滴 1 滴 0.1%茚三酮乙醇溶液，在微火旁烘干显色，观察紫红色斑点的出现。

3. 黄色反应

向 7 支试管中分别按表 1-4 加入试剂，观察各管出现的现象，有的试管反应慢可略放置或用微火加热。待各管出现黄色后，于室温下逐滴加入 10%氢氧化钠溶液至碱性，观察颜色变化。

表 1-4　　　　　　　　　　　　不同材料的黄色反应　　　　　　　　　　　　单位：滴

管号	1	2	3	4	5	6	7
材料	鸡蛋清	大豆	指甲	头发	苯酚	色氨酸	酪氨酸
材料用量	4	4	少许	少许	4	4	4
浓硝酸	2	4	40	40	4	4	4
现象							

五、结果与讨论

（1）双缩脲反应　双缩脲反应结果可填入表 1-5。

表 1-5　　　　　　　　　　　　双缩脲反应结果

项目	现象	解释现象
尿素结晶		
卵清蛋白溶液		

（2）茚三酮反应　茚三酮反应结果可填入表 1-6。

表 1-6　　　　　　　　　　　　茚三酮反应结果

项目	现象	解释现象
蛋白质溶液		
甘氨酸溶液		
滤纸		

（3）黄色反应　黄色反应结果可填入表 1-7。

表 1-7　　　　　　　　　　　　黄色反应结果

管号	1	2	3	4	5	6	7
现象							
解释现象							

六、注意事项

（1）茚三酮反应必须在 pH 为 5~7 进行。

（2）操作请按步骤进行。

思考题

通过本实验你掌握了几种鉴定蛋白质和氨基酸的方法？它们的原理分别是什么？

参考文献

［1］王镜岩，朱圣庚，徐长法. 生物化学［M］. 北京：高等教育出版社，2002.

［2］李巧枝，程绎南. 生物化学实验技术［M］. 北京：中国轻工业出版社，2010.

实验四　酵母蔗糖酶的提取、分离纯化及性质鉴定

酶是生物体内具有催化功能的蛋白质，又称为生物催化剂。生物体内的所有化学反应，几乎都是在酶的催化下进行的，因此酶学的研究，对于了解生命活动的规律、阐明生命现象的本质以及指导相关的医学实践、工业生产都有重要的意义。

蔗糖酶（sucrase，EC 3.2.1.26）又称为转化酶（invertase）。蔗糖在蔗糖酶的作用下水解为 D-葡萄糖和 D-果糖。按照水解蔗糖的方式蔗糖酶可分为从果糖末端切开蔗糖的呋喃果糖苷酶和从葡萄糖末端切开蔗糖的葡萄糖苷酶。前者存在于酵母中，后者存在于霉菌中。通常所讲的蔗糖酶是指分解蔗糖中果糖糖苷键的酶。

蔗糖酶主要存在于酵母中，如啤酒酵母、面包酵母，也存在于曲霉、青霉和毛霉等霉菌和细菌、植物中，但工业上通常从酵母中制取。这是古老的酶制剂之一，很久以前就用来作为酶化学的研究材料，很多有关酶的基础知识都是通过蔗糖酶的研究取得的。

酵母蔗糖酶是胞内酶，提取时需破碎细胞。常用的提纯方法有盐析、有机溶剂沉淀、离子交换和凝胶柱层析等。可得到较高纯度的酶，但高纯度的酶大多很不稳定，大多商品酶为粗酶溶解于甘油的液状制品。也可将蔗糖酶同单宁酸相结合得到极稳定的固定化酶。

蔗糖酶在食品工业中，用以转化蔗糖增加甜味，制造人造蜂蜜，防止高浓度糖浆中的蔗糖析出，还可用来制造果糖和巧克力的软糖心等。

内容一　酵母蔗糖酶的提取及分离纯化

一、实验目的

（1）学习并掌握蛋白质和酶的基本研究过程。

（2）掌握生物大分子的提取、分离纯化的方法。

（3）掌握有机溶剂分级沉淀。

二、实验原理

1. 细胞破壁

蔗糖酶是胞内酶，必须破坏细胞，将其从细胞内释放出来。细胞破壁方法如下所述。

（1）高速组织捣碎　将材料配成稀糊状，放置于筒内约 1/3 体积，盖紧筒盖，将调速器先拨至最慢处，再开动开关，逐步加速至所需速度。此法适用于动物内脏组织、植物肉质、种子等。

（2）玻璃匀浆器匀浆　先将剪碎的组织置于管中，再套入研杵来回研磨，上下移动，即可将细胞研碎，此法细胞破碎程度比高速组织捣碎机高，适用于少量的动物脏器组织。

（3）超声波处理法　用一定功率的超声波处理细胞悬液，使细胞急剧振荡破裂，此法多适用于微生物材料，常选用 50～100mg 菌体/mL 浓度，在 30～60 Hz 频率下处理 10～15min，此法的缺点是在处理过程会产生大量的热，应采取相应的降温措施。对超声波敏感的核酸应慎用。

（4）反复冻融法　将细胞在 −20℃ 以下冰冻，室温融解，反复几次，由于细胞内冰粒的形成和剩余细胞液的盐浓度增加引起溶胀，使细胞结构破碎。

（5）化学处理法　有些动物细胞，如肿瘤细胞可采用十二烷基磺酸钠（SDS）、去氧胆酸钠等将细胞膜破坏，细菌细胞壁较厚，可采用溶菌酶处理效果更好。

2. 有机溶剂分级沉淀

利用不同蛋白质在不同浓度的有机溶剂中溶解度的差异分离酶蛋白的方法称作有机溶剂分级沉淀法。有机溶剂能降低溶液的介电常数，增加蛋白质分子上不同电荷的引力，导致溶解度的下降；有机溶剂与水作用，还能破坏蛋白质的水化膜，故蛋白质在一定浓度的有机溶剂中可沉淀析出。操作必须在低温下进行且避免有机溶剂局部过浓；分离后应立刻除去有机溶剂并用水或缓冲溶液溶解沉淀的酶蛋白；pH 多选在酶蛋白的等电点附近；有机溶剂在中性盐存在时能增加蛋白质的溶解度以减少其变性，提高分离效果。与盐析法相比，该法的分辨率高，但易使酶变性失活。

三、实验材料、仪器与试剂

1. 材料

活性干酵母。

2. 仪器

试管、恒温水浴槽、离心机、透析袋。

3. 试剂

（1）氢氧化钠、盐酸、95% 乙醇。

（2）起始缓冲液　5mmol/L 磷酸钠缓冲液（pH 6.0）。

四、实验步骤

蔗糖酶的分离提纯。

（1）蔗糖酶粗品的制备　细胞破碎：采用细胞自溶法，取 20g 高活性干酵母粉倒入烧杯中，少量多次加入 50mL 去离子水，搅拌成糊状后，加入 2g 乙酸钠、30mL 乙酸乙酯，搅匀。再于35℃温水浴中搅拌30min，补加去离子水30mL，搅匀。用硫酸纸封严，于35℃恒温过夜。4℃下8000r/min离心10min，取上清液，得到无细胞抽提液（自溶破壁的酶液位于中层），量出粗酶液的体积V_1，粗酶液保存于4℃冰箱，待测蛋白质浓度和蔗糖酶活力。

（2）乙醇分级　将1/2粗酶液用稀乙酸调pH至4.5，其余1/2粗酶液冷冻保存用于蛋白质浓度和蔗糖酶活力测定等。

第一次乙醇沉淀（乙醇终浓度为32%）：计算出使粗酶液的乙醇浓度达32%时所需95%乙醇的体积；把粗酶液和量好的乙醇在冰水浴中预冷，缓慢滴加乙醇并不断搅拌。滴加结束后，4℃，8000r/min离心5min，留取上清液。

第二次乙醇沉淀（乙醇终浓度为47.5%）：计算出使粗酶液中乙醇浓度达47.5%时所需补加95%乙醇的体积；按上述方法加入乙醇后于4℃，8000r/min离心10min，沉淀立刻用10~15mL起始缓冲液溶解并对该溶液透析过夜。次日，离心（4℃，8000r/min，5min）得酶液，量出体积V_2，取出适量酶液保存于4℃冰箱，待测蛋白质浓度和蔗糖酶活力。

五、结果与讨论

记录实验结果，并加以解释，若有异常现象，可进行分析讨论。

六、注意事项

离心前一定要平衡，并对称放入，盖好盖子。

思考题

1. 简述蔗糖酶分离提取的原理及操作步骤。
2. 简述蔗糖酶活力测定的原理及两个反应。
3. 在酶分离提纯的整个过程中应注意的一个关键问题是什么？

内容二　蔗糖酶活力的测定

一、实验目的

（1）学习3,5-二硝基水杨酸（DNS试剂）比色定糖的原理和方法。

（2）掌握酶的比活力测定及其计算方法。

（3）掌握分光光度计的使用方法。

二、实验原理

还原糖的测定是糖定量测定的基本方法。还原糖是指含有自由醛基或酮基的糖类，单糖都是还原糖，双糖和多糖不一定是还原糖，其中，乳糖和麦芽糖是还原糖，蔗糖和淀粉是非还原糖。利用糖的溶解度不同，可将植物样品中的单糖、双糖和多糖分别提取出来，对没有还原性的双糖和多糖，可用酸水解法使其降解成有还原性的单糖进行测定，再分别求出样品中还原糖和总糖的含量（还原糖以葡萄糖含量计）。

还原糖在碱性条件下加热被氧化成糖酸及其他产物，3,5-二硝基水杨酸则被还原为棕红色的3-氨基-5-硝基水杨酸。在一定范围内，还原糖的量与棕红色物质颜色的深浅成正比关系，利用分光光度计，在540nm波长下测定吸光度，查对标准曲线并计算，便可求出样品中还原糖和总糖的含量。比活力是以每毫克酶蛋白含有的活力单位数表示。规定：在pH 4.6，35℃，每分钟能使5%蔗糖溶液水解释放1mg还原糖的酶量定为一个活力单位。

三、实验材料、仪器与试剂

1. 材料

酵母蔗糖酶。

2. 仪器

烧杯、搅拌棒、滴管、量筒、移液管、容量瓶、试管、血糖管（或刻度试管）、秒表、恒温水浴槽、电子天平、722型分光光度计。

3. 试剂

（1）3,5-二硝基水杨酸试剂。

（2）1mol/L氢氧化钠溶液。

（3）5%蔗糖溶液。

（4）1mg/mL葡萄糖标准液。

（5）pH 4.6，0.2mol/L乙酸缓冲液。

四、实验步骤

（1）标准曲线的制作　取7支试管编号，按表1-8的顺序加入各种试剂。

表1-8　　　　　　　　　　　　　　标准曲线的制作

项目	管　号						
	0	1	2	3	4	5	6
0.1%葡萄糖液/mL	0	0.2	0.4	0.6	0.8	1.0	1.2
蒸馏水/mL	2.0	1.8	1.6	1.4	1.2	1.0	0.8
DNS试剂/mL	1.5	1.5	1.5	1.5	1.5	1.5	1.5
均在沸水浴中加热5min，立即用流动冷水冷却							
蒸馏水/mL	加水稀释至25mL，摇匀						
A_{540}							

摇匀后，用空白管（0号）调零，在540nm处测定吸光度，以葡萄糖含量（mg）为横坐标，A_{540}值为纵坐标，做出标准曲线。

（2）蔗糖酶活力的测定　取两支试管分别加入用pH 4.6、0.2mol/L乙酸缓冲液适当稀释过的酶液2mL，一支中加入0.5mL 1mol/L氢氧化钠，摇匀，使酶失活（作对照），另一支作测定管；把两支试管和5%蔗糖溶液放入35℃水浴中恒温预热；分别取2mL 5%蔗糖加入上述两试管中，并准确计算时间，3min后于测定管中加入0.5mL 1mol/L氢氧化钠，摇匀，使酶失活。

从反应混合物中取出 0.5mL 溶液放入血糖管中，加入 1.5mL 3,5-二硝基水杨酸试剂和 1.5mL 水，摇匀。于沸水浴中准确反应 5min，立即用冷水冷却，加水稀释至 25mL，摇匀，于 540nm 处测定吸光度。

乙醇沉淀前的粗酶液也需要测定酶活力，步骤同上。

五、结果与讨论

在葡萄糖标准曲线上找到所测定光密度值对应的葡萄糖含量，按式（1-3）计算酶活力。数据处理方法：

$$蔗糖酶活力 = m \times n / V \times t \tag{1-3}$$

其中　总活力 = 蔗糖酶活力 × V

比活力 = 总活力/蛋白质总量

回收率 = （每一步总活力/第一步总活力）× 100%

纯化倍数 = 每一步比活力/第一步比活力

式中　m——测定管葡萄糖质量，mg；

n——稀释倍数；

V——酶液体积，mL；

t——反应时间，min。

六、注意事项

（1）工作曲线的使用　不许延长，因为比耳定律只适用于稀溶液中的反应。

（2）测定酶活力时的显色反应

①等沸水浴锅中的水沸腾后再放入试管；

②用秒表计时，取出后立即用冷水冷却，加蒸馏水定容至 25mL，摇匀，测定 540nm 处的吸光度。

（3）酶是有生物活性的蛋白质，在整个实验过程中都要注意防止酶失活。

思考题

1. 写出 3,5-二硝基水杨酸的化学结构式。

2. 分光光度计比色测定的基本原理是什么？操作要点是什么？

3. 比色测定时为什么要设计空白管？

4. 总糖包括哪些化合物？

☞ **参考文献**

滕利荣，孟庆繁. 生物学基础实验教程[M]. 3 版. 北京：科学出版社，2008.

实验五　氨基酸的分离鉴定及含量的测定

内容一　氨基酸的分离鉴定——纸层析法

一、实验目的

通过氨基酸的分离，学习纸层析法的基本原理及操作方法。

二、实验原理

纸层析法是用滤纸作为惰性支持物的分配层析法。

层析溶剂由有机溶剂和水组成。

物质被分离后在纸层析图谱上的位置是用比移值（R_f移）来表示的，如式（1-4）所示。

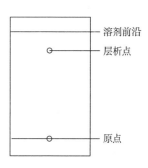

$$R_f = \frac{原点到层析点中心的距离}{原点到溶剂前沿的距离} \qquad (1-4)$$

在一定的条件下某种物质的 R_f 值是常数。R_f 值的大小与物质的结构、性质、溶剂系统、层析滤纸的质量和层析温度等因素有关。本实验利用纸层析法分离氨基酸，如图 1-5 所示。

图 1-5　纸层析图谱

三、实验材料、仪器与试剂

1. 材料

氨基酸。

2. 仪器

层析缸、毛细管、喷雾器、培养皿、层析滤纸（新华一号）。

3. 试剂

（1）扩展剂（2000mL）　4 份水饱和的正丁醇和 1 份醋酸的混合物。将 20mL 正丁醇和 5mL 冰醋酸放入分液漏斗中，与 15mL 水混合，充分振荡，静置后分层，放出下层水层。取漏斗内的扩展剂约 5mL 置于小烧杯中做平衡溶剂，其余的倒入培养皿中备用。

（2）氨基酸溶液（各 5mL）　0.5% 赖氨酸（紫色）、脯氨酸（黄色）、亮氨酸（紫色）溶液及它们的混合液（各组分浓度均为 0.5%）。

（3）显色剂（1000mL）　0.1% 水合茚三酮正丁醇溶液（现配最好）。

四、实验步骤

（1）将盛有平衡溶剂的小烧杯置于密闭的层析缸中。

（2）取层析滤纸（长 22cm、宽 14cm）一张。在纸的一端距边缘 2~3cm 处用铅笔画一条直线，在此直线上每间隔 2cm 作一记号如图 1-6 所示。

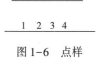

图 1-6　点样

（3）点样　用毛细管将各氨基酸样品分别点在这 4 个位置上，干后再点一次。每点在纸上扩散的直径最大不超过 3mm。

（4）扩展　用线将滤纸缝成筒状，纸的两边不能接触。将盛有约 20mL 扩展剂的培养皿迅速置于密闭（注意：一定要密闭，否则迁移不上去）的层析缸中，并将滤纸直立于培养皿中（点样的一端在下，扩展剂的液面需低于点样线 1cm）。待溶剂上升 15～20cm 时即取出滤纸，用铅笔描出溶剂前沿界线，自然干燥或用吹风机热风吹干。

（5）显色　用毛刷洒下显色剂，喷雾器均匀喷上 0.1% 茚三酮正丁醇溶液，然后置烘箱中烘烤 5min（100℃）或用热风吹干即可显出各层析斑点。

五、结果与讨论

计算各种氨基酸的 R_f 值，如表 1-9 所示。

表 1-9　　　　　　　　　　　　　纸层析结果

项　　目	赖氨酸	脯氨酸	亮氨酸	待测氨基酸
原点到层析斑点中心的距离/cm	0.11	0.43	0.70	0.44
原点到溶剂前沿的距离/cm	0.88	0.88	0.88	0.88
R_f	0.12	0.48	0.79	0.50
判断待测氨基酸	赖氨酸、脯氨酸、亮氨酸			

六、注意事项

（1）点样时要避免手指或唾液等污染滤纸有效面（即展层时样品可能达到的部分）。

（2）点样斑点不能太大（直径应小于 0.3cm），防止层析后氨基酸斑点过度扩散和重叠，且吹风温度不宜过高，否则斑点变黄。

思考题

1. 何谓纸层析法？

2. 何谓 R_f 值？影响 R_f 值的主要因素是什么？

参考文献

[1]陈钧辉.生物化学实验[M].4 版.北京：科学出版社，2006.

[2]郭蔼光，郭泽坤.生物化学实验技术[M].北京：高等教育出版社，2007.

内容二　纸电泳法分离氨基酸

一、实验目的

（1）掌握纸上电泳的原理。

（2）掌握纸上电泳的操作方法。

二、实验原理

带电颗粒在电场的作用下，向着与其电性相反的电极移动，称为电泳（electrophoresis）。电泳现象早在 1808 年就被发现，但是作为一项生物化学研究的方法学，却是在 1937 年 Tiselius 在电泳仪器方面取得重大成就后，才得到较大的进展。特别是后来应用滤纸作为支持物，形成了设备简单、操作方便的纸上电泳法后，电泳技术才在生物化学和其他领域研究中被广泛的应用和发展。近年来，由于采用多种新型支持物，仪器装置也得到不断改进，因此出现了许多新型的电泳技术。

目前所采用的电泳方法，大致可分为三类：显微电泳、自由界面电泳和区带电泳。区带电泳应用比较广泛，按其支持物物理性状的不同可分成 4 大类。

（1）滤纸及其他纤维（如玻璃纤维、醋酸纤维、聚氯乙烯纤维）薄膜电泳。

（2）凝胶电泳　如琼脂、聚丙烯酰胺凝胶、淀粉凝胶电泳。

（3）粉末电泳　如纤维素粉、淀粉、玻璃分电泳。

（4）线丝电泳　如尼龙丝，人造丝电泳。此为微量电泳方法。

区带电泳现已广泛应用于生物化学物质的分析分离以及临床检验等方面。现以纸上电泳为例介绍有关电泳的原理和操作技术。

任一物质质点，由于其本身的解离作用或由于表面上吸附有其他带电质点，在电场中便会向一定的电极移动。例如氨基酸、蛋白质分子等，由于它具有许多可解离的酸性基团和碱性基团，如—COO⁻ 和—NH₃⁺ 等，它是一典型的两性电解质，在一定的 pH 条件下，就会解离而带电，带电的性质和多少决定于蛋白质分子的性质及其溶液的 pH 和离子强度。在某一 pH 条件下，蛋白质分子所带的正电荷数恰好等于负电荷数，即净电荷等于零。此时蛋白质质点在电场中不移动，溶液的这一 pH，称为该蛋白质的等电点（pI）。如果溶液的 pH 小于 pI，则蛋白质分子结合一部分 H⁺，而带正电荷，在电场中就会向负极移动。反之，溶液的 pH 大于 pI，则蛋白质分子会解离出一部分 H⁺ 而带有负电，此时蛋白质分子在电场中就会向正极移动。如图 1-7 所示。

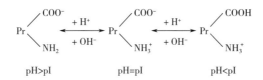

图 1-7　溶液中蛋白质分子在不同 pH 时的带电情况

不同的带电颗粒在同一电场中泳动速度不同，常用迁移率（或称泳动度，mobility）来表示。迁移率的定义是带电颗粒在单位电场强度下的泳动速度，如式（1-5）所示。

$$m = v/E = (d/t)/(V/L) = dL/tV \tag{1-5}$$

式中　m——迁移率，$cm^2/(V \cdot s)$；

　　　v——颗粒的泳动速度，cm/s；

E——电场强度，V/cm；

d——颗粒泳动的距离，cm；

L——滤纸的有效长度，cm，即滤纸与两极溶液交界面间的距离；

V——实际电压，V；

t——通电时间，s。

通过测量 d、L、v、t 便可计算出颗粒的迁移率。

带电颗粒在电场中的泳动速度与本身所带净电荷的量、颗粒的大小和形状有关。一般来说，所带净电荷量越多，颗粒越小，越接近球形，则在电场中的泳动速度越快，反之则越慢。泳动速度除受颗粒本身性质的影响外，还和其他外界因素有关。

现将影响颗粒泳动速度的外界因素讨论如下。

1. 电场强度

电场强度是指每 1cm 的电位降，也称电位梯度（电势梯度）。电场强度对泳动速度起着决定性作用。电场强度越高，则带电颗粒泳动越快。例如进行纸上电泳时，滤纸两端相距 20cm 处测得电位降为 200V，则电场强度为 200/20＝10V/cm。

纸上电泳根据电场强度的大小可分为常压（100～500V）纸上电泳和高压（2000～10000V）纸上电泳，前者电场强度一般为 2～10V/cm，分离时间较长，从数小时到数天。后者电场强度为 50～200V/cm，电泳时间很短；有时仅需数分钟。常压纸上电泳多用于分离蛋白质等大分子物质，高压纸上电泳则多用来分离氨基酸、多肽、核苷酸、糖类等小分子物质。

2. 溶液的 pH

溶液的 pH 决定带电颗粒解离的程度，亦即决定其所带净电荷的多少。对蛋白质两性电解质而言，pH 离等电点越远，则颗粒所带净电荷越多，泳动速度也越快，反之，则越慢。因此，当分离某一蛋白质混合物时，应选择一个合适的 pH，使各种蛋白质所带的电荷量差异较大，有利于彼此分开。为了使电泳过程中溶液 pH 恒定，必须采用缓冲溶液。

3. 溶液的离子强度

离子强度影响颗粒的电动电势（ξ），溶液的离子强度越高，电动电势越小，则泳动速度越慢；反之，则越快。一般最适的离子强度在 0.02～0.2 之间。溶液离子强度的计算方法如式（1-6）所示。

$$I = \sum CZ^2/2 \qquad\qquad (1\text{-}6)$$

式中　I——溶液的离子强度；

　　　C——离子的物质的量浓度；

　　　Z——离子的价数。

4. 电渗

在电场中，由于多孔支持物吸附水中的正或负离子，使溶液相对带电，在电场作用下，溶液就向一定方向移动，称为电渗现象（图 1-8）。在纸上电泳中，由于纸上吸附 OH⁻带负电荷，而

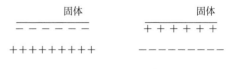

图 1-8　电渗示意图

与纸相接触的水溶液带正电荷，液体便向负极移动，移动时可携带颗粒同时移动。所以电泳时颗粒泳动的表面速度是颗粒本身的泳动速度与由于电渗影响而被携带的移动速度两者的加和。若是颗粒原来向负极移动，则其表观速度将比泳动速度快，若原来向正极移动，则其表观速度将比泳动速度慢。

为了校正这一误差，可用一中性物质如糊精（dextrin）、蔗糖或葡聚糖（dextran）等与样品平行做纸上电泳，然后将其移动距离自实验结果中除去。

5. 滤纸的选择

要求纸质均匀和吸附力小，否则电场强度不均匀，使结果不能重复，并得不到好的图谱。如果吸附力大，则蛋白质或其他胶体在它们泳动的过程中有一部分被纸所吸附，以至于泳动快的部分其相对含量低。因此，常将滤纸事先处理，以减低滤纸的吸附能力，使其达到更好的分离效果。若选用国产新华滤纸，或 Whatman No. 1 号滤纸，一般不必再进行预处理。

6. 其他因素

例如缓冲溶液的黏度。缓冲溶液与带电颗粒的相互作用以及电泳时温度的变化等因素，也都影响泳动速度。

本实验以混合氨基酸为材料，用纸上电泳法分离其中的不同氨基酸。

三、实验材料、仪器与试剂

1. 材料

氨基酸。

2. 仪器

水平式电泳槽、电泳仪、吹风机、点样器、喷雾器、铅笔、刀片、杭州新华滤纸或 Whatman No. 1 号滤纸。

3. 试剂

（1）1/15mol/L 磷酸盐缓冲液（离子强度 0.08，pH 6.0）5000mL。

（2）丙氨酸（pI = 6.02）、谷氨酸（pI = 3.22）、赖氨酸（pI = 9.74）混合液（各 1%）100mL。

（3）显色液（茚三酮）。

四、实验步骤

（1）仪器及样品的准备　将电泳槽洗净，晾干、放平。然后量取 700 ~ 800mL 缓冲液先倒入电泳槽，使两端液面达到平衡。

（2）滤纸的剪裁　用刀片将新华滤纸或 Whatman No. 1 号滤纸，裁成长 10cm、宽 2cm 的滤纸条，并按以下规格用铅笔作上正负记号（图 1-9）。

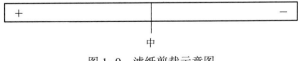

图 1-9　滤纸剪裁示意图

剪裁前要选择纸质比较均匀的纸，用刀片裁整齐，注意纸边不能有缺刻或起毛，可先用废纸条练习，然后再正式裁剪。

（3）点样

①原点的位置和形状：对于一个未知样品，初次实验时，应将样品点在滤纸条的中央，观察区带的两极泳动情况，即可选择出点样位置。

样品可点成长条形，或圆点状。一般长条形分离效果较好，但样品很少时，点成圆点，样品比较集中，便于显色。但双向电泳或一向电泳、一向层析结合使用时则必须点成圆点或椭圆点，不能点成长条形。

②点样量：随滤纸的厚度、原点的宽度、样品的溶解度、显色方法的灵敏度、样品迁移率的差异而有所不同。样品量过多时拖尾和扩散比较严重，不能获得最有效的分离。样品量太少时，将无法检出。

③点样方法：可分干点法和湿点法两种。

湿点法：先将滤纸用喷雾器均匀地喷上缓冲液，或将滤纸浸于缓冲液中，浸透后取出，夹在两普通滤纸中，轻压，将多余缓冲液吸去。缓冲液与干纸质量比为 1.2 : (1~2.5) : 1。然后架起滤纸，在纸上用点样管将样品画成长条形。注意画线要直，且粗细均匀，千万不可将滤纸画毛，损伤纸面。以湿点法点样品时，点的次数不宜多，因此，如果样品浓度较低时，必须事先浓缩。

干点法：将样品点于纸上，待第一次样品晾干，再点第二次。画线必须细直，粗细均匀，直到将所需要的样品全部点完为止。可用吹风机冷风加速干燥，而后小心地用喷雾器将滤纸两端喷湿，有样品处空出，让其缓冲液经扩散而自行湿润，或将滤纸除样品部分外浸于缓冲液中，放置片刻，样品部分靠毛细管作用而湿润，多余缓冲液可用普通滤纸吸去。

干点法和湿点法各有利弊，干点法虽然在点样过程中起浓缩作用，但点的次数多时，纸面容易受损，样品干坏。湿点法虽不宜用作稀的样品，却可保持样品的天然状态。

点样前，可用废滤纸条先以水代替样品进行练习，当操作熟练后再正式点样。

（4）电泳　将滤纸架放入电泳槽中，标有正号的一端应放在正极槽内，负号的一端放在负极槽内，并把滤纸条拉紧，使其成为平面，避免中间下垂。

盖上玻璃盖，关闭电泳槽中间活塞，检查好线路。然后打开电源开关，调整电压到 250V 左右，并观察或测量其电流数值，记下通电时间。

为了计算迁移率，要用万用电表测量滤纸的有效长度两端的实际电压，记下读数。

（5）烘干　通电 0.5h 后，关闭电源开关，在滤纸与溶液交界处作上记号（以便测量长度 L），然后将滤纸条由滤纸架上取下，分别平插在具有两排细针的木架上（图 1-10）放入 105℃烘箱中烘干 15min；或吹干。

图 1-10　滤纸示意图

（6）染色　用喷雾器对滤纸均匀喷洒显色剂。

（7）吹干至出现斑点。

五、结果与讨论

绘出结果图，指出各斑点的氨基酸酸碱性质并说明你判断的依据。

六、注意事项

在纸电泳中，由于滤纸常含有一定量的氨基而带负电荷，使其与纸相接触的水溶液带正电荷，使液体向负极移动。此时，粒子实际电泳的速度是粒子本身电泳速度与由于水溶液移动而产生电渗速度的迭加。因此，若粒子原来向负极移动，则表面速度将比电泳速度快；若原来向正极移动，则表面速度将比电泳速度慢。所以，中性物质有时在电场中也可能向负极移动。

思考题

纸电泳分离物氨基酸的原理是什么？

参考文献

[1] 王镜岩，朱圣庚，徐长法. 生物化学[M]. 北京：高等教育出版社，2002.

[2] 李巧枝，程绎南. 生物化学实验技术[M]. 北京：中国轻工业出版社，2010.

内容三　DNS-Cl 法测定 N 末端氨基酸

用于 N 末端分析的方法很多，下面介绍几种最常用的方法。

1. 二硝基氟苯（DNFB）法

多肽或蛋白质的游离末端-NH₂ 与 DNFB（称 Sanger 试剂）反应后，生成二硝基苯酚（DNP）-多肽或 DNP-蛋白质。由于 DNFB 与氨基形成的键对酸水解远比肽键稳定，因此 DNP-多肽经酸水解后，只有 N 末端氨基酸为黄色 DNP-氨基酸衍生物，其余的都是游离氨基酸。只要鉴别所生成的 DNP-氨基酸，便可得知多肽链的 N 末端残基。虽然多肽侧链上的 ε-NH₂、酚-OH 等也能与 DNFB 反应，但生成的侧链 DNP 衍生物，如 α-DNP 赖氨酸当用有机溶剂（如乙酸乙酯）抽提时将与游离氨基酸一起留在水相，因而容易和 α-DNP 氨基酸区分开来。待分析的 DNP-氨基酸可用纸层析、薄层层析或 HPLC 进行分离鉴定和定量测定。

2. 丹磺酰氯（DNS）法

丹磺酰氯（dansyl chloride, DNS）是 5-(二甲氨基) 萘-1-磺酰氯的简称。此方法的原理与 DNFB 法相同。只是用 DNS 代替 DNFB 试剂。由于丹磺酰基具有强烈的荧光，灵敏度比 DNFB 法高 100 倍，并且水解后的 DNS-氨基酸不需要提取，可直接用纸层析或薄层层析加以鉴定。

3. 苯异硫氰酸酯（PITC）法

多肽或蛋白质的末端氨基也和氨基酸的 α-氨基一样能与 PITC（Edman 试剂）作用，生成苯氨基硫甲酰多肽或蛋白质，简称苯氨基硫甲酰（PTC）-多肽或蛋白质。后者在酸性有机溶剂中加热时，N 末端的 PTC-氨基酸发生环化，生成苯乙内酰硫脲的衍生物并从肽链上掉下来，除去 N 末端氨基酸后剩下的肽链仍然是完整的，因为 PTC 基的引入只使第一个键的稳定性降低。反应液中代表 N 末端残基的苯基海硫因（PTH）-氨基酸，经有机溶剂抽提干燥后，可用薄层层析（如硅胶薄膜或聚酰胺薄膜等）、气相色谱或高效液相色谱等进行鉴定。

4. 氨肽酶法

氨肽酶（amino peptidase）是一类肽链外切酶（exopeptidase）或称作外肽酶，它们能从多肽链的 N 末端逐个地向里切。根据不同的反应时间测出酶水解所释放的氨基酸种类和数量，按反应时间和残基释放量作动力学曲线，就能知道该蛋白质的 N 末端残基序列。实际上，此法用于测定 N 末端和末端残基序列有许多困难，因为酶对各种肽键敏感性不一样，常常难以判断哪个残基在前，哪个残基在后。

由于荧光试剂二甲氨基茶磺酰氯（dansyl-Cl，DNS-Cl）方法测定 N 末端氨基酸相对其他方法具有灵敏度高，操作简单，实验中所得的 DNS-氨基酸更稳定，且耐酸水解等优点。所以本实验采用 DNS-Cl 法测定 N 末端氨基酸。

一、实验目的

（1）掌握 DNS-Cl 法测定 N 末端氨基酸的原理和方法。

（2）掌握用聚酰胺薄膜分析和鉴定 DNS-氨基酸的方法。

二、实验原理

DNS-Cl 在碱性条件下与氨基酸（肽或蛋白质）的氨基结合成带有荧光的 DNS-氨基酸（DNS-肽或 DNS-蛋白质）DNS-肽和 DNS-蛋白质再经酸水解可释放出 DNS-氨基酸，其反应式如图 1-11 所示。

DNS-Cl 能与所有的氨基酸生成具荧光的衍生物，其中，赖氨酸、组氨酸、酪氨酸、天冬酰胺等氨基酸可生成双 DNS 氨基酸衍生物。这些衍生物相当稳定，可用于蛋白质的氨基酸组成的微量分析，灵敏度可达 $10^{-10} \sim 10^{-9}$ mol 水平，比茚三酮法高 10 倍以上，比过去常用的 FDNB 法高 100 倍。将 PITC 法和 DNS 法结合起来（称为 PITC-DNS 法）应用于蛋白质结构的序列分析工作，可以提高 PITC 法的灵敏度及其分析速度。DNS-氨基酸衍生物在 6mol/L 盐酸中 105℃水解 22 h，除 DNS-色氨酸全部被破坏，DNS-脯氨酸（77%）、丝氨酸（35%）、甘氨酸（18%）、丙氨酸（7%）部分被破坏外，其余 DNS-氨基酸很少被破坏。故 DNS 法可用于蛋白质和肽的氨基酸组成和 N 末端分析。

DNS-Cl 与蛋白质的侧链基团巯基、咪唑基、ε-氨基和酚羟基反应，前两者在酸碱条件下均不稳定，酸水解时完全破坏；DNS-ε-赖氨酸和 DNS-O-酪氨酸较稳定，同时还有 DNS-双-赖氨酸和 DNS-双-酪氨酸生成，展层后在层析图谱的位点上，都与 DNS-α-氨基酸有区别。

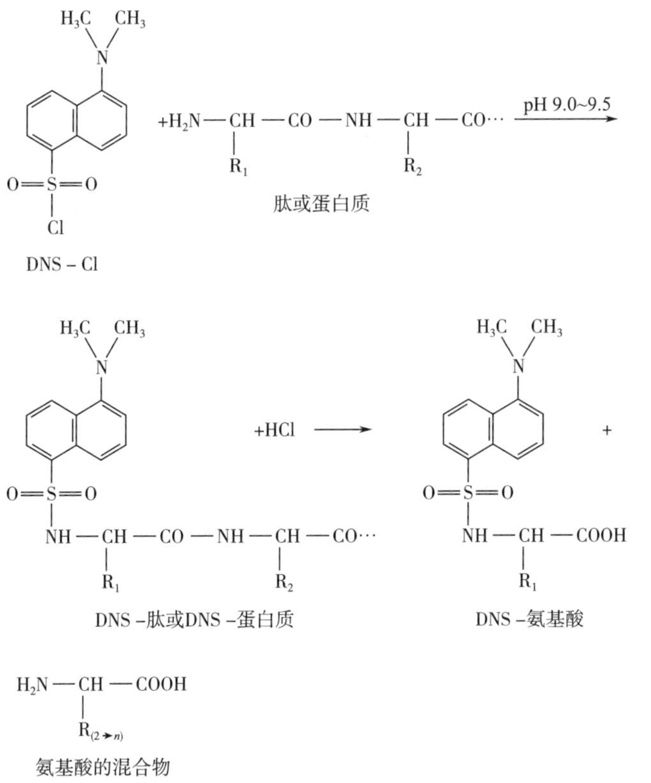

图 1-11　DNS-Cl 反应

DNS-Cl 在 pH 过高时，水解产生副产物 DNS-OH（图 1-12）。

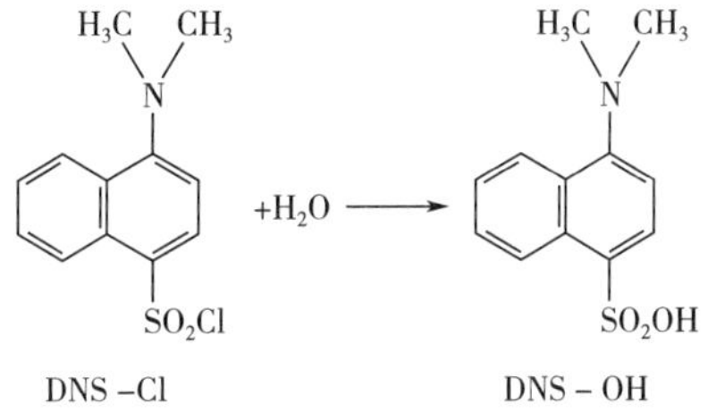

图 1-12　DNS-Cl 水解反应

在 DNS-Cl 过量时，会产生 DNS-NH_2。DNS-氨基酸在紫外光照射下呈现黄色荧光，而 DNS-OH 和 DNS-NH_2 产生蓝色荧光，可彼此区分开（图 1-13）。

DNS-氨基酸在酸性条件下（pH 2~3）一般都可被乙酸乙酯抽提，然后取乙酸乙酯层点样层析，这样大量 DNS-Cl 的反应副产物 DNS-OH 可留于水相，干扰因素减少，所得层析图谱清晰。但若是 DNS-精氨酸、DNS-天冬氨酸、DNS-谷氨酸、DNS-苏氨酸、DNS-丝氨酸，则它们大部分或部分留于水相，往往会被遗漏，而导致得出错误结论。这时可将样品浓缩干，用甲醇直接溶解后点样，由于上述 DNS-氨基酸的层析位置都位于 DNS-OH 的右侧，影响不大，这一点在测定多肽或蛋白质的 N 末端时要特别注意。

DNS-氨基酸可用聚酰胺薄膜层析法进行分离和鉴定，在薄膜上检测灵敏度为 $0.01\mu g$

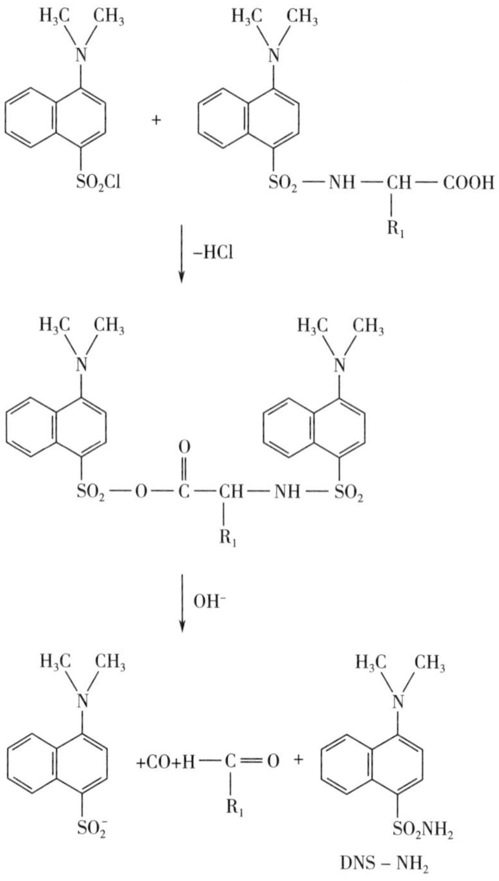

图 1-13　DNS-Cl 过量反应

（相当于 10^{-10} mol）。聚酰胺薄膜层析是 1966 年后发展起来的一种新层析技术。由于它具有灵敏度高、分辨率强、快速、操作方便等优点，已被广泛应用于各种化合物的分析。在用于分析测定氨基酸衍生物方面超过了过去使用的纸层析、纸电泳、硅胶薄板层析等方法。

聚酰胺（polyamide）是一类称为锦纶或尼龙的化学纤维原料，此类高分子物质含有大量的酰胺基团，故统称为聚酰胺。酰胺基团能同酚类、酸类、醌类以及硝基化合物等极性物质形成氢键。聚酰胺对被分离物质吸附能力的大小取决于二者之间氢键的强弱。在层析中，展层溶剂与被分离物质在聚酰胺表面竞相形成氢键。选择适当的展层溶剂，可使被分离物质在溶剂与聚酰胺表面之间的分配系数有较大差异，经过吸附与解吸附的展层过程，就会形成一个分离顺序，达到离析的目的。聚酰胺固定于涤纶片基或其他载片上而形成一种质地均匀紧密的多孔薄膜结构即聚酰胺薄膜。

三、实验材料、仪器与试剂

1. 材料

猪胰岛素。

2. 仪器

（1）聚酰胺薄膜　可以反复使用，层析后用丙酮和 25%～28% 浓氨水（9∶1，体积比），或用丙酮和 90% 甲酸（9∶1，体积比）浸泡 6 h。把污物洗去，再用甲醇洗涤，晾干后使用。

（2）小干燥器或小钟罩、真空干燥器、具塞磨口试管（5mL）及指形样品管、毛细管、水解管、烘箱、紫外灯、细长滴管。

3. 试剂

（1）6mol/L 盐酸溶液。

（2）0.2mol/L 碳酸氢钠水溶液。

（3）DNS-Cl 溶液　取 25mg DNS-Cl 溶于 10mL，丙酮中。

（4）溶剂系统 a　甲酸（85%～90%）∶水 = 1.5∶100（体积比）。

（5）溶剂系统 b　苯∶乙酸 = 9∶1（体积比）。

（6）标准 Gly（2.3mg/mL）和标准 Phe（4.6mg/mL），均用 0.2mol/L 碳酸氢钠缓冲液配制。

四、实验步骤

（1）标准 DNS-氨基酸的制备　称取 0.2～0.3mg 标准氨基酸溶于 0.5mL，0.2mol/L 碳酸氢钠溶液中，取 0.1mL 加入细长的小试管中，加入 0.1mL DNS-Cl 丙酮溶液，用 1mol/L 的氢氧化钠溶液调其 pH 达 9.5～10.5，用胶布封住试管口，室温（20～25℃）放置 3~4 h。反应毕，用电吹风热风吹除丙酮，用 1mol/ L 的盐酸溶液调其 pH 至 2.0~3.0，加入乙酸乙酯，摇匀，静止分层后，在上层的乙酸乙酯溶液中含有标准 DNS-氨基酸。对于测定胰岛素的 N 末端氨基酸，可制备 DNS-Gly 及 DNS-Phe。

（2）DNS-胰岛素的制备及水解　取 30μL 胰岛素溶液置水解管中，加入 30μL DNS-Cl 丙酮溶液，用封口膜封口，37℃ 保温 1 h。反应完毕后，用水泵抽气抽去丙酮，加入 100μL 6mol/L 盐酸，使盐酸的终浓度为 6mol/L。水解管在抽真空情况下，用煤气灯封口，置 110℃ 恒温箱保温 16~18 h。开管，将水解管置于沸水浴上用水泵抽气抽去盐酸，直至盐酸完全挥发干净。再加 2~3 滴蒸馏水溶解，水浴蒸干，重复 2 次，以除尽盐酸。最后加 1~2 滴乙酸乙酯，溶解样品。

（3）DNS-氨基酸的聚酰胺薄膜层析

①聚酰胺薄膜的选择：7cm×7cm，质地均匀的薄膜。

②点样：用一端平齐的毛细管取样点在左下角距两边各为 1cm 处，样点直径不超过 2mm，若需多次点样，需在第一次样品吹干后再点第二次。用铅笔或在薄膜的水平方向作展层第 I 相的记号 I，再在垂直方向作展层第 II 相的记号 II。

③展层：准备几个小密闭容器，如干燥器，再准备几个小培养皿，放入各个密闭容器中，调成水平。向每个小培养皿中各倒入约 6mL 的展层溶剂，使溶剂的高度不超过 3mm。将容器密闭，使溶剂蒸汽在容器内达到饱和。

将点好样的聚酰胺薄膜 I 方向朝上，光面朝外，聚酰胺面向内，箍一个尼龙条圈或照相底片圈（用 1mol/L 氢氧化钠溶液煮过），垂直放入盛有溶剂系统 a 的小培养皿内，盖上容器盖子,此时溶剂沿薄膜上移,进行层析。待溶剂前沿距顶端约 0.5cm 时,取出薄膜,用电吹风充分吹干。然后将薄膜改换成Ⅱ的方向向上,在溶剂系统 b 中进行第Ⅱ相层析。

本实验每人可以做 3 张聚酰胺薄膜的双相层析。

第一张:胰岛素 DNS 化样品。

第二张:标准 DNS-Gly 和 DNS-Phe 样品。

第三张:胰岛素 DNS 化样品加上标准 Phe 和 DNS-Gly 化样品。即在胰岛素 DNS 化样品点样后,吹干,在此位置上,重叠点上 Phe 和 DNS-Gly 化样品。

五、结果与讨论

将吹干后的薄膜置于 254nm 或 256nm 的紫外线灯下观察,用铅笔圈出 DNS 化氨基酸所显示的荧光斑点,对上面 3 张图谱进行对比,确定出胰岛素的 N 末端氨基酸。

六、注意事项

(1)样品水解必须完全。水解后,样品管中的盐酸必须尽可能除尽,否则将影响点样及层析。

(2)点样用毛细管,管口要磨平,以避免点样时损坏薄膜。点样斑点直径以 1~2mm 为宜,点样后用冷风吹干,再继续点样,直至点样量满足要求。即在紫外线(UV)灯下,可见明显黄色荧光斑点。

(3)溶剂系统 b 层析前,务必将薄膜充分吹干,否则在Ⅱ相层析时溶剂不能上行,分离效果不好。

(4)层析所用器材必须干燥,溶剂系统配制要正确。

(5)第Ⅰ相层析后,可在 UV 灯下检查分离效果,但动作要快,避免生成 DNS-磺酸式副产物。

思考题

1. DNS-Cl 法测定 N 末端氨基酸具有哪些优点?

2. DNS-Cl 法则定 N 末端氨基酸时可能出现哪些副反应?

3. DNS-Cl 法测定 N 末端氨基酸需注意哪些事项?

参考文献

[1]滕利荣,孟庆繁. 生物学基础实验教程[M]. 3 版. 北京:科学出版社,2008.

[2]陈钧辉,李俊. 生物化学实验[M]. 3 版. 北京:科学出版社,2003.

内容四 甲醛滴定法测定氨基酸含量

一、实验目的

掌握甲醛滴定法测定氨基酸含量的原理和操作要点。

二、实验原理

氨基酸是两性电解质，在水溶液中有如下平衡：

$$H_3N^+—R—COO^- \Leftrightarrow H_2N—R—COO^- + H^+$$

—NH_3^+是弱酸，完全解离时 pH 为 11～12 或更高，若用碱滴定—NH_3^+所释放的 H^+来测量氨基酸，一般指示剂变色域小于 10，很难准确指示终点。

常温下，甲醛能迅速与氨基酸的氨基结合，生成羟甲基化合物，使上述平衡右移，促使—$NH—+_3$释放 H^+，使溶液的酸度增加，滴定终点移至酚酞的变色域内（pH 9.0 左右）。因此，可用酚酞作指示剂，用标准氢氧化钠溶液滴定。

$$R—CH（COO^-）—NH_3^+ \Leftrightarrow R—CH（COO^-）—NH_2 + H^+ \xrightarrow{NaOH} 中和$$

$$R—CH（COO^-）—NH_2 \xrightarrow{HCHO} R—CH（COO^-）—NHCH_2OH \xrightarrow{HCHO}$$

$$R—CH（COO^-）—N（CH_2OH）_2$$

如样品为一种已知的氨基酸，从甲醛滴定的结果可算出氨基氮的含量（脯氨酸与甲醛作用生成不稳定的化合物，使滴定毫升数偏低。酪氨酸的滴定毫升数偏高）。如样品是多种氨基酸的混合物，如蛋白质水解液，则滴定结果不能作为氨基酸的定量依据。但此法简便快速，常用来测定蛋白质的水解程度。随水解程度的增加滴定值也增加，滴定值不再增加时，表示水解作用已完全。

三、实验材料、仪器与试剂

1. 材料

甘氨酸。

2. 仪器

25mL 锥形瓶、3mL 微量滴定管、吸管。

3. 试剂

（1）0.1mol/L 标准甘氨酸溶液 300mL　准确称取 750mg 甘氨酸，溶解后定容至 100mL。

（2）0.1mol/L 标准氢氧化钠溶液 500mL　（标准氢氧化钠溶液应在使用前标定，并在密闭瓶中保存。不可使用隔日贮存在微量滴定管中的剩余氢氧化钠。）

（3）酚酞指示剂 20mL。

（4）0.5%酚酞的 50%乙醇溶液 100mL。

（5）中性甲醛溶液 400mL　在 50mL 36%～37%分析纯甲醛溶液中加入 1mL 0.1%酚酞乙醇水溶液，用 0.1mol/L 氢氧化钠溶液滴定到微红，贮存于密闭的玻璃瓶中。此试剂在临用前配制。如已放置一段时间，则使用前需重新中和。

四、实验步骤

（1）取 3 个 25mL 的锥形瓶，编号。向 1、2 号瓶内各加入 2mL，0.1mol/L 的标准甘氨酸溶液和 5mL 水，混匀。向 3 号瓶内加入 7mL 水。然后向 3 个瓶中各加入 5 滴酚酞指示剂，混匀后各加 2mL 甲醛溶液，再混匀，分别用 0.1mol/L 标准氢氧化钠溶液滴定至溶液显微红色。

重复以上实验两次，记录每次每瓶消耗标准氢氧化钠溶液的体积（mL）。取平均值，计算甘氨酸氨基氮的回收率，如式（1-7）所示。

$$甘氨酸氨基氮回收率（\%）= \frac{实际测得量}{加入理论量} \times 100\%$$ (1-7)

式（1-7）中实际测得量为滴定 1、2 号瓶耗用的标准氢氧化钠溶液体积（mL）的平均值与 3 号瓶耗用的标准氢氧化钠溶液体积（mL）之差乘以标准氢氧化钠的物质的量浓度，再乘以 14.008。2mL 乘以标准甘氨酸的物质的量浓度再乘以 14.008，即为加入理论量的毫克数。

（2）取未知浓度的甘氨酸溶液 2mL，依上述方法进行测定，平行做几份，取平均值。计算每毫升甘氨酸溶液中含有氨基氮的毫克数，如式（1-8）所示。

$$氨基氮（mg/mL）= \frac{(A-B) \times c_{NaOH} \times 14.008}{2}$$ (1-8)

式中　A——滴定待测液耗用标准氢氧化钠溶液的平均体积，mL；

　　　B——滴定对照液（3 号瓶）耗用标准氢氧化钠溶液的平均体积，mL；

　　　c_{NaOH}——标准氢氧化钠溶液的真实物质的量浓度，mol/L。

五、结果与讨论
记录实验结果。

六、注意事项
利用甲醛滴定法可以用来测定蛋白质的水解程度。随着蛋白质水解度的增加，滴定值也增加，当蛋白质水解完成后，滴定值不再增加。

思考题

选用酚酞指示剂，为什么滴定的是氨基？

参考文献
[1]魏群. 基础生物化学实验[M]. 3 版. 北京：高等教育出版社，2009.

[2]滕利荣，孟庆繁. 生物学基础实验教程[M]. 3 版. 北京：科学出版社，2008.

[3]陈钧辉，陶力，李俊，等. 生物化学实验[M]. 3 版. 北京：科学出版社，2003.

实验六　凝胶过滤层析测定蛋白质的分子质量（Mr）

一、实验目的
（1）了解凝胶过滤层析的原理及其应用。

（2）通过测定蛋白质分子质量的训练，初步掌握凝胶层析技术。

二、实验原理

凝胶层析又称排阻层析、凝胶过滤、渗透层析或分子筛层析等。它广泛应用于分离、提纯、浓缩生物大分子及脱盐、去热源等，而测定蛋白质的分子质量也是它的重要应用之一。凝胶是一种具有立体网状结构且呈多孔的不溶性珠状颗粒物质。用它来分离物质，主要是根据多孔凝胶对不同半径的蛋白质分子（近于球形）具有不同的排阻效应实现的，亦即它是根据分子大小这一物理性质进行分离纯化的。对于某种型号的凝胶，一些大分子不能进入凝胶颗粒内部而完全被排阻在外，只能沿着颗粒间的缝隙流出柱外；而一些小分子不被排阻，可自由扩散，渗透进入凝胶内部的筛孔，而后又被流出的洗脱液带走。分子越小，进入凝胶内部越深，所走的路程越长，故小分子最后流出柱外，而大分子先从柱中流出。一些中等大小的分子介于大分子与小分子之间，只能进入一部分凝胶较大的孔隙，亦即部分排阻，因此这些分子从柱中流出的顺序也介于大小分子之间。这样样品经过凝胶层析后，分子便按照从大到小的顺序依次流出，从而达到分离的目的。

对于任何一种被分离的化合物在凝胶层析柱中被排阻的范围均在 $0 \sim 100\%$ 之间，其被排阻的程度可以用有效分配系数 K_{av}（分离化合物在内水和外水体积中的比例关系）表示，K_{av} 值的大小和凝胶柱床的总体积（V_t）、外水体积（V_o）以及分离物本身的洗脱体积（V_e）有关，如式（1-9）所示。

$$K_{av} = (V_e - V_o) / (V_t - V_o) \tag{1-9}$$

在限定的层析条件下，V_t 和 V_0 都是恒定值，而 V_e 是随着分离物分子质量的变化而改变。分子质量大，V_e 值小，K_{av} 值也小。反之，分子质量小，V_e 值大，K_{av} 值大。

有效分配系数 K_{av} 是判断分离效果的一个重要参数，同时也是测定蛋白质分子质量的一个依据。在相同层析条件下，被分离物质 K_{av} 值差异越大，分离效果越好。反之，分离效果差或根本不能分开。在实际的实验中，我们可以实测出 V_t、V_0 及 V_e 的值，从而计算出 K_{av} 的大小。对于某一特定型号的凝胶，在一定的分子质量范围内，K_{av} 与 $\lg M_w$（M_w 表示物质的分子质量）成线性关系，如式（1-10）和式（1-11）所示。

$$K_{av} = -b \times \lg M_w + C \tag{1-10}$$

式中 b，C——常数。

同样可以得到：

$$V_e = -b' \times \lg M_w + C' \tag{1-11}$$

式中 b'，C'——常数。

即，V_e 与 $\lg M_w$ 也成线性关系。我们可以通过在一凝胶柱上分离多种已知分子质量的蛋白质后，并根据上述的线性关系绘出标准曲线，然后用同一凝胶柱测出其他未知蛋白质的分子质量。

三、实验材料、仪器与试剂

1. 材料

蛋白质样品。

2. 仪器

玻璃层析柱（20mm×60cm），恒流泵（或下口恒压贮液瓶），自动部分收集器，紫外分光光度计，100mL 试剂瓶，1000mL 量筒，50、100、250mL 烧杯，10mL（或 5mL）刻度试管。

3. 试剂

（1）标准蛋白质

牛血清白蛋白：$M_w = 67000$（上海生化所）。

鸡卵清清蛋白：$M_w = 45000$（美国 SIGMA 公司）。

胰凝乳蛋白酶原 A：$M_w = 24000$（美国 SIGMA 公司）。

溶菌酶：$M_w = 14300$。

（2）0.025mol/L KCl-0.1mol/L HAc（乙酸）洗脱液 1000mL。

（3）蓝色葡聚糖-2000

四、实验步骤

（1）凝胶的溶胀　称取 7g Sephadex G-75 于 250mL 烧杯中加入洗脱液 100mL，沸水浴溶胀 4~6h（可去除颗粒内部的空气及灭菌），反复倾泻去掉细颗粒，然后减压抽气去除凝胶孔隙中的空气。

（2）装柱

①取洁净的玻璃层析柱垂直固定在铁架台上。

②凝胶柱总体积（V_t）的测定　在距柱上端约 5cm 处作一记号，关闭柱出水口，加入去离子水，打开出水口，液面降至柱记号处即关闭出水口，然后用量筒接收柱中去离子水（水面降至层析柱玻璃筛板），读出的体积即为柱床总体积 V_t，也可以最后走完未知蛋白质后再测定 V_t。

③在柱中注入洗脱液（约 1/3 柱床高度），将凝胶浓浆液缓慢倾入柱中，待凝胶沉积 1~2cm 高度后打开出水口，流速一般用 3~6mL/10min。胶面上升到柱记号处则装柱完毕，注意装柱过程中凝胶不能分层。然后关闭出水口，静置片刻，等凝胶完全沉降，则接上恒流泵，用 1~2 倍床体积的洗脱液平衡柱子，使柱床稳定。

（3）V_0 的测定　吸去柱上端的洗脱液（切不要搅乱胶面，可盖一张滤纸或尼龙网）。打开出水口，使残余液体降至与胶面相切（不要干），关闭出水口。用细滴管吸取 0.5mL（2mg/mL）蓝色葡聚糖-2000，小心地绕柱壁一圈（距胶面 2mm）缓慢加入，然后迅速移至柱中央慢慢加入柱中，打开出水口开始收集，等溶液渗入胶床后，关闭出水口，用少许洗脱液加入柱中，渗入胶床后，柱上端再用洗脱液充满后用 3mL/10min 的速度开始洗脱。最后做出洗脱曲线。收集并量出从加样开始至洗脱液中蓝色葡聚糖浓度最高点的洗脱液体积，即为 V_0 [注意：蓝色葡聚糖洗下来之后，还要用洗脱液（1~2 倍床体积）继续平衡一段时间，以备下步实验使用]。

（4）标准曲线的制作

①用洗脱液配制标准蛋白质溶液，溶液中四种蛋白质的浓度各为牛血清白蛋白（2.5mg/mL）、鸡卵清清蛋白（6.0mg/mL）、胰凝乳蛋白酶原 A（2.5mg/mL）和溶菌酶（2.5mg/mL）。

②按（3）的操作方法加入上述标准蛋白质溶液（0.5~1mL），以 1.5mL/5min 的速度洗脱并收集洗脱液。

③用紫外分光光度计逐管测定 A_{280}，并确定各种蛋白质的洗脱峰最高点，然后量出各种蛋白质的洗脱体积 V_e。由于每管只收集了 1.5mL 洗脱液，量比较少，因此比色时要加入一定量的洗脱液进行测定（一般的比色杯可装 3mL 溶液）。当然，也可以用微量比色杯进行测定。

④以 A_{280} 为纵坐标，V_e 为横坐标画出标准蛋白质的洗脱曲线。

⑤以 K_{av} 为纵坐标，lgM_w 为横坐标作图画出一条标准曲线。

⑥以 V_e 为纵坐标，lgM_w 为横坐标作图画出一条标准曲线。

五、结果与讨论

未知蛋白质分子质量的测定：测定方法同标准曲线制作的①②③步相同，然后在标准曲线上查得 lgM_w，其反对数便是待测蛋白质的分子质量。实验完毕后，将凝胶全部回收处理，以备下次实验使用，严禁将凝胶丢弃或倒入水池中。

六、注意事项

（1）根据层析柱的容积和所选用的凝胶溶胀后柱床容积，计算所需凝胶干粉的质量，以将用作洗脱剂的溶液使其充分溶胀。

（2）层析柱粗细必须均匀，柱管大小可根据试剂需要选择。一般来说，细长的柱分离效果较好。若样品量多，最好选用内径较粗的柱，但此时分离效果稍差。柱管内径太小时，会发生"管壁效应"，即柱管中心部分的组分移动慢，而管壁周围的移动快。柱越长，分离效果越好，但柱过长，实验时间长，样品稀释度大，分离效果反而不好。

对于脱盐的柱一般都是短而粗的，柱长（L）/直径（D）<10；对分级分离用的柱，L/D 值可以比较大，对很难分离的组分可以达到 $L/D = 100$，一般选用内径为 1cm，柱长 100cm 就够了。

（3）装柱要均匀，不要过松也不要过紧，最好也在要求的操作压下装柱，流速不宜过快，避免因此而压紧凝胶。但也不要过慢，使柱装得太松，导致在层析过程中，凝胶床高度下降。

（4）始终保持柱内液面高于凝胶表面，否则水分挥发，凝胶变干。

（5）用此方法测蛋白质的相对分子质量，受蛋白质形状的影响，并且测得的结果可能是聚合体的相对分子质量，因而还需用电泳等方法进一步验证相对分子质量测定结果。

 **思考题**

1. 某样品中含有 1mg A 蛋白质（Mr 10000u），1mg B 蛋白质（Mr 30000u），4mg C 蛋白质（Mr 60000u），1mg D 蛋白质（Mr 90000u），1mg E 蛋白质（Mr 120000u），采用 Sephadex G75（排阻上下限为 2000~70000u）凝胶柱层析，请指出各蛋白质的洗脱顺序。

2. 利用凝胶层析法分离混合样品时，怎样才能得到较好的分离效果？

3. 怎样计算各种蛋白质的相对含量？

☞ **参考文献**

[1]王秀奇,秦淑媛,高天慧,等.基础生物化学实验[M].2版.北京:高等教育出版社,1999.

[2]陈钧辉,陶力,李俊,等.生物化学实验[M].3版.北京:科学出版社,2003.

实验七　氨基移换反应的定性实验

一、实验目的

(1) 学习一种鉴定氨基移换作用的简便方法及其原理;

(2) 进一步掌握纸层析的原理和操作技术;

(3) 了解氨基移换作用在中间代谢中的意义。

二、实验原理

本实验利用纸上层析法,检查由谷氨酸和丙酮酸在谷丙转氨酶的作用下所生成的丙氨酸,证明组织内氨基移换作用。为了防止丙酮酸被组织中其他酶所氧化或还原,可加碘乙酸或溴乙酸抑制酵解作用或氧化作用。

三、实验材料、仪器与试剂

1. 材料

家兔。

2. 仪器

解剖刀、剪刀、镊子、解剖盘、表面皿、匀浆器、台秤、离心机、试管及试管架、恒温水浴、毛细玻璃管、直尺、铅笔、层析滤纸、电热鼓风干燥箱、培养皿、层析缸、小烧杯、钉书器、喷雾器。

3. 试剂

(1) 0.067mol/L磷酸缓冲液(pH 7.4)、1%谷氨酸溶液(用氢氧化钾中和至中性)、1%丙酮酸溶液(用氢氧化钾中和至中性)、0.1%碳酸氢钾溶液0.05%碘乙酸溶液、15%三氯乙酸溶液、标准丙氨酸溶液(0.1%)、标准谷氨酸溶液(0.1%)、0.1%水合茚三酮乙醇溶液。

(2) 酚溶剂　在大烧杯中,加蒸馏水40mL,再加入新蒸馏的无色苯酚150g在水浴中加热搅拌,混合至苯酚完全溶解。将该溶液倒入盛有100mL蒸馏水的500mL分液漏斗内,轻轻振荡混合,使其成为乳状液。静置7~10 h,乳状液变成两层透明的溶液,下层为被水饱和的酚溶液(即酚溶剂),放出下层,贮存在棕色试剂瓶中备用。

四、实验步骤

(1) 酶液的制备　将兔击晕,迅速解剖,取出肝脏,在低温条件下剪碎。用表面皿称取1.5g肝脏,放入匀浆器中,再加入3mL,磷酸缓冲液。研成匀浆后,倒入离心管中,在 2500r/min 的条件下，离心 5min，取上清液，即为制备的酶液。

（2）体外氨基移换反应　取 2 支试管，编号。向 1 号管中加入 15% 三氯乙酸溶液 10 滴和酶液 10 滴，混匀，静置 15min，作对照管。向 2 号管中加入酶液 10 滴，然后向 1、2 号管中各加入 1% 谷氨酸溶液 10 滴、1% 丙酮酸溶液 10 滴、0.1% 碳酸氢钾溶液 10 滴和 0.05% 碘乙酸溶液 5 滴，混匀，放入 37~40℃ 恒温水浴中保温 1.5~2 h。在保温过程中，将试管摇荡几次。保温完毕后取出试管，立即向 2 号管中加入 15% 三氯乙酸溶液 10 滴以沉淀蛋白质，终止酶促反应。将 2 支试管的内容物分别离心，2500r/min，5min。将上清液转移到试管中，用塞子塞紧，放置于低温处备用。

（3）纸上层析法检查　两人合用一张滤纸（宽 15cm，长 20cm），如图 1-14 所示，在其一端距边缘 1.5cm 处，用铅笔轻画一条与纸边平行的直线作为层析基线，在基线上每隔 2cm 用铅笔点一小点，共 9 点。点样时，将毛细管口轻轻触到滤纸上，使每种溶液分别形成直径为 2~3mm 的圆斑。为了有足够量的样品点在滤纸上，每种溶液应重复点 3~4 次。每次点样后，待自然风干（或用吹风机吹干），再点下一次，点样量应力求均匀相等。每人 4 个点和标准丙氨酸 1 个点。点样后，将滤纸卷成圆筒，用订书机将两端缝合，并留一宽缝，以免接触产生毛细现象。钉好后放入层析罩内，层析装置，如图 1-14 所示。

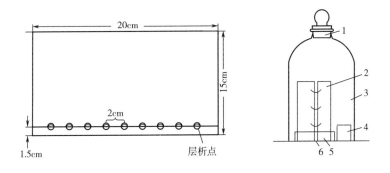

图 1-14　纸层析示意图
1—层析罩上口磨口塞　2—层析滤纸　3—层析罩　4—平衡溶剂　5—层析缸　6—培养皿

用被酚所饱和的水溶液，平衡 20min 后，用带小漏斗的玻璃管从层析罩上加饱和酚试剂 25mL 于层析缸内。然后，立即盖紧塞子，当溶剂前沿达到距滤纸上端约 2.5cm 处，取出滤纸，晾干。按前述方法显色。

五、结果与讨论
解释得到的层析图谱，计算各种氨基酸的 R_f 值。

六、注意事项
（1）点样时要避免手指或唾液等污染滤纸。

（2）点样斑点不能太大，直径应小于 0.3cm，防止层析后氨基酸斑点过度扩散和重叠。

（3）展层开始时切勿使样品点浸入溶剂中。

思考题

1. 什么叫氨基移换（或转氨基）作用？试说明该作用的特点及其在中间代谢中的意义。

2. 回顾所做过的生物化学实验，你对于了解生物体组织代谢实验的特点有什么认识和体会？

3. 氨基移换反应的定性实验需注意的事项有哪些？

参考文献

滕利荣，孟庆繁. 生物学基础实验教程[M]. 3 版. 北京：科学出版社，2009.

实验八　植物色素分离——薄层层析法

一、实验目的

学习薄层层析的基本原理及操作方法。掌握用硅胶 G 分离油脂中色素。

二、实验原理

硅胶对色素有一定的吸附，色素在混合溶剂（展层剂）中的分配系数不同，当展层剂通过油脂原点冰向前流动时，各色素由于吸附与解吸附速度差异和连续分配而被分开。

用标准色素定位可鉴定色素种类。

把色素斑点刮下溶解定容，可测定样品中色素含量。

三、实验材料、仪器与试剂

1. 材料

植物色素。

2. 仪器

玻璃板（4cm×15cm）、涂布器、毛细管、吹风机、烘箱、天平。

3. 试剂

（1）硅胶 G。

（2）展层剂（石油醚：乙醚＝92∶8）。

（3）植物色素　胡萝卜素（橙黄色）、叶黄素（黄色）、叶绿素 a（蓝绿色）、叶绿素 b（黄绿素）。

四、实验方法

（1）硅胶预处理（购买已处理过的硅胶）　500g 硅胶与 1000mL HCl（1∶1）一同浸泡数天，倾去上层清液，固体物用倾泻法水洗 3 次，最后抽滤，在漏斗上水洗至中性。再用 300mL 干燥的苯洗涤，在 120℃干燥。

（2）铺板　用水将硅胶（硅胶：水 = 1：2~3，稍微静置，用玻璃棒推平）在烧杯中调成糊状，立即倒入干净的玻璃板上，用涂布器涂层（后 0.25~1mm；玻棒涂布器沾水，朝一个方向），一定要平，120℃干燥（约 15min）。

（3）点样　在玻板一端 2cm 处用毛细管轻点 1 滴样品。

（4）展层　取烧杯倒入 1cm 深的展层剂，把玻板样点朝下、薄层朝上倾斜插入烧杯（加盖）。当溶剂前沿至顶端 1cm 时，取出。

（5）显色　热风烘干，观察。

（6）定量　略。

五、结果与讨论

移动由快到慢顺序为胡萝卜素（橙黄色）、叶黄素（黄色）、叶绿素 a（蓝绿色）、叶绿素 b（黄绿素）。

六、注意事项

薄层层析的 R_f 值受多种因素影响，即使严格按照实验要求做了，结果的重现性仍较差。因此，薄层定性时常与标准品一起点样进行对比分析。

思考题

1. 薄层板的涂布要求是什么？为什么要这样做？
2. 点样的要求是什么？为什么要这样做？
3. 展开前层析缸内空间为什么要用溶剂蒸汽预先进行饱和？
4. 在一定的操作条件下为什么可利用 R_f 值来鉴定化合物？
5. 在混合物薄层色谱中，如何判定各组分在薄层上的位置？
6. 展开剂的高度若超过了点样线，对薄层色谱有何影响？

☞ 参考文献

[1] 王镜岩，朱圣庚，徐长法. 生物化学[M]. 北京：高等教育出版社，2002.

[2] 李巧枝，程绎南. 生物化学实验技术[M]. 北京：中国轻工业出版社，2010.

实验九　卵磷脂的提取和鉴定

一、实验目的

掌握用乙醇作为溶剂提取卵磷脂的原理和方法。

二、实验原理

卵磷脂在脑、神经组织、肝、肾上腺和红细胞中含量较多，蛋黄中含量特别多。卵磷脂易溶于乙醇、乙醚等脂溶剂，可利用此溶剂提取。

新提取的卵磷脂为白色蜡状物，与空气接触后因所含不饱和脂肪酸被氧化而成黄褐色，卵磷脂中的胆碱基在碱性溶液中可分解成三甲胺，具有特殊的鱼腥味，可鉴别。

三、实验材料、仪器与试剂

1. 材料

鸡蛋黄。

2. 仪器

烧杯、漏斗、蒸发皿、水浴锅、试管、量筒。

3. 试剂

（1）95%乙醇。

（2）10%氢氧化钠溶液。

（3）丙酮。

四、实验步骤

（1）提取　于小烧杯内置蛋黄 2g，加入热 95% 乙醇 15mL，边加边搅，冷却，过滤，如滤液混浊，需重滤直到其完全透明。将滤液置蒸发皿内，于蒸汽浴上蒸干，残留物即卵磷脂。

（2）鉴定　取提取的卵磷脂少许，置试管内加 10% 氢氧化钠溶液 2mL，水浴加热，是否产生鱼腥味。另取一些卵磷脂溶于 1mL 乙醇中，添加 1~2mL 丙酮，观察变化。

五、结果与讨论

卵磷脂收率以式（1-12）计算。

$$卵磷脂收率 = \frac{卵磷脂粗品质量}{蛋黄质量} \times 100\% \tag{1-12}$$

六、注意事项

注意安全：本实验中的丙酮、乙醇均为易燃药品。

 **思考题**

1. 卵磷脂的主要生理功能有哪些？

2. 卵磷脂提取过程中加入热 95% 的乙醇的作用是什么？

3. 卵磷脂在食品工业的应用有哪些？

参考文献

[1]魏群. 基础生物化学实验[M]. 3 版. 北京：高等教育出版社，2009.

[2]滕利荣，孟庆繁. 生物学基础实验教程[M]. 3 版. 北京：科学出版社，2008.

[3]陈钧辉，陶力，李俊，等. 生物化学实验[M]. 3 版. 北京：科学出版社，2003.

—— 模块二 综合性实验 ——————————————

一、实验目的

掌握从菜花中分离核酸的方法，并对核糖核酸（RNA）、脱氧核糖核酸（DNA）做定性检定。

二、实验原理

用冰冷的稀三氯乙酸或稀高氯酸溶液在低温下抽提菜花匀浆，以除去酸溶性小分子物质，再用有机溶剂，如乙醇、乙醚等抽提，去掉脂溶性的磷脂等物质。最后用浓盐溶液（10%氯化钠溶液）和 0.5mol/L 高氯酸溶液（70℃）分别提取 DNA 和 RNA，再进行定性检定。

由于核糖和脱氧核糖有特殊的颜色反应，经显色后所呈现的颜色深浅在一定范围内和样品中所含的核糖和脱氧核糖的量成正比，因此可用此法来定性、定量测定核酸。

1. 核糖的测定

测定核糖的常用方法是苔黑酚［即 3,5-二羟甲苯法（orcinol 反应）］。当含有核糖的 RNA 与浓盐酸及 3,5-二羟甲苯在沸水浴中加热 10~20min 后，有绿色物产生，这是因为 RNA 脱嘌呤后的核糖与酸作用生成糠醛，后者再与 3,5-二羟甲苯作用产生绿色物质。

$$RNA+浓盐酸+苔黑酚 \xrightarrow{FeCl_3} 绿色复合物$$

DNA、蛋白质和黏多糖等物质对测定有干扰作用。

2. 脱氧核糖的测定

测定脱氧核糖的常用方法是二苯胺法。含有脱氧核糖的 DNA 在酸性条件下和二苯胺在沸水浴中共热 10min 后，产生蓝色。这是因为 DNA 嘌呤核苷酸上的脱氧核糖遇酸生成 ω-羟基-6-酮基戊醛，它再和二苯胺作用产生蓝色物质。

$$DNA+二苯胺试剂 \xrightarrow{100℃} 蓝色物质$$

此法易受多种糖类及其衍生物和蛋白质的干扰。

上述两种定糖的方法准确性较差，但快速、简便，能鉴别 DNA 与 RNA，是检定核酸、核苷酸的常用方法。

三、实验材料、仪器与试剂

1. 材料

新鲜菜花 1kg。

2. 仪器

恒温水浴、电炉、离心机、布氏漏斗装置、吸管、烧杯、量筒、剪刀。

3. 试剂

（1）95%乙醇 1000mL。

（2）丙酮 1000mL。

（3）5%高氯酸 1000mL。

（4）0.5mol/L 高氯酸溶液 100mL。

（5）10%氯化钠溶液 1000mL。

（6）粗氯化钠 500g。

（7）海砂 5g。

（8）二苯胺试剂 600mL　将 6g 二苯胺溶于 600mL 冰醋酸中，再加入 16.5mL 浓硫酸（置冰箱中可保存 6 个月。使用前，在室温下摇匀）。

（9）三氯化铁浓盐酸溶液 600mL　将 3mL 10%三氯化铁溶液（$FeCl_3 \cdot 6H_2O$ 配制）加入到 600mL 浓盐酸中。

（10）苔黑酚乙醇溶液 100mL　溶解 6g 苔黑酚于 100mL 95%乙醇中（冰箱保存 1 个月）。

四、实验步骤

（1）核酸的分离

①取菜花的花冠 20g，剪碎后置于研钵中，加入 20mL 95%乙醇和 400mg 海砂，研磨成匀浆。然后用布氏漏斗抽滤，弃去滤液。

②滤渣中加入 20mL 丙酮，搅拌均匀，抽滤，弃去滤液。

③再向滤渣中加入 20mL 丙酮，搅拌 5min 后抽干（用力压滤渣，尽量除去丙酮）。

④在冰盐浴中，将滤渣悬浮在预冷的 20mL 5%高氯酸溶液中。搅拌，抽滤，弃去滤液。

⑤将滤渣悬浮于 20mL 95%L 醇中，抽滤，弃去滤掖。

⑥滤渣中加入 20mL 丙酮，搅拌 5min，抽滤至干，用力压滤渣尽量除去丙酮。

⑦将干燥的滤渣重新悬浮在 40mL 10%氯化钠溶液中。在沸水浴中加热 15min。放置，冷却，抽滤至干，留滤液。并将此操作重复进行一次。将两次滤液合并（提取物一）。

⑧将滤渣重新悬浮在 20mL 0.5mol/L 高氯酸溶液中。加热到 70℃、保温 20min（恒温水浴）后抽滤，留滤液（提取物二）。

（2）RNA、DNA 的定性检定

①二苯胺反应：如表 1-10 所示。

表 1-10　　　　　　　　　　　　　　二苯胺反应

项　目	管　号		
	1	2	3
蒸馏水/mL	1	—	—
提取物一/mL	—	1	—

续表

项　　目	管　　号		
	1	2	3
提取物二/mL	—	—	1
二苯胺试剂/mL	2	2	2
放沸水浴中 10min 后的现象			

②苔黑酚反应：如表 1-11 所示。

表 1-11　　　　　　　　　　苔黑酚反应

项　　目	管　　号		
	1	2	3
蒸馏水/mL	1	—	—
提取物一/mL	—	1	—
提取物二/mL	—	—	1
三氯化铁浓盐酸溶液/mL	2	2	2
苔黑酚乙醇溶液/mL	0.2	0.2	0.2
放沸水浴中 10~20min 后的现象			

五、结果与讨论

提取物一、提取物二各主要含什么物质？

六、注意事项

(1) 溶液应从抽滤瓶上口倒出。

(2) 停止抽滤时先旋开安全瓶上的旋塞恢复常压然后关闭抽气泵。

思考题

1. 核酸分离时为什么要除去小分子物质和脂类物质？本实验是怎样除掉的？

2. 实验中呈色反应时 RNA 为什么能产生绿色复合物？DNA 产生蓝色物质？

参考文献

[1]魏群. 基础生物化学实验[M]. 3 版. 北京：高等教育出版社，2009.

[2]滕利荣，孟庆繁. 生物学基础实验教程[M]. 3 版. 北京：科学出版社，2008.

[3]陈钧辉，陶力，李俊，等. 生物化学实验[M]. 3 版. 北京：科学出版社，2003.

实验十一　酵母核糖核酸的分离及组分鉴定

一、实验目的
了解核酸的组分，并掌握鉴定核酸组分的方法。

二、实验原理
酵母核酸中 RNA 含量较多。RNA 可溶于碱性溶液，在碱提取液中加入酸性乙醇溶液可以使解聚的核糖核酸沉淀，由此即得到 RNA 的粗制品。

核糖核酸含有核糖、嘌呤碱、嘧啶碱和磷酸各组分。加硫酸煮沸可使其水解，从水解液中可以测出上述组分的存在。

三、实验材料、仪器与试剂
1. 材料

酵母粉 200g。

2. 仪器

乳钵、150mL 锥形瓶、水浴、量筒、漏斗、吸管、滴管、试管及试管架、烧杯、离心机。

3. 试剂

（1）0.04mol/L 氢氧化钠溶液 1000mL。

（2）酸性乙醇溶液 500mL　将 0.3mL 浓盐酸加入 30mL 乙醇中。

（3）95%乙醇 1000mL。

（4）乙醚 500mL。

（5）1.5mol/L 硫酸溶液 200mL。

（6）浓氨水 50mL。

（7）0.1mol/L 硝酸银溶液 50mL。

（8）三氯化铁浓盐酸溶液 80mL　将 2mL 10%三氯化铁溶液（用 $FeCl_3 \cdot 6H_2O$ 配制）加入到 400mL 浓盐酸中。

（9）苔黑酚乙醇溶液 10mL　溶解 6g 苔黑酚于 100mL 95%乙醇中（可冰箱保存 1 个月）。

（10）定磷试剂 50mL

①17%硫酸溶液：将 17mL 浓硫酸（相对密度 1.84）缓缓加入到 83mL 水中。

②2.5%钼酸铵溶液：将 2.5g 钼酸铵溶于 100mL 水中。

③10%抗坏血酸溶液：10g 抗坏血酸溶于 100mL 水中，贮于棕色瓶保存。溶液呈淡黄色时可用，如呈深黄或棕色则失效，需纯化抗坏血酸。

临用时将上述 3 种溶液与水按如下比例混合：

17%硫酸溶液：2.5%钼酸铵溶液：10%抗坏血酸溶液：水 = 1∶1∶1∶2（体积比）。

四、实验步骤

将 15g 酵母悬浮于 90mL 0.04mol/L 氢氧化钠溶液中，并在乳钵中研磨均匀。将悬浮液转移至 150mL 锥形瓶中。在沸水浴上加热 30min 后，冷却。离心（3000r/min）15min，将上清液缓缓倾入 30mL 酸性乙醇溶液中。注意要一边搅拌一边缓缓倾入。待核糖核酸沉淀完全后，离心（3000r/min）3min。弃去清液。用 95% 乙醇洗涤沉淀两次，乙醚洗涤沉淀一次后，再用乙醚将沉淀转移至布氏漏斗中抽滤。沉淀可在空气中干燥。

取 200mg 提取的核酸，加入 1.5mol/L 硫酸溶液 10mL，在沸水浴中加热 10min 制成水解液并进行组分的鉴定。

（1）嘌呤碱　取水解液 1mL 加入过量浓氨水，然后加入约 1mL 0.1mol/L 硝酸银溶液，观察有无嘌呤碱的银化合物沉淀。

（2）核糖　取 1 支试管加入水解液 1mL、三氯化铁浓盐酸溶液 2mL 和苔黑酚乙醇溶液 0.2mL。放沸水浴中 10min。注意溶液是否变成绿色，说明是否有核糖的存在。

（3）磷酸　取 1 支试管，加入水解液 1mL 和定磷试剂 1mL。在水浴中加热，观察溶液是否变成蓝色，说明磷酸是否存在。

注：从酵母中提取核酸部分可由两个学生共做 1 份。水解及组分鉴定部分由每个学生独立操作。

五、结果与讨论

观察有无嘌呤碱、核糖和磷酸等核糖核酸组分并分析原因。

六、注意事项

（1）离心机中对称放置。

（2）离心管装入样品后必须严格配平。

思考题

1. 如何得到高产量 RNA 的粗制品？
2. 本实验 RNA 组分是什么？怎样验证的？

参考文献

[1] 魏群. 基础生物化学实验 [M]. 3 版. 北京：高等教育出版社，2009.

[2] 王镜岩，朱圣庚，徐长法. 生物化学 [M]. 北京：高等教育出版社，2002.

[3] 陈钧辉，陶力，李俊，等. 生物化学实验 [M]. 3 版. 北京：科学出版社，2003.

模块三 设计研究性实验

实验十二 分光光度法测定某物质含量

内容一 721 分光光度计

721 分光光度计，适用于生物、食品、冶金、化工、机械等领域。它是目前国内企事业单位最常见、应用较广的一种可见分光光度计。721 型分光光度计其波长范围是 360~800nm，色散元件为三角棱形。

一、实验目的
掌握 721 分光光度计的原理和使用方法。

二、实验原理
光是一种电磁波，具有一定的波长和频率。可见光的波长范围在 400~760nm，紫外光为 200~400nm，红外光为 760~500000nm。可见光因波长不同呈现不同颜色，这些波长在一定范围内呈现不同颜色的光称单色光。太阳或钨丝等发出的白光是复合光，是各种单色光的混合光。利用棱镜可将白光分成按波长顺序排列的各种单色光，即红、橙、黄、绿、青、蓝、紫等，这就是光谱。有色物质溶液可选择性地吸收一部分可见光的能量而呈现不同颜色，而某些无色物质能特征性地选择紫外光或红外光的能量。物质吸收由光源发出的某些波长的光可形成吸收光谱，由于物质的分子结构不同，对光的吸收能力不同，因此每种物质都有特定的吸收光谱，而且在一定条件下其吸收程度与该物质的浓度成正比，分光光度法就是利用物质的这种吸收特征对不同物质进行定性或定量分析的方法。

在比色分析中，有色物质溶液颜色的深度决定于入射光的强度、有色物质溶液的浓度及液层的厚度。当一束单色光照射溶液时，入射光强度越强，溶液浓度越大，液层厚度越厚，溶液对光的吸收越多，它们之间的关系，符合物质对光吸收的定量定律，即 Lambert-Bear（朗伯-比尔，L-B）定律。根据 L-B 定律，溶液的吸光度（A）与溶液的浓度（c）的关系应是一条通过原点的直线，称为"标准曲线"。但事实上往往容易发生偏离直线的现象而引起误差，尤其是在高浓度时。这就是分光光度法用于物质定量分析的理论依据。

三、主要特点
721 分光光度计采用经典的光路系统和精良的制造工艺，使仪器的测试精度及稳定性较传统产品有很大的提高；广泛适用于冶金、化工、机械、医学、生物、农业、环保、教学等行业和领域。该仪器也是食品厂、饮用水厂办 QS 认证中的必备检验设备。

四、主要技术指标

波长范围：360~800nm。

波长精度：[（360~600）±3] nm；

　　　　　[（600~700）±6] nm；

　　　　　[（700~800）±8] nm。

透射比正确度：±2.5%。

五、注意事项

（1）该仪器应放在干燥的房间内，使用时放置在坚固平稳的工作台上，室内照明不宜太强。热天时不能用电扇直接向仪器吹风，防止灯泡灯丝发亮不稳定。

（2）使用本仪器前，使用者应该首先了解本仪器的结构和工作原理，以及各个操纵旋钮的功能。在未按通电源之前，应该对仪器的安全性能进行检查，电源接线应牢固，通电也要良好，各个调节旋钮的起始位置应该正确，然后再按通电源开关。

六、使用方法

721 型分光光度计其波长范围为 360~800nm，色散元件为三角棱形。

（1）仪器尚未接通电源时，电表的指针必须位于"0"刻线上，若不是这种情况，则可以用电表上的校正螺丝进行调节。检查仪器各调节钮的起始位置是否正确，接通电源开关，打开样品室暗箱盖，使电表指针处于"0"位，预热 20min 后，再选择需要的单色光波长和相应的放大灵敏度挡，用调"0"电位器调整电表为 T=0%。

（2）盖上样品室盖使光电管受光，推动试样架拉手，使参比溶液池（溶液装入 4/5 高度，置第一格）置于光路上，调节 100% 透射比调节器，使电表指针指 T=100%。

（3）重复进行打开样品室盖，调 0，盖上样品室盖，调透射比为 100% 的操作至仪器稳定。

（4）盖上样品室盖，推动试样架拉手，使样品溶液池置于光路上，读出吸光度值。读数后应立即打开样品室盖。

（5）测量完毕，取出比色皿，洗净后倒置于滤纸上晾干。各旋钮置于原来位置，电源开关置于"关"，拔下电源插头。

（6）放大器各档的灵敏度为："1"×1 倍；"2"×10 倍；"3"×20 倍，灵敏度依次增大。由于单色光波长不同时，光能量不同，需选不同的灵敏度挡。选择原则是在能使参比溶液调到 T=100% 处时，尽量使用灵敏度较低的挡，以提高仪器的稳定性。改变灵敏度挡后，应重新调"0"和"100"。

（7）空白档可以采用空气空白，蒸馏水空白或其他有色溶液中性吸光玻璃作陪衬。空白调节于 100% 处，能提高吸光度数以适应溶液的高含量测定。

内容二　二苯碳酰二肼分光光度法测定某物质的铬含量

一、实验目的

学习应用二苯碳酰二肼分光光度法测定某物质的铬含量。

二、实验原理

在酸性介质中，六价铬与二苯碳酰二肼（DPC）反应，生成紫红色络合物，于 540nm 处进行比色测定。本方法最低检出浓度范围为 $0.004\mu g/mL \sim 1.0mg/mL$，使用 10mm 比色皿。

三、水样的预处理

（1）一般清洁水样可直接用高锰酸钾氧化后测定。

（2）对含有大量有机物的水样需进行如下消化处理　取适量水样至于 150mL 烧杯中，加入 5mL HNO_3 和 3mL H_2SO_4，加热至冒白烟。如果溶液仍有颜色，再加入 5mL 硝酸重复上述操作至溶液清澈，冷却，用氨水中和溶液的 pH 至 $1 \sim 2$，移入 50mL 容量瓶中定容混匀。

四、实验步骤

（1）标准曲线绘制

①铬标准储备液：准确称取于 120℃ 下干燥 2 h 的 $K_2Cr_2O_7$ 基准物 0.0283g 于 100mL 烧杯中，用水溶解后转至 100mL 容量瓶，定容，摇匀。此时 Cr（Ⅵ）溶液浓度为 0.100mg/mL。

②铬标准操作溶液：用移液管移取铬贮备液 0.5mL 于 50mL 容量瓶中，稀释定容得到 $1.00\mu g/mL$ Cr（Ⅵ）溶液，临用时配置。

③标准曲线：在 7 支 50mL 比色管中，用移液管分别加入 0、0.5、1、2、4、7 和 10mL 的 $1.00\mu g/mL$ 铬标准液，浓度分别是 0、0.01、0.02、0.04、0.08、0.14、$0.2\mu g/mL$。稀释至标线，加入 0.6mL 硫酸（1∶1）摇匀，再加入 2mL 二苯碳酰二肼（DPCI）溶液（二苯碳酰二肼微溶于水，溶于热醇、丙酮），立即摇匀，静置 5min。以试剂空白为参比溶液，在 540nm 下测吸光度，绘制吸光度 A 对六价铬含量的标准曲线。

（2）待测物质铬含量的测定　以试剂空白为参比溶液，在 540nm 下测该物质吸光度，据 OD-C 曲线得出 Cr（Ⅵ）含量。

五、结果与讨论

计算如式（1-13）所示。

$$c = m/V \tag{1-13}$$

式中　c——Cr^{6+}含量，mg/L；

　　m——从标准曲线上查得的 Cr^{6+} 含量，μg；

　　V——水样的体积，mL。

六、注意事项

用于测定铬的玻璃器皿不应用重铬酸钾洗液洗涤。

思考题

二苯碳酰二肼试剂为什么需新鲜配制或贮入冰箱中？

☞ 参考文献

[1]魏群.基础生物化学实验[M].3版.北京：高等教育出版社，2009.

[2]滕利荣，孟庆繁.生物学基础实验教程[M].3版.北京：科学出版社，2008.

[3]陈钧辉，陶力，李俊，等.生物化学实验[M].3版.北京：科学出版社，2003.

实验十三　外界因素对酶活性的影响

内容一　温度对酶活性的影响

一、实验目的

（1）了解温度对酶活力的影响作用。

（2）学习定性测定唾液淀粉酶活性的简单方法。

二、实验原理

化学反应速率一般都受温度影响，反应速率随温度的升高而加快，但在酶促反应中，随着温度的升高，酶会因热变性而失活，从而使反应速率减慢，直至酶完全失活。因此在较低的温度范围内，酶促反应速率随温度升高而增大，超过一定温度后，反应速率反而下降，以反应速率对温度作图可得到一条钟形曲线，曲线的顶点对应的温度称为酶作用的最适温度（optimum temperature），此温度对应的酶促反应速率最大。大多数动物酶的最适温度为 $37 \sim 40℃$，植物酶的最适温度为 $50 \sim 60℃$。

低温能降低或抑制酶的活性，但不能使酶失活。

唾液淀粉酶是动物唾液中含有的一种有催化活性的蛋白质，可以催化淀粉水解为糊精、麦芽糖和葡萄糖。淀粉和可溶性淀粉遇碘呈蓝色，糊精按其分子的大小，遇碘可呈蓝色、紫色、暗褐色或红色，最简单的糊精遇碘不呈颜色，麦芽糖和葡萄糖遇碘也不呈色。在不同温度下，淀粉被唾液淀粉酶水解的程度（可反映酶活力的大小）可由水解混合物遇碘呈现的颜色来判断。

三、实验材料、仪器与试剂

1. 材料

淀粉、唾液。

2. 仪器

沸水浴、恒温水浴、冰浴、试管及试管架、量筒、滴管、微量移液器与吸头（或其他替代器具）。

3. 试剂

（1）溶于 3g/L 氯化钠的 2g/L 淀粉溶液 150mL　需新鲜配制。

（2）稀释 200 倍的唾液 50mL　用蒸馏水漱口，以清除食物残渣，再含一口蒸馏水，半分钟后使其流入量筒并稀释 200 倍（稀释倍数可根据个人唾液淀粉酶活性调整），混匀备用。

（3）碘化钾-碘溶液 50mL　将碘化钾 20g 及碘 10g 溶于 100mL 水中。使用前稀释 10 倍。

四、实验步骤

（1）实验设计　取 3 支试管，编号后按表 1-12 加入试剂。

表 1-12　　　　　　　　　　不同温度对唾液淀粉酶活性的影响　　　　　　单位：mL

项　　目	管　号		
	1	2	3
淀粉溶液	1.5	1.5	1.5
稀释唾液	1	1	—
煮沸过的稀释唾液	—	—	1

（2）实验安排　加入试剂摇匀后，将 1、3 号两试管放入 37℃ 恒温水浴中，2 号管放入冰水中。10min 后取出，并将 2 号管内液体取出一半，加入一个干净的试管，编号为 4 号管，用碘化钾-碘溶液来检验 1、2、3 号管内淀粉被唾液淀粉酶水解的程度，记录并解释结果。将 4 号管放入 37℃ 恒温水浴中保温 10min 后，再用碘化钾-碘溶液进行实验，记录并解释结果。

五、结果与讨论

不同温度对唾液淀粉酶活性的影响结果可填入表 1-13。

表 1-13　　　　　　　　　不同温度对唾液淀粉酶活性的影响结果

管号	呈现的颜色	解释结果
1		
2		
3		
4		

六、注意事项

（1）加入酶液后，要充分摇匀，保证酶液与全部淀粉液接触反应，得到理想的颜色梯度变化。

（2）取混合液前，应将试管内溶液充分混匀，取出试液后，立即放回试管中一起保温。

思考题

1. 唾液淀粉酶的最适温度是多少？

2. 低温对酶有什么影响？

3. 什么是酶的最适温度及其应用意义？

☞ **参考文献**

［1］魏群. 基础生物化学实验［M］. 3 版. 北京：高等教育出版社，2009.

［2］滕利荣，孟庆繁. 生物学基础实验教程［M］. 3 版. 北京：科学出版社，2008.

［3］陈钧辉，陶力，李俊，等. 生物化学实验［M］. 3 版. 北京：科学出版社，2003.

内容二　pH 对酶活力的影响

一、实验目的

了解 pH 对酶活力的影响。

二、实验原理

pH 对酶促反应速率的影响作用主要表现在以下几个方面：pH 过高或过低可导致酶高级结构的改变，使酶失活；pH 的改变可通过影响酶的可解离基团的解离状态来影响酶活性；pH 通过影响底物的解离状态以及中间复合物 ES 的解离状态影响酶促反应速率若其他条件不变，酶只有在一定的 pH 范围内才能表现催化活性，且在某一 pH 下，酶促反应速率最大，此 pH 称为酶的最适 pH（optimum pH）。各种酶的最适 pH 不同，但多数在中性弱酸性或弱碱性范围内，如植物和微生物所含的酶最适 pH 多为 4.5~6.5，动物体内酶最适 pH 多为 6.5~8.0。本实验观察 pH 对唾液淀粉酶活性的影响，唾液淀粉酶的最适 pH 约为 6.8。

三、实验材料、仪器与试剂

1. 材料

淀粉、唾液。

2. 仪器

恒温水浴、50mL 锥形瓶、滴管、烧杯、试管及试管架、量筒、白瓷调色板、微量移液器与吸头（或其他替代器具）、pH 试纸（pH＝5、pH＝5.8、pH＝6.8、pH＝8 四种）。

3. 试剂

（1）溶于 3g/L 氯化钠的 5g/L 淀粉溶液 250mL　需新鲜配制。

（2）稀释 200 倍的新鲜唾液 100mL。

（3）0.2mol/L 磷酸氢二钠溶液 600mL。

（4）0.1mol/L 柠檬酸溶液 400mL。

（5）碘化钾–碘溶液 50mL。

四、实验步骤

取 4 个标有号码的 50mL 锥形瓶，用微量移液器按表 1-14 添加 0.2mol/L 磷酸氢二钠溶液和 0.1mol/L 柠檬酸溶液以制备 pH 5.0~8.0 的 4 种缓冲液。

表 1-14　　　　　　　　　　不同 pH 对唾液淀粉酶活性的影响

锥形瓶号码	0.2mol/L 磷酸氢二钠/mL	0.1mol/L 柠檬酸/mL	pH
1	5.15	4.85	5.0
2	6.05	3.95	5.8
3	7.72	2.28	6.8
4	9.72	0.28	8.0

从 3 号锥形瓶中取缓冲液 3mL，加入一支试管中，添加淀粉溶液 2mL，混匀，置于 37℃恒温水浴中保温 5~10min，再加入稀释 200 倍的唾液 2mL，混匀，仍在 37℃恒温水浴中保温。此后每隔 1min 取出一滴混合液，置于白瓷调色板上，加 1 小滴碘化钾–碘溶液，检验淀粉的水解程度。待混合液变为棕黄色时，记下酶作用的时间（自加入唾液时开始，准确掌握该时间是实验成败的关键）。

从 4 个锥形瓶中各取缓冲液 3mL，分别加入 4 支已编号的试管中，随后于每个试管中添加淀粉溶液 2mL，置于 37℃恒温水浴中保温 5~10min，再加入稀释 200 倍的唾液 2mL，混匀，仍在 37℃恒温水浴中保温。向各试管中加入稀释唾液的时间间隔各为 1min。根据前期记录的酶作用的时间，向所有试管依次添加 1~2 滴碘化钾–碘溶液。添加碘化钾–碘溶液的时间间隔，从第 1 管起均为 1min。

观察各试管中物质呈现的颜色，分析 pH 对唾液淀粉酶活力的影响作用。

五、结果与讨论

不同 pH 对唾液淀粉酶活性的影响结果可填入表 1-15。

表 1-15　　　　　　　　　　不同 pH 对唾液淀粉酶活性的影响结果

管号	呈现的颜色	解释结果
1		
2		
3		
4		

六、注意事项

准确记录酶作用的时间。

思考题

什么是酶反应的最适 pH？对酶活性有何影响？

参考文献

[1]魏群.基础生物化学实验[M].3 版.北京：高等教育出版社,2009.

[2]滕利荣,孟庆繁.生物学基础实验教程[M].3 版.北京：科学出版社,2008.

[3]陈钧辉,陶力,李俊,等.生物化学实验[M].3 版.北京：科学出版社,2003.

内容三　唾液淀粉酶的活化和抑制

一、实验目的

了解激活剂与抑制剂对酶活力的影响。

二、实验原理

酶的活性受活化剂或抑制剂的影响。氯离子为唾液淀粉酶的活化剂，铜离子为其抑制剂。

三、实验材料、仪器与试剂

1. 材料

（1）0.1%淀粉溶液 1000mL。

（2）稀释 200 倍的新鲜唾液　自制。

2. 仪器

恒温水浴、试管及试管架。

3. 试剂

（1）1%氯化钠溶液 500mL。

（2）1%硫酸铜溶液 500mL。

（3）1%硫酸钠溶液 500mL。

（4）碘化钾–碘溶液 500mL。

四、实验步骤

唾液淀粉酶的活化和抑制情况，如表 1–16 所示。

表1-16　　　　　　　　　　　　唾液淀粉酶的活化和抑制

项　　目	管　号			
	1	2	3	4
0.1％淀粉溶液/mL	1.5	1.5	1.5	1.5
稀释新鲜唾液/mL	0.5	0.5	0.5	0.5
1％硫酸铜溶液/mL	0.5	—	—	—
1%氯化钠溶液/mL	—	0.5	—	—
1%硫酸钠溶液/mL	—	—	0.5	—
水/mL	—	—	—	0.5
37℃水浴，10min				
碘化钾-碘溶液/滴	3	3	3	3
现象				

五、结果与讨论

记录实验现象，解释实验结果，并说明实验中3号管的意义，填入表1-17。

表1-17　　　　　　　　　活化剂或抑制剂对酶活性的影响结果

管号	呈现的颜色	解释结果	3号管的意义
1			
2			
3			
4			

六、注意事项

各人唾液中淀粉酶的活力不同，故本实验需要先做一个唾液淀粉酶稀释度的确定实验，以确定最佳稀释度。

思考题

1. 何谓酶的最适pH和最适温度？

2. 说明底物浓度、酶浓度、温度和pH对酶反应速度的影响。

3. 作为一种生物催化剂，酶有哪些催化特点？

参考文献

［1］魏群.基础生物化学实验［M］.3版.北京：高等教育出版社，2009.

［2］滕利荣，孟庆繁.生物学基础实验教程［M］.3版.北京：科学出版社，2008.

［3］陈钧辉，陶力，李俊，等. 生物化学实验［M］. 3 版. 北京：科学出版社，2003.

内容四　酶的专一性

一、实验目的

了解不同的酶的专一性（对底物的选择性）。

二、实验原理

酶具有高度的专一性。本实验以唾液淀粉酶和蔗糖酶对淀粉和蔗糖的作用为例，来说明酶的专一性。

淀粉和蔗糖无半缩醛基，均无还原性，因此与 Benedict 试剂无呈色反应。淀粉水解为葡萄糖，蔗糖水解为果糖和葡萄糖，它们都有半缩醛基，为还原糖，与 Benedict 试剂共热，即产生红棕色 Cu_2O 沉淀。

唾液淀粉酶水解淀粉生成有还原性的麦芽糖，但不能催化蔗糖的水解。蔗糖酶能催化蔗糖水解产生还原性葡萄糖和果糖，但不能催化淀粉的水解。用 Benedict 试剂检查糖的还原性。

各种单糖和双糖中的麦芽糖、乳糖和纤维二糖，分子中含有自由醛基或酮基，具还原性，故称还原性糖。它能还原金属离子，如 Cu^{2+}、Ag^+ 等，常可用班氏试剂和多伦试剂做鉴定。班氏试剂 A 液中的硫酸铜溶液与 B 液中的无水硫酸钠和柠檬酸钠相遇，能产生可溶性的又略能离解出 Cu^{2+} 的柠檬酸铜。还原性糖在碱性溶液中能将 Cu^{2+} 还原成 Cu^+，Cu^+ 再与 OH^- 结合成黄色的 CuOH。加热后，CuOH 即变成红黄色的氧化亚铜（Cu_2O）沉淀，反应式如下：$2CuOH \longrightarrow Cu_2O + H_2O$。

柠檬酸钠可作为 Cu^{2+} 的络合剂，使之稳定溶解。鉴定反应的实质是 Cu^{2+} 有弱氧化性，能把葡萄糖氧化成葡萄糖酸：

$$Na_2CO_3 + 2H_2O \longrightarrow 2NaOH + H_2CO_3$$
$$CuSO_4 + 2NaOH \longrightarrow Cu(OH)_2 + Na_2SO_4$$

还原糖（—CHO 或 —C＝O）+ 2Cu(OH)$_2$ $\longrightarrow$ Cu$_2$O↓+ 2H$_2$O + 糖的氧化产物

↓　　　　↓　　　　　　　　↓

醛基　　酮基　　　　　砖红色或红色

三、实验材料、仪器与试剂

1. 材料

唾液、淀粉。

2. 仪器

恒温水浴、沸水浴、试管及试管架。

3. 试剂

（1）溶于 0.3% 氯化钠的 1% 纤维素溶液 500mL。

（2）溶于 0.3% 氯化钠的 1% 淀粉溶液（需新鲜配制）500mL。

（3）稀释新鲜唾液 100mL。

（4）Benedict 试剂 1000mL　无水硫酸铜 17.4g 溶于 100mL 热水中，冷却后稀释至 150mL。取柠檬酸钠 173g，无水碳酸钠 100g 和 600mL 水共热，溶解后冷却并加水至 850mL。再将冷却的 150mL 硫酸铜溶液倾入。本试剂可长久保存。

四、实验步骤

唾液淀粉酶的专一性，如表 1-18 所示。

表 1-18　　　　　　　　　　　　唾液淀粉酶的专一性

项　目	管　号					
	1	2	3	4	5	6
1%淀粉液/滴	4	—	4	—	4	—
1%纤维素/滴	—	4	—	4	—	4
稀释唾液/mL	1	1	—	—	—	—
煮沸 5min 的稀释唾液/mL	—	—	1	1	—	—
蒸馏水/mL	—	—	—	—	1	1
37℃水浴 15min						
Benedict 试剂/mL	1	1	1	1	1	1
沸水浴 2~3min						
现象						

五、结果与讨论

记录实验现象并解释实验结果，填入表 1-19。

表 1-19　　　　　　　　　　　　唾液淀粉酶的专一性结果

管号	现象	解释结果
1		
2		
3		
4		
5		
6		

六、注意事项

严格按照实验操作先后顺序进行。

思考题

1. 什么是酶的活化剂？

2. 什么是酶的抑制剂？与变性剂有何区别？

3. 本实验结果如何证明酶的专一性？

参考文献

[1]王镜岩，朱圣庚，徐长法. 生物化学[M]. 北京：高等教育出版社，2002.

[2]魏群. 基础生物化学实验[M]. 3版. 北京：高等教育出版社，2009.

[3]李巧枝，程绎南. 生物化学实验技术[M]. 北京：中国轻工业出版社，2010.

第二章

微生物学实验

—— **模块一** 验证性实验 ——————

实验一　培养基的制备与灭菌；实验环境和人体表面的微生物检查；观察微生物标本

一、实验目的

（1）比较不同场所下细菌的数量和类型。

（2）体会无菌操作的重要性。

（3）学习并掌握显微镜的使用方法；初步认识细菌的形态特征。

（4）学习培养基的制作方法。

二、实验原理

1. 培养基的制备与灭菌

培养基是供微生物生长、繁殖、代谢的由不同营养物质组合配制而成的营养基质。因微生物具有不同的营养类型，对营养物质的要求也各不相同，加之实验和研究的目的不同，所以培养基的种类很多，使用的原料也各有差异，但从营养角度分析，培养基中一般含有微生物所必需的碳源、氮源、无机盐、生长素和水分等营养成分。另外，培养基还应具有适宜的 pH、一定的缓冲能力、一定的氧化还原电位及合适的渗透压。

琼脂是从石花菜等海藻中提取的胶体物质，是应用最广的凝固剂。加琼脂制成的培养基在 98~100℃下融化，于 45℃以下凝固。但多次反复融化，其凝固性会降低。

任何一种培养基一经制成就应及时彻底灭菌，以备分离纯培养物用。培养基的灭菌采用高压蒸汽灭菌。

2. 实验环境和人体表面的微生物检查

取自不同来源的样品接种于平板培养基上，在 37℃下培养 1~2d，每一菌体即能通过繁殖形成一个肉眼可见的细胞群体的集落——菌落。每一种细菌所形成的菌落都有其特点，如菌落的大小，表面干燥或湿润、隆起或扁平、粗糙或光滑，边缘整齐或不整齐，菌落透明或半透明或不透明，颜色以及质地疏松或紧密等。因此，可通过平板培养来检查环境中细菌的数量和类型。

3. 显微镜的基本结构及油镜的工作原理

现代普通光学显微镜利用目镜和物镜两组透镜系统来放大成像，故又常被称为复式显微镜。它们由机械装置和光学系统两大部分组成。在显微镜的光学系统中，物镜的性能最为关键，它直接影响着显微镜的分辨率。而在普通光学显微镜通常配置的几种物镜中，油镜的放大倍数最大，对微生物学研究最为重要。与其他物镜相比，油镜的使用比较特殊，需在载玻片与镜头之间滴加香柏油，这主要有如下两方面的原因。

（1）增加照明亮度　油镜的放大倍数可达 100 倍，放大倍数这样大的镜头，焦距很短，直径很小，但所需要的光照强度却最大。从承载标本的玻片透过来的光线，因介质密度不同（从玻片进入空气，再进入镜头），有些光线会因折射或全反射，不能进入镜头，致使在使用油镜时会因射入的光线较少，而物像显现不清。所以为了不使通过的光线有所损失，在使用油镜时需在油镜与玻片之间加入与玻璃的折射率（$n = 1.55$）相仿的镜油（通常用香柏油，其折射率 $n = 1.52$）。

（2）增加显微镜的分辨率　显微镜的分辨率或分辨力（resolution or resolving power）是指显微镜能辨别两点之间的最小距离的能力。从物理学角度看，光学显微镜的分辨率受光的干涉现象及所用物镜性能的限制，分辨力 D 可表示为：$D = \lambda/2NA$，式中 λ 为光波波长；NA 为物镜的数值孔径值。

光学显微镜的光源不可能超出可见光的波长范围（$0.4 \sim 0.7\mu m$），而数值孔径值则取决于物镜的镜口角和玻片与镜头间介质的折射率，可表示为：$NA = n \times \sin\alpha$，式中 α 为光线最大入射角的半数。它取决于物镜的直径和焦距，一般来说在实际应用中最大只能达到 $120°$，而 n 为介质折射率。由于香柏油的折射率（1.52）比空气及水的折射率（分别为 1.0 和 1.33）要高，因此以香柏油作为镜头与玻片之间介质的油镜所能达到的数值孔径值（NA 一般为 $1.2 \sim 1.4$）要高于低倍镜、高倍镜等干镜（NA 都低于 1.0）。若以可见光的平均波长 $0.55\mu m$ 来计算，数值孔径通常在 0.65 左右的高倍镜只能分辨出距离不小于 $0.4\mu m$ 的物体，而油镜的分辨率却可达到 $0.2\mu m$ 左右。

三、实验材料、仪器与试剂

1. 材料

多种微生物标本。

2. 仪器

显微镜、电炉、高压灭菌锅、双层瓶（内装香柏油和二甲苯）、台秤、称量纸、牛角匙、精密 pH 试纸、量筒、刻度搪瓷杯、试管、三角瓶、漏斗、分装架、培养皿及培养皿盒、玻璃棒、烧杯、试管架、铁丝筐、剪刀、酒精灯、线绳、牛皮纸、乳胶管等。

3. 试剂

蛋白胨、牛肉膏、氯化钠、琼脂、5% 氢氧化钠溶液、5% 盐酸溶液。

四、实验步骤

（一）培养基的制备与灭菌

基本流程：称药品 → 溶解 → 调 pH → 融化琼脂 → 过滤分装 → 包扎标记 → 灭菌 →

摆斜面或倒平板。

1. 培养基的制备

（1）牛肉膏蛋白胨培养基　配方为：牛肉膏 3g，蛋白胨 10g，氯化钠 5g，琼脂 15～20g，水 1000mL，pH 7.0~7.2，121℃灭菌 20min。

（2）马铃薯培养基　配方为：马铃薯 200g，蔗糖（葡萄糖）20g，琼脂 15～20g，水 1000mL，pH 自然。

马铃薯去皮，切成小块，煮沸 20～30min，用纱布过滤后滤液加入糖和琼脂，溶化后补足水至 1000mL。121℃灭菌 20min。

（3）制备方法

①称量药品：根据培养基配方依次准确称取各种药品，放入适当大小的烧杯中，琼脂暂时不要加入。蛋白胨极易吸潮，故称量时要迅速。

②溶解：用量筒取一定量（约占总量的1/2）蒸馏水倒入烧杯中，在放有石棉网的电炉或电磁炉上小火加热，并用玻棒搅拌，以防液体溢出。待各种药品完全溶解后，停止加热，补足水分。

③调节 pH：根据培养基对 pH 的要求，用 5%氢氧化钠或 5%盐酸溶液调至所需 pH。测定 pH 可用 pH 试纸或酸度计等。

④溶化琼脂：固体或半固体培养基需加入一定量琼脂。琼脂加入后，置电炉上一边搅拌一边加热，直至琼脂完全融化后才能停止搅拌，并补足水分（水需预热）。注意控制火力不要使培养基溢出或烧焦。

⑤分装：分装时注意不要使培养基沾染管口或瓶口，以免浸湿棉塞，引起污染。液体分装高度以试管高度的 1/4 左右为宜。固体分装装量为管高的 1/5，半固体分装试管一般以试管高度的 1/3 为宜；分装三角瓶，其装量以不超过三角瓶容积的 1/2 为宜。

⑥包扎标记：培养基分装后加好棉塞或试管帽，再包上一层防潮纸，用棉绳系好。在包装纸上标明培养基名称，制备组别和姓名、日期等。

⑦灭菌：上述培养基应按培养基配方中规定的条件及时进行灭菌。普通培养基为 121℃、20min，以保证灭菌效果和不损伤培养基的有效成分。培养基经灭菌后，如需要作斜面固体培养基，则灭菌后立即摆放成斜面，斜面长度一般以不超过试管长度的 1/2 为宜；半固体培养基灭菌后，垂直冷凝成半固体琼脂。

⑧倒平板：将需倒平板的培养基，于水浴锅中冷却到 45～50℃，立刻倒平板。

2. 灭菌方法

灭菌是指杀死或消灭一定环境中的所有微生物，灭菌的方法分物理灭菌法和化学灭菌法两大类。本实验主要介绍物理方法的一种，即加热灭菌。

加热灭菌包括湿热和干热灭菌两种。通过加热使菌体内蛋白质凝固变性，从而达到杀菌的目的。蛋白质的凝固变性与其自身含水量有关，含水量越高，其凝固所需的温度越低。在同一温度下，湿热的杀菌效力比干热大，因为在湿热情况下，菌体吸收水分，使蛋白质易于凝固；同时湿热的穿透力强，可增加灭菌效力。

（1）湿热灭菌

①煮沸消毒法：注射器和解剖器械等均可采用此法。先将注射器等用纱布包好，然后放进煮沸消毒器内加水煮沸。对于细菌的营养体煮沸 15～30min，对于芽孢则需煮沸 1～2h。

②高压蒸汽灭菌法：高压蒸汽灭菌法用途广，效率高，是微生物学实验中最常用的灭菌方法。这种灭菌方法是基于水的沸点随着蒸汽压力的升高而升高的原理设计的。当蒸汽压力达到 $1.05kg/cm^2$ 时，水蒸气的温度升高到 121℃，经 15～30min，可全部杀死锅内物品上的各种微生物和它们的孢子或芽孢。一般培养基、玻璃器皿以及传染性标本和工作服等都可应用此法灭菌。

高压蒸汽灭菌法的操作方法和注意事项：

a. 加水：打开灭菌锅盖，向锅内加水到水位线。立式消毒锅最好用已煮开过的水，以便减少水垢在锅内的积存。注意水要加够，防止灭菌过程中干锅。

b. 装料、加盖：灭菌材料放好后，关闭灭菌器盖，采用对角式均匀拧紧锅盖上的螺旋，使蒸汽锅密闭，勿使漏气。

c. 排气：打开排气口（也叫放气阀）。用电炉加热，待水煮沸后，水蒸气和空气一起从排气孔排出，当有大量蒸汽排出时，维持 5min，使锅内冷空气完全排净。

d. 升压、保压和降压：当锅内冷空气排净时，即可关闭放气阀，压力开始上升。当压力上升至所需压力时，控制电压以维持恒温，并开始计算灭菌时间，待时间达到要求（一般培养基和器皿灭菌控制在 121℃，20min）后，停止加热，待压力降至接近"0"时，打开放气阀。注意不能过早过急地排气，否则会由于瓶内压力下降的速度比锅内慢而造成瓶内液体冲出容器之外。

e. 灭菌后的培养基空白培养：灭菌后的培养基放于 37℃ 培养箱中培养，经 24h 培养无菌生长，可保存备用；斜面培养基取出后，立即摆成斜面后空白培养；半固体的培养基垂直放置凝成半固体深层琼脂后，空白培养。

（2）干热灭菌　通过使用干热空气杀灭微生物的方法称作干热灭菌。一般是把待灭菌的物品包装就绪后，放入电烘箱中烘烤，即加热至 160～170℃ 维持 1～2h。

干热灭菌常用于空玻璃器皿、金属器具的灭菌。凡带有胶皮的物品、液体及固体培养基等都不能用此法灭菌。

①灭菌前的准备：玻璃器皿等在灭菌前必须经正确包裹和加塞，以保证玻璃器皿在灭菌后不被外界杂菌所污染。常用玻璃器皿的包扎和加塞方法如下：平皿用纸包扎或装在金属平皿筒内；在三角瓶棉塞与瓶口外再包以厚纸，用棉绳以活结扎紧，以防灭菌后瓶口被外部杂菌所污染；吸管以拉直的曲别针一端放在棉花的中心，轻轻捅入管口，松紧必须适中，管口外露的棉花纤维统一通过火焰烧去，灭菌时将吸管装入金属管筒内进行灭菌，也可用纸条斜着从吸管尖端将其包起，逐步向上卷，将头端的纸卷捏扁并拧几下，再将包好的吸管集中灭菌。

②干燥箱灭菌：将包扎好的物品放入干燥烘箱内，注意不要摆放太密，以免妨碍空气流通；不得使器皿与烘箱的内层底板直接接触。将烘箱的温度升至 160～170℃ 并恒温 1～2h，注意勿使温度过高，超过 170℃，器皿外包裹的纸张、棉花会被烤焦燃烧。如果是为了烤干玻璃器皿，温度为 120℃ 持续 30min 即可。温度降至 60～70℃ 时方可打开箱门，取

出物品，否则玻璃器皿会因骤冷而爆裂。

用此法灭菌时，绝不能用油纸、蜡纸包扎物品。

③火焰灭菌：直接用火焰灼烧灭菌，迅速彻底。对于接种环、接种针或其他金属用具，可直接在酒精灯火焰上烧至红热进行灭菌。此外，在接种过程中，试管或三角瓶口，也通过火焰而达到灭菌的目的。

（二）实验环境和人体表面的微生物检查

1. 标记

首先将器皿用记号笔做上记号，培养皿的记号一般写在皿底上。用记号笔写上班级、姓名、日期及样品来源。字尽量小些，写在皿底的一边。

2. 实验室细菌检查

（1）空气　将一个肉膏蛋白胨琼脂平板放在当时做实验的实验室，移去皿盖，使琼脂培养基表面暴露在空气中；将另一肉膏蛋白胨琼脂平板放在无菌室或无人走动的其他实验室，移去皿盖。15~30min后盖上两个皿盖。

（2）实验台和门的旋钮

①用记号笔在皿底外面中央画一直线，再在此线中间处画一垂直线。

②取棉签：左手拿含有棉签的试管，在火焰旁用右手的手掌边缘和小指、无名指夹持棉塞（或试管帽），将其取出，将管口很快地通过酒精灯的火焰，烧灼管口；轻轻地倾斜试管，用右手的拇指和食指将棉签小心地取出。放回棉塞（或试管帽），并将空试管放在试管架上。

③弄湿棉签：左手取灭菌水试管，如上法拔出棉塞（或试管帽）并烧灼管口，将棉签插入水中，再提出水面，在管壁上挤压一下以除去过多水分，小心将棉签取出，烧灼管口，放回棉塞（或试管帽），并将灭菌水试管放在试管架上。

④取样：将湿棉签在实验台面或门旋钮上擦拭约1cm²的范围。

⑤接种：在火焰旁用左手拇指和食指或中指使平皿开启成一缝。再将棉签伸入，在琼脂表面顶端接种（滚动一下），立即闭合皿盖。并将原放棉签的空试管拔出棉塞（或试管帽），烧灼管口，插入用过的棉签，将试管放回试管架上。

⑥划线：另取接种环在火焰上灭菌，先将环端烧热，然后将接种环提起垂直放在火焰上，以使火焰接触金属丝的范围广一些，待接种环烧红，再将接种环斜放，沿环向上，烧至可能碰到培养皿的部分，再移向环端，如此很快地来回通过火焰数次。

左手拿起平板，同样开启一缝，将灭过菌并冷却了的接种环（可在琼脂表面边缘空白处试温度，若发出溅泼声，表示太烫），通过琼脂顶端的接种区，向下划线，直到平板的一半处。

闭合皿盖，左手将平板向左转动至空白处，右手拿接种环再在火焰上烧灼、冷却。接种环通过前面划的线条再在琼脂的另一半，从上向下来回划线至1/2处。

烧灼接种环，转动平板，划最后1/4，划完后立刻盖上皿盖，烧灼接种环，放回原处。

3. 人体细菌的检查

（1）手指（洗手前与洗手后）

①分别在两个琼脂平板上标明洗手前与洗手后（当然，班级、姓名、日期各项在每次写标签时是必不可少的）。

②移去皿盖，将未洗过的手指在琼脂平板的表面，轻轻地来回划线，盖上皿盖。

③用肥皂和刷子，用力刷手，在流水中冲洗干净，干燥后，在另一琼脂平板表面来回移动，盖上皿盖。

（2）头发　在揭开皿盖的琼脂平板的上方，用手将头发用力摇动数次，使细菌降落到琼脂平板表面，然后盖上皿盖。

（3）咳嗽　将去盖琼脂平板放在离嘴6~8cm处，对着琼脂表面用力咳嗽，然后盖上皿盖。

（4）鼻腔

①按照实验台检查法的步骤②和③，取出棉签，并将其弄湿。

②用湿棉签在鼻腔内滚动数次。

③按实验台检查法的步骤⑤和⑥，接种与划线，然后盖上皿盖。

最后，将所有的琼脂平板翻转，使皿底在上，放入37℃培养箱，培养1~2d。

（三）显微镜观察微生物标本

1. 观察前的准备

（1）显微镜的安置　置显微镜于平整的实验台上，镜座距实验台边缘3~4cm。镜检时姿势要端正。

取放显微镜时应一手握住镜臂，一手托住底座，使显微镜保持直立、平稳。切忌用单手拎提；且不论使用单筒显微镜或双筒显微镜均应双眼同时睁开观察，以减少眼睛疲劳，也便于边观察边绘图或记录。

（2）光源调节　通过调节电压使镜座内的光源灯获得适当的照明亮度。

（3）根据使用者的个人情况，调节双筒显微镜的目镜，双筒显微镜的目镜间距可以适当调节，而左目镜上一般还配有屈光度调节环，可以适应眼距不同或两眼视力有差异的不同观察者。

（4）聚光器数值孔径值的调节　调节聚光器虹彩光圈值与物镜的数值孔径值相符或略低。有些显微镜的聚光器只标有最大数值孔径值，而没有具体的光圈数刻度。使用这种显微镜时可在样品聚焦后取下一目镜，从镜筒中一边看着视野，一边缩放光圈，调整光圈的边缘与物镜边缘黑圈相切或略小于其边缘。因为各物镜的数值孔径值不同，所以每转换一次物镜都应进行这种调节。

在聚光器的数值孔径值确定后，若需改变光照强度，可通过升降聚光器或改变光源的亮度来实现，原则上不应再通过虹彩光圈的调节。当然，有关虹彩光圈、聚光器高度及照明光源强度的使用原则也不是固定不变的，只要能获得良好的观察效果，有时也可根据不同的具体情况灵活运用，不一定拘泥不变。

2. 显微观察

在目镜保持不变的情况下，使用不同放大倍数的物镜所能达到的分辨率及放大率都是不同的。一般情况下，特别是初学者，进行显微观察时应遵守从低倍镜到高倍镜再到油镜的观察程序，因为低倍数物镜视野相对大，易发现目标及确定检查的位置。

（1）低倍镜观察　将金黄色葡萄球菌或其他染色标本玻片置于载物台上，用标本夹夹住，移动推进器使观察对象处在物镜的正下方。下降10×物镜，使其接近标本，用粗调节器慢慢升起镜筒，使标本在视野中初步聚焦，再使用细调节器调节图像清晰。通过玻片夹推进器慢慢移动玻片，认真观察标本各部位，找到合适的目的物，仔细观察并记录所观察到的结果。

在任何时候使用粗调节器聚焦物像时，必需养成先从侧面注视小心调节物镜接近标本，然后用目镜观察，慢慢调节物镜离开标本进行准焦的习惯，以免因一时的误操作而损坏镜头及玻片。

（2）高倍镜观察　低倍镜下找到合适的观察目标并将其移至视野中心后，轻轻转动物镜转换器将高倍镜移至工作位置。对聚光器光圈及视野亮度进行适当调节后微调细调节器使物像清晰，利用推进器移动标本仔细观察并记录所观察到的结果。

在一般情况下，当物像在一种物镜中已清晰聚焦后，在转动物镜转换器将其他物镜转到工作位置进行观察时，物像将保持基本准焦的状态，这种现象称为物镜的同焦（par-focal）。利用这种同焦现象，可以保证在使用高倍镜或油镜等放大倍数高、工作距离短的物镜时仅用细调节器即可对物像清晰聚焦，从而避免由于使用粗调节器可能的误操作而损坏镜头或载玻片。

（3）油镜观察　高倍镜或低倍镜下找到要观察的样品区域后，用粗调节器将镜筒升高，然后将油镜转到工作位置。在待观察的样品区域加滴香柏油，从侧面注视，用粗调节器将镜筒小心地降下，使油镜浸在镜油中并几乎与标本相接。将聚光器升至最高位置并开足光圈，若所用聚光器的数值孔径值超过1.0，还应在聚光镜与载玻片之间也加滴香柏油，保证其达到最大的效能。调节照明使视野亮度合适，用粗调节器将镜筒徐徐上升，直至视野中出现物像并用细调节器使其清晰准焦为止。

有时按上述操作还找不到目的物，可能是由于油镜头下降还未到位，或因油镜上升太快，以至眼睛捕捉不到一闪而过的物像。遇此情况，应重新操作。

3. 显微镜用毕后的处理

（1）上升镜筒，取下载玻片。

（2）用擦镜纸拭去镜头上的镜油，然后用擦镜纸蘸少许二甲苯（香柏油溶于二甲苯）擦去镜头上残留的油迹，最后再用干净的擦镜纸擦去残留的二甲苯。

（3）用擦镜纸清洁其他物镜及目镜；用绸布清洁显微镜的金属部件。

（4）各部分还原，将物镜转成"八"字形，再向下旋。同时把聚光镜降下，以免接物镜与聚光镜发生碰撞危险。

五、结果与讨论

（1）绘制出各微生物标本的形态。

（2）记录实验环境和人体表面的微生物情况。

六、注意事项

（1）分装时不要使培养基沾染在管口或瓶口，以免引起污染。

（2）平板划线接种时，接种环与琼脂表面的角度要小，移动的压力不能太大，否则会刺破琼脂。整个划线操作均要求无菌操作，而且动作要快。

（3）显微镜观察时，特别注意不要在下降物镜镜头时用力过猛，或调焦时误将粗调节器向反方向转动而损坏镜头及载玻片。

 **思考题**

1. 制备培养基的一般程序是什么？

2. 灭菌在微生物学实验操作中有何重要意义？

3. 比较各来源的样品，哪一种样品的平板菌落数与菌落类型最多？为什么？

4. 用油镜观察时应注意哪些问题？在载玻片和镜头之间加滴什么油？起什么作用？

5. 什么是物镜的同焦现象？它在显微镜观察中有什么意义？

6. 影响显微镜分辨率的因素有哪些？

👉 **参考文献**

[1]沈萍.微生物学实验[M].3版.北京：高等教育出版社，1999.

[2]刘慧.现代食品微生物学实验技术[M].北京：中国轻工业出版社，2006.

[3]沈萍,范秀荣,李广武.微生物学实验[M].3版.北京：高等教育出版社，1999.

实验二　细菌形态学观察（一）：革兰染色

一、实验目的

（1）掌握革兰染色法的原理和操作方法。

（2）了解革兰染色法在细菌分类鉴定中的重要性。

二、实验原理

革兰染色法将细菌分为革兰阳性和革兰阴性，是由这两类细菌细胞壁的结构和化学组成的不同而决定。当用结晶紫初染时，所有细菌都被染成初染剂的蓝紫色。碘液作为媒染剂，它能与结晶紫结合成结晶紫-碘的复合物，从而增强了染料与细菌的结合力。当用脱色剂处理时，两类细菌的脱色效果是不同的，革兰阳性菌的细胞壁主要是由肽聚糖形成的网状结构组成，壁厚、类脂质含量低，用乙醇脱色时细胞壁脱水，使肽聚糖层的网状结构孔径缩小，透性降低，从而使结晶紫-碘的复合物不易被洗脱而保留在细胞内，经脱色和复染后仍保留初染剂的蓝紫色。革兰阴性菌因其细胞壁肽聚糖层较薄、类脂含量高，所以当进行脱色处理时，类脂质被乙醇溶解，细胞壁透性增大，使结晶紫-碘的复合物比较容易被洗脱出来，用复染剂复染后，细胞被染上复染剂的红色。

革兰染色反应是细菌重要的鉴别特征，为保证染色结果的正确性，采用规范的染色方法是十分必要的。

三、实验材料、仪器与试剂

1. 材料

枯草芽孢杆菌 12~18h 营养琼脂斜面培养物，大肠杆菌约 24h 营养琼脂斜面培养物。

2. 仪器

显微镜、酒精灯、滴管、烧杯、试管架、滤纸、载玻片、盖玻片、镊子、接种环、双层瓶（内装香柏油和二甲苯）、擦镜纸等。

3. 试剂

无菌水或无菌生理盐水、革兰染色液（结晶紫液、碘液、95%乙醇、番红染色液）。

四、实验步骤

（1）制片　取菌种培养物常规涂片、干燥、固定。

（2）初染　滴加结晶紫（以刚好将菌膜覆盖为易）染色 1~2min，倾去染色液，水洗至流出水为无色。

（3）媒染　加碘液媒染约 1min，水洗。

（4）脱色　用滤纸吸去玻片上的残水，将玻片倾斜，在白色背景下，用滴管流加 95% 的乙醇脱色，直至流出的乙醇无紫色时，立即水洗。

革兰染色结果是否正确，乙醇脱色是革兰染色操作的关键环节。脱色不足，革兰阴性菌被误染为革兰阳性菌；脱色过度，革兰阳性菌被误染为革兰阴性菌。脱色时间一般控制在 20~30s。

（5）复染　用番红染色液复染约 2min，水洗，干燥。

（6）镜检　干燥后，用油镜观察。判断两种菌体染色反应性。菌体被染成蓝紫色的是革兰阳性菌（G^+），被染成红色的为革兰阴性菌（G^-）。

五、结果与讨论

（1）根据观察结果，绘制两种细菌的形态图。

（2）列表简述两株细菌的染色结果（说明各菌的形态、颜色和革兰染色反应）。

六、注意事项

（1）涂片上的菌液不能太浓，且涂抹均匀，否则影响脱色的均匀度及观察结果。

（2）乙醇脱色是革兰染色操作的关键环节，必须严格掌握脱色时间。

思考题

1. 哪些环节会影响革兰染色结果的正确性？其中最关键的环节是什么？为什么？

2. 进行革兰染色时，为什么强调菌龄不能太老，用老龄细菌染色会出现什么问题？

3. 现有一株细菌宽度明显大于大肠杆菌的粗壮杆菌，请你鉴定其革兰染色反应。你怎样运用大肠杆菌和金黄色葡萄球菌为对照菌株进行涂片染色，以证明你染色结果的正确性。

4. 简述革兰染色的实验原理。

参考文献

[1] 沈萍. 微生物学实验[M]. 3 版. 北京：高等教育出版社，1999.

[2] 廖延雄. 革兰氏染色与革兰氏变性[J]. 中国兽医科技，2003(5)：73-74.

[3] 黄元桐，崔杰. 革兰氏染色三步法与质量控制[J]. 微生物学报，1996，36(1)：76-78.

[4] 陈菊滟，陈文娟，赵桂芳. 教学用细菌染色方法的改良[J]，微生物学通报，1999，26(2)：128-129.

实验三　细菌形态学观察（二）：荚膜染色、芽孢染色；细菌形态观察：菌落制片

一、实验目的

（1）掌握芽孢染色法的原理和操作方法。

（2）学习荚膜染色法，掌握其基本原理。

（3）掌握菌落制片的基本操作方法。

二、实验原理

1. 芽孢染色法的原理

利用细菌的芽孢和菌体对染料的亲和力不同的原理，用不同染料进行着色，使芽孢和菌体呈现不同的颜色而加以区别。芽孢壁比营养细胞的细胞壁致密、透性低，着色、脱色均较困难，因此，一般先用碱性染料如孔雀绿或石炭酸复红，在加热条件下染色，使染料不仅进入菌体也可进入芽孢内，进入菌体的染料经水洗后被脱色，而芽孢一经着色难以被水洗脱，当用对比度大的复染剂染色后，芽孢仍保留初染剂的颜色，而菌体被染成复染剂的颜色，使芽孢和菌体易于区分。

2. 荚膜染色法的原理

荚膜是包围在某些细菌胞外的一层黏液状或胶质状物质，其成分为多糖、糖蛋白或多肽。因荚膜与染料的亲和力弱、不易着色，所以通常用负染色法染色，使菌体和背景着

色，而荚膜不着色，在菌体周围形成一透明圈。因荚膜含水量高，故染色时一般不加热固定，以免荚膜变形。

3. 菌落制片的原理

放线菌和霉菌都是丝状微生物，为了准确观察其菌丝细胞的形态，人们设计了各种培养和观察方法，这些方法的主要目的是为了尽可能保持菌丝在自然生长状态下的形态特征。本实验放线菌的观察采用插片法，霉菌的观察采用载玻片培养法。

①插片法：将放线菌接种在琼脂平板上，插上灭菌盖玻片后培养，使放线菌菌丝沿着培养基表面与盖玻片的交接处生长而附着在盖玻片上。观察时，轻轻取出盖玻片，置于载玻片上直接镜检。这种方法可观察到放线菌自然生长状态下的特征，而且便于观察不同生长时期的形态。

②载玻片培养法：用无菌操作将培养基琼脂薄层置于载玻片上，接种后盖上盖玻片培养，霉菌即在盖玻片和载玻片之间的有限空间内沿盖玻片横向生长。培养一定时间后，将载玻片上的培养物置于显微镜下观察。这种方法既可以保持霉菌自然生长状态，还便于观察不同发育期的培养物。

三、实验材料、仪器与试剂

1. 材料

枯草芽孢杆菌培养 2d 的营养琼脂斜面培养物；褐球固氮菌培养 2d 的无氮培养基琼脂斜面培养物；链霉菌、黑曲霉、青霉和根霉。

2. 仪器

显微镜、木夹子、载玻片、盖玻片、接种环、灭菌平皿、无菌吸管、烧杯、滤纸、U 形玻棒、镊子、酒精灯等。

3. 试剂

5% 孔雀绿水溶液、0.5% 番红水溶液、绘图墨水（用滤纸过滤后备用）。

四、实验步骤

1. 芽孢染色法——孔雀绿染色法

（1）制片　按常规涂片、干燥、固定。

（2）染色　加数滴孔雀绿染液于涂片上，用木夹夹住载玻片一端，在火焰上微火加热至出现蒸汽并开始计时，4~5min。

（3）水洗　待玻片冷却后，用缓流自来水冲洗，直至流出的水无色为止。

（4）复染　用番红染液复染 2min。

（5）水洗　用缓流水洗后，吸干。

（6）镜检　干燥后油镜观察。芽孢呈绿色，菌体为红色。

2. 荚膜染色法——负染色法

（1）制备菌体和墨水的混合液　加 1 滴墨水于洁净的载玻片上，然后挑取少量菌体与其混合均匀。

（2）加盖玻片　将一洁净盖玻片盖在混合液上，然后在盖玻片上放一张滤纸，轻轻按压以吸去多余的混合液。

（3）镜检　干燥后用油镜观察，背景灰色，菌体较暗，在其周围呈现明亮透明圈即为荚膜。

3. 菌落制片

（1）插片法

①倒平板：取融化并冷却至约 50℃ 的高氏 1 号琼脂培养基约 20mL 倒平板，凝固待用。

②接种：用接种环挑取菌种斜面培养物（孢子）在琼脂平板上划线接种。

③插片：以无菌操作用镊子将灭菌的盖玻片以大约 45°角插入琼脂内（插在接种线上），插片数量可根据需要而定。

④培养：将插片平板倒置，28℃ 培养，培养时间根据观察的目的而定，通常 3～7d。

（2）载玻片培养法

①培养小室的灭菌：在平皿皿底铺一张略小于皿底的圆滤片，再放一个 U 形玻棒，其上放一洁净载玻片和两块盖玻片，见图 2-1，盖上皿盖，包扎后于 121℃ 灭菌 30min，烘干备用。

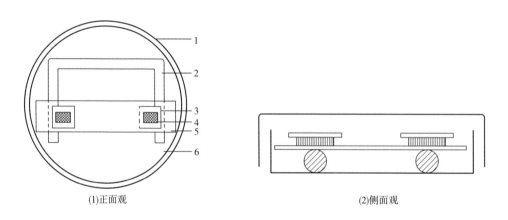

(1)正面观　　　　　　　　　　　　　　　　(2)侧面观

图 2-1　载玻片培养法示意图

1—平皿　2—U 形棒　3—盖玻片　4—培养物　5—载玻片　6—保湿用滤纸

②琼脂块的制作：取已灭菌的马铃薯（或察氏琼脂）培养物 6～7mL 注入另一灭菌的平皿中，使之凝固成薄层。用解剖刀切成 0.5～1cm^2 的琼脂块，并将其移至上述培养室中的载玻片上（每片放两块），制作过程应采用无菌操作。

③接种：用尖细的接种针挑取少量的孢子接种于琼脂块的边缘上，用无菌镊子将盖玻片覆盖在琼脂块上。

④培养：先在平皿的滤纸上加 3～5mL 灭菌的 20% 甘油（用于保持平皿内的湿度），盖上皿盖，28℃ 培养 3～7d。

五、结果与讨论

观察细菌的芽孢、荚膜的形态特征，并绘制出芽孢、荚膜的形态图。

六、注意事项

（1）荚膜湿墨水染色时，加盖玻片勿留气泡，以免影响观察。

（2）芽孢染色加热时要及时补充染液，切勿让涂片干涸。

（3）插片法倒平板要厚一些，接种时划线要密。

（4）插片时要有一定角度并与划线垂直。

（5）载玻片培养法的接种量要少，尽可能将分散的孢子接种在琼脂块边缘上，否则培养后菌丝过于稠密影响观察。

思考题

1. 通过墨水法染色后，为什么被包在荚膜里面的菌体着色而荚膜不着色？

2. 为什么芽孢染色要加热？为什么芽孢及营养体能染成不同的颜色？

3. 若涂片中观察到的只是大量游离芽孢，很少能看到营养细胞，你认为这是什么原因？

4. 根据载玻片培养法基本原理，你认为上述操作过程中的哪些步骤可以根据具体情况做一些改进或可用的其他代替方法？

参考文献

[1] 中国科学院微生物研究所编写组. 常见与常用真菌 [M]. 北京：科学出版社，1973.

[2] 魏景超. 真菌鉴定手册 [M]. 上海：上海科学技术出版社，1979.

[3] 阎逊初. 放线菌的分类与鉴定 [M]. 北京：科学出版社，1992.

实验四　菌种保藏

一、实验目的

（1）学习并掌握菌种保藏的基本原理。

（2）掌握常用的几种不同的菌种保藏方法。

二、实验原理

微生物具有容易变异的特性，因此，在保藏过程中，必须使微生物的代谢处于最不活跃或相对静止的状态，才能在一定的时间内使其不发生变异而又保持生命活性。

低温、干燥和隔绝空气是使微生物代谢能力降低的重要因素，所以，菌种保藏方法虽多，但都是根据这三个因素而设计的。常用的菌种保藏方法包括斜面保藏法、液体石蜡法、冷冻真空干燥法。

三、实验材料、仪器与试剂

1. 材料

大肠杆菌、青霉菌、放线菌。

2. 仪器

无菌滴管、无菌试管、安瓿管、冻干管、真空泵、真空压力表、喷灯、L形五通管、冰箱、低温冰箱（-80℃）等。

3. 试剂

液体石蜡、固体石蜡、甘油、干冰等。

四、实验步骤

1. 斜面保藏法

接菌种至固体斜面 → 适温培养 → 4℃冰箱保存

2. 液体石蜡法

（1）将液体石蜡分装于三角烧瓶内，塞上棉塞，并用牛皮纸包扎，$1.05kg/cm^3$，121℃灭菌30min，然后放在60℃温箱中，使水汽蒸发掉，备用。

（2）将需要保藏的菌种，在最适宜的斜面培养基中培养，使得到健壮的菌体或孢子。

（3）用灭菌吸管吸取灭菌的液体石蜡，注入已长好菌的斜面上，其用量以高出斜面顶端1cm为准，使菌种与空气隔绝。

（4）将试管直立，置低温或室温下保存（有的微生物在室温下比冰箱中保存的时间还要长）。

3. 冷冻真空干燥法

（1）准备安瓿管　用于冷冻干燥菌种保藏的安瓿管宜采用中性玻璃制造，形状可用长颈球形底的，亦称泪滴型安瓿管，大小要求外径6~7.5mm，长105mm，球部直径9~11mm，壁厚0.6~1.2mm。也可用没有球部的管状安瓿管。塞好棉塞，$1.05kg/cm^2$，121℃灭菌30min，备用。

（2）准备菌种　用冷冻干燥法保藏的菌种要特别注意其纯度，即不能有杂菌污染，然后在最适培养基中用最适温度培养，使培养出良好的培养物。一般，细菌要求24~48h的培养物；酵母需培养3d；形成孢子的微生物则宜保存孢子；放线菌与丝状真菌则培养7~10d。

（3）制备菌悬液与分装　以细菌斜面为例，用脱脂牛乳约2mL加入斜面试管中，制成浓菌液，每支安瓿管分装0.2mL。

（4）冷冻干燥器有成套的装置出售，价值昂贵，此处介绍的是简易方法与装置，可达到同样的目的。

将分装好的安瓿管放低温冰箱中冷冻，无低温冰箱可用冷冻剂如干冰（固体二氧化碳）酒精液或干冰丙酮液，温度可达-70℃。将安瓿管插入冷冻剂，只需冷冻4~5min，即可使悬液结冰；如有-80℃冰箱，做好能预冻过夜。

（5）真空干燥　为在真空干燥时使样品保持冻结状态，需准备冷冻槽，槽内放碎冰块与食盐，混合均匀，可冷至-15℃。

抽气一般若在30min内能达到93.3Pa真空度时，则干燥物不致熔化，以后再继续抽气，几小时内，肉眼可观察到被干燥物已趋干燥，一般抽到真空度26.7Pa，保持压力6~8h即可。

（6）封口抽真空干燥后，取出安瓿管，接在封口用的玻璃管上，可用L形五通管继续抽气，约10min即可达到26.7Pa。于真空状态下，以煤气喷灯的细火焰在安瓿管颈中央进行封口。封口以后，保存于冰箱或室温暗处。

此法为菌种保藏方法中最有效的方法之一，对一般生活力强的微生物及其孢子以及无芽孢菌都适用，即使一些很难保存的致病菌，如脑膜炎球菌与淋病球菌等亦能保存。适用于菌种的长期保存，一般可保存数年至20余年。

五、结果与讨论
简述各种保藏方法的技术要点及适用范围。

六、注意事项
（1）清楚各种保藏方法的优缺点，针对不同要求选择适宜的保藏方法。
（2）熔封安瓿瓶时防止封闭不严；熔封后需要仔细检查每个安瓿瓶的气密性。

思考题

1. 根据你自己的实验。谈谈1~2种菌种保藏方法的利弊？
2. 简述菌种保藏的原理。
3. 菌种保藏的要点有哪些？

参考文献

[1]吕红线，郭利美.工业微生物菌种的保藏方法[J].山东轻工业学院学报,2007，21（1）：52-55.

[2]许丽娟，刘红，魏小武.微生物菌种的保藏方法[J].现代农业科技,2008（16）：99-101.

[3]顾金刚，李世贵，姜瑞波.真菌保藏技术研究进展[J].菌物学报,2007,26(2)：316-320.

模块二 综合性实验

实验五 食品中微生物的分离与纯化

一、实验目的

（1）学习并掌握食品中微生物的分离与纯化的原理和方法。

（2）建立无菌操作的概念，掌握无菌操作的基本环节。

二、实验原理

微生物分离与纯化是指从混杂微生物群体中获得的只含有某一种或某一株微生物的过程，是微生物学中重要的基本技术之一。平板分离法普遍用于微生物的分离与纯化，其基本原理是选择适合于分离微生物的生长条件，如营养成分、pH、温度和氧气等要求，或加入某种试剂使其只利于某种微生物的生长，从而淘汰一些不需要的微生物。

微生物在固体培养基上生长形成的单个菌落，通常是由一个细胞繁殖而成的集合体。因此可通过挑取单菌落而获得纯培养。获取单个菌落的方法可通过稀释涂布平板、稀释倾注平板或平板划线等技术完成。但获得的单个菌落并不一定保证是纯培养。纯培养的确定除菌落观察外，还需结合显微镜观察个体形态特征，有些微生物的纯培养需经过多次分离纯化和多种特征鉴定才获得。

三、实验材料、仪器与试剂

1. 材料

待测食品样品。

2. 仪器

电热恒温培养箱、水浴锅、天平、显微镜、均质器或乳钵、温度计、平皿、试管、发酵管、吸管、载玻片、接种针、玻璃珠、振荡器等。

3. 试剂

高氏一号培养基、营养琼脂培养基、马铃薯蔗糖（或葡萄糖）琼脂培养基、无菌生理盐水。

四、实验步骤

1. 稀释涂布平板法

（1）倒平板　将培养基加热熔化待冷却至 $50\sim60{}^{\circ}\!C$ 时，混合均匀后倒平板，每个平皿 $15\sim20mL$ 培养基；冷却、凝固。具体操作过程如图 2-2。

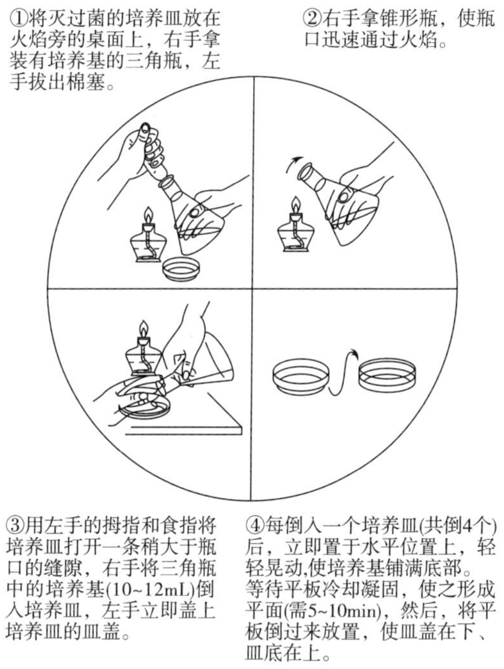

①将灭过菌的培养皿放在
火焰旁的桌面上，右手拿
装有培养基的三角瓶，左
手拔出棉塞。

②右手拿锥形瓶，使瓶
口迅速通过火焰。

③用左手的拇指和食指将
培养皿打开一条稍大于瓶
口的缝隙，右手将三角瓶
中的培养基(10~12mL)倒
入培养皿，左手立即盖上
培养皿的皿盖。

④每倒入一个培养皿(共倒4个)
后，立即置于水平位置上，轻
轻晃动,使培养基铺满底部。
等待平板冷却凝固,使之形成
平面(需5~10min),然后,将平
板倒过来放置,使皿盖在下、
皿底在上。

图 2-2　倒平板的操作过程

（2）制备样品稀释液

①称取 10g 固体或半固体样品剪碎或磨碎或 10mL 液体样品，放入含有 90mL 生理盐水的灭菌玻璃瓶内（瓶内预先置适当数量的玻璃珠）或灭菌乳钵内，经充分振摇或研磨做成 1∶10 的均匀稀释液。

固体检样在加入稀释液后，最好置灭菌均质器中以 8000~10000r/min 均质 1min，制成 1∶10 的均匀稀释液。

②用 1mL 无菌吸管吸取 1∶10 稀释液 1mL，沿管壁徐徐注入含有 9mL 稀释液的无菌试管内（注意吸管尖端不要触及管内稀释液，下同），振摇试管混合均匀，做成 1∶100 的稀释液。

③另取 1mL 的灭菌吸管，按上项操作顺序制备 10 倍递增稀释液，如此每递增稀释一次，即换用 1 支 1mL 无菌吸管，从而获得 10^{-1}、10^{-2}、10^{-3}、10^{-4}、10^{-5}、10^{-6} 等不同稀释度的样品溶液。

（3）涂布　将上述配制的固体培养基的平板地面标记上实验所需的稀释度，然后用无菌吸管分别从所需的稀释度的样品稀释液中各吸取 0.1 或 0.2mL，滴在对应平板培养基表面中央位置。用无菌玻璃涂棒放在培养基表面上，将稀释液沿同心圆方向轻轻向外扩展，使之分布均匀。室温静置 5~10min。操作示意图如图 2-3 所示。

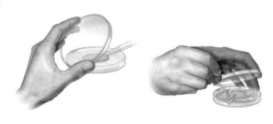

图 2-3　平板涂布操作图

（4）培养　将高氏一号培养基和马铃薯蔗糖培养基平板倒置于28℃培养箱中培养3~7d，营养琼脂培养基平板倒置于37℃培养箱中培养1~2d。

（5）挑取菌落　将培养后长出的单个菌落分别挑取少量细胞接种到相应的培养基斜面上，在相应条件下再培养。若发现杂菌，则需继续分离纯化，直至获得纯培养。

2. 稀释倾注平板法

（1）制备样品稀释液

①称取10g固体或半固体样品剪碎或磨碎或10mL液体样品，放入含有90mL生理盐水的灭菌玻璃瓶内（瓶内预先置适当数量的玻璃珠）或灭菌乳钵内，经充分振摇或研磨做成1：10的均匀稀释液。

固体检样在加入稀释液后，最好置灭菌均质器中以8000~10000r/min均质1min，制成1：10的均匀稀释液。

②用1mL无菌吸管吸取1：10稀释液1mL，沿管壁徐徐注入含有9mL稀释液的无菌试管内（注意吸管尖端不要触及管内稀释液，下同），振摇试管混合均匀，做成1：100的稀释液。

③另取1mL的灭菌吸管，按上项操作顺序制备10倍递增稀释液，如此每递增稀释一次，即换用1支1mL无菌吸管，从而获得10^{-1}、10^{-2}、10^{-3}、10^{-4}、10^{-5}、10^{-6}等不同稀释度的样品溶液。示意图如图2-4所示。

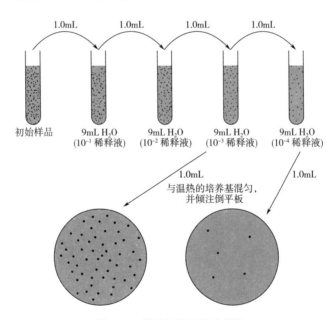

图2-4　稀释倾注平板示意图

（2）加样及倒平板　分别精确吸取实验所需的稀释度菌液1.0mL加入编好标记的无菌的空平皿中；将培养基加热熔化待冷却至50~60℃时，混合均匀后将其倒入加有稀释液的平皿中，轻轻旋转使培养基与样品稀释液充分混匀，每个平皿放入15~20mL培养基；冷却、凝固。示意图如图2-4。

（3）培养　将高氏一号培养基和马铃薯蔗糖培养基平板倒置于28℃培养箱中培养3~

7d，营养琼脂培养基平板倒置于37℃培养箱中培养1~2d。

（4）挑取菌落　将培养后长出的单个菌落分别挑取少量细胞接种到相应的培养基斜面上，在相应条件下再培养。若发现杂菌，则需继续分离纯化，直至获得纯培养。

3. 平板划线分离法

（1）倒平板　将培养基加热熔化待冷却至50~60℃时，混合均匀后倒平板，每个平皿放15~20mL培养基；冷却、凝固。

（2）划线　将无菌的接种环挑取上述10^{-1}的样品悬液一环在平板上划线。常用的划线方法是先在培养基的一边做第一次平行划线3~4条，再转动平皿60°~70°，并将接种环上剩余物烧掉，待冷却后通过第一次划线部分做第二次平行划线，以同样方法，共做四次平行划线（示意图见图2-5）。也可以用连续划线法。

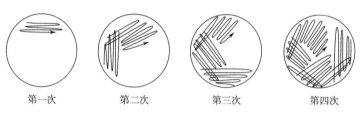

第一次　　　　第二次　　　　第三次　　　　第四次

图2-5　平板划线分离图

（3）培养　将高氏一号培养基和马铃薯蔗糖培养基平板倒置于28℃培养箱中培养3~7d，营养琼脂培养基平板倒置于37℃培养箱中培养1~2d。

（4）挑取菌落　同稀释涂布平板法，获得纯化的微生物菌落。

五、结果与讨论

（1）观察不同的微生物分离纯化方法是否都可获得单菌落。

（2）记录不同平皿上分离得到哪些类群的微生物及其菌落特征。

六、注意事项

分离纯化整个过程中都应保持无菌操作，防止杂菌污染。

 **思考题**

如何确定平板上某单个菌落是否为纯培养？

👉 **参考文献**

[1]何国庆，贾英民，丁立孝. 食品微生物[M]. 3版. 北京：中国农业大学出版社，2016.

[2]郝林，孔庆学，方祥. 食品微生物学实验技术[M]. 3版. 北京：中国农业大学出版社，2016.

实验六　食品中细菌总数及大肠菌群的测定

一、实验目的

（1）学习并掌握平板菌落计数法测定食品中菌落总数的基本原理和方法。

（2）学习并掌握食品中大肠菌群的最可能数（MPN）计数法。

（3）了解菌落总数测定在食品卫生学评价中的意义及大肠菌群在食品卫生检验中的意义。

二、实验原理

1. 食品中菌落总数的测定

食品中菌落总数（aerobic plate count）是指食品检样经过处理，在一定条件下（如培养基、培养温度和培养时间等）培养后，所得 1g（mL）检样中形成的微生物菌落总数。在规定的培养条件下所得的结果，通常只包括一群在平板计数的琼脂培养基上能生长发育的嗜中温、需氧菌或兼性厌氧菌的菌落总数。

食品中菌落总数的食品安全学意义主要在于：①可作为食品被微生物污染程度的指标；②可用来预测食品可存放的期限。菌落总数的多少在一定程度上标志着食品卫生质量的优劣。如果食品中菌落总数多于 10 万个，就足以引起细菌性食物中毒；当人的感官能察觉食品因细菌的繁殖而发生变质时，细菌数大约已达到 $10^6 \sim 10^7$ 个/g（mL 或 cm^2），详见表 2-1。

表 2-1　　　　几种食品变质（能被人的感官察觉）　时的菌落总数

食品种类	菌落总数/个	
	1g 或 1mL	$1cm^2$
鸡肉	10^8	$10^6 \sim 10^{8.5}$（极少）
牛肉（生）	10^8	$10^{6.3} \sim 10^{8.6}$（酵母）
腊肠	—	$10^8 \sim 10^{8.5}$
鱼	$10^{6.5} \sim 10^{6.8}$	$10^6 \sim 10^{8.5}$
蟹肉	10^8	—
贝	10^7	—
牡蛎	$10^4 \sim 10^{5.7}$	—
鲜蛋液	10^7	—
冰蛋	$10^{6.7}$	—
豆腐	$10^5 \sim 10^6$（pH 5.5 以下）	—
鲜牛乳	$10^6 \sim 10^7$	—
米饭	$10^7 \sim 10^8$	—

平板菌落计数法又称标准平板活菌计数法（SPC），是最常用的一种活菌计数法。即

将待测样品经适当稀释之后，其中的微生物充分分散成单个细胞，取一定量的稀释样液涂布到平板上，经过培养，由每个单细胞生长繁殖而形成肉眼可见的一个单菌落，即菌落形成单位（CFU）。根据每皿形成的 CFU 数乘以稀释倍数，即可推算出菌样的含菌数。

菌落总数不能区分细菌的种类，也不是所有细菌都能在一种培养条件下生长，所以这并不能表示检测菌样中的所有细菌总数，故有时被称为杂菌数、需氧菌数等。

2. 食品中大肠菌群的测定

（1）大肠菌群的定义及范围　根据《食品安全国家标准食品微生物学检验 大肠菌群计数》（GB 4789.3—2016）中规定，大肠菌群（coliforms）是指在一定培养条件下能发酵乳糖、产酸产气的需氧和兼性厌氧革兰阴性无芽孢杆菌。它直接或间接来自人与温血动物的肠道，包括肠杆菌科的大肠埃希菌属、柠檬酸杆菌属、肠杆菌属和克雷伯菌属。

（2）大肠菌群的食品安全学意义　早在 1892 年，沙尔丁格（Schardinger）首先提出大肠杆菌作为水源中病原菌污染指标菌的意见，因为大肠杆菌是存在于人和动物的肠道内的常见细菌。一年后，塞乌博耳德·斯密斯（Theobold. Smith）指出，大肠杆菌因普遍存在于肠道内，若在肠道以外的环境中发现，就可以认为这是由于人或动物的粪便污染造成的。从此，人们开始应用大肠杆菌作为水源中粪便污染的指标菌。大肠杆菌现已被我国和国外许多国家广泛用作食品卫生质量检验的指示菌。

大肠菌群的食品卫生学意义是作为食品被粪便污染的指示菌，食品中粪便含量只要达到 10^{-3} mg/kg 即可检出大肠菌群。一般认为，作为食品被粪便污染的理想指示菌应具备以下特征：①存在于肠道内特有的细菌，才能显示出指标的特异性；②在肠道内占有极高的数量，即使被高度稀释后，也能被检出；③在肠道以外的环境中，其对外界不良因素的抵抗力大于肠道致病菌或相似；④检验方法简便，易于检出和计数。大肠菌群比较符合以上要求。

肠道致病菌如沙门菌属、志贺菌属是引起食物中毒的重要致病菌，然而对食品经常进行逐批逐件地检验又不可能，鉴于大肠菌群与肠道致病菌来源相同，且一般在外环境中生存时间也与主要肠道病原菌一致，所以大肠菌群的另一个重要食品卫生学意义是作为肠道病原菌污染食品的指示菌。当然食品中检出大肠菌群，只能说明有肠道病原菌存在的可能性，两者并非一定平行存在，但只要食品中检出大肠菌群，则说明有粪便污染，即使无病原菌，该食品仍可被认为是不卫生的。

（3）大肠菌群计数方法　根据 GB 4789.3—2016 中规定，MPN 计数法适用于大肠菌群含量较低的食品中的大肠菌群的计数，平板计数法适用于大肠菌群含量较高的食品中大肠菌群的计数。

MPN 法是统计学和微生物学结合的一种定量检测法，其原理利用其发酵乳糖、产酸产气的特征，将待测样品经系列稀释并培养后，根据其未生长的最低稀释度与生长的最高稀释度，应用统计学概率论推算出待测样品中大肠菌群的最大可能数。

平板计数法是指大肠菌群在固体培养基中发酵乳糖产酸，在指示剂的作用下形成可计数的红色或紫色，带有或不带有沉淀环的菌落，以统计样品中大肠菌群数。

三、实验材料、仪器与试剂

1. 材料

待测食品样品。

2. 仪器

电热恒温培养箱、水浴锅、天平、显微镜、均质器或乳钵、温度计、平皿、试管、发酵管、吸管、载玻片、接种针、玻璃珠、振荡器等。

3. 试剂

月桂基硫酸盐胰蛋白胨（LST）肉汤、煌绿乳糖胆盐（BGLB）肉汤、结晶紫中性红胆盐琼脂（VRBA）、平板计数琼脂（PCA）培养基、磷酸盐缓冲液、无菌生理盐水、1mol/L 氢氧化钠溶液、1mol/L 盐酸溶液。

四、实验步骤

1. 食品中细菌总数的测定

（1）检样稀释及培养

①称取 25g 固体或半固体样品剪碎或磨碎或 25mL 液体样品，放入含有 225mL 磷酸盐缓冲液或生理盐水的灭菌玻璃瓶内（瓶内预先置适当数量的玻璃珠）或灭菌乳钵内，经充分振摇或研磨做成 1∶10 的均匀稀释液。

固体检样在加入稀释液后，最好置灭菌均质器中以 8000~10000r/min 均质 1min，制成 1∶10 的均匀稀释液。

②用 1mL 无菌吸管吸取 1∶10 稀释液 1mL，沿管壁徐徐注入含有 9mL 稀释液的无菌试管内（注意吸管尖端不要触及管内稀释液，下同），振摇试管混合均匀，做成 1∶100 的稀释液。

③另取 1mL 的灭菌吸管，按上述操作顺序制备 10 倍递增稀释液，如此每递增稀释一次，即换用 1 支 1mL 无菌吸管。

④根据食品卫生标准要求或对检样污染情况的估计，选择 2~3 个适宜的稀释度，在进行 10 倍递增稀释时，吸取 1mL 稀释液于无菌平皿内，每个稀释度做 2 个平皿。同时，分别吸取 1mL 空白稀释液加入 2 个无菌平皿内作空白对照。

⑤稀释液移入平皿后，应及时将凉至 46℃平板计数琼脂培养基［可放置在（46±1）℃水浴锅内保温］注入平皿 15~20mL，并转动平皿使混合均匀。

⑥等琼脂凝固后，翻转平板，置（36±1）℃恒温箱内培养（48±2）h。水产品（30±1）℃恒温箱内培养（72±3）h。

（2）菌落计数

①可用肉眼观察，必要时用放大镜检查或用菌落计数器，记录稀释倍数和相应的菌落数量。菌落计数以 CFU 表示。

②选取菌落数在 30~300 CFU 之间、无蔓延菌落生长的平板计数菌落总数。低于 30 CFU 的平板记录具体菌落数，大于 300 CFU 的可记录为多不可计。每个稀释度的菌落数应采用两个平板的平均数。

③其中一个平板有较大片状菌落生长时，则不宜采用，而应以无片状菌落生长的平板

作为该稀释度的菌落数，若片状菌落不到平板的一半，而其余的一半中菌落分布又很均匀，即可计算半个平板后乘 2 以代表全皿菌落数。

④平皿内如有链状菌落生长时（菌落之间无明显界线），若仅有一条链，可视为一个菌落数；如果有不同来源的几条链，则应将每条链作为一个菌落计。

（3）菌落总数的计算方法

①若只有一个稀释度平板上的菌落数在适宜计数范围内，计算两个平板菌落数的平均值，再将平均值乘以相应稀释倍数，作为每 g（mL）样品中菌落总数结果。

②若有两个连续稀释度的平板菌落数在适宜计数范围内时，按式（2-1）计算。

$$N = \frac{\sum C}{(n_1 + 0.1n_2)d} \tag{2-1}$$

式中　N——样品中菌落数

$\sum C$——平板菌落数之和

n_1、n_2——低稀释倍数和高稀释倍数平板个数；

d——第一稀释度。

③若所有稀释度平均菌落数均大于 300CFU，则按稀释度最高的平均菌落数乘以稀释倍数计算；若所有稀释度的平均菌落数均小于 30CFU，则应按稀释度最低的平均菌落数乘以稀释倍数计算；若所有稀释度均无菌落生长，则以小于 1 乘以最低稀释倍数计算；若所有稀释度的平均菌落数均不在 30~300CFU 之间，其中一部分大于 300CFU 或小于 30CFU 时，则以最接近 30 或 300CFU 的平均菌落数乘以稀释倍数计算。

（4）菌落总数的报告　菌落数小于 100 CFU 时，按"四舍五入"原则修约，以整数报告；菌落数大于或等于 100CFU 时，第 3 位数字采用"四舍五入"原则修约后，取前 2 位数字，后面用 0 代替位数，也可用 10 的指数形式来表示，按"四舍五入"原则修约后，采用两位有效数字；若所有平板上蔓延菌落而无法计数，则报告菌落蔓延；若空白对照上有菌落生长，则此次检测结果无效；称重取样以 CFU/g 为单位报告，体积取样以 CFU/mL 为单位报告。

2. 食品中大肠菌群的测定

（1）大肠菌群 MPN 计数法

①将检样 25g（或 25mL）放于含有 225mL 磷酸盐缓冲液或生理盐水的无菌玻璃瓶内（瓶内预置适当数量的玻璃珠）或无菌乳钵内，经充分振摇或研磨做成 1∶10 的均匀稀释液。固体检样最好用无菌均质器，以 8000~10000r/min 的速度处理 1min，做成 1∶10 的稀释液。样品稀释液的 pH 应在 6.5~7.5 之间，必要时用氢氧化钠或盐酸调节。

②用 1mL 灭菌吸管吸取 1∶10 稀释液 1mL，注入含有 9mL 稀释液的无菌试管内，振摇混匀，做成 1∶100 的稀释液。根据对样品污染状况估计，按上述操作，依次制成十倍递增系列稀释样品，每递增稀释 1 次，换用 1 支 1mL 无菌吸管或吸头。从制备样品稀释液至样品接种完毕，全过程不得超过 15min。

③乳糖初发酵试验：每个样品，选择 3 个适宜的连续稀释度的样品匀液，每个稀释度接种 3 管月桂基硫酸盐胰蛋白胨（LST）肉汤，每管接种 1mL（如接种量在 1mL 以上则双

料 LST 肉汤），放入（36±1）℃温箱内，培养（24±2）h 观察导管内是否有气泡产生，（24±2）h 产气者进行复发酵试验（证实试验），如未产气则继续培养至（48±2）h，产气者进行复发酵试验。未产气者为大肠菌群阴性。

④复发酵试验：用接种环从产气的 LST 肉汤管中分别取培养物 1 环，移种于煌绿乳糖胆盐肉汤（BGLB）管中，（36±1）℃培养（48±2）h，观察产气情况。产气者，计为大肠菌群阳性管。

⑤大肠菌群 MPN 的报告：大肠菌群 BGLB 阳性管数，检索 MPN 表（表 2-2），报告 1g（mL）样品中大肠菌群的 MPN 值。

表 2-2 　　　　　　　　　　　　　　大肠菌群 MPN 检索表

阳性管数			MPN	95%可信限		阳性管数			MPN	95%可信限	
0.10	0.01	0.001		下限	上限	0.10	0.01	0.001		下限	上限
0	0	0	<3.0	—	9.5	2	2	0	21	4.5	42
0	0	1	3.0	0.15	9.6	2	2	1	28	8.7	94
0	1	0	3.0	0.15	11	2	2	2	35	8.7	94
0	1	1	6.1	1.2	18	2	3	0	29	8.7	94
0	2	0	6.2	1.2	18	2	3	1	36	8.7	94
0	3	0	9.4	3.6	38	3	0	0	23	4.6	94
1	0	0	3.6	0.17	18	3	0	1	38	8.7	110
1	0	1	7.2	1.3	18	3	0	2	64	17	180
1	0	2	11	3.6	38	3	1	0	43	9	180
1	1	0	7.4	1.3	20	3	1	1	75	17	200
1	1	1	11	3.6	38	3	1	2	120	37	420
1	2	0	11	3.6	42	3	1	3	160	40	420
1	2	1	15	4.5	42	3	2	0	93	18	420
1	3	0	16	4.5	42	3	2	1	150	37	420
2	0	0	9.2	1.4	38	3	2	2	210	40	420
2	0	1	14	3.6	42	3	2	3	290	90	1000
2	0	2	20	4.5	42	3	3	0	240	42	1000
2	1	0	15	3.7	42	3	3	1	460	90	2000
2	1	1	20	4.5	42	3	3	2	1100	180	4100
2	1	2	27	8.7	94	3	3	3	>1100	420	—

注：①本表采用 3 个稀释度 0.1、0.01、0.001g（mL），每个稀释度接种 3 管。

②表内所检样品如改用 1、0.1 和 0.01g（mL）时，表内数字应相应降低 10 倍，如改用 0.01、0.001 和 0.0001g（mL）时，则表内数字应相应提高 10 倍，以此类推。

（2）大肠菌群平板计数法

①平板计数：选取 2~3 个适宜的连续稀释度，每个稀释度接种 2 个无菌平皿，每平皿

1mL，同时取 1mL 生理盐水加入无菌平皿作空白对照；将 15~20mL 融化并恒温至 46℃的结晶紫中性红胆盐琼脂（VRBA）倾注于每个平皿中，旋转平皿，使培养基与样液充分混匀，待凝固后，再加 3~4mL VRBA 覆盖于平板表层，翻转平板，置于（36±1）℃培养 18~24h。

②平板菌落数的选择：选取菌落数在 15~150 CFU 之间的平板，分别计数平板上出现的典型和可疑大肠菌群菌落（如菌落直径较典型菌落小）。典型菌落为紫红色，菌落周围有红色的胆盐沉淀环，菌落直径为 0.5mm 或更大，最低稀释度平板低于 15 CFU 的记录具体菌落数。

③证实实验：从 VRBA 平板上挑取 10 个不同类型的典型和可疑菌落，少于 10 个菌落的挑取全部典型和可疑菌落。分别移种于 BGLB 肉汤管内，（36±1）℃培养 24~48h，观察产气情况。凡 BGLB 肉汤管产气，即可报告为大肠菌群阳性。

④大肠菌群平板计数报告：经最后证实为大肠菌群阳性的试管比例乘以②中计数的平板菌落数，再乘以稀释倍数，即为 1g（mL）样品中大肠菌群数。例如，10^{-4} 样品稀释液 1mL，在 VRBA 平板上游 100 个典型和可疑菌落，挑取其中 10 个接种 BGLB 肉汤管，证实有 6 个阳性管，则该样品的大肠菌群数为 $100×6/10×10^4 = 6.0×10^5$ CFU/g（mL）。若所有稀释度均无菌落生长，则以小于 1 乘以最低稀释倍数计算。

五、结果与讨论

（1）将实验测出的样品菌落总数以报表方式报告结果。

（2）根据大肠菌群阳性管数，检索 MPN 表，报告 1g（mL）样品中大肠菌群的 MPN 值，并比较两种方法所得的大肠菌群数。

六、注意事项

（1）检样时注意无菌操作。

（2）每次实验需要有阴性对照；稀释样品一定要混匀。

（3）高压灭菌后，排尽倒管中的气体；取出培养基置于冰箱中冷却，效果比较好。

（4）在实际工作中，大肠菌群的产气量不同，若倒管中只有非常少的气体（类似小米粒的气泡）时，可以轻轻摇晃试管，如有气泡沿管壁快速上浮，应考虑可能有气体产生。

？ 思考题

1. 食品检验为什么要测定菌落总数？

2. 影响菌落总数准确性的因素有哪些？

3. 什么是大肠菌群？它主要包括哪些细菌属？

4. 为什么要选择大肠菌群作为食品被肠道病原菌污染的指示菌？

5. 如果水中有大量致病菌，如痢疾、伤寒、霍乱等致病菌，用本实验方法检测总大肠菌群，能否得到阳性结果？为什么？

参考文献

[1]刘慧.现代食品微生物学实验技术[M].北京:中国轻工业出版社,2006.

[2]沈平,范秀荣,李广武.微生物学实验[M].3版.北京:高等教育出版社,1999.

[3]何国庆,贾英民,丁立孝.食品微生物[M].3版.北京:中国农业大学出版社,2016.

[4]郝林,孔庆学,方祥.食品微生物学实验技术[M].3版.北京:中国农业大学出版社,2016.

[5]中华人民共和国国家卫生和计划生育委员会.国家食品药品监督管理总局.GB 4789.2—2016食品安全国家标准 食品微生物检验 菌落总数测定[S].北京:中国标准出版社,2016.

[6]中华人民共和国国家卫生和计划生育委员会.国家食品药品监督管理总局.GB 4789.3—2016食品安全国家标准 食品微生物检验 大肠菌群计数[S].北京:中国标准出版社,2016.

模块三 设计研究性实验

实验七 化学因素对微生物的影响

一、实验目的

（1）了解化学因素对微生物生长的影响。

（2）掌握滤纸圆片法检测化学消毒剂对微生物生长的方法。

二、实验原理

环境因素包括物理因素、化学因素和生物因素。提供和控制良好的环境条件可以促进有益微生物大量繁殖或产生有经济价值的代谢产物。相反，不良的环境条件使微生物的生长受到抑制，甚至导致菌体的死亡。

1. 化学消毒剂抑菌的原理

抑制或杀死微生物的化学因素种类极多，用途广泛，性质各异，其中表面消毒剂和化学治疗剂最为常见。常用的化学消毒剂包括有机溶剂（酚、醇、醛等）重金属盐、卤族元素及其化合物、染料和表面活性剂等。有机溶剂使蛋白质（酶）和核酸变性失活，破坏细胞膜；重金属盐也可使蛋白质（酶）和核酸变性失活，或与细胞代谢产物螯合使之变为无效化合物；碘与蛋白质酪氨酸残基不可逆结合而使蛋白质失活，氯与水作用产生强氧化剂使蛋白质氧化变性；低浓度染料可抑制细菌生长，革兰阳性菌比革兰阴性菌对染料更加敏感；表面活性剂可改变细胞膜透性，也能使蛋白质变性。

2. 滤纸圆片法原理

在涂有试验菌的平板上，放上浸有不同消毒剂的滤纸片，每个滤纸片吸取的液体量是相同的，在平板上，液体会向四周扩散，从而抑制或杀死滤纸片周围的试验菌，经过培养会在平板上形成一个抑（杀）菌圈，通过量抑（杀）菌圈的大小可以知道不同消毒剂的抑（杀）菌能力。

三、实验材料、仪器与试剂

1. 材料

菌种：大肠杆菌、金黄色葡萄球菌。

培养基：牛肉膏蛋白胨琼脂培养基。

2. 仪器

灭菌锅、恒温培养箱、酒精灯、镊子、无菌玻璃涂棒、无菌吸管、无菌培养皿、无菌滤纸片、游标尺等。

3. 试剂

2.5%碘酒、0.1%升汞、5%石炭酸、75%乙醇、100%乙醇、1%来苏尔、0.25%新洁尔灭、0.005%龙胆紫、0.05%龙胆紫和无菌生理盐水。

四、实验步骤

（1）倒平板　将牛肉膏蛋白胨琼脂培养基加热熔化后倾入无菌培养皿，制成平板，注意平皿中培养基厚度要均匀。

（2）涂平板　吸取0.2mL金黄色葡萄球菌或大肠杆菌液分别加入上述平板，用无菌玻璃涂棒涂布均匀，晾干。

（3）标记　将上述平皿底用记号笔划分成3~4等份，分别标明一种消毒剂的名称。

（4）贴滤纸片　用镊子取分别浸泡在碘酒、升汞、石炭酸、乙醇、来苏尔、新洁尔灭、龙胆紫和无菌生理盐水等溶液中的小圆滤纸片各一张，在容器内壁沥去多余溶液，再将滤纸片分别贴在平板上相应位置，在平板中央贴上浸有无菌生理盐水的滤纸片作为对照。

（5）培养、观察　将上述平板倒置于37℃环境中保温24h，观察并记录抑（杀）菌圈的大小。

五、结果与讨论

（1）以表格形式记录不同化学消毒剂对微生物生长的影响。

（2）比较不同化学消毒的抑（杀）菌能力。

六、注意事项

（1）所有操作都应保持无菌操作，避免污染杂菌。

（2）涂布平板要均匀，使细菌均匀分散。

（3）注意沥去多余的各化学消毒剂溶液，从而保证抑菌圈为规则的圆形。

思考题

1. 在你的实验中，75%和100%乙醇对金黄色葡萄球菌的作用效果有无差别？医院用作消毒剂的乙醇浓度是多少，为何采用该浓度乙醇作为消毒剂？

2. 利用滤纸圆片法测定化学消毒剂对微生物生长的影响时，影响抑（杀）菌圈大小的因素有哪些？抑（杀）菌圈大小能否准确反映化学消毒剂抑（杀）菌能力的强弱？

3. 设计一个简单实验，证明某化学消毒剂对某实验菌是起抑菌作用还是杀菌作用。

参考文献

[1]何国庆，贾英民，丁立孝. 食品微生物[M]. 3版. 北京：中国农业大学出版社，2016.

[2]郝林，孔庆学，方祥. 食品微生物学实验技术[M]. 3版. 北京：中国农业大学出版社，2016.

第二篇

食品技术原理类实验

第三章

食品工程原理实验

模块一 验证性实验

实验一　管路阻力测定实验

一、实验目的

（1）测定实验管路内流体流动的阻力 ΔP_f 和直管摩擦系数 λ。确定两者之间的关系。

（2）根据实验数据，确定实验管路内流体流动的直管摩擦系数 λ 与雷诺数 Re 和相对粗糙度之间的关系曲线。

（3）测定管路部件局部摩擦阻力 ΔP_f 并求出局部阻力系数 ζ。

二、实验原理

1. 直管摩擦因数 λ 与雷诺数 Re 的测定

流体在管道内流动时，由于流体的黏性作用和涡流的影响会产生阻力。流体在直管内流动阻力的大小与管长、管径、流体流速和管道摩擦因数有关，它们之间存在如下关系，如式（3-1）~式（3-3）所示。

$$h_f = \frac{\Delta P_f}{\rho} = \lambda \, \frac{l}{d} \cdot \frac{u^2}{2} \tag{3-1}$$

$$\lambda = \frac{2d}{\rho \cdot l} \cdot \frac{\Delta P_f}{u^2} \tag{3-2}$$

$$Re = \frac{d \cdot u \cdot \rho}{\mu} \tag{3-3}$$

式中　d——管径，m；

ΔP_f——直管阻力引起的压强降，Pa；

l——管长，m；

ρ——流体的密度，kg/m^3；

u——流速，m/s；

μ——流体的黏度，$N \cdot s/m^2$。

直管摩擦因数 λ 与雷诺数 Re 之间有一定的关系，这个关系一般用曲线来表示。在实验装置中，直管段管长 l 和管径 d 都已固定。若水温一定，则水的密度 ρ 和黏度 μ 也是定值。所以本实验实质上是测定直管段流体阻力引起的压强降 ΔP_f 与流速 μ（流量 q_V）之间的关系。并将此关系用曲线图的方式表示。

根据实验数据和式（3-2）可计算出不同流速下的直管摩擦因数 λ，用式（3-3）计算对应的 Re，从而整理出摩擦因数和雷诺数的关系，绘出 λ 与 Re 的关系曲线。

2. 局部阻力系数 ζ 的测定

$$h'_f = \frac{\Delta P'_f}{\rho} = \zeta \frac{u^2}{2} \tag{3-4}$$

$$\zeta = \left(\frac{2}{\rho}\right) \cdot \frac{\Delta P'_f}{u^2} \tag{3-5}$$

式中　ζ——局部阻力系数，量纲为一；

　　　ΔP_f——局部阻力引起的压强降，Pa；

　　　h'_f——局部阻力引起的能量损失，J/kg。

局部阻力引起的压强降 $\Delta P'_f$ 可用下面的方法测量：在一条各处直径相等的直管段上，安装待测局部阻力的阀门，在其上、下游开两对测压口 a—a′ 和 b—b′，作为近端和远端测压口（图 3-1），使 ab＝bc，a′b′＝b′c′，则 $\Delta P_{f,ab} = \Delta P_{f,bc}$，$\Delta P_{f,a'b'} = \Delta P_{f,b'c'}$。

在 a—a′ 之间列柏努利方程式：

$$P_a - P_{a'} = 2\Delta P_{f,ab} + 2\Delta P_{f,a'b'} + \Delta P'_f \tag{3-6}$$

在 b—b′ 之间列柏努利方程式：

$$P_b - P_{b'} = \Delta P_{f,bc} + \Delta P_{f,b'c'} + \Delta P'_f = \Delta P_{f,ab} + \Delta P_{f,a'b'} + \Delta P'_f \tag{3-7}$$

联立式（3-6）和式（3-7），则：

$$\Delta P'_f = 2(P_b - P_{b'}) - (P_a - P_{a'})$$

为了便于区分，称 $(P_b - P_{b'})$ 为近点压差，$(P_a - P_{a'})$ 为远点压差。其数值通过差压传感器来测量。

图 3-1　局部阻力测量取压口布置图

三、实验装置

1. 实验装置流程示意图

实验装置流程示意图见图 3-2，实验装置技术参数如下所示：

离心泵：型号 WB 70/055，流量 $8m^3/h$，扬程 12m，电机功率 550W。

被测直管段：光滑管管径 $d=0.0078m$，管长 $L=1.70m$，材料不锈钢；粗糙管管径 $d=0.01m$，管长 $L=1.70m$，材料不锈钢。

被测局部阻力直管：管径 $d=0.015m$，管长 $L=1.70m$，材料不锈钢。

转子流量计：型号 LZB-25 测量范围 $100\sim1000L/h$；型号 LZB-10 测量范围 $10\sim100$（L/h）。

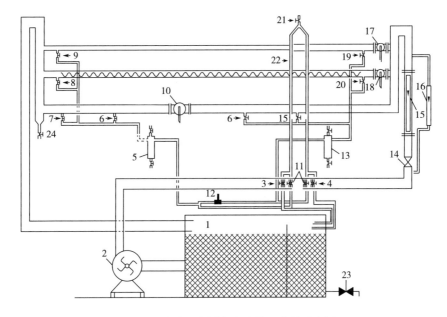

图 3-2   流动阻力测定实验装置流程示意图

1—水箱   2—离心泵   3、4—放水阀   5、13—缓冲罐   6—局部阻力近端测压阀   7、15—局部阻力远端测压阀

8、20—粗糙管测压阀   9、19—光滑管测压阀   10—局部阻力管阀   11—U 形管进出水阀   12—压力传感器

14—大流量调节阀   15、16—水转子流量计   17—光滑管阀   18—粗糙管阀   21—倒置 U 形管放空阀

22—倒置 U 形管   23—水箱放水阀   24—放水阀

压差传感器：型号 LXWY，测量范围 200kPa。

数字显示仪表：温度测量：Pt100，数显仪表型号 AI501B；压差测量：压差传感器，数显仪表型号 AI501BV24。

2. 实验装置控制面板示意图

实验装置控制面板示意图如图 3-3 所示。

四、实验步骤

（1）向储水槽内注水至水满为止（最好使用蒸馏水，以保持流体清洁）。检查管路阀门情况（设备启动之前，各管路阀门应该处于关闭状态）。

（2）测压系统的调试（见附录二）   测压系统调整好以后，应将图 3-2 中阀门 14、17、18、10 关闭，使系统处于待用状态。

（3）光滑管阻力测定   通过前面的预习，小组成员一起讨论，确定实验点的设置，组员的分工，熟悉实验方法后，开始实验。

打开阀门 17，使之处于全开状态。关闭阀门 18、10。使光滑管处于待测状态。

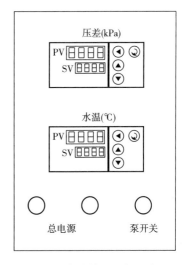

图 3-3   实验装置面板示意图

打开阀门 9、19，使光滑管两端的测压口与测压系统连接。同时关闭阀门 8、20、7、16，使粗糙管、局部阻力管路与测压系统隔断。

根据不同的流量范围，选择适当的测压系统。

确认设备调整好后，按下泵开关，启动水泵。选择好适当的流量计，旋转相应流量计下面的阀门 14 调节流量。在整个流量范围内，均匀分布实验点，从大到小或从小到大，顺序测取 20 组数据。每个实验点测量时，调整好实验参数后，要稳定此状态 1min 的时间，记录实验数据（水温、压差、流量等）。然后按照相同的实验点设置，做重复实验。测量结束后，关闭流量调节阀门，停泵。

（4）粗糙管阻力测定　将粗糙管阀 18 全开，关闭光滑管路阀门 17、局部阻力管路阀门 10。然后按照步骤 2 的顺序，调整测压系统。按照步骤 3 的方法，测量粗糙管阻力。从小流量到最大流量，顺序测取 20 组数据。测量结束后，关闭流量调节阀门，停泵。

（5）局部阻力测定　将局部阻力阀门 10 打开（即待测的阀门），关闭光滑管阀门 17、粗糙管管路阀门 18。调整阀门 10 为一定的开度（1/3 左右），缓慢调节流量，分别以流量 100、400、800L/h 为实验点，通过调节阀门 7、6、15，测量出远端、近端压差。测量结束后，关闭流量调节阀门，停泵。

五、结果与讨论

（1）实验过程记录。

（2）原始数据记录中应包括水温，环境温度及测定对象的主要尺寸，记录表中要明确数据间的对应关系。如 ΔP 与 $q_V(u)$ 的对应关系。测 ΔP 要有压差计左、右读数和差值、单位。

（3）数据表中应该有下列项目：水温、流量 q_V、流速 u、雷诺数 Re、直管压差 ΔP、摩擦因数 λ。

（4）在方格纸上做出 ΔP-u 的曲线图。

（5）在对数坐标纸上做出 $\lambda \sim Re$ 的曲线图，求得 $\lambda = f(Re)$ 的经验公式。

（6）计算管件的局部阻力系数，并求出平均值。

（7）综合实验过程和数据处理过程，给出确定的实验结果。

（8）结合课堂上相关部分的理论教学内容，对实验设计及其实验过程进行讨论。

六、注意事项

（1）启动离心泵之前以及从光滑管阻力测量过渡到其他测量之前，都必须检查所有流量调节阀状态（应处于关闭状态）。

（2）利用压力传感器测量大流量下 ΔP 时，应切断空气-水倒置 U 形玻璃管的阀门，否则将影响测量数值的准确度。

（3）在实验过程中每调节一个流量之后应待流量和直管压降的数据稳定以后（大约 1min）方可记录数据。

 思考题

1. 为什么测取数据之前要排净系统中的气体，否则有何影响。
2. 直管阻力和局部阻力产生的原因是什么？都与哪些因素有关？

附录一　实验数据记录表（表 3-1~表 3-3）

表 3-1　　　　　　　　　　　　　　　直管阻力

（流体温度 $T=$ 　　流体密度 $\rho=$ 　　流体黏度 $\mu=$ 　　）

序号	流量 $q_V/$（L/h）	流速 $u/$（m/s）	直管压差 ΔP kPa	阻力损失 $\Delta P/$ Pa	雷诺数 Re	摩擦因数 λ
1						
2						
3						
4						
5						
6						
7						
8						
9						
10						
11						
12						
13						
14						
15						
16						
17						
18						
19						
20						

表 3-2　　　　　　　　　　　　　　　粗糙管阻力

（流体温度 $T=$ 　　流体密度 $\rho=$ 　　流体黏度 $\mu=$ 　　）

序号	流量 $q_V/$（L/h）	流速 $u/$（m/s）	直管压差 ΔP kPa	阻力损失 $\Delta P/$ Pa	雷诺数 Re	摩擦因数 λ
1						
2						
3						
4						
5						
6						

续表

序号	流量 q_V/ (L/h)	流速 u/ (m/s)	直管压差 ΔP kPa	阻力损失 ΔP/ Pa	雷诺数 Re	摩擦因数 λ
7						
8						
9						
10						
11						
12						
13						
14						
15						
16						
17						
18						
19						
20						

表 3-3　　　　　　　　　　　　　局部阻力

（流体温度 $T=$　　　流体密度 $\rho=$　　　流体黏度 $\mu=$　　）

序号	流量 q_V/ (L/h)	近端压差/ kPa	远端压差/ kPa	流速 u/ (m/s)	局部阻力压差/ kPa	阻力系数 ζ
1						
2						
3						

附录二　测压系统及调试

测压系统如图 3-4 所示（结合图 3-2）。

操作方法如下：

①关闭粗糙管路阀门 18、局部阻力管路阀门 10，将光滑管路阀门 17 全开，在流量为零条件下，打开通向倒置 U 形管的进水阀，检查导压管内是否有气泡存在。若倒置 U 形管内液柱高度差不为零，则表明导压管内存在气泡。需要进行赶气泡操作。

开启总电源，启动泵开关，打开流量调节阀 14，调节流体的流量，打开 U 形管进出水阀门 11，使倒置 U 形管内液体充分流动，以赶出管路内的气泡；若观察气泡已赶净，将流量调节阀 14 关闭，U 形管进出水阀 11 关闭，慢慢旋开倒置 U 形管上部的放空阀 26 后，分别缓

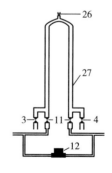

图 3-4　测压系统示意图

3、4—放水阀　11—U 形管进出水阀

12—压力传感器　26—U 形管放空阀　27—U 形管

慢打开阀门 3、4，使液柱降至中点上下时马上关闭，管内形成一段气柱，将液体隔断，形成左右两个液柱。此时管内液柱高度差不一定为零。然后关闭放空阀 26，打开 U 形管进出水阀 11，此时 U 形管两液柱的高度差应为零（1~2mm 的高度差可以忽略），如不为零则表明管路中仍有气泡存在，需要重复进行赶气泡操作。

②该装置由两个转子流量计并联连接，根据流量大小选择不同量程的流量计测量流量。

③差压变送器与倒置 U 形管亦是并联连接的，用于测量压差，小流量时用 U 形管压差计测量，大流量时用差压变送器测量。应在最大流量和最小流量之间进行实验操作，

注：在测大流量的压差时应关闭 U 形管的进出水阀 11，防止水利用 U 形管形成回路影响实验数据。

参考文献

李云飞，葛克山. 食品工程原理[M]. 4 版. 北京：中国农业大学出版社，2018.

实验二　板式塔精馏实验

一、实验目的

(1)了解板式精馏塔的结构和操作。

(2)学习精馏塔性能参数的测量方法，并掌握其影响因素。

(3)测定精馏塔在全回流条件下，稳定操作后的全塔理论塔板数和总板效率。

(4)测定精馏塔在部分回流条件下，稳定操作后的全塔理论塔板数和总板效率。

二、实验原理

对于二元物系，如已知其汽液平衡数据，则根据精馏塔的原料液组成，进料热状况，操作回流比及塔顶馏出液组成，塔底釜液组成可以求出该塔的理论板数 N_T。按照式(3-8)可以得到总板效率 E_T，其中 N_P 为实际塔板数。

$$E_T = \frac{N_T}{N_P} \times 100\% \tag{3-8}$$

部分回流时，进料热状况参数的计算式为式(3-9)~式(3-11)。

$$q = \frac{C_{Pm}(t_{BP} - t_F) + r_m}{r_m} \tag{3-9}$$

式中　t_F——进料温度，℃；

t_{BP}——进料的泡点温度，℃；

C_{pm}——进料液体在平均温度$(t_F+t_P)/2$下的比热容，kJ/(kmol·℃)；

r_m——进料液体在其组成和泡点温度下的汽化潜热，kJ/kmol。

$$C_{pm} = C_{P1}M_1x_1 + C_{P2}M_2x_2 \tag{3-10}$$

$$r_m = r_1M_1x_1 + r_2M_2x_2 \tag{3-11}$$

式中　C_{P1}，C_{P2}——分别为纯组分 1 和组分 2 在平均温度下的比热容，kJ/(kg·℃)；

r_1，r_2——分别为纯组分 1 和组分 2 在泡点温度下的汽化潜热，kJ/kg；

M_1, M_2——分别为纯组分 1 和组分 2 的摩尔质量,kJ/kmol;

x_1, x_2——分别为纯组分 1 和组分 2 在进料中的摩尔分数。

三、实验装置与试剂

1. 装置

本实验所用精馏塔装置如图 3-5 所示。

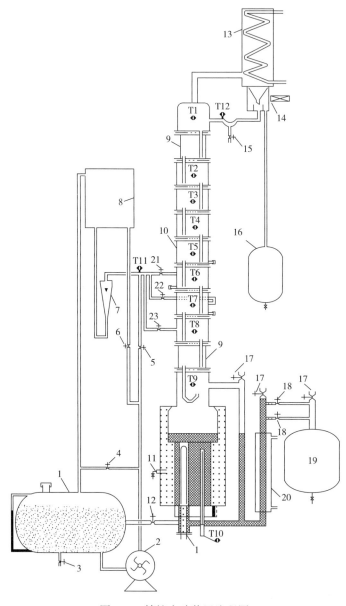

图 3-5　精馏实验装置流程图

1—储料罐　2—进料泵　3—放料阀　4—料液循环阀　5—直接进料阀　6—间接进料阀　7—流量计
8—高位槽　9—玻璃观察段　10—精馏塔　11—塔釜取样阀　12—釜液放空阀　13—塔顶冷凝器
14—回流比控制器　15—塔顶取样阀　16—塔顶液回收罐　17—放空阀　18—塔釜出料阀　19—塔釜储料罐
20—塔釜冷凝器　21—第六块板进料阀　22—第七块板进料阀　23—第八块板进料阀　T1~T12—温度测点

实验设备面板图如图 3-6 所示。

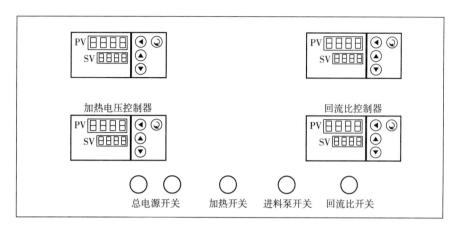

图 3-6　精馏设备仪表面板图

实验设备主要技术参数如表 3-4 所示。

表 3-4　　　　　　　　　精馏塔结构参数

名称	直径/ mm	高度/mm	板间距/ mm	板数/ 块	板型、孔径/ mm	降液管	材　质
塔体	$\Phi57\times3.5$	100	100	10	筛板 2.0	$\Phi8\times1.5$	不锈钢
塔釜	$\Phi100\times2$	300	—	—	—		不锈钢
塔顶冷凝器	$\Phi57\times3.5$	300	—	—	—		不锈钢
塔釜冷凝器	$\Phi57\times3.5$	300	—	—	—		不锈钢

2. 试剂

(1)实验物系　乙醇-正丙醇。

(2)实验物系纯度要求　化学纯或分析纯。

(3)实验物系平衡关系见表 3-5。

表 3-5　　　　乙醇-正丙醇 t-x-y 关系(以乙醇摩尔分数表示，x—液相，y—气相)

t	97.60	93.85	92.66	91.60	88.32	86.25	84.98	84.13	83.06	80.50	78.38
x	0	0.126	0.188	0.210	0.358	0.461	0.546	0.600	0.663	0.884	1.0
y	0	0.240	0.318	0.349	0.550	0.650	0.711	0.760	0.799	0.914	1.0

注:乙醇沸点 78.3℃;正丙醇沸点 97.2℃。

(4)实验物系浓度要求　15%~25%(乙醇质量分数)，浓度分析使用阿贝折光仪，折射率与溶液浓度的关系见表 3-6。

表 3-6 温度-折射率-液相组成之间的关系

折射率 $\diagdown$ x t	0	0.05052	0.09985	0.1974	0.2950	0.3977	0.4970	0.5990
25℃	1.3827	1.3815	1.3797	1.3770	1.3750	1.3730	1.3705	1.3680
30℃	1.3809	1.3796	1.3784	1.3759	1.3755	1.3712	1.3690	1.3668
35℃	1.3790	1.3775	1.3762	1.3740	1.3719	1.3692	1.3670	1.3650

折射率 $\diagdown$ x t	0.6445	0.7101	0.7983	0.8442	0.9064	0.9509	1.000
25℃	1.3607	1.3658	1.3640	1.3628	1.3618	1.3606	1.3589
30℃	1.3657	1.3640	1.3620	1.3607	1.3593	1.3584	1.3574
35℃	1.3634	1.3620	1.3600	1.3590	1.3573	1.3653	1.3551

四、实验步骤

（1）全回流操作

①打开塔顶冷凝器进水阀门,保证冷却水足量(80L/h 即可)。

②记录室温。

③启动加热开关。调节加热电压约为 130V,待塔板上建立液层后再适当调节电压,使塔内维持正常操作。

④当各块塔板上鼓泡均匀后,保持加热釜电压不变,在全回流情况下稳定 20min 左右。期间要随时观察塔内传质情况直至操作稳定。然后分别在塔顶取样口 15、塔釜取样口 11 用三角瓶同时取样 10mL 左右,待用。

⑤记录塔板上的传质状况,记下加热电压、塔顶温度等有关数据。将上述取得的样品,通过阿贝折射仪分析样品浓度。

（2）部分回流操作

①保持精馏塔在全回流状态下稳定工作后,调整下面相关的工艺参数,进行部分回流操作。

②启动进料泵和间接进料阀门 6,将原料液送入高位槽 8,然后再通过调节转子流量计控制送入量,再通过事先选择好的进料板及相应阀门 21、22、23,以 2.0~3.0L/h 的流量向塔内加料,利用回流比控制器,调节回流比为 $R=4$,使得回流液流出后回到塔顶,馏出液流入塔顶液回收罐 16 中。

③塔釜产品经冷却后由溢流管 18 流出,收集在塔釜储料罐 19 内。

④在参数不变下运行一定时间,观察塔板上传质状况,待操作稳定后,分别在塔顶取样口 15、塔釜取样口 11、原料罐取样口 3 用三角瓶同时取样 10mL 左右,待用。

⑤记录下塔板上的传质状况,记下加热电压、塔顶温度、进料温度、进料量等有关数据。将上述取得的样品,通过阿贝折射仪分析样品浓度。

（3）实验结束

①取好实验数据并检查无误后可停止实验,此时关闭进料阀门、进料泵和加热开关,关闭回流比调节器开关。

②停止加热后,待设备温度低于400℃后,关闭冷却水,一切复原。

③根据物系的 $t-x-y$ 关系,确定部分回流条件下进料的泡点温度,并进行数据处理。

五、结果与讨论

（1）要求详细记录下实验过程的每一步骤,遇到的问题及解决方法。每种状态下观察到的现象。

（2）记录包括实验数据、设备结构数据的确定、物性数据来源、处理过程公式使用及理论、计算过程等（参考表3-5和表3-6中的数据进行计算）,原始数据填入表3-7。

表3-7　　　　　　　　　　　　精馏实验原始数据

实际塔板数:10　　实验物系:乙醇-正丙醇　　折光仪分析温度:30℃					
	全回流:$R=\infty$		部分回流:$R=4$　　进料量:2L/h进料温度:30.4℃		
	塔顶组成	塔釜组成	塔顶组成	塔釜组成	进料组成
折射率 n					

30℃下质量分数与阿贝折光仪读数之间关系也可按下列回归式计算,如式（3-12）所示。

$$W=58.844116-42.61325\times n_D \tag{3-12}$$

式中　W——乙醇的质量分数;

　　　n_D——折光仪读数（折射率）。

通过质量分率求出摩尔分数（X_A）,如式（3-13）所示:乙醇相对分子质量 $M_A=46$;正丙醇相对分子质量 $M_B=60$。

$$X_A = \frac{\dfrac{W_A}{M_A}}{\dfrac{W_A}{M_A}+\dfrac{1-W_A}{M_B}} \tag{3-13}$$

六、注意事项

（1）因实验所用物系属易燃物品,所以实验中要特别注意安全,操作过程中应避免洒落以免发生危险。

（2）本实验设备加热功率由仪表自动调节,注意控制加热升温要缓慢,以免发生爆沸（过冷沸腾）使釜液从塔顶冲出。若出现此现象应立即断电,重新操作。升温和正常操作过程中釜的电功率不能过大。

（3）开车时要先接通冷却水再向塔釜供热,停车时操作反之。

（4）检测浓度使用阿贝折光仪。读取折光指数时,一定要同时记录测量温度并按给定的温度-折射率-液相组成关系(表3-6)测定相关数据(折光仪使用方法见说明书)。

(5)为便于对全回流和部分回流的实验结果(塔顶产品质量)进行比较,应尽量使两组实验的加热电压及所用料液浓度相同或相近。连续开出实验时,应将前一次实验时留存在塔釜、塔顶、塔底产品接受器内的料液倒回原料液储罐中循环使用。

 **思考题**

1. 什么是全回流操作? 全回流操作的意义是什么?
2. 在精馏单元的操作中,哪些因素会对产品的浓度、生产能力有影响作用?

☞ **参考文献**

李云飞,葛克山.食品工程原理[M].4版.北京:中国农业大学出版社,2018.

实验三 离心泵性能测定实验

一、实验目的

(1) 了解离心泵的构造与操作方法。

(2) 掌握离心泵特性曲线的测定方法、表示方法,加深对离心泵性能的了解。

(3) 了解离心泵的工作点与流量调节方法。

二、实验原理

离心泵的特性曲线是选择和使用离心泵的重要依据之一,其特性曲线是在恒定转速下泵的扬程 H、轴功率 N 及效率 η 与泵的流量 Q 之间的关系曲线,它是流体在泵内流动规律的宏观表现形式。由于泵内部流动情况复杂,不能用理论方法推导出泵的特性关系曲线,只能依靠实验测定。

1. 扬程 H 的测定与计算

取离心泵进口真空表和出口压力表处为1、2两截面,列机械能衡算方程,如式(3-14)所示。

$$z_1 + \frac{p_1}{\rho g} + \frac{u_1{}^2}{2g} + H = z_2 + \frac{p_2}{\rho g} + \frac{u_2{}^2}{2g} + \Sigma h_{\mathrm{f}} \tag{3-14}$$

由于两截面间的管长较短,通常可忽略阻力项 Σh_{f},速度平方差也很小故可忽略,则有式(3-15)。

$$H = (z_2 - z_1) + \frac{p_2 - p_1}{\rho g} = H_0 + H_压 + H_真 \tag{3-15}$$

式中 H_0——泵出口与进口间的高差,$H_0 = z_2 - z_1$,m;

ρ——流体密度,kg/m^3;

g——重力加速度 m/s^2;

p_1、p_2——分别为泵进、出口的真空度和表压，Pa；

$H_真$、$H_压$——分别为泵进、出口的真空度和表压对应的压头，m。

由式（3-15）可知，只要直接读出真空表和压力表上的数值及两表的安装高度差，就可计算出泵的扬程。

2. 轴功率 N 的测量与计算

$$N = N_电 \times k \tag{3-16}$$

式中　$N_电$——电功率表显示值，W；

　　　　k——电机传动效率，可取 $k = 0.95$。

3. 效率 η 的计算

泵的效率 η 是泵的有效功率 Ne 与轴功率 N 的比值。有效功率 Ne 是单位时间内流体经过泵时所获得的实际功，轴功率 N 是单位时间内泵轴从电机得到的功，两者差异反映了水力损失、容积损失和机械损失的大小。

泵的有效功率 Ne 可用式（3-17）和式（3-18）计算：

$$Ne = HQ\rho g \tag{3-17}$$

故泵效率为

$$\eta = \frac{HQ\rho g}{N} \times 100\% \tag{3-18}$$

4. 转速改变时的换算

泵的特性曲线是在定转速下的实验测定所得。但是，实际上感应电动机在转矩改变时，其转速会有变化，这样随着流量 Q 的变化，多个实验点的转速 n 将有所差异，因此在绘制特性曲线之前，须将实测数据换算为某一定转速 n' 下（可取离心泵的额定转速 2900r/min）的数据。换算关系如式（3-19）~式（3-22）所示。

流量

$$Q' = Q \frac{n'}{n} \tag{3-19}$$

扬程

$$H' = H \left(\frac{n'}{n} \right)^2 \tag{3-20}$$

轴功率

$$N' = N \left(\frac{n'}{n} \right)^3 \tag{3-21}$$

效率

$$\eta' = \frac{Q'H'\rho g}{N'} = \frac{QH\rho g}{N} = \eta \tag{3-22}$$

三、实验装置

离心泵特性曲线测定装置流程图如图3-7所示。水泵2将水槽1内的水输送到实验系统中，用流量调节阀6调节流量，流体经涡轮流量计9计量及电动调节阀后，流回至储水箱中。

四、实验步骤

（1）清洗水箱，并加装实验用水。给离心泵灌水，排出泵内气体。

（2）检查各阀门开度和仪表自检情况，试开状态下检查电机和离心泵是否正常运转。开启离心泵之前先将出口阀关闭，当泵达到额定转速后方可逐步打开出口阀。

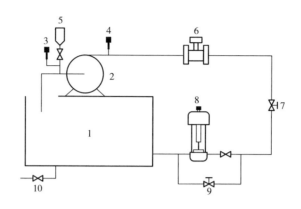

图 3-7　离心泵特性曲线测定实验装置

1—水箱　2—离心泵　3—泵进口压力传感器　4—泵出口压力传感器　5—灌泵口
6—涡轮流量计　7—离心泵的管路阀　8—电动调节阀　9—旁路闸阀　10—排水阀

（3）实验时，通过组态软件或者仪表逐渐增加电动调节阀的开度以增大流量，待各仪表读数显示稳定后，读取相应数据。离心泵特性实验主要获取实验数据为：流量 Q、泵进口压力 p_1、泵出口压力 p_2、电机功率 $N_电$、泵转速 n、流体温度 t 和两测压点间高度差 H_0（$H_0 = 0.1\text{m}$）。

（4）测取 10 组左右数据后，可以停泵，同时记录下设备的相关数据（如离心泵型号、额定流量、额定转速、扬程和功率等），停泵前先将出口阀关闭。

五、结果与讨论

（1）做好实验记录

①记录实验原始数据，填入表 3-8。

表 3-8　　　　　　　　　　　　　　实验原始数据表

实验日期：_____　实验人员：_____　学号：_____　装置号：_____

离心泵型号 = _____　额定流量 = _____　额定扬程 = _____　额定功率 = _____，

泵进出口测压点高度差 H_0 = _____　流体温度 t = _____

实验次数	流量 $Q/$（m³/h）	泵进口压力 $p_1/$kPa	泵出口压力 $p_2/$kPa	电机功率 $N_电/$kW	泵转速 $n/$（r/min）

②根据原理部分的公式，按比例定律校合转速后，计算各流量下的泵扬程、轴功率和效率，填入表3-9。

表3-9　　　　　　　　　　　　　　　　实验数据

实验次数	流量 $Q/$（m^3/h）	扬程 H/m	轴功率 N/kW	泵效率 $\eta/\%$

（2）分别绘制一定转速下的 $H\text{-}Q$、$N\text{-}Q$、$\eta\text{-}Q$ 曲线。

（3）分析实验结果，判断泵最为适宜的工作范围。

六、注意事项

（1）一般每次实验前，均需对泵进行灌泵操作，以防止离心泵气缚。同时注意定期对泵进行保养，防止叶轮被固体颗粒损坏。

（2）泵运转过程中，勿触碰泵主轴部分，因其高速转动，可能会缠绕并伤害身体接触部位。

（3）不要在出口阀关闭状态下长时间使泵运转，一般不超过 3min，否则泵中液体循环温度升高，易生气泡，使泵抽空。

 **思考题**

1. 试从所测实验数据分析，离心泵在启动时为什么要关闭出口阀门？

2. 启动离心泵之前为什么要引水灌泵？如果灌泵后依然启动不起来，你认为可能的原因是什么？

3. 为什么用泵的出口阀门调节流量？这种方法有什么优缺点？是否还有其他方法调节流量？

4. 泵启动后，出口阀如果不开，压力表读数是否会逐渐上升？为什么？

5. 正常工作的离心泵，在其进口管路上安装阀门是否合理？为什么？

6. 试分析，用清水泵输送密度为 1200kg/m^3 的盐水，在相同流量下你认为泵的压头是否变化？轴功率是否变化？

☞ **参考文献**

刘长海. 食品工程原理学习指导[M]. 北京:中国轻工业出版社,2010.

实验四 填料塔吸收实验

一、实验目的

(1) 了解填料塔吸收装置的基本结构及流程。

(2) 掌握总体积传质系数的测定方法。

(3) 了解气相色谱仪和六通阀的使用方法。

二、实验原理

气体吸收是典型的传质过程之一。因二氧化碳气体无味、无毒、廉价,所以气体吸收实验常选择二氧化碳作为溶质组分。本实验采用水吸收空气中的二氧化碳组分。一般二氧化碳在水中的溶解度很小,即使预先将一定量的二氧化碳气体通入空气中混合以提高空气中的二氧化碳浓度,水中的二氧化碳含量仍然很低,所以吸收的计算方法可按低浓度来处理,并且此体系二氧化碳气体的解吸过程属于液膜控制。因此,本实验主要测定 K_{xa} 和 H_{OL}。

1. 计算公式

填料层高度 Z 如式 (3-23) 所示。

$$z = \frac{L}{K_{xa}\Omega}\int_{x_2}^{x_1} \frac{dx}{x^* - x} = H_{OL}N_{OL} \tag{3-23}$$

式中　L——吸收剂的摩尔流量,kmol/ (m² · s);

　　Ω——塔的横截面积,m²;

　K_{xa}——以 Δx 为推动力的液相总体积传质系数,kmol/ (m³ · s);

　H_{OL}——液相总传质单元高度,m;

　N_{OL}——液相总传质单元数,无因次。

令:吸收因数 $A = L/mV$,如式 (3-24) 所示。

$$N_{OL} = \frac{1}{1 - A}\ln\left[(1 - A) \frac{y_1 - mx_2}{y_1 - mx_1} + A \right] \tag{3-24}$$

2. 测定方法

(1) 空气流量和水流量的测定　本实验采用转子流量计测得空气和水的流量,并根据实验条件(温度和压力)和有关公式换算成空气和水的摩尔流量。

(2) 测定塔顶和塔底气相组成 y_1 和 y_2;

(3) 平衡关系　本实验的平衡关系如式 (3-25) 所示。

$$y = mx \tag{3-25}$$

式中　m——相平衡常数,$m = E/P$;

　　E——亨利系数,$E = f(t)$,kPa;

P——总压，kPa，取 101.33 kPa。

对清水而言，$x_2=0$，由全塔物料衡算，如式（3-26）所示，可得 x_1。

$$L(x_1 - x_2) = V(y_1 - y_2) \tag{3-26}$$

三、实验装置

1. 装置流程

如图 3-8 所示，由自来水源来的水送入填料塔塔顶经喷头喷淋在填料顶层。由风机送来的空气和由二氧化碳钢瓶来的二氧化碳混合后，一起进入气体混合罐，然后再进入塔底，与水在塔内进行逆流接触，进行质量和热量的交换，由塔顶出来的尾气放空，因本实验为低浓度气体的吸收，所以热量交换可略，整个实验过程可看成是等温操作。

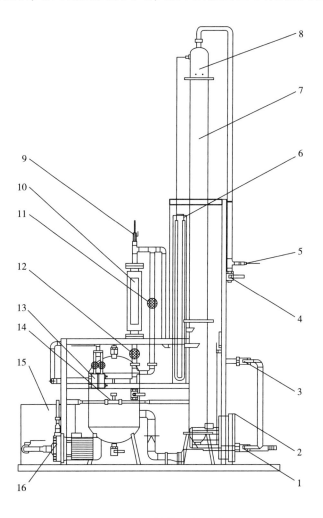

图 3-8　吸收装置流程图

1—液体出口阀 2　2—风机　3—液体出口阀 1　4—气体出口阀　5—出塔气体取样口　6—U 形压差计

7—填料层　8—塔顶预分布器　9—进塔气体取样口　10—玻璃转子流量计（0.4~4m³/h）

11—混合气体进口阀 1　12—混合气体进口阀 2　13—孔板流量计　14—涡轮流量计　15—水箱　16—水泵

2. 主要设备

（1）吸收塔 高效填料塔，塔径 100mm，塔内装有金属丝网波纹规整填料或 θ 环散装填料，填料层总高度 2000mm。塔顶有液体初始分布器，塔中部有液体再分布器，塔底部有栅板式填料支承装置。填料塔底部有液封装置，以避免气体泄漏。

（2）填料规格和特性 金属丝网波纹规整填料：型号 JWB-700Y，规格 $\varphi100mm \times 100mm$，比表面积 $700m^2/m^3$。

（3）转子流量计（表 3-10）

表 3-10   转子流量计

介质	条件			
	常用流量	最小刻度	标定介质	标定条件
CO_2	2L/min	0.2 L/min	CO_2	20℃ 1.0133×10^5 Pa

（4）空气风机 型号：旋涡式风机。

（5）二氧化碳钢瓶。

（6）气相色谱分析仪。

四、实验步骤

（1）熟悉实验流程及弄清气相色谱仪及其配套仪器结构、原理、使用方法及其注意事项。

（2）打开混合罐底部排空阀，排放掉空气混合贮罐中的冷凝水。

（3）打开仪表电源开关及风机电源开关，进行仪表自检。

（4）开启进水阀门，让水进入填料塔润湿填料，仔细调节玻璃转子流量计，使其流量稳定在某一实验值。（塔底液封控制：仔细调节液体出口阀的开度，使塔底液位缓慢地在一段区间内变化，以免塔底液封过高溢满或过低而泄气。）

（5）启动风机，打开二氧化碳钢瓶总阀，并缓慢调节钢瓶的减压阀。

（6）仔细调节风机旁路阀门的开度（并调节二氧化碳调节转子流量计的流量，使其稳定在某一值），建议气体流量 $3 \sim 5m^3/h$；液体流量 $0.6 \sim 0.8m^3/h$；二氧化碳流量 $2 \sim 3L/min$。

（7）待塔操作稳定后，读取各流量计的读数及通过温度、压差计、压力表上读取各温度、塔顶塔底压差读数，通过六通阀在线进样，利用气相色谱仪分析出塔顶、塔底气体组成。

（8）实验完毕，关闭二氧化碳钢瓶和转子流量计、水转子流量计、风机出口阀门，再关闭进水阀门及风机电源开关（实验完成后我们一般先停止水的流量再停止气体的流量，这样做的目的是为了防止液体从进气口倒压破坏管路及仪器），清理实验仪器和实验场地。

五、结果与讨论

（1）将原始数据列表。

（2）在双对数坐标纸上绘图表示二氧化碳吸收时体积传质系数、传质单元高度与气体流量的关系。

（3）列出实验结果与计算示例。

六、注意事项

（1）固定好操作点后，应随时注意调整以保持各量不变。

（2）在填料塔操作条件改变后，需要有较长的稳定时间，一定要等到稳定以后方能读取有关数据。

思考题

1. 本实验中，为什么塔底要有液封？液封高度如何计算？

2. 测定 K_{xa} 有什么工程意义？

3. 为什么二氧化碳吸收过程属于液膜控制？

4. 当气体温度和液体温度不同时，应用什么温度计算亨利系数？

☞ **参考文献**

刘长海. 食品工程原理学习指导[M]. 北京：中国轻工业出版社，2010.

实验五　板式换热器传热实验

一、实验目的

（1）测定板式换热器的总传热系数。

（2）考察流体流速对总传热系数的影响。

（3）比较并流流动传热和逆流流动传热的特点。

二、实验原理

在工业生产过程中，大量情况下，冷、热流体系通过固体壁面（传热元件）进行热量交换，称为间壁式换热。如图 3-9 所示，间壁式传热过程由热流体对固体壁面的对流传热、固体壁面的热传导和固体壁面对冷流体的对流传热所组成。

忽略热损失，达到传热稳定时，有式（3-27）。

$$Q = W_h C_{ph}(T_{h1} - T_{h2}) = W_c C_{pc}(T_{c2} - T_{c1}) = KS\Delta T_m \qquad (3-27)$$

式中　Q——传热量，W；

　　　C_p——流体的平均定压比热容，J/（kg·K）；

　　　W——流体的质量流量，kg/s；

　　　T——热流体和冷流体的温度，℃；

　　　1，2——分别表示流体进、出口状态；

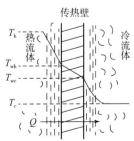

图 3-9　间壁式传热过程

c，h——分别表示冷、热流体的情况。

K——换热器的总传热系数，W/（m² · ℃）；

ΔT_m——换热器间壁两侧流体的平均温差，℃；

S——换热器的传热面积，m²。

换热器间壁两侧热、冷流体间的平均温差可由式（3-28）计算：

$$\Delta T_m = \frac{\Delta T_2 - \Delta T_1}{\ln \dfrac{\Delta T_2}{\Delta T_1}} \tag{3-28}$$

列管换热器的换热面积可由式（3-29）算得，

$$S = n\pi dL \tag{3-29}$$

式中 d——列管直径（因本实验为冷热气体强制对流换热，故各列管本身的导热忽略，所以 d 取列管内径）；

L——列管长度；

n——列管根数，以上参数取决于列管的设计，详见下文附表。

由此可得换热器的总传热系数，如式（3-30）所示。

$$K = \frac{Q}{S\Delta T_m} \tag{3-30}$$

在本实验装置中，为了尽可能提高换热效率，采用热流体走管内、冷流体走管间形式，但是热流体热量仍会有部分损失，所以 Q 应以冷流体实际获得的热能测算，即如式（3-31）所示。

$$Q = \rho_c V_c C_{pc}(T_{c2} - T_{c1}) \tag{3-31}$$

则冷流体质量流量 W_c 已经转换为密度和体积等可测算的量，其中 V_c 为冷流体的进口体积流量，所以 ρ_c 也应取冷流体的进口密度，即需根据冷流体的进口温度（而非定性温度）查表确定。

除查表外，对于 0~100℃之间的空气，各物性与温度的关系有如下拟合公式，如式（3-32）~式（3-34）所示。

（1）空气的密度 ρ（kg/m³）与温度 T（℃）的关系式：

$$\rho = 1.205 \times \frac{293}{273 + T} \tag{3-32}$$

（2）空气的比热与温度的关系式：

$$60℃以下，C_p = 1005J/（kg · ℃） \tag{3-33}$$

$$70℃以上，C_p = 1009J/（kg · ℃） \tag{3-34}$$

三、实验装置

本装置有液-液交换换热器和板式换热器两套换热系统，可以通过阀门的开关配合实现气-气热交换、气-液热交换、液-液热交换，同时利用本装置所配备的温度传感器、流量计等可对进出热交换器冷热介质的温度、流量等参数进行测量。在图 3-10 中，蒸汽由蒸汽源产生，经过阀门 1 后通入板式交换器，然后经过阀门 19 进入凉水箱，从而实现气气热交换；吹风机吹出的冷风依次经过阀门 25，阀门 23 后到达板式交换器，然后通过阀门进入凉水箱；其中，板式换热器的换热面积为 $1m^2$。本装置中所有的阀门的默认状态为关闭，在进行实验时应根据实验需要将对应的阀门打开。

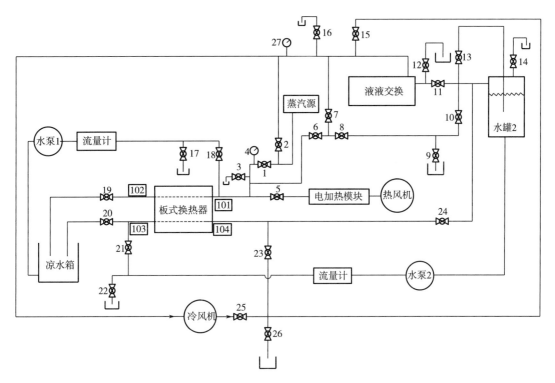

图 3-10 多功能换热实验平台

1~3，5~26—阀门 4，27—压力表 101~104—温度传感器

各符号的意义见表 3-11。

表 3-11　　　　　　　　　　装置中各符号的意义

名称	符号	单位	备注
冷流体进口温度	t_1（T_{c1}）	℃	
逆流出口温度	t_2（T_{c2}）	℃	
并流出口温度	t_2'（T_{c2}'）	℃	
热流体进口温度	T_1（T_{h1}）	℃	板式换热器的换热
热流体出口温度	T_2（T_{h2}）	℃	面积为 $1m^2$
热风流量	V_1（V_h）	m^3/h	
冷风流量	V_2（V_c）	m^3/h	

四、实验步骤

（1）打开总电源开关、仪表开关，待各仪表温度自检显示正常后进行下步操作。

（2）连通蒸汽源电源，打开蒸汽源背面的自来水供水开关，打开蒸汽源开关，待蒸汽压力稳定后打开蒸汽出口阀门。（蒸汽温度很高，操作时一定要戴隔热手套，要求穿长袖实验服，并注意保护脖子、脸等裸露的皮肤。开启阀门时，要缓慢的开启，严禁短时间内把阀门开到最大。）

（3）依次打开阀门1、阀门19，并观察压力表4的压力值。

（4）打开阀门25、阀门23、阀门20，在控制柜上打开冷风机电源开关。

（5）记录控制柜显示屏上面温度传感器101、温度传感器102、温度传感器103、温度传感器104的示数。

（6）实验结束后，首先关闭蒸汽源阀门，然后依次关闭剩余阀门。（经蒸汽加热后各个管路的温度都很高，注意不要烫伤。）

五、结果与讨论

（1）做好实验记录。

（2）逆流换热流程下，固定热流体流量，求取总换热系数 K。

（3）并流换热流程下，固定热流体流量，求取总换热系数 K。

六、注意事项

（1）操作过程中，蒸汽压力应控制在 0.02 MPa（表压）以下，以避免压力过大造成不锈钢管爆裂和填料损坏。

（2）确定各参数时，必须是在稳定传热状态下，随时注意蒸汽量的调节和压力表读数的调整。

思考题

1. 冷流体和蒸汽流向如何影响传热效果？
2. 冷凝水的残留会对传热产生何种影响？应该如何排走冷凝水？

☞ **参考文献**

刘静波. 食品科学与工程专业实验指导[M]. 北京：化学工业出版社，2010.

模块二 综合性实验

实验六 湿砂干燥实验

一、实验目的

（1）了解洞道式干燥装置的基本结构、工艺流程和操作方法。

（2）学习测定物料在恒定干燥条件下干燥特性的实验方法。

（3）掌握根据实验干燥曲线求取干燥速率曲线以及恒速阶段干燥速率、临界含水量、平衡含水量的实验分析方法。

（4）实验研究干燥条件对于干燥过程特性的影响。

二、实验原理

在设计干燥器的尺寸或确定干燥器的生产能力时，被干燥物料在给定干燥条件下的干燥速率、临界湿含量和平衡湿含量等干燥特性数据是最基本的技术依据参数。由于实际生产中的被干燥物料的性质千变万化，因此，对于大多数具体的被干燥物料而言，其干燥特性数据常常需要通过实验测定。

按干燥过程中空气状态参数是否变化，可将干燥过程分为恒定干燥条件操作和非恒定干燥条件操作两大类。若用大量空气干燥少量物料，则可以认为湿空气在干燥过程中的温度、湿度均不变，再加上气流速度、与物料的接触方式不变，则称这种操作为恒定干燥条件下的干燥操作。

1. 干燥速率的定义

干燥速率的定义为单位干燥面积（提供湿分汽化的面积）、单位时间内所除去的湿分质量，如式（3-35）所示。

$$U = \frac{1}{A} \cdot \frac{\mathrm{d}W}{\mathrm{d}t} = -\frac{G_{\mathrm{c}}}{A} \cdot \frac{\mathrm{d}X}{\mathrm{d}t} \qquad (3-35)$$

式中 U——干燥速率，又称干燥通量，kg/（$\mathrm{m}^2 \cdot$ s）；

A——干燥表面积，m^2；

W——汽化的湿分量，kg；

t——干燥时间，s；

G_{c}——绝干物料的质量，kg；

X——物料湿含量，kg 湿分/kg 干物料，负号表示 X 随干燥时间的增加而减少。

2. 干燥速率的测定方法

将湿物料试样置于恒定空气流中进行干燥实验，随着干燥时间的延长，水分不断汽化，湿物料质量减少。若记录物料不同时间下质量 G，直到物料质量不变为止，也就是物料在该条件下达到干燥极限为止，此时留在物料中的水分就是平衡水分 X^*。再将物料烘干后称重得到绝干物料重 G_c，则物料中瞬间含水率 X 如式（3-36）所示。

$$X = \frac{G - G_c}{G_c}$$

（3-36）

计算出每一时刻的瞬间含水率 X，然后将 X 对干燥时间 t 作图，如图 3-11，即为干燥曲线。

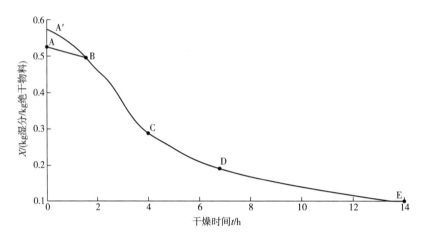

图 3-11　恒定干燥条件下的干燥曲线

上述干燥曲线还可以变换得到干燥速率曲线。由已测得的干燥曲线求出不同 X 下的斜率 $\dfrac{\mathrm{d}X}{\mathrm{d}t}$，再由式（3-35）计算得到干燥速率 U，将 U 对 X 作图，就是干燥速率曲线，如图 3-12 所示。

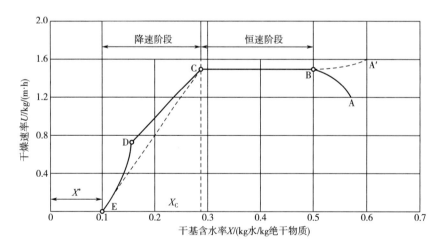

图 3-12　恒定干燥条件下的干燥速率曲线

3. 干燥过程分析

（1）预热段　见图 3-11、图 3-12 中的 AB 段或 A′B 段。物料在预热段中，含水率略有下降，温度则升至湿球温度 t_w，干燥速率可能呈上升趋势变化，也可能呈下降趋势变化。预热段经历的时间很短，通常在干燥计算中忽略不计，有些干燥过程甚至没有预热段。本实验中也没有预热段。

（2）恒速干燥阶段　见图 3-11、图 3-12 中的 BC 段。该段物料水分不断汽化，含水率不断下降。但由于这一阶段去除的是物料表面附着的非结合水分，水分去除的机制与纯水的相同，故在恒定干燥条件下，物料表面始终保持为湿球温度 t_w，传质推动力保持不变，因而干燥速率也不变。于是，在图 3-12 中，BC 段为水平线。

只要物料表面保持足够湿润，物料的干燥过程中总有恒速阶段。而该段的干燥速率大小取决于物料表面水分的汽化速率，亦即决定于物料外部的空气干燥条件，故该阶段又称为表面汽化控制阶段。

（3）降速干燥阶段　随着干燥过程的进行，物料内部水分移动到表面的速度赶不上表面水分的气化速率，物料表面局部出现"干区"，尽管这时物料其余表面的平衡蒸汽压仍与纯水的饱和蒸汽压相同、传质推动力也仍为湿度差，但以物料全部外表面计算的干燥速率因"干区"的出现而降低，此时物料中的含水率称为临界含水率，用 X_C 表示，对应图 3-12 中的 C 点，称为临界点。过 C 点以后，干燥速率逐渐降低至 D 点，C 至 D 阶段称为降速第一阶段。

干燥到点 D 时，物料全部表面都成为干区，汽化面逐渐向物料内部移动，汽化所需的热量必须通过已被干燥的固体层才能传递到汽化面；从物料中汽化的水分也必须通过这层干燥层才能传递到空气主流中。干燥速率因热、质传递的途径加长而下降。此外，在点 D 以后，物料中的非结合水分已被除尽。接下去所汽化的是各种形式的结合水，因而，平衡蒸汽压将逐渐下降，传质推动力减小，干燥速率也随之较快降低，直至到达点 E 时，速率降为零。这一阶段称为降速第二阶段。

降速阶段干燥速率曲线的形状随物料内部的结构而异，不一定都呈现前面所述的曲线 CDE 形状。对于某些多孔性物料，可能降速两个阶段的界限不是很明显，曲线好像只有 CD 段；对于某些无孔性吸水物料，汽化只在表面进行，干燥速率取决于固体内部水分的扩散速率，故降速阶段只有类似 DE 段的曲线。

与恒速阶段相比，降速阶段从物料中除去的水分量相对少许多，但所需的干燥时间却长得多。总之，降速阶段的干燥速率取决于物料本身的结构、形状和尺寸，而与干燥介质状况关系不大，故降速阶段又称物料内部迁移控制阶段。

三、实验装置

本装置流程如图 3-13 所示。空气由鼓风机送入电加热器，经加热后流入干燥室，加热干燥室料盘中的湿物料后，经排出管道通入大气中。随着干燥过程的进行，物料失去的水分量由称重传感器转化为电信号，并由智能数显仪表记录下来（或通过固定间隔时间，读取该时刻的湿物料质量）。

其他设备和材料如下：

（1）鼓风机　BYF7122，370W；

（2）电加热器　额定功率 4.5kW；

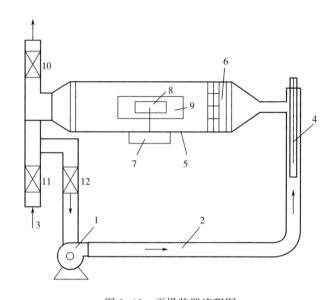

图 3-13 干燥装置流程图

1—风机 2—管道 3—进风口 4—加热器 5—厢式干燥器 6—气流均布器

7—称重传感器 8—湿毛毡 9—玻璃视镜门 10，11，12—蝶阀

（3）干燥室 180mm×180mm×1250mm；

（4）干燥物料 湿毛毡或湿砂；

（5）称重传感器 CZ500 型，0~300g。

四、实验步骤

（1）放置托盘，开启总电源，开启风机电源。

（2）打开仪表电源开关，加热器通电加热，旋转加热按钮至适当加热电压（根据实验室温和实验讲解时间长短）。在 U 形湿漏斗中加入一定水量，并关注干球温度，干燥室温度（干球温度）要求达到恒定温度（如 70℃）。

（3）将毛毡加入一定量的水并使其润湿均匀，注意水量不能过多或过少。

（4）当干燥室温度恒定在 70℃时，将湿毛毡十分小心地放置于称重传感器上。放置毛毡时应特别注意不能用力下压，因称重传感器的测量上限仅为 300g，用力过大容易损坏称重传感器。

（5）记录时间和脱水量，每分钟记录一次质量数据；每两分钟记录一次干球温度和湿球温度。

（6）待毛毡恒重时，即为实验终了时，关闭仪表电源，注意保护称重传感器，非常小心地取下毛毡。

（7）关闭风机，切断总电源，清理实验设备。

五、结果与讨论

（1）绘制干燥曲线（失水量-时间关系曲线）。

（2）根据干燥曲线作干燥速率曲线。

（3）读取物料的临界湿含量。

（4）对实验结果进行分析讨论。

六、注意事项

（1）必须先开风机，后开加热器，否则加热管可能会被烧坏。

（2）特别注意传感器的负荷量仅为 300g，放取毛毡时必须十分小心，绝对不能下压，以免损坏称重传感器。

（3）实验过程中，不要拍打、碰扣装置面板，以免引起料盘晃动，影响结果。

思考题

1. 什么是恒定干燥条件？本实验装置中采用了哪些措施来保持干燥过程在恒定干燥条件下进行？

2. 控制恒速干燥阶段速率的因素是什么？控制降速干燥阶段干燥速率的因素又是什么？

3. 为什么要先启动风机，再启动加热器？实验过程中干、湿球温度计是否变化？为什么？如何判断实验已经结束？

4. 若加大热空气流量，干燥速率曲线有何变化？恒速干燥速率、临界湿含量又如何变化？为什么？

☞ 参考文献

刘静波. 食品科学与工程专业实验指导[M]. 北京：化学工业出版社，2010.

模块三 设计研究性实验

实验七 碳酸钙溶液过滤实验

一、实验目的

（1）掌握恒压过滤常数 K、q_e、t_e 的测定方法，加深对 K、q_e、t_e 的概念和影响因素的理解。

（2）学习滤饼的压缩性指数 s 和物料常数 k 的测定方法。

（3）学习对实验结果进行科学的分析，分析出每个因素重要性的大小，指出实验指标随各因素变化的趋势，了解适宜操作条件的确定方法。

二、实验原理

1. 恒压过滤常数 K、q_e、t_e 的测定方法

过滤是利用过滤介质进行液—固系统的分离过程，过滤介质通常采用带有许多毛细孔的物质，如帆布、毛毯、多孔陶瓷等。含有固体颗粒的悬浮液在一定压力的作用下，液体通过过滤介质，固体颗粒被截留在介质表面上，从而使液固两相分离。

在过滤过程中，固体颗粒不断地被截留在介质表面上，滤饼厚度增加，液体流过固体颗粒之间的孔道加长，从而使流体流动阻力增加。故在恒压过滤时，过滤速率逐渐下降。随着过滤的进行，若得到相同的滤液量，则过滤时间增加。

恒压过滤方程，如式（3-37）所示。

$$(q + q_e)^2 = K(t + t_e) \tag{3-37}$$

式中　q——单位过滤面积获得的滤液体积，m^3/m^2；

　　　q_e——单位过滤面积上的虚拟滤液体积，m^3/m^2；

　　　t——实际过滤时间，s；

　　　t_e——虚拟过滤时间，s；

　　　K——过滤常数，m^2/s。

将式（3-37）进行微分可得：$\dfrac{dt}{dq} = \dfrac{2}{K}q + \dfrac{2}{K}q_e$

用差分代替微分，得式（3-38）。

$$\frac{\Delta t}{\Delta q} = \frac{2}{K}\bar{q} + \frac{2}{K}q_e \tag{3-38}$$

式中　Δq——每次测定的单位过滤面积滤液体积（在实验中一般等量分配），m^3/m^2；

　　　Δt——每次测定的滤液体积 Δq 所对应的时间，s；

　　　$\bar{q}$——相邻两个 q 值的算术平均值，m^3/m^2。

式（3-38）是一个直线方程式，于普通坐标上以 $\Delta t/\Delta q$ 为纵坐标，$\bar{q}$ 为横坐标，将式（3-38）标绘成一直线，可得该直线的斜率 $\dfrac{2}{K}$ 和截距 $\dfrac{2}{K}q_e$，从而求出 K、q_e。至于 t_e 可由式（3-39）求出：

$$q_e^2 = Kt_e \tag{3-39}$$

2. 压缩指数 s 及物料特性常数 k 的测定方法

改变过滤压差 Δp，重复上述操作，可求得对应的 K。

由过滤常数的定义式，如（3-40）所示：

$$K = 2k\Delta p^{1-s} \tag{3-40}$$

两边取对数，得式（3-41）。

$$\lg K = (1-s)\lg\Delta p + \lg(2k) \tag{3-41}$$

因 $k = \dfrac{1}{\mu r'\nu} = $ 常数，故 K 与 Δp 的关系在对数坐标上标绘时应是一条直线，直线的斜率为 $1-s$，由此可求得滤饼的压缩性指数 s，截距为 $\lg(2k)$，由此可求得物料特性常数 k。

三、实验装置

本实验装置由空压机、配料槽、压力料槽、板框压滤机等组成，其流程示意如图 3-14 所示。

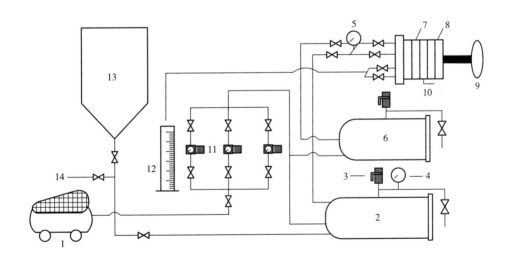

图 3-14　板框压滤机过滤流程

1—空气压缩机　2—压力罐　3—安全阀　4、5—压力表　6—清水罐　7—滤框
8—滤板　9—手轮　10—通孔切换阀　11—调压阀　12—量筒　13—配料罐　14—地沟

$CaCO_3$ 的悬浮液在配料桶内配制到一定浓度后，利用压差被送入压力料槽中，用压缩空气加以搅拌使 $CaCO_3$ 不致沉降，同时利用压缩空气的压力将滤浆送入板框压滤机过滤，滤液流入量筒计量，压缩空气从压力料槽上的排空管排出。板框压滤机的结构尺寸：框厚度 20mm，每个框过滤面积 $0.0177m^2$，框数 2 个。空气压缩机规格型号：风量

$0.06 \text{m}^3/\text{min}$，最大气压 0.8MPa。

四、实验步骤

（1）实验准备

①配料：在配料罐内配制含 $CaCO_3$ $10\% \sim 30\%$（质量分数）的水悬浮液，碳酸钙事先由天平称重，水位高度按标尺示意，筒身直径 35mm。配置时，应将配料罐底部阀门关闭。

②搅拌：开启空压机，将压缩空气通入配料罐（空压机的出口小球阀保持半开，进入配料罐的两个阀门保持适当开度），使 $CaCO_3$ 悬浮液被搅拌均匀。搅拌时，应将配料罐的顶盖合上。

③设定压力：分别打开进压力灌的三路阀门，空压机过来的压缩空气经各定值调节阀分别设定为 0.1、0.2 和 0.25MPa（出厂已设定，实验时不需要再调压。若欲作 0.25MPa 以上压力过滤，需调节压力罐安全阀）。设定定值调节阀时，压力灌泄压阀可略开。

④装板框：正确装好滤板、滤框及滤布。滤布使用前用水浸湿，滤布要绷紧，不能起皱。滤布紧贴滤板，密封垫贴紧滤布。（注意：用螺旋压紧时，千万不要把手指压伤，先慢慢转动手轮使板框合上，然后再压紧）。

⑤灌清水：向清水罐通入自来水，液面达视镜 2/3 高度左右。灌清水时，应将安全阀处的泄压阀打开。

⑥灌料：在压力罐泄压阀打开的情况下，打开配料罐和压力罐间的进料阀门，使料浆自动由配料桶流入压力罐至其视镜 1/2 ~ 2/3 处，关闭进料阀门。

（2）过滤过程

①鼓泡：通压缩空气至压力罐，使容器内料浆不断搅拌。压力料槽的排气阀应不断排气，但又不能喷浆。

②过滤：将中间双面板下通孔切换阀开到通孔通路状态。打开进板框前料液进口的两个阀门，打开出板框后清液出口球阀。此时，压力表指示过滤压力，清液出口流出滤液。

每次实验应在滤液从汇集管刚流出的时候作为开始时刻，每次 ΔV 取 800mL 左右。记录相应的过滤时间 Δt。每个压力下，测量 8~10 个读数即可停止实验。若欲得到干而厚的滤饼，则应在每个压力下做到没有清液流出为止。量筒交换接滤液时不要流失滤液，等量筒内滤液静止后读出 ΔV 值。

一个压力下的实验完成后，先打开泄压阀使压力罐泄压。卸下滤框、滤板、滤布进行清洗，清洗时滤布不要折。每次滤液及滤饼均收集在小桶内，滤饼弄细后重新倒入料浆桶内搅拌配料，进入下一个压力实验。注意若清水罐水不足，可补充一定水源，补水时仍应打开该罐的泄压阀。

五、结果与讨论

（1）做好实验过程记录。

（2）由恒压过滤实验数据求过滤常数 K、q_e、t_e。

（3）比较几种压差下的 K、q_e、t_e 值，讨论压差变化对以上参数数值的影响。

（4）在直角坐标纸上绘制 $\lg K - \lg \Delta p$ 关系曲线，求出 s。

六、注意事项

（1）搅拌过程中，应合上配料罐的顶盖，防止悬浮液溅出。

（2）安装滤板和滤框用螺旋压紧时，千万不要把手指压伤，先慢慢转动手轮使板框合上，然后再压紧。

（3）ΔV 约 800mL 时替换量筒，这时量筒内滤液量并非正好 800mL，要事先熟悉量筒刻度，不要打碎量筒。此外，要熟练双秒表轮流读数的方法。

思考题

1. 为什么测取数据之前要排净系统中的气体，否则有何影响。
2. 直管阻力和局部阻力产生的原因是什么？都与哪些因素有关？

参考文献

［1］赵思明. 食品工程原理［M］. 2 版. 北京：科学出版社，2016.

［2］赵黎明. 食品工程原理［M］. 北京：中国纺织出版社，2013.

| 第四章 |

食品化学实验

模块一 验证性实验

实验一　非酶褐变

一、实验目的

（1）掌握美拉德反应原理。

（2）研究食品成分和食品 pH 对美拉德反应的影响。

二、实验原理

食品中有很多的反应都能引起褐变，一个是酶促褐变，另一个是非酶褐变。非酶褐变主要有三种类型：①在高温下还原糖（带有一个自由醛基）和氨基引起的美拉德反应，引起褐色、肉色和焦糖化的形成，同时造成氨基酸损失，导致潜在致癌化合物的形成；②焦糖化是蔗糖在非常高的温度（明显高于美拉德反应）下发生的反应，能产生褐色和苦味；③脂肪褐变，过度加热（即油炸）之后脂肪的聚合。在食品加工制造中，美拉德反应是三种褐变中最重要的，它也许会产生期望和不期望的结果。

本实验中，我们将测试不同的成分和加工作条件对褐变的促进及抑制反应，并结合产品进行感官分析。美拉德反应的第一步就是氨基与还原糖的醛基的亲核加成，任何一个氨基都能参与反应，除了赖氨酸的侧链的氨基是一个特殊反应，这个氨基被消除，产物重排形成 3-脱氧己酮糖（DH），DH 能进一步分解形成羟甲基糠醛（HMF，甜/苦味）。这些反应中的几个二羰基中间产物（尤其是 DH）会对其他氨基有很大的影响（除了赖氨酸）。通过斯特勒克（Strecker）方式降解（图 4-1），蛋白质分解可形成氨水和醛基（基于反应氨基酸的侧链）。这种醛基常常具有很强的风味挥发性，这种挥发性有时具有坚果和肉的风味特征。

美拉德反应的 HMF 和其他产物能聚合形成大分子且难以定义的化合物，随着化合物的增加，颜色变为棕黑色，且不溶性增大。

低温可以抑制美拉德反应，这是因为低温可以减少试剂的亲核反应，或者加亚硫酸离子。亚硫酸离子是强亲核试剂，可引入醛基基团形成加成物，而这个加成产物不参与褐变

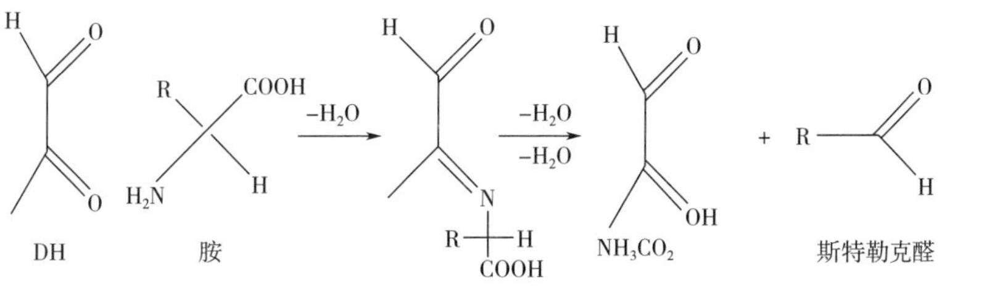

图 4-1　Strecker 降解

（图 4-2）。亚硫酸的反应机制如下：褐变的中间物 DH 能可逆地与亚硫酸离子键合形成磺酸盐加成物，这个产物 DSH 不会发生褐变。

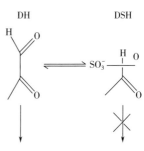

图 4-2　亚硫酸盐对美拉德反应的抑制作用

亚硫酸离子易挥发出二氧化硫气体，而二氧化硫能引发哮喘，具体使用规定可参考《食品安全国家标准　食品添加剂使用标准》（GB 2760—2014）。一些食品允许使用亚硫酸，因为这类食品在加工过程中，亚硫酸会形成气体逸出。尽管 R—S⁻ 能进行与亚硫酸相似的亲核反应，但其并没有被广泛接受，作为亚硫酸食品添加剂的替代品。如果，R—S⁻ 能与 DH 反应，并能克服风味问题，这将是其成为抗美拉德褐变的添加剂。

三、实验材料、仪器与试剂

1. 材料

乳清蛋白（WPI）或大豆蛋白（SPI）；曲奇面团。

2. 仪器

分光光度仪和比色皿、电炉和水浴锅、烤箱（200℃）、焙烤盘、滤纸、金属箔片、油炸盘和油、小毛刷。

3. 试剂

（1）葡萄糖、谷氨酸和赖氨酸溶液（浓度均为 0.25mol/L，用 50mmol/L 磷酸缓冲溶液配制，分别调至 pH 6 和 pH 8）。

（2）乳清蛋白（WPI）或大豆蛋白（SPI），以 2%（质量分数）加入水中，用氢氧化钠分别调至 pH 6 和 pH 8。

（3）水解 WPI 或 SPI，以 2%（质量分数）加入水中，用盐酸调至 pH 3，90℃加热 30min，冷却，再用氢氧化钠分别调至 pH 6 和 pH 8。

（4）曲奇面团（4 个烧杯）。

四、实验步骤

1. 褐变的液体模型

（1）加 2mL 葡萄糖溶液于比色管中，再加 2mL 任意氨基酸溶液混合，盖上塞子。

（2）将盛有水的烧杯放在电炉上煮沸，制成沸水浴（烧杯中加入碎片以防止暴沸）。

（3）把试管放入沸水浴中加热，于 10、20、40、80 和 100min 分别把试管从水浴中移出，擦干，快速测量吸光值（420nm）。

（4）最后打开盖子，描述香气，和实验初期化合物的气味进行比较。

2. 褐变的固体模型

（1）在滤纸上标记两个点，相距约 2cm（图 4-3）。

（2）在一个标记处加一滴葡萄糖溶液，另一个标记加一滴氨基酸或蛋白质溶液。液体在滤纸上扩散，发生部分重叠。

（3）将滤纸油炸几秒。

（4）把上述滤纸影印或拍摄下放在结果中。

3. 焙烤食品的褐变

（1）将生面团分成 25g/个，排好放在烤盘羊皮纸上。

（2）用玻璃棒在曲奇面团表面划两条线，将其四等分（图 4-4）。

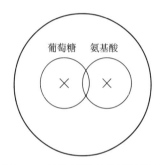
图 4-3　美拉德褐变的固体模型

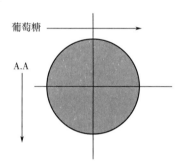
图 4-4　焙烤曲奇的美拉德褐变

（3）曲奇饼干的一半涂氨基酸溶液，另一半涂葡萄糖，放置 5min 使表面晾干。尽量使溶液均匀分布。即：第一个 1/4 涂葡萄糖和氨基酸溶液，第二个 1/4 仅涂葡萄糖，第三个 1/4 仅涂氨基酸，剩下的什么都不涂。尽量使曲奇的每 1/4 都有 3 滴每种溶液。在曲奇下的羊皮纸上进行标记，以便于确定哪部分用哪种处理方式。每种蛋白质准备两块曲奇。

（4）将上述曲奇一起焙烤 10min，记录其颜色和气味。

五、实验结果

填写表 4-1，并分析实验结果。

表 4-1　　　　　　　　　　　　实验结果记录表

样品序号	样品名称	颜色	气味
1	涂葡萄糖		
2	涂葡萄糖+氨基酸		
3	涂氨基酸		
4	对照		

注：对照品是其上什么都没涂的曲奇饼干。

六、注意事项

（1）要求学生实验前注意不要吃辛辣食物，不要闻强烈刺激气味。

（2）测定吸光度值要迅速。

思考题

1. 在系统模型（溶液和固体），哪一个模型褐变最快，为什么？哪一个不褐变？为什么？与溶液相比，为什么纸褐变更快？是蛋白质水解减少了不同吗？为什么？

2. 哪些因素造成模型与真实系统的差异？尤其要考虑曲奇的其他成分可能参与反应或不同的加热方式。

3. pH 是如何影响美拉德反应的？

4. 你认为哪一种氨基酸或蛋白质先发生美拉德反应？

5. 水解蛋白质的褐变反应比完整蛋白质快还是慢？为什么？

说明： 本实验译自《食品化学实验手册》（欧仕益，黄才欢，吴希阳. 食品化学实验手册［M］. 北京：中国轻工业出版社，2008）。

参考文献

［1］Zafer Erbay，Nurcan Koca. Effects of using whey and maltodextrin in white cheese powder production on free fatty acid content，nonenzymatic browning and oxidation degree during storage［J］. International Dairy Journal，2019(96)：1-9.

［2］王鑫，魏婧，马蕊，等. 蓝莓果汁贮藏中非酶褐变影响因素研究［J/OL］. 食品工业科技：1 - 10 ［2019 - 06 - 27］. http：//sq. lib. xju. edu. cn：80/rwt/CNKI/http/NNYHGLUDN3WXTLUPMW4A/kcms/detail/11. 1759. TS. 20190415. 1459. 046. html.

［3］胡云峰，王娜，李宁宁，等. 响应面法优化枸杞非酶褐变产物提取工艺及其抗氧化性研究［J］. 保鲜与加工，2018，18(4):66-72.

［4］史海慧，谭秀环，刘静雪. 鲜湿面褐变机制及品质改良研究进展［J］. 粮食加工，2018，43(5):24-26.

［5］Technology-food technology；findings on food technology reported by investigators at university of Copenhagen（effect of water activity on lipid oxidation and nonenzymatic browning in Brazil nut flour）［J］. Food Weekly News，2018.

［6］Alan G. de O. Sartori，Severino M. Alencar，Deborah H. M. Bastos，et al. Effect of water activity on lipid oxidation and nonenzymatic browning in Brazil nut flour［J］. European Food Research and Technology，2018，244(9)：1657-1663.

［7］陈俊. 5-羟甲基糠醛参与的非酶褐变研究［D］. 广州：暨南大学，2018.

实验二　烫漂作用

一、实验目的

（1）掌握烫漂作用及原理。

（2）掌握检验烫漂充分性的方法。

二、实验原理

新鲜的水果和蔬菜含有许多的活性酶，这些酶能引起采后质量和营养价值的下降。即使在冷冻期间，这种降低仍在发生。因此，水果和蔬菜在冷冻或罐装前常进行烫漂以使酶灭活。

见图 4-5，酶的热稳定性非常广泛。因此，要求烫漂条件以最耐热酶为目标。过氧化物酶是植物中热稳定性最强的酶之一。因此，使过氧化物酶失活的加热条件即可使大多数其他酶失活。

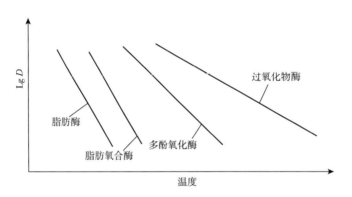

图 4-5　不同温度下酶热失活的 D 值

D 值指在特定的温度下，使酶失活需要的时间。

过氧化物酶是氧化还原酶，即属于催化氧化还原反应的酶系的组成。正如名字所暗示的，过氧化物酶的底物之一就是过氧化物。

反应中 AH_2 作为一个氢供体，被—ROOH 氧化。许多的过氧化物专一性低，即它们对许多不同氢供体的氧化反应起催化作用。酚醛和其他芳香族化合物是常见的底物。另外，脂质氢过氧化物或过氧化氢具有氧化剂的功能。

愈创木酚被过氧化氢氧化后生成红棕色未知结构的产物。这个反应被过氧化物酶催化，可作为判断烫漂是否充分的一个简便、定性的检验方法（图 4-6）。底物过氧化氢和愈创木酚与软的蔬菜和水果混合，浸泡一段时间后，如果形成

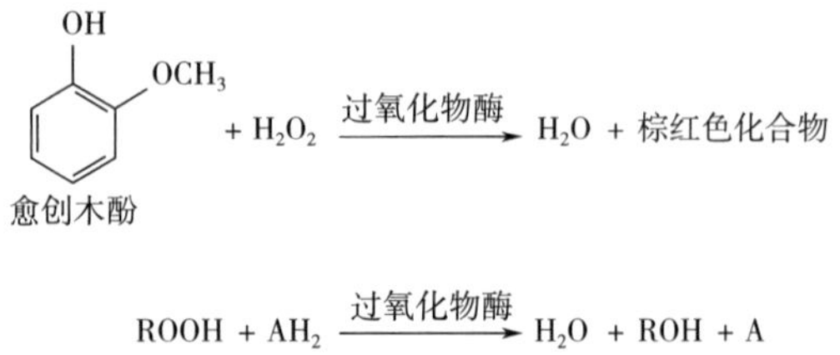

OH
OCH₃
+ H_2O_2 $\xrightarrow{\text{过氧化物酶}}$ H_2O + 棕红色化合物
愈创木酚

$ROOH + AH_2 \xrightarrow{\text{过氧化物酶}} H_2O + ROH + A$

图 4-6　过氧化物酶活性检验反应式

红棕色，则过氧化物酶仍有活性，这表明烫漂不充分。

三、实验材料、仪器与试剂

1. 材料

新鲜的马铃薯和苹果、沙子。

2. 仪器

600mL 烧杯、细汤勺、小刀、研钵和研棒、10mL 量筒、1mL 移液管、电炉、试管。

3. 试剂

（1）愈创木酚［1%（体积分数）溶于 95% 乙醇］。

（2）过氧化氢［0.5%（体积分数）］。

四、实验步骤

（1）烫漂　把 300mL 蒸馏水倒入 600mL 烧杯并煮沸，分别把几片马铃薯和苹果片放入沸水中浸渍 30s、60s、120s。把样品从沸水中拿出浸泡于冷水中冷却，取出置于吸水纸上。

（2）按下述方法测试马铃薯和苹果烫漂前后的酶活性。

①取 5g 样品切成小碎片。

②将其置于有少量沙子的研钵中，加 5mL 蒸馏水，研磨 2~3min。

③另加 5mL 水，混合后，全部移入试管中。

④加 1mL 1% 愈创木酚和 1mL 0.5% 过氧化氢，颠倒试管混合。

⑤检验过氧化物酶活性的标准是红色是否产生，如果在 3.5min 内没有产生颜色变化，则认为烫漂充分。

五、结果与讨论

将不同材料的实验结果填入表 4-2。

表 4-2　　　　　　　　　　烫漂对过氧化物酶活性的影响

项　　　目	烫漂时间/s		
	30	60	120
马铃薯			
苹果			
结论			

六、注意事项

酶液的提取过程要尽量在低温温条件下进行。H_2O_2 要在反应开始前加，不能直接加入。

思考题

1. 为什么一些酶比其他酶更耐热？

2. 写出三种酶，如果它们没有失活，仍能引起冷冻蔬菜的腐败，写出相关的反应方程式。

3. 实验中要注意哪些事项？

说明： 本实验译自《食品化学实验手册》（欧仕益，黄才欢，吴希阳. 食品化学实验手册［M］. 北京：中国轻工业出版社，2008）。

☞ **参考文献**

［1］张振娜，刘祥宇，王云阳. 果蔬烫漂护色技术应用研究进展［J］. 食品安全质量检测学报，2018，9（10）：2411-2418.

［2］张振娜. 马铃薯射频烫漂护色及其作用机理研究［D］. 杨凌：西北农林科技大学，2018.

［3］何梦影，张康逸，杨帆，等. 响应面法优化青麦仁的真空充氮烫漂护色工艺［J］. 核农学报. 2017，31（8）：1546-1555.

［4］高彤. 苹果射频烫漂技术研究［D］. 杨凌：西北农林科技大学，2017.

［5］白竣文，田潇瑜，马海乐. 基于BP神经网络的葡萄气体射流冲击干燥含水率预测［J］. 现代食品科技，2016，32（12）：198-203.

［6］张永迪. 基于射频加热的苹果烫漂护色技术研究［D］. 杨凌：西北农林科技大学，2016.

［7］张永迪，周良付，李宇坤，等. 射频加热烫漂对苹果片理化性质和微观结构的影响［J］. 中国农业科技导报，2015，17（5）：134-141.

［8］王安建，田广瑞，魏书信，等. 真空充氮烫漂技术原理及其应用［J］. 农产品加工（学刊），2014（1）：66-67.

［9］马琴，谢龙，高振江，等. 气体射流冲击烫漂预处理对枸杞干燥的影响［J］. 食品科技，2013，38（10）：83-88.

［10］谢龙，童军茂，高振江，等. 高温高湿气体射流冲击烫漂对红枣品质影响［J］. 食品工业，2013，34（6）：144-148.

［11］谢龙. 高温高湿气体射流冲击烫漂对红枣品质变化机理初探［D］. 石河子：石河子大学，2013.

实验三　豆乳蛋白中—SH和—S—S—基团的测定

一、实验目的

掌握食品中—SH和—S—S—基团含量的测定方法。

二、实验原理

蛋白质的—SH 和—S—S—基团有很高的反应活性，所以其在提高食品功能特性方面起着很重要的作用。面筋、明胶和基于蛋白质的可食用薄层的形成都与—SH 基团转变成—S—S—有关。此外，一些食品加工处理如加热、氧化和还原都很有可能导致—SH 和—S—S—的相互转换。因此，当研究食品中蛋白质的性质时，常常分析—SH 和—S—S—的含量及其变化。目前，最广泛的使用方法是埃尔曼法：二硫代二硝基苯甲酸（DTNB）和—SH 反应生成一种黄色物质，它在 412nm 处有最大吸收峰。对于低浊度的纯蛋白质溶液中—SH 含量的测定，这种方法是简单、快速、直接和理想的方法。但是，如果在混浊溶液，如牛乳或豆乳中，直接测定—SH 的含量，由于这些溶液的高浊度会使实验结果偏离真实结果。对于包括紫外线分光光度法在内的所有的分光光度法而言，这是个普遍的问题。本实验中，利用丙酮沉淀蛋白质，破坏乳状液体系，然后蛋白质溶解于含有变性剂的（尿素）三羟甲基氨基甲烷-甘氨酸（tris-甘氨酸）缓冲液中，即可测定自由巯基的含量。

三、实验材料、仪器与试剂

1. 材料

豆乳。

2. 仪器

25mL 具塞试管、均质机、离心机、分光光度仪、阿贝折光计

3. 试剂

（1）Tris 缓冲液

缓冲液①：Tris 10.4g、甘氨酸 6.9g、乙二胺四乙酸（EDTA）1.2g，加去离子水定容至 1L，pH 8.0；

缓冲液②：Tris 10.4g、甘氨酸 6.9g、EDTA 1.2g、尿素 480g，加去离子水定容至 1L，pH 8.0；

缓冲液③：Tris 10.4g、甘氨酸 6.9g、EDTA 1.2g、尿素 600g，加去离子水定容至 1L，pH 8.0。

（2）埃尔曼试剂　0.2g DTNB 溶解于 50mL 缓冲液①中。

（3）沉淀蛋白质的 12% 三氯乙酸（TCA）溶液　每升去离子水中含 120g 三氯乙酸。

（4）丙酮。

（5）2-巯基乙醇。

四、实验步骤

（1）样品的制备

①制备豆乳：将黄豆于去离子水中（黄豆：水＝1∶10）在 5℃浸泡 12h。浸泡好的黄豆和水一起均质 5min。用 200 目的尼龙滤袋过滤浆液。滤液（豆乳）备用。

②丙酮处理豆乳：将 1mL 的豆乳和 9mL 的无水丙酮混合并搅拌，静置 10min，3000r/min 离心 15min，沉淀用 5mL 丙酮两次重新浸泡，3000r/min 离心 15min。沉淀中的丙酮溶剂通过冷气流从离心管中蒸发出去。

沉淀物于 5mL 的缓冲液①或缓冲液②中溶解，分别用于测定表面—SH 含量以及总自由—SH 含量。

将 1mL 豆乳和 4mL 缓冲液①或 1mL 豆乳和 4mL 缓冲液②的混合溶液，分别用来测定表面—SH 含量以及总自由—SH 含量，作为对照。

（2）—SH 基团和—S—S—基团的测定

①自由—SH 的测定：将 1mL 已制备好的豆乳与 2mL 的缓冲液①或缓冲液②以及 0.02mL 埃尔曼试剂混合，于 25℃ 反应 5min。用分光光度仪在 412nm 测定吸光度。无豆乳的反应溶液作为空白对照，无埃尔曼试剂的豆乳用于测定浊度。

②蛋白质中总半胱氨酸含量的测定：将 0.2mL 已制备好的豆乳，1mL 缓冲液 3 和 0.02mL 2-巯基乙醇混合，混匀于 25℃ 静置 5min，然后加 10mL 12%TCA，于 25℃ 静置 1h，5000×g 离心 15min。沉淀用 5mL 12%TCA 二次重新浸泡，5000×g 离心 10min。将沉淀溶解在 3.0mL 缓冲液①中，加 0.05mL 埃尔曼试剂显色，在 412nm 测定吸光度。未加埃尔曼试剂的溶液用于测定浊度。

五、结果与讨论

（1）计算　由式（4-1）计算—SH 基团和半胱氨酸含量：

$$SH（\mu mol/g）= 73.53 \times A_{412} \times D/C \tag{4-1}$$

式中　A_{412}——412nm 处吸光度，在显色溶液中，有无 DTNB，A_{412} 无差异；

D——稀释倍数，—SH：$D = 3.02 \times 5 = 15.1$；总半胱氨酸：$D =（3.05/0.2）\times 5$；

C——豆乳中总固形物含量，65rag/mE。

（2）埃尔曼法测定中使用丙酮，能将蛋白质沉淀分离，除去豆乳中的脂肪，破坏了蛋白质与脂肪形成的乳化体系，使大豆蛋白质的混浊度下降。因此，采用—SH 和埋藏在分子内部的—SH，而且在测定半胱氨基总量时，丙酮处理可使蛋白质溶液的混浊度进一步降低。

（3）丙酮处理对测定结果无影响。

六、注意事项

注意丙酮有挥发性。

思考题

1. 哪些因素影响食品中—SH 和—S—S—含量测定的准确性。

2. 叙述—SH 和—S—S—含量对质构食品的影响？

3. 实验中尿素、2-巯基乙醇、TCA 各有什么作用？

4. 混浊度对—SH 含量测定有什么影响？

说明：本实验译自《食品化学实验手册》（欧仕益，黄才欢，吴希阳. 食品化学实验手册［M］. 北京：中国轻工业出版社，2008）。

☞ 参考文献

［1］雷姝敏. 二硫键在不同蛋白乳化液和乳液蛋白复合凝胶中的作用研究［D］. 扬州：扬州大学，2017.

［2］陆文立. 高疏基水解玉米醇溶蛋白制备及其应用探索［D］. 重庆：重庆大学，2014.

［3］王金艳. 大豆球蛋白酶解物的抗氧化性及疏基肽的制备［D］. 无锡：江南大学，2014.

［4］张来林，黄文浩，肖建文等. 不同储藏条件对大豆、稻谷蛋白中疏基和二硫键的影响研究［J］. 粮食加工，2012，37（3）：67-70.

［5］Ou SY, Kwok KC, Wang Y, et al. An improved method to determine —SH and —S—S—group content in soymilk protein［J］. Food Chem. , 2004，88（2）：317.

实验四　淀粉 α-化度的测定

一、实验目的

了解 α-淀粉酶的作用，观察不同的淀粉加工制品 α-化度的差别，理解生淀粉、老化淀粉和糊化淀粉的酶解速度差异，从而了解糊化淀粉对于食品加工和人体消化吸收的意义。理解糖的还原性质和淀粉及酶解产物与碘的作用。

二、实验原理

淀粉食品在含充足水分条件下加热到糊化温度以上会发生糊化。糊化后快速脱水可以固定在 α-状态，缓慢降温则可能发生老化。淀粉糊化度的高低可以用 α-化度来表示，而 α-化度高，则容易为淀粉酶所水解，因此 α-化度也是衡量淀粉消化难易程度的一个指标。

用碘量法测定淀粉酶水解生成的葡萄糖的含量，可以反映出淀粉的 α-化度（图 4-7）。淀粉与碘形成包合物从而呈现颜色，其颜色深浅与淀粉的糖链长度和分子状态有关。碘量法测定中淀粉作为指示剂。

$$\begin{array}{c} CHO \\ | \\ (CHOH)_4 \\ | \\ CH_2OH \end{array} + I_2 + NaOH \longrightarrow \begin{array}{c} COOH \\ | \\ (CHOH)_4 \\ | \\ CH_2OH \end{array} + 2NaI + H_2O$$

$$I_2(过量部分) + 2NaOH \longrightarrow NaIO + NaI + H_2O$$

$$NaIO + NaI + 2HCl \longrightarrow 2NaCl + I_2 + H_2O$$

$$I_2 + 2Na_2S_2O_3 \longrightarrow 2NaI + Na_2S_4O_6$$

图 4-7　碘量法测定葡萄糖含量的化学反应

三、实验材料、仪器与试剂

1. 材料

生玉米淀粉、速食绿豆粥、膨化食品、老化的粉丝、老化的米饭等。

2. 仪器

滴定管、250mL 三角瓶 6 个、100mL 量筒 1 个、5mL 移液管 2 个、10mL 具塞刻度试管 2 支、100mL 容量瓶 2 个、研钵、滴管、搅棒、滤纸、漏斗、酒精灯、铁架台、铁圈、石棉网、天平、50℃ 恒温水浴。

3. 试剂

（1）5mg/mL 淀粉酶（活力单位 3000~5000）溶液　临用前配制。

（2）pH 5.6 柠檬酸缓冲液　A 柠檬酸 20.01g 定容 1000mL，B 柠檬酸三钠 29.41g 定容 1000mL，1:2 混合即可。

（3）0.1mol/L 硫代硫酸钠溶液。

（4）0.1mol/L 碘-碘化钾标准溶液。

（5）10% 硫酸。

（6）1mol/L 盐酸。

（7）0.1mol/L 氢氧化钠。

四、实验步骤

（1）称取待测样品 1.0g，在粉碎机中粉碎，用 40mL 蒸馏水转移入三角瓶中。

（2）另取 1.0g 样品，加 40mL 水在电炉上微沸糊化 20min，待其冷却至室温。

（3）二瓶中同样加入 40mL 柠檬酸缓冲液，放水浴中保温 5min 使其恒温。

（4）准确加入 2mL 酶液，然后在 50℃ 保温 15min。

（5）三角瓶取出后立即加入 1mol/L 盐酸 4mL，用蒸馏水定容 100mL。

（6）将定容后的酶解液过滤，取 10mL 移入三角瓶，加入 0.1mol/L 碘液 10mL、0.1mol/L 氢氧化钠 36mL，用铝箔纸封口静置 15min。

（7）分别迅速加入 10% 硫酸 4mL。

（8）用 0.1mol/L 硫代硫酸钠标准溶液滴定至无色，记录所消耗的硫代硫酸钠体积（mL）。

（9）取 5mL 蒸馏水和 5mL 柠檬酸缓冲液于三角瓶中，加 2mL 酶液，50℃ 保温 15min，以后按（5）进行。同样加入 10mL 碘液和 36mL 氢氧化钠作为空白溶液滴定，记录消耗的硫代硫酸钠体积（mL）作为空白值。

五、结果与讨论

α-化度计算如式（4-2）所示。

$$\alpha - 化度 = [(V_0 - V_2)/(V_0 - V_1)] \times 100\% \tag{4-2}$$

式中　V_0——滴定空白溶液所消耗的硫代硫酸钠体积，mL；

V_2——滴定未糊化样品所消耗的硫代硫酸钠体积，mL；

V_1——滴定糊化样品所消耗的硫代硫酸钠体积，mL。

六、注意事项

（1）在酶解过程中应保证充分的加酶量和水解时间。

（2）糖化酶的最适作用温度为 50℃，应控制温度不要过低或过高。

 **思考题**

1. α-淀粉酶水解淀粉的产物是什么？
2. 膨化食品、老化淀粉和生淀粉的 α-化度差异原因是什么？
3. 不同处理的淀粉加入碘水之后为什么颜色有所差异？
4. 从多样品测定的结果分析不同加工方法对淀粉糊化度的影响。

☞ **参考文献**

[1]刘长姣，姜爽，朱珠. DSC 法测定水分含量对玉米淀粉糊化和老化特性的影响[J].粮食与油脂，2018，31(11)：7-9.

[2]赵佳慧.一种耐高温淀粉酶对淀粉分子理化特性的影响及其酶学性质的研究[D].长春：长春大学，2018.

[3]陶晗.小麦淀粉在冻藏过程中品质劣变机理及其对面团品质影响的研究[D].无锡：江南大学，2017.

[4]孙沛然，姜斌，沈群.高静压对籼米淀粉和糯米淀粉糊化及老化性质的影响[J].中国食品学报，2015，15(6)：51-58.

[5]金鑫.贮藏温度对不同 α 化度米淀粉理化特性的影响[D].合肥：安徽农业大学，2013.

[6]常晓红.聚葡萄糖对大米淀粉糊化和老化特性的影响[D].郑州：河南农业大学，2018.

实验五　脂肪过氧化值及酸价的测定与油脂安全性评价

一、实验目的

通过对不同加工及氧化处理过程中油脂的过氧化值和酸价的测定，了解这两种影响油脂质量重要因素的形成过程，理解不同的加工处理及贮藏条件对油脂的氧化程度的差异，并通过实验分析不同贮藏、加工方法对食品质量的影响，培养学生对反应机制的理解能力和分析能力。

二、实验原理

脂肪氧化的初级产物是氢过氧化物 ROOH，因此通过测定脂肪中氢过氧化物的量，可以评价脂肪的氧化程度。同时 ROOH 可进一步分解，产生小分子的醛、酮、酸等，因此酸价也是评价脂肪变质程度的一个重要指标。

本实验中过氧化值的测定采用碘量法，即在酸性条件下，脂肪中的过氧化物与过量的碘化钾反应生成 I_2，用 $Na_2S_2O_3$ 滴定生成的 I_2，求出每千克油中所含过氧化物的毫摩尔数，称为脂肪的过氧化值（POV）。

三、实验材料、仪器与设备

1. 材料

新鲜色拉油、各种产生过氧化物和酸价的油，如炸鸡油、抽油烟机油、久存的油等。

2. 仪器设备

锥形瓶、滴定管、碘量瓶、滴定管。

3. 试剂

（1）0.1mol/L KOH 标准溶液。

（2）1%酚酞指示剂。

（3）中性乙醇–乙醚混合液　乙醇、乙醚按 1∶2 混合，使用前以酚酞为指示剂用 0.1mol/L KOH 溶液中和至呈淡红色。

（4）饱和碘化钾溶液　称取 14g 碘化钾，加水 10mL 水溶解，必要时微热使其溶解，冷却后贮于棕色瓶中，临用时配制。

（5）三氯甲烷–冰醋酸混合液　量取 40mL 三氯甲烷，60mL 冰醋酸，混匀。

（6）0.002mol/L 硫代硫酸钠标准溶液。

（7）1%淀粉指示剂　称取可溶性淀粉 1g，加少许水调成糊状，倒入 100mL 沸水中调匀、煮沸，临用时配制。

四、实验步骤

1. 过氧化值的测定

称取新鲜花生油 2g、加工油 2g 或红花油 0.5g，分别置于干燥的 250mL 三角瓶中，加入 10mL 三氯甲烷，再加 15mL 冰乙酸混合，轻轻摇动使油脂溶解，加入 1mL 饱和碘化钾溶液，迅速盖塞摇匀，置暗处放 5min。加水 50mL，充分摇匀，用 0.01mol/L $Na_2S_2O_3$ 标准液滴定至接近终点，加入 3~4 滴淀粉指示剂，蓝色消失，记下体积（mL）。

2. 酸价的测定

称取新鲜色拉油 3~4g、加工油 2g 或红花油 4g 分别置于 250mL 三角瓶中，加入已调至中性的乙醚–乙醇混合液（2∶1）50mL，（用 0.1mol/L KOH 调至微红），摇动瓶使之溶解，加三滴酚酞指示剂，用 0.01mol/L 氢氧化钾溶液滴定至出现微红色 30s 不消失，记下消耗碱液体积（mL）。

五、结果与讨论

（1）过氧化值（POV）　计算如式（4-3）所示。

$$POV（mmol/kg 油）= \frac{C \times V \times 1000}{m}$$
（4-3）

式中　C——$Na_2S_2O_3$溶液物质的量浓度，mol/L；

　　　V——消耗 $Na_2S_2O_3$ 溶液体积，mL；

　　　m——称取油脂质量，g。

（2）酸价　计算如式（4-4）所示。

$$\text{酸价 (mgKOH/g 油)} = \frac{C \times V \times 56.1}{m} \tag{4-4}$$

式中　C——氢氧化钾的物质的量浓度，mol/L；

　　　V——消耗氢氧化钾溶液的体积，mL；

　56.1——氢氧化钾的摩尔质量；

　　　m——称取油脂质量，g。

六、注意事项

（1）油脂酸价测定时注意

①当试样颜色较深，终点难以判断时，可减少试样用量或稀释试样；也可采用百里酚酞作指示剂，终点由无色变为蓝色；

②氢氧化钾标准溶液也可用氢氧化钠溶液代替，但计算公式不变，即仍以氢氧化钾的摩尔质量计算。

（2）油脂过氧化值测定时注意

①过氧化值若采用 mmol/kg 表示，则可按式 POV（mmol/kg）×0.01269 = POV（%）即式 POV（mmol/kg）= POV（%）×78.8 换算；

②当过氧化值较高时，可减少取样量，或改用浓度稍大的硫代硫酸钠溶液滴定，以使滴定体积处于最佳范围。过氧化值较低时，可用微量滴定管进行滴定。固态油样可微热溶解，并适当多加一些溶剂。

? 思考题

1. 油脂酸价的定义？酸价的高低对油脂品质有何影响？油脂中游离脂肪酸与酸价的关系？

2. 过氧化值的定义？测定油脂中过氧化值的意义？

3. 分析油脂的酸价和过氧化值的大小与食品安全的关系。

说明：现行标准《低芥酸菜籽色拉油》（NY/T 1273—2007）中规定，过氧化值不超过 5.0mmol/kg，酸价不超过 0.2mgKOH/g。

参考文献

[1]黄雅婷.稻谷脂肪酸值测定方法的改进[J].农产品加工，2019(11)：37-39.

[2]戴晨伟，王化杰，吴明华.气相色谱法测定合成气厌氧发酵液中挥发性脂肪酸[J].重庆工商大学学报(自然科学版)，2019，36(3)：111-115.

[3]王小平，朱玉林.稻谷脂肪酸值测定方法的改进与探讨[J].粮食加工，2019，44(3)：44-46.

[4]李俊峰，商梦洁，陶双双，等.花生酸化油的理化性质测定及脂肪酸组成分析[J].

青岛科技大学学报(自然科学版),2019,40(3):38-42.

[5]王诗语,赵彬,郭士刚,等.中间馏分油中脂肪酸甲酯含量测定不确定度的评估[J].当代化工,2019,48(4):778-781.

[6]孙翠霞,张正尧,鹿尘.气相色谱-质谱法测定食品中的37种脂肪酸含量[J].中国卫生检验杂志,2019,29(3):275-277.

[7]赵佳慧.一种耐高温淀粉酶对淀粉分子理化特性的影响及其酶学性质的研究[D].长春:长春大学,2018.

[8]曹世娜,孙强,黄纪念,等.芝麻脂肪氧化酶活性测定[J].河南农业科学,2017,46(11):48-51.

[9]王慧,崔文礼,张从合,等.68份小麦脂肪氧化酶活性和戊聚糖含量的测定和聚类分析[J].安徽农业大学学报,2014,41(1):100-104.

[10]刘邻渭.食品化学[M].北京:中国农业出版社,2000.

[11]Marcela L. Martinez, Miguel A. Mattea, Damian M. Maestri. Pressing and supercritical carbon dioxide extraction of walnut oil[J]. Journal of Food Engineering, 2008(88):399-404.

实验六　羰胺反应速度的影响因素

一、实验日的

了解不同碳水化合物的种类、氨基酸种类、亚硫酸盐及酸碱度等因素对羰胺反应速度的影响,认识羰胺反应对食品风味和色泽形成的意义。

二、实验原理

羰胺反应在中等水分活度条件下适宜发生。具有游离氨基和游离羰基的化合物反应速度较快。亚硫酸盐为褐变抑制剂,可以与美拉德反应的初级产物发生加成反应从而阻止黑色素的形成。羰胺反应的中间产物在近紫外区域具有强烈吸收,重要中间产物羟甲基糠醛在 $280\sim290$nm 之间具有强烈的紫外吸收,可以通过比色法来定量测量羰胺反应的强弱。该反应产生复杂的香味物质,其味道与氨基酸和糖的种类有关。

三、实验材料、仪器与设备

1. 材料

可溶性淀粉。

2. 仪器

蒸发皿、滴管、坩埚、玻璃棒、721型分光光度计、电子天平、恒温水浴锅、电炉。

3. 试剂

5%葡萄糖溶液、5%蔗糖溶液、5%麦芽糖溶液、5%可溶性淀粉溶液、5%D-木糖溶液、5%甘氨酸溶液。

四、实验步骤

1. 不同种类的糖对羰胺反应速度的影响

取 5 个坩埚，编号：

①加入 2.5mL 5%葡萄糖溶液和 2.5mL 5%甘氨酸溶液。

②加入 2.5mL 5%蔗糖溶液和 2.5mL 5%甘氨酸溶液。

③加入 2.5mL 5%麦芽糖溶液和 2.5mL 5%甘氨酸溶液。

④加入 2.5mL 5%可溶性淀粉溶液和 2.5mL 5%甘氨酸溶液。

⑤加入 2.5mL 5%D-木糖溶液和 2.5mL 5%甘氨酸溶液。

混匀，5 个坩埚同时放在电炉上加热，比较褐变出现的先后和色泽深浅，同时嗅其风味。

2. 不同氨基酸种类对羰氨反应速度的影响

取 3 个坩埚，编号：

①加入 2.5mL 5%的甘氨酸溶液和 2.5mL 5%葡萄糖溶液，摇匀。

②加入 2.5mL 5%的赖氨酸溶液和 2.5mL 5%葡萄糖溶液，摇匀。

③加入 2.5mL 5%的酪氨酸溶液和 2.5mL 5%葡萄糖溶液，摇匀。

3 个坩埚同时放在电炉上加热，比较褐变出现的先后和色泽深浅。

3. 不同环境条件对羰氨反应速度的影响

①加入 2.5mL5 %的甘氨酸溶液和 2.5mL 5%葡萄糖溶液，摇匀。室温下放置。

②加入 2.5mL 5%的甘氨酸溶液和 2.5mL 5%葡萄糖溶液，摇匀。

③加入 2.5mL 5%的甘氨酸溶液和 2.5mL 5%葡萄糖溶液，再加入 0.1～0.2g 亚硫酸氢钠，摇匀溶解。

将②③同时放在电炉上加热，观察其褐变出现的先后和色泽的深浅。

④加入 2.5mL 5%的甘氨酸溶液和 2.5mL 5%葡萄糖溶液，滴加 2%盐酸溶液数滴，使 pH 在 2 左右，摇匀。

⑤加入 2.5mL 5%的甘氨酸溶液和 2.5mL 5%葡萄糖溶液，滴加 1mol/L 氢氧化钠溶液，使 pH 在 8 左右，摇匀。

将④⑤同时放在电炉上加热，观察其色泽的变化。

五、结果与讨论

记录实验结果，并根据反应机制进行解释。

六、注意事项

（1）在水浴中加热时，必须将容器极大部分浸入水浴中，控制时间（15min）和温度（100℃或沸腾状），比色要在 2h 内完成。

（2）风味比较时可用文字加比值进行比较。

思考题

1. 不同的糖对羰胺反应速度的影响，哪个最快，哪个最慢，根据是什么？
2. 为什么亚硫酸盐能起到抑制羰胺反应速度的作用？
3. 为什么不同酸碱度下羰胺反应速度不同？
4. 讨论如何控制食品中的羰胺反应。

☞ **参考文献**

[1]汪东风.食品化学[M].北京:化学工业出版社,2007.

[2]王超,白卫东,曾晓房.不同因素对美拉德反应肽的抗氧化影响[J].中国食品添加剂,2018(7):57-64.

[3]梁璋成,何志刚,窦芳娇,等.红曲黄酒糟酶解液美拉德反应增香条件优选[J].中国酿造,2018,37(10):57-60.

[4]钱森和,王洲,魏明,等.美拉德反应对芝麻多肽抗氧化活性的影响[J].食品与机械,2018,34(8):24-28,88.

[5]白家玮.碱性条件下亚硫酸盐抗褐变替代物的筛选[D].杭州:浙江大学,2018.

[6]丁欣悦.超声辅助转谷氨酰胺酶及美拉德反应对大豆分离蛋白结构和功能性质的影响[D].南昌:南昌大学,2018.

实验七 卵磷脂提取、鉴定与乳化特性实验

一、实验目的

（1）学习卵磷脂提取、鉴定方法。

（2）了解卵磷脂的乳化特性性质。

二、实验原理

蛋黄中大约含有10%左右的卵磷脂。纯卵磷脂为白色块状物，不溶于水，易溶于乙醇、氯仿、乙醚等有机溶剂，不溶于丙酮，利用这一特性可以将中性脂肪分离。纯卵磷脂在空气中，因不含不饱和脂肪酸被氧化，呈黄褐色。卵磷脂中胆碱在碱性溶液中可分解成三甲胺，三甲胺有特异的鱼腥味，利用这个反应可以用来鉴别卵磷脂。卵磷脂分子结构如图4-8所示。

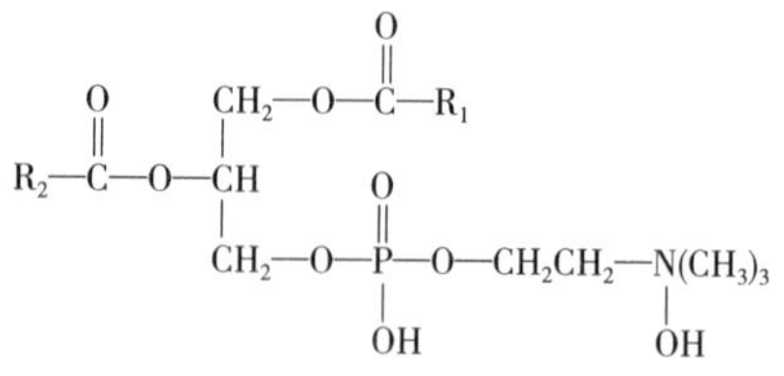

图4-8　卵磷脂分子结构

卵磷脂的胆碱是亲脂基团，具有能使用互不相溶的两相（油相和水相）的一相分散到另一相，使之形成稳定的乳浊液，所以说卵磷脂是一种天然的乳化剂。

三、实验材料、仪器与试剂

1. 材料

鸡蛋、花生油等。

2. 仪器

水浴锅、烧杯、瓷蒸发皿等。

3. 试剂

氢氧化钠、95%乙醇、丙酮。

四、实验步骤

（1）卵磷脂的提取　取新一枚鲜鸡蛋，在其壳上轻敲一个小孔，使蛋清流出，再取出蛋黄放入烧杯，搅匀备用。在搅拌中加入50℃ 95%乙醇60mL，保温提取5min左右，冷却过滤，取滤液并将其放入瓷蒸发皿，用水浴将其蒸干，残留物即为卵磷脂。

（2）鉴定卵磷脂

①三甲胺实验：取提取的卵磷脂置于试管中，加入2mL 10%氢氧化钠，混匀，水浴加热，嗅闻有无鱼腥味道。

②丙酮溶解实验：取5mL丙酮加入到提取的卵磷脂瓷蒸发皿中，用玻棒搅拌，观察其在丙酮溶液中的溶解状况。

（3）乳化实验　取两支试管分别加入10mL蒸馏水。一支加入卵磷脂，摇匀后，再加入5滴花生油；另一支仅滴加5滴花生油，剧烈震动两支试管，静置以后观察其状态。最后比较两支试管中内容物的乳化状态，记录数据结果，如表4-3所示。

表4-3　　　　　　　　　　　　卵磷脂乳化状态记录

管号	蒸馏水/mL	卵磷脂提取液	花生油/滴	乳化状态
1	10	适量	5	
2	10	—	5	

五、结果与讨论

乳化静置15min后，观察比较各乳化实验结果填入表4-4，并讨论。

表4-4　　　　　　　　　　　　实验结果记录表

乳化剂种类	油水分散处理方法及条件	描述油水乳化体系感观分析	描述显微观察油水乳化体系情况（油滴分散、大小等）
无			
卵磷脂			

六、注意事项

蒸去乙醇时，切不可用明火（如酒精灯）直接加热，以免发生火灾。

思考题

1. 乳化过程要形成稳定的乳化液，可采用何仪器方法？

2. 添加丙酮的作用？

☞ **参考文献**

［1］常皓. 蛋黄卵磷脂的提取、分析及氧化稳定性研究［D］. 长春：吉林大学，2012.

［2］梁庆祥，史琦云，陶肖君，等. 卵磷脂对食品乳化作用的影响［J］. 甘肃农业大学学报，1993（3）：211-214.

模块二 综合性实验

实验八 食品胶体

一、实验目的

（1）了解与所选食品亲水胶体的功能特性相关的化学结构。

（2）在一定食品条件下，对比海藻胶和黄原胶的特性。

（3）检验亲水胶体在食品中的一些应用。

二、实验原理

亲水胶体是能溶解或分散在水中，具有增稠或胶凝作用的聚合物。尽管一些蛋白质（如凝胶）也符合这个定义，但大多数食品胶体则是多聚糖。亲水胶体是这些材料的科学术语，但树胶和黏胶也是常用的同义词。作为食品添加剂，亲水胶体得到了广泛使用，并表现出多种功能，如表4-5、表4-6所示。

表4-5　　　　　　　　　　　食品胶体的一些功能性质

功　能	食品应用举例
代脂品	低脂冰淇淋、脱脂干酪、脱脂调味料
添加剂	低热量饮料
抑制糖结晶	冰淇淋、糖浆
澄清	啤酒、酒
混浊	果味饮料
膳食纤维	谷物类早餐
乳化作用	沙拉修饰剂
胶凝作用	布丁
稳定作用	调味料、冰淇淋
颗粒悬浮剂	巧克力乳
增稠作用	酱、派填充物、调味汁

表4-6　　　　　　　　　　　黄原胶的功能特性

食品胶体	功　能
黄原胶	冷水和热水中有高溶解度
	在宽 pH 范围内溶解且稳定
	对热稳定
	低浓度的溶液具有高的黏度
	在 0~100℃ 温度范围内黏度相同
	与食品中的大部分盐类相溶，如 Ca^{2+} 存在时不能形成凝胶

亲水胶体的大部分功能特性的基础是它们有显著增加黏度（增稠）的能力，以及在低浓度的水相系统中形成凝胶的能力。多聚糖凝胶在分子质量、支链、电荷和形成氢键的基团上有所不同。凝胶赋予食品功能性因亲水胶体和食品种类不同而有差异。因此，对于特定的应用，食品工艺学家必须要选用合适的亲水胶体。

多聚糖胶有直链，也有支链。一般而言，增稠作用随着分子质量的增加而增大；因延伸的直链分子更加紧密，所以增稠作用随着支链增加而减小。这是由于与支链聚合物和低分子质量的分子相比，大分子直链聚合物与其相作用的水碰撞更频繁。这种碰撞阻碍了溶液的流动，从而使溶液的黏度增加。

当粉状胶体和水混合时，大多数胶体趋于结块。虽然，亲水胶体必须在溶液中才能提供所期望的功能，但是与水混合的方法必须正确。利用高剪切混合法，将粉状胶体逐步加到水中并搅拌，是避免结块的一种方法。另一种方法是，在与水混合之前把干胶体分散在无水溶剂中，如植物油、乙醇或谷物糖浆。

三、实验材料、仪器与试剂

1. 试剂

亲水胶体：海藻酸钠-钙和黄原胶。

2. 仪器

布氏黏度计（型号 LVF）（轴 No.3，600r/min，布氏工程实验室）、电炉、磁力搅拌器和转子、天平、称量纸、烧杯（250、400、600 和 1000mL）、量筒（100 和 250mL）、电动混合器、搅拌棒、试管和塞子、温度计、搅拌钵（混料罐）。

3. 试剂

六偏磷酸钠（粉末）、细砂糖（蔗糖）、己二酸（粉末）、柠檬酸钠（粉末）、无水磷酸氢钙（$CaHPO_4$）、食用色素、植物油、氯化钙（$CaCl_2$）。

四、实验步骤

1. 浓度对黏度的影响

（1）称 12.0g 海藻胶。

（2）倒入 800mL 蒸馏水于混合器中。

（3）将混合器调至低速，缓慢搅动蒸馏水。

（4）在混合器中心逐步加入亲水胶体，不停的搅拌直至亲水胶体全部水合。需要时加快搅拌速度。将胶溶液倒入 1000mL 的烧杯中。

（5）分别转移 400、266 和 133g 于 600mL 烧杯中，然后向各烧杯中加蒸馏水至400mL。不同的三个烧杯中胶溶液的最终浓度是多少？

（6）用布氏黏度计测每一个溶液的黏度并记录。

（7）在每一个烧杯分别加 4g 六偏磷酸钠，混合，重复黏度测定（注意：六偏磷酸钠是一种钙掩蔽剂）。

（8）用黄原胶重复（1）~（6）的操作步骤。

（9）绘制黏度（CPS）对浓度（%胶，w/v）曲线。

2. 乳浊液稳定性（食品应用）

（1）在 3 支试管标记出 5mL。

（2）三支试管中分别加 5mL 水、5mL 0.5%海藻酸钠、5mL 0.5%黄原胶。

（3）每支试管加入 5mL 植物油。

（4）剧烈振荡 30s。

（5）记录水油分离的时间。

3. 弥散凝结和内部凝结

（1）扩散胶凝

①把 236mL 冷水倒入 400mL 烧杯，逐步加入 45g 白砂糖和 1.7g 海藻酸钠，期间不断搅拌混匀。

②干粉完全溶解后，加入 5 滴食用色素和 1mL 2.6mol/L CaCl$_2$ 溶液（0.1g 钙），搅拌 1min。密封烧杯，室温下放置过夜。

（2）内部胶凝

①把 236mL 冷水倒入 400mL 烧杯，加 5 滴食用色素。将 45g 白砂糖、1.7g 低残留钙海藻酸钠、1.6g 食品级己二酸、1.9g 柠檬酸钠、0.18g 无水 CaHPO$_4$ 完全混合。

②将上述混合干粉加入水中，快速搅拌 1min。密封烧杯，室温下放置过夜。

对比上述两种亲水胶体的外观、强度、质地。

4. 巧克力布丁

（1）脱脂巧克力布丁（表 4-7）。

表 4-7 脱脂巧克力布丁

成分	质量/g	比例/%
水	319.9	63.98
白砂糖	134.0	26.80
COLFLO 67 改性玉米淀粉	24.0	4.8
COKAY 35 Dutch 荷兰可可粉	19.2	3.84
KELCOGEL PD gellan 胶制品	2.7	0.54
山梨酸钾	0.2	0.04
合计	500.0	100.0

①将干粉混合后，边加水边搅拌，直到加完干粉。

②边加热边搅拌，直至沸腾，并维持 1min。

③把浆倒入搅拌钵中冷却成形。

（2）全脂巧克力布丁

①成分：均质全脂牛乳（冷），1606mL；306 巧克力布丁粉 146g；白砂糖 194g。

②实验操作

a. 将布丁粉和白砂糖混合。

b. 将混合物加入冷乳中并搅拌，直至完全溶解。

c. 加热至 75℃保温 20min。

d. 趁热倒入搅拌钵。

e. 对比两种巧克力布丁的质地和风味。

五、结果与讨论

将实验结果填入表 4-8，并分析食品胶的功能性质。

表 4-8 　　　　　　　　　　食品胶对乳浊液稳定性的影响

试管号	加入试剂	水油分离时间
1	水	
2	0.5%海藻酸钠	
3	0.5%黄原胶	

六、注意事项

实验结束前不能丢弃胶溶液。

思考题

1. 黏度的定义，并解释其为什么是食品的重要特性。

2. 叙述布氏黏度计的操作方法，并解释如何把仪器的读数转换为黏度单位。

3. 黄原胶并不是乳化剂，但它能有效地稳定色拉酱，解释原因。

4. 藻酸盐是一种钙敏感的亲水胶体，怎样理解？为什么？给出它的结构。

5. 简述弥散凝结和内部凝结的异同。

说明：本实验译自《食品化学实验手册》（欧仕益，黄才欢，吴希阳. 食品化学实验手册［M］. 北京：中国轻工业出版社，2008）。

参考文献

［1］张来宾，张珊珊，杨文，等.胶体金免疫层析技术在食品检测中的应用［J］.吉林农业，2018(8)：88.

［2］周欣睿.胶体金免疫层析技术在食品检测中的运用［J］.食品安全导刊，2016(12)：104.

［3］左小博.亲水性胶体对大米淀粉物化特性的影响［D］.杭州：浙江工商大学，2016.

［4］苏晓芳.紫薯淀粉与卡拉胶共混体系特性的研究与应用［D］.福州：福建农林大学，2015.

［5］刘佳.淀粉-亲水胶体的复配在食品工业上的应用［N］.中国食品安全报，2014-04-17（B02）.

［6］刘铭，游雪燕，庄海宁，等.食品中淀粉-亲水胶体复配的研究进展［J］.食品工业科技，2013，34（22）：371-374.

［7］马珂佳.甜玉米混汁加工技术研究［D］.郑州：河南农业大学，2012.

［8］刘骞.食品食品加工中的增稠剂（四）：微生物代谢来源的亲水性胶体［J］.肉类研究，2010（1）：65-71.

［9］Jingwang Chen, Taihua Mu, Dorothée Goffin, et al. Application of soy protein isolate and hydrocolloids based mixtures as promising food material in 3D food printing［J］. Journal of Food Engineering，2019（3）：261.

实验九　　酶促褐变的影响因素及反应控制方法

一、实验目的

了解水果蔬菜切分后酶促褐变的机制和影响因素，了解亚硫酸盐、温度、pH、酸、还原剂等因素对反应速度的影响，从而理解酶促褐变的控制方法。

二、实验原理

许多水果和蔬菜切开后都容易褐变，其主要机制是酶促褐变。酶促褐变是果蔬材料当中的酚酶催化多酚类底物产生醌类物质，并进一步聚合成为黑色素的反应，该反应的发生需要有活性的酶、酚类物质、氧气、恰当的温度和pH环境才能发生，其酶的最大活性发生在pH 5~7。亚硫酸盐或二氧化硫为褐变抑制剂。维生素C具有还原作用，可以将醌类物质还原为酚类物质，阻止其进一步褐变。金属螯合剂可以螯合酚氧化酶的辅基金属离子，对酶促褐变反应的发生有抑制作用。热烫可抑制酶的活性，从而抑制反应的发生。

三、实验材料、仪器与试剂

1. 材料

马铃薯、甘薯、苹果等

2. 仪器

天平、酒精灯、100mL烧杯、2mL烧杯、100mL量筒、滴管、搅棒、铁圈、石棉网、精密pH试纸（pH=2.7~4.7）、标签、铁架台、电炉。

3. 试剂

维生素C、柠檬酸、0.5%亚硫酸氢钠水溶液、0.1mol/L盐酸、0.1mol/L氢氧化钠。

四、实验步骤

（1）材料的切分和试剂的准备

①把实验材料去皮，称取50g，切成豌豆大的碎末，分别装入4个烧杯（2~5号）当

中，每个烧杯装 10g，烧杯上做好号码标记。余下 10g 放在空气中作为对照。

②用母液稀释制备 0.5%亚硫酸氢钠水溶液 30mL。

③500mL 蒸馏水中溶解 2.5g 维生素 C，制成 5mg/mL 维生素 C 溶液（统一配制）。

④500mL 蒸馏水中溶解 10g 柠檬酸和 2.5g 维生素 C，制成 5mg/mL 维生素 C-柠檬酸溶液（统一配制）。

（2）蒸馏水处理、酸处理、维生素 C 处理和亚硫酸氢钠处理

①1 号杯中加入 30mL 蒸馏水作为对照，30min 之后加入放在空气当中的对照样品。

②2 号杯中加入 30mL 蒸馏水。pH 5~6。

③3 号杯中加入 30mL 0.5%亚硫酸氢钠水溶液。pH 5~6。

④4 号杯中加入 30mL 维生素 C 水溶液。pH 3~4。

⑤5 号杯中加入 30mL 维生素 C-柠檬酸水溶液。pH 2~3。

⑥记录各溶液的 pH 和蒸馏水的 pH。

⑦记录各溶液的初始透光度值。各杯放在室温下 30min，漏斗过滤，计时，观察其颜色变化。

（3）热烫处理

①称取样品 10g，分成两份，各切成约 1cm³ 的丁。

②取 250mL 烧杯 1 个，加入 100mL 蒸馏水，煮沸。

③在沸水当中加入一份实验样品，煮沸 1min，用漏网捞起。

④煮沸后样品与同时切开的另一半实验样品一起放在空气当中 30min，对比其颜色变化。

五、结果与讨论

（1）搅动浸泡了实验样品的溶液，在初始时、15min、30min 时各取 1mL 用于比色。

（2）在波长 600nm 处记录各处理溶液的透光率并记录，填入表 4-9、表 4-10。

表 4-9　　　　　　　　　　处理方式对于酶促褐变反应速度的影响

实验	样品初始颜色	15min 后	30min 后	抑制褐变效果
空气中对照				
蒸馏水对照				
蒸馏水-酸处理				
亚硫酸钠处理				
维生素 C 处理				
维生素 C-酸处理				
未热烫空气放置				
热烫后空气放置				

表 4-10 比色记录值

实验	初始透光度	30min 后透光度	30min 后溶液颜色	相对褐变速度
蒸馏水对照				
蒸馏水加酸处理				
亚硫酸氢钠处理				
维生素 C 处理				
维生素 C-酸处理				

六、注意事项

防止褐变抑制剂（亚硫酸盐）残留超标。

思考题

1. 实验材料放在空气当中褐变是什么原因？

2. 为什么材料泡在水中，水会变褐？人们用水来防止蔬菜材料褐变是什么道理？

3. 水中加入酸对褐变的速度有什么影响？为什么？

4. 维生素 C 处理和维生素 C-酸处理哪个比较好一些？为什么？

5. 热烫前后酶促褐变的速度有何不同？为什么？

☞ **参考文献**

[1] 常大伟，魏送送，刘树兴，等.抑制剂对梨浊汁酶促褐变的控制研究[J].食品与机械，2016，32（2）：106-110.

[2] 李莎.鲜切果蔬的酶促褐变机理和抑制方法的研究进展[J].延边医学，2014（22）：97-99.

[3] 陈海英，崔政伟，田耀旗，等.不同复配抗褐变剂预浸渍对水蜜桃汁酶促褐变的影响[J].食品工业，2016，37（6）：202-205.

[4] 曲留柱.香蕉多酚氧化酶特性及其催化褐变防控的研究[D].北京：北京林业大学，2014.

[5] 邓雅妮，郭时印，肖航，等.果蔬中不可萃取多酚的研究进展[J].农产品加工，2018（20）：62-65.

[6] 闵婷，谢君，郑梦林，等.果蔬采后酶促褐变的机制及控制技术研究进展[J].江苏农业科学，2016，44（1）：273-276.

实验十 葡萄皮中花青素的测定及稳定性研究

一、实验目的

（1）掌握分光光度法测定葡萄皮中花色素的原理与方法。

（2）了解花青素的性质，特别是要掌握影响花青素颜色变化的主要因素，从而提出在加工过程中如何利用花青素的这些特性为生产实践服务。

二、实验原理

花青素（anthocyanidin），又称花色素，是自然界一类广泛存在于植物中的水溶性天然色素，属类黄酮化合物，也属于多酚类物质，花色素溶于水、甲醇、乙醇、丙二醇，不溶于油脂，色调随 pH 而变化：酸性时呈红至紫红色，碱性时呈暗蓝色，铁离子存在下呈暗紫色。从葡萄皮中分离出的花色素晶体多为针形，它的提取物浓缩物是红至暗紫色液状、块、粉末状或糊状物质。深色花色素有两个吸收波长范围，一个在可见光区，波长为 465~560nm，另一个在紫外光区，波长为 270~280nm。花色素颜色深浅与花青素含量成比例，用比色法即可进行测定，方法简单易行。

花青素和花色苷的化学性质不稳定，常常因环境条件的变化而改变颜色，影响变色的条件主要包括 pH、氧化剂、酶、金属离子、糖、温度、防腐剂和光照等。

三、实验材料、仪器与试剂

1. 材料

葡萄皮。

2. 仪器

试管、坩埚、电炉、分光光度计、酸度计。

3. 试剂

所用水为去离子水或同等纯度蒸馏水。

（1）盐酸、无水乙醇、氢氧化钠、$FeCl_3$、$ZnSO_4$、$CaCl_2$ 均为分析纯级。

（2）葡萄果皮。

（3）葡萄糖、果糖、蔗糖、维生素 C、苯甲酸钠均为食品级。

四、实验步骤

（1）样品处理

①葡萄皮中花色素的完全提取：称取葡萄皮 1g，液氮研磨成粉末，加入 1%盐酸−甲醇提取液 10mL，室温下于暗处浸提 2 次，每次 2~3h，合并滤液。

②葡萄皮中花色素的水提液制备：称取葡萄皮 1g，液氮研磨成粉末，加入去离子水（用盐酸调 pH 2）提取液 10mL，室温下于暗处浸提 1h，过滤，用去离子水（用盐酸调 pH 2）洗涤3 次，合并滤液定容至 50mL。

（2）葡萄果皮花色素光谱特性测定　利用葡萄皮花色素的盐酸−无水乙醇提取液及水提取液在 400~600nm 波长范围内测定吸光度值，绘制其特征吸收光谱曲线。

（3）葡萄果皮花色素化学稳定性测定　获得花色素提取液，通过真空旋转蒸发仪浓缩至膏状（30℃加热），加去离子水稀释成一定浓度，并调节 pH 2；以此溶液为试样，研究 pH、外界光照、温度、金属离子（Fe^{3+}、Zn^{2+}、Ca^{2+}）、糖类（葡萄糖、果糖、蔗糖）、维生素 C、食品添加剂苯甲酸钠等因素对花色素化学稳定性的影响。

pH 对葡萄果皮花色素稳定性影响：溶液的 pH 用 1mol/L 盐酸和 0.1mol/L 氢氧化钠溶液调节 pH 在 2~12，过 30min 后测定溶液吸光度值（由于加入盐酸和氢氧化钠水溶液的量很少，色素溶液的浓度及吸光度值的变化可以忽略不计）。

光照对花色素稳定性影响：将色素溶液装入密闭的无色透明玻璃试管中，光照分为室内自然光、室外阳光和室内避光；实验进行期间天气晴朗，室内自然光放置是指白天在室内不遮光处，晚上不进行任何光照；室外阳光下放置时间为 8：00~16：00。定时观察色素溶液颜色的变化并测定其吸光度。

温度对花色素稳定性影响：色素溶液在 20、40、60、80、100℃不同温度条件下（对照温度为室温 25℃）下将色素溶液用密闭试管加热 30min，加热完后放在不同光照条件下，隔一定时间测定溶液吸光度值。溶液加热后要补充因蒸发损失的水分。

金属离子对色素的影响：色素溶液中加入 0.005、0.01、0.015、0.02g/mL 不同量的 $FeCl_3$、$ZnSO_4$、$CaCl_2$，蒸馏水作对照，将色素溶液用密闭试管置于室内自然光下 60h（2.5d），隔 12h 测定溶液吸光度值。

糖类（果糖、蔗糖、葡萄糖）对花色素稳定性的影响：色素溶液中加入 0.01、0.05、0.1、0.15、0.2g/mL 不同量果糖、蔗糖、葡萄糖，以试剂空白的色素液作参比，将色素溶液用密闭试管在室内自然光下放置 60h，每隔 12 h 测定溶液吸光度值。

维生素 C 对花色素稳定性的影响：色素溶液中加入 2、4、10、15、20g/mL 不同量维生素 C，因此在室内自然光下放置的时间较短，将色素溶液用密闭试管在室内自然光下放置，4h，每隔 0.5h 测定溶液吸光度值。

苯甲酸钠是食品加工中常用的防腐添加剂，色素溶液中加入 0.5、1、1.5、2、3g/mL 不同量苯甲酸钠，以试剂空白的色素液作参比，将色素溶液用密闭试管在室内自然光下放置 60h，每隔 12h 测定溶液吸光度值。

以上实验都是在水提取液最大吸收波长处测得溶液吸光度值，每处理设 3 个重复实验。

五、结果与讨论

（1）葡萄皮中花色素含量计算

$$花色素含量（mg/g）= A×V×1000×455.2 / （29600×d×m）\qquad(4-5)$$

式中　A——最大吸收波长处吸光度值；

　　　V——定容体积，L；

　　1000——克换算成毫克扩大的倍数；

　　455.2——矢车菊素-3-葡萄糖苷的分子质量，g/mol；

　　29600——矢车菊素-3-葡萄糖苷的浓度比吸收系数，L/（mol·cm）；

　　　d——比色杯光径，cm；

　　　m——葡萄果皮质量，g。

（2）列表记录以上各种处理花青素颜色的变化（表4-11）

表 4-11　　　　　　　　　　　　　　实验结果记录表

pH	2	3	4	5	6	7	8	9	10	11	12
吸光度 A											

六、注意事项

（1）酸度计按仪器说明校正。

（2）反应试管应用清洁剂浸泡 24h，彻底洗涤干净。

（3）色素溶液应用密闭试管放置。

思考题

1. 样品处理时影响花色素含量的因素有哪些？
2. 为什么花色素提取溶液要用密闭试管放置？
3. 测定葡萄皮花色素的意义何在？
4. 根据反应机制讨论如何在食品加工中提高花青素的稳定性。

参考文献

［1］贾赵东，马佩勇，边小峰，等．植物花青素合成代谢途径及其分子调控［J］．西北植物学报，2014，34（7）：1496-1506.

［2］王华，李茂福，杨媛，等．果实花青素生物合成分子机制研究进展［J］．植物生理学报，2015，51（1）：29-43.

［3］邵婉璐，李月灵，高松，等．光照强度对成熟红颜草莓果实着色和花青素生物合成的影响及可能的分子机制［J］．植物研究，2018，38（5）：661-668.

［4］李金星，胡志和，马立志，等．蓝莓加工过程中出汁率及花青素的稳定性［J］．食品科学，2014，35（2）：120-125.

［5］任小娜，陈志梅，曾俊，等．黑果枸杞中原花青素提取条件的优化与含量测定［J］．食品与发酵工业，2015，41（1）：147-150.

［6］谢兵，周杰，朱树华．新疆红肉苹果发育期间花青素代谢的研究［J］．山东农业科学，2015，47（8）：25-29.

［7］杜月娇，贺阳，文连奎．山葡萄花青素超高压提取工艺优化及其组分分析［J］．食品科学，2017，38（10）：258-263.

实验十一　从茶叶中分离制备茶多酚及产品检测

茶多酚是一种稠环芳香烃，可分为黄烷醇类、羟基-［4］-黄烷醇类、花色苷类、黄酮类、黄酮醇类和酚酸类等。其中以儿茶素最为重要，占多酚类总量的 60%~80%；儿茶素类主要由 EGC、DLC、EC、EGCG、GCG、ECG 等几种单体组成。茶多酚在茶叶中的含量一般在 20%~35%。在茶多酚中各组成分中以黄烷醇类为主，黄烷醇类又以儿茶素类物质为主。儿茶素类物质的含量占茶多酚总量的 70% 左右。茶多酚在 pH4~8 稳定。遇强碱、强酸、光照、高热及过渡金属易变质。最高耐热温度在 1.5h 内，可达 250℃ 左右，在三价铁离子下易分解。

一、实验目的

（1）掌握水萃取法提取茶多酚的方法。
（2）掌握聚酰胺树脂吸附柱层析分离茶多酚的操作技术。
（3）掌握硅胶 G 板薄层层析法检测茶多酚的成分的操作技术。
（4）能够熟练使用高效液相色谱工作站分析检测茶多酚的成分和纯度。
（5）能够生产出符合质量要求的茶多酚。

二、实验原理

茶多酚，又名茶单宁、茶鞣质，是由茶中提取出来的一类多羟基酚类物质，它是茶叶中的主要有效成分之一。茶多酚易溶于热水，水溶液呈酸性；可溶于甲醇、乙醇、丙醇、冰醋酸、乙酸乙酯，微溶于油脂，难溶于苯、氯仿、乙醚、石油醚等非极性溶剂；耐热性和耐酸性较好。

从萃取液中通过聚酰胺柱，用水洗去茶多糖，再用乙醇将醇溶各组分（包括茶多酚、咖啡因）洗脱，收集茶多酚，提高其纯度。

三、实验材料、仪器与试剂

1. 材料

干燥、干净的茶叶。

2. 仪器

回流提取装置、压滤机、旋转蒸发器、烘箱、循环水泵、硅胶 G 粉、层析缸、微量点样器、量筒。

离心机、冷冻干燥机、层析柱、真空泵、高效液相色谱仪（HPLC）、超声波清洗仪。

3. 试剂

（1）乙醇、聚酰胺树脂、绿原酸、单宁酸、间苯三酚、焦性没食子酸、正丁醇、乙醇、三氯化铁、铁氰化钾、乙酸乙酯、甲醇、甲酸。

（2）标准溶液（乙酸乙酯做溶剂）　0.01mol/L 绿原酸、0.005mol/L 单宁酸、0.01mol/L 间苯三酚、0.01mol/L 焦性没食子酸。

（3）展层剂　正丁醇：乙醇：水 = 2：1：2。

（4）显色剂　0.5% 三氯化铁和 0.5% 铁氰化钾，体积 1：1。

四、实验步骤

1. 操作流程

操作流程如图 4-9 所示。

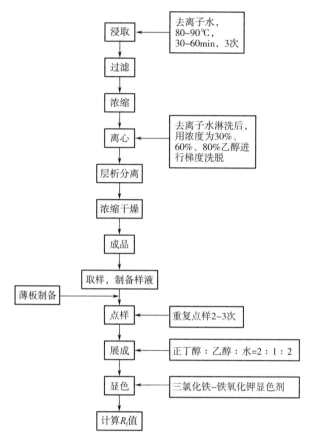

图 4-9　茶多酚分离纯化及成品检验

2. 操作要点

（1）聚酰胺树脂吸附层析柱的准备预处理方法是水泡，用 1mol/L 的 NaOH、HCl 淋洗，每次都用水洗至中性，然后再用 95％乙醇洗至无色。

（2）茶多酚的制备

①浸取：将干净、干燥茶叶粉碎至 30～40 目，投入回流提取器内，加入去离子水，加热，搅拌，温度控制在 80～90℃，微沸提取 30～60min，过滤，得滤液；滤渣返回提取釜，加水重复提取，每次按干茶叶质量 20 倍左右加水，总共提取 3 次。收集 3 次萃取过滤液，最后一次需滤干，并用少量水淋洗，洗水与滤液合并，备用。收集滤渣，供综合利用。

②浓缩：水萃取液体积大、浓度低，移送至旋转蒸发器内，低压状态下蒸去部分水，然后在离心机上离心，除去固体杂质，取上清液用于层析，混浊部分则与未滤液混合再过滤。

③聚酰胺柱层析：将上述茶叶浸取浓缩液缓慢注入柱中，直至与树脂面齐平，停留一定时间令充分吸附，然后放出。浸取液通过吸附柱的流出速度系根据树脂装量和浸取液浓度而定。

用去离子水淋洗吸附柱至流出液无色再用乙醇为脱附剂，按 30％、60％、80％浓度进行梯度洗脱（控制洗脱液流出速度），直至流出液近无色为止。分别收集水洗液和醇洗液，水洗液用于回收茶多糖。

④浓缩：乙醇洗脱液送旋转蒸发器中，减压蒸发（回收乙醇循环使用），得浓缩物。

⑤干燥：把浓缩物送入冷冻干燥机内干燥，得成品茶多酚。

（3）产品成分检测

①薄层层析法检测

a. 硅胶 G 薄板的制备：制板用的玻璃板应平整光滑，预先用洗液或其他洗涤剂洗净，干燥后备用。称取硅胶 G 粉 3g，加 0.1mol/L 硼酸溶液 9mL，于研钵中充分研磨，待硅胶变稠、发出如脂肪光泽时，倾入涂布器中，均匀涂布在玻璃板上，可铺 10cm×15cm 薄板 1 块。铺层后的薄板置于 100℃烘箱中烘干，取出后放在干燥器中备用，也可在室温下自然干燥 24h，用前放入 110℃烘箱中活化 30min。

b. 取制备的茶多酚 0.01g 溶于 20mL 乙酸乙酯中。

c. 点样：取活化过的硅胶 G 板，在距底边 2cm 水平线上确定 5 个点，相互间隔约 1.5cm，其中 4 个点分别点上绿原酸、单宁酸、间苯三酚和焦性没食子酸溶液，另一个点点样品茶多酚溶液。用内径约 1mm 管口平整的毛细管吸取酚溶液，轻轻接触薄层表面，每次加样后原点扩散直径不应超过 2~3mm，用吹风机冷风吹干，重复滴加几次。

点样是薄层层析中的关键步骤，适当的点样量和集中的原点，是获得良好色谱的必要条件。点样量太少时，样品中含量少的成分不易检出；点样量过多时，易拖尾或扩散，影响分离效果。糖的硅胶 G 薄层层析点样量一般不宜超过 5μg。点样完毕使斑点干燥即可展层。

d. 展层：根据样品的极性及其与展层剂的亲和力选择适当的展层剂。本实训选用正丁醇：乙醇：水 = 2：1：2 为展层剂，用前临时配制。展层在密闭器皿中进行。为了消除边缘效应，可在层析缸内壁贴上浸透展层剂的滤纸条，以加速缸内蒸汽的饱和。将薄板点有样品的一端浸入展层剂，注意切勿使样品原点浸入溶剂，盖好层析缸盖，上行展层。当展层剂前沿离薄板顶端 1~2cm 时，即可停止展层，取出放在室内自然干燥或用吹风机吹干。

e. 显色：显色是鉴定物质的重要步骤。纸层析用的显色剂一般均可用于薄层层析，无机吸附剂薄板还可使用腐蚀性显色剂，如用 5%~50%的硫酸乙醇或水溶液喷雾，在 130℃下烘烤 10min，糖呈现黄—棕—黑色。本实训采用三氯化铁–铁氰化钾显色剂溶液喷雾法，喷出细雾使薄板均匀湿润，注意切勿喷出点或线状溶液，然后于 85℃烘箱中烘 30min，各种酚即呈现出不同的颜色。

f. 结果计算：准确量出原点至溶剂前沿和至各色斑中心点的距离，计算出它们的 R_f 值（R_f = 原点至斑点中心的距离/原点至展开剂前沿的距离）。根据标准酚的颜色和办值，鉴定出样品提取液中酚的种类，并绘出层析图谱。

②高效液相色谱检测

a. 样品处理：取 40g 制备的茶多酚于 250mL 烧杯中，捣碎成粉末状，加入 60%（体积分数）乙醇 200mL；超声 30min 后，适当冷却后用普通定性滤纸过滤，过滤后得到翠绿色溶液，滤液冷却后用 0.45pm 微孔滤膜过滤后备用。

b. 色谱条件：Waters XBridge C18 色谱柱（250mm×4.6mm，5μm）。

梯度洗脱程序按 0mim 时 18A、85B；10mim 时，18A、82B；60mim 时，30A、70B 程序线性递增流动相 A 的体积分数恒定在 15（即处于初始状态）平衡 15min，以便下一次进样。

检测波长 280nm；流速 1.0mL/min；柱温 40℃。

流动相 A：甲醇、甲酸以体积比 99.7∶0.3 混合的溶液；流动相 B：水、甲酸以体积比 99.7∶0.3 混合的溶液。

c. 儿茶素对照品溶液：称取儿茶素对照品混合物 20.0mg，用水溶解后定容至 10mL 容量瓶中，摇匀，即得总浓度为 2.000g/L。对照品混合储备液。

五、结果与讨论

参照《茶叶中茶多酚和儿茶素类含量的检测方法》（GB/T 8313—2018）中处理色谱数据并计算茶多酚多量。

六、注意事项

因茶多酚易于氧化，所以加热时间不宜过长。

思考题

1. 在提取茶多酚过程中，提取温度和提取时间对提取率有无影响？
2. 提取茶多酚除有机溶剂萃取外，还可采取什么方法？
3. 硅胶 G 薄层层析实验中引起样品点拖尾的因素有哪些？
4. 当固体相选定后，为达到理想的分离效果，选择展层剂的原则是什么？

参考文献

[1]国家市场监督管理总局，国家标准化管理委员会. GB/T 8313—2018 茶叶中茶多酚和儿茶素类含量的检测方法[S]. 北京：中国标准出版社，2018.

[2]林佳俊，吴冬凡，冯嘉伟. 普洱茶茶多酚的含量测定[J]. 广东化工，2019，46(24)：16-17，31.

模块三 设计研究性实验

一、实验目的

果蔬在贮藏和加工中，易于发生酶促褐变，影响果蔬产品的质量，因此必须设法对其进行控制。影响果蔬酶促褐变的因素很多，经实验分析，筛选出最有效的控制措施，确定其最佳的技术参数。通过本项设计型实验，提高学生综合运用酶学及食品化学的知识解决生产实际问题的能力。

二、实验原理

酶是由生物体活细胞产生的具有特殊催化活性和特定空间构象的生物大分子。酶促褐变是多酚氧化酶类物质形成醌及聚合物的反应过程。酶促褐变主要是在多酚氧化酶的催化下氧化生成无色的邻醌，邻醌在酚羟基酶催化后合成三羟基化合物。多酚氧化酶催化的褐变反应多数发生在新鲜的水果和蔬菜中，如苹果、梨子、马铃薯、香蕉等。这些果蔬的组织发生机械性的损伤（削皮、磨浆、虫咬等）或处于异常的环境（受热、冻等）中，非常容易发生褐变。

三、实验材料、仪器与试剂

1. 材料

苹果、山药、马铃薯、香蕉、莲藕等。

2. 仪器

真空包装机、万分之一天平、干燥箱等。

3. 试剂

愈创木酚、双氧水、$NaHSO_3$、抗坏血酸、柠檬酸等。

四、实验步骤（自行设计，以下作为参考）

1. 热烫处理对酶促褐变的抑制

将以上材料分别切片或块状，再分别放入不同温度的水中并计时，每隔几分钟在不同温度下取出，分别放入愈创木酚液中，取出及时滴入双氧水，再经 1～2min 后，观察在不同温度、不同处理时间的材料片发生的变色和速度，直到取出来的材料片不变色，再将余下的果蔬片放入冷水中冷却，最后观察颜色变化情况。结果填入表 4-12。

表4-12 酶活及色泽变化表

时间	80℃	90℃	100℃	热烫效果
1min				
2min				
3min				

注：色泽以很明显、明显、较明显、略明显、无色表示。

2. 不同浓度的 NaHSO₃ 对酶促褐变的抑制

分别配制不同浓度的 NaHSO₃ 溶液，加热。选择以上实验材料，取可食部分，切片后分成4份。1份不做任何处理，放入表面皿或培养皿。其余3份分别放入不同浓度的 NaHSO₃ 液中，保持5min左右，再放入表面皿或培养皿中。最后将放有处理过的材料的表面皿或培养皿转入干燥箱或者直接放在实验室内，经过一段时间后观察比较酶促褐变现象，记录实验结果，如表4-13所示。

表4-13 NaHSO₃及色泽变化表

时间	不处理	0.05% NaHSO₃	0.1% NaHSO₃	0.2% NaHSO₃
1min				
2min				
3min				

3. 化学试剂抑制酶促褐变

取同样的果蔬片，再分别放入不同溶液，护色处理后，取出观察色泽。将上面的果蔬片放入干燥箱。观察处理和未经处理果蔬片的前后色泽变化，数据记录填入表4-14。

表4-14 化学试剂抑制酶促褐变色泽变化

原料名称	处理方法									
	对照		0.15%维生素C溶液		2%NaCl		2%NaHSO₃		2%柠檬酸	
山药	烘前	烘后	烫后	烘后	浸后	烘后	浸后	烘后	浸后	烘后
苹果										
马铃薯										
香蕉										
莲藕										

五、结果与讨论

根据化学试剂抑制酶促褐变实验结果，分析抑制剂之间是否有协同作用。

六、注意事项

果蔬片沥干后放入烘箱。

思考题

1. 酶促反应速率的因素有哪些？其对酶活力有何影响？
2. 酶促褐变反应机制是怎样的？

☞ **参考文献**

[1]侯志强.鲜切马铃薯褐变控制技术及机理研究[D].泰安：山东农业大学，2013.

[2]程双.鲜切果蔬酶促褐变发生机理及其调控的研究[D].大连：大连工业大学，2010.

实验十三　果蔬中喹硫磷的提取与含量的测定

一、实验目的
（1）掌握食品中农药残留测定的相关技能。
（2）熟悉食品中农药残留测定的原理。
（3）了解食品中农药残留对人体的危害。

二、实验原理
食品中残留的有机磷农药经有机溶剂提取并经净化、浓缩后，注入气相色谱仪，气化后在载气携带下于色谱柱中分离，由火焰光度检测器检测。当含有机磷的试样在检测器中的富氢焰上燃烧时，以 HPO 碎片的形式，放射出波长为 526nm 的特性光，这种光经检测器的单色器（滤光片）将非特征光谱滤除后，由光电倍增管接收，产生电信号而被检出。试样的峰面积或峰高与标准品的峰面积或峰高进行比较定量。

利用外标法在色谱工作站上制作有机磷农药的标准曲线，并进行标准曲线的参数设置，以保留时间定性，色谱峰面积定量。

三、实验材料、仪器与试剂
1. 材料
黄瓜、苹果等。
2. 仪器
食品料理机、匀浆机、氮吹仪、气相色谱仪等。
3. 试剂
喹硫磷标品、乙腈、丙酮、氯化钠等。

四、实验步骤
（1）标准品配制　准确称取一定量（精确至 0.1mg）标准品，用丙酮溶解，逐一配制成 1000mg/L 的储备液，置于 -18℃ 冰箱备用。使用时准确吸取适量的标准储备液，用丙酮稀释配制成所需的标准使用液。

（2）试样制备　抽取果蔬可食部分，将其切碎，放入食品加工器中粉碎至泥状，制成待测样，于冰箱中保存备用。

（3）提取收集　准确称取 10.0g 黄瓜泥于 50mL 离心管中，加 0.1mL 标液（17.6μg/mL 对硫磷），准确加入 20mL 的乙腈，再称入 2.50g 氯化钠，用旋涡振荡器上震荡 2min。在离心机中 5000r/min 离心 10min。

（4）净化处理　具塞量筒中吸取 10.00mL 乙腈溶液，置于小烧杯中，将烧杯放于 80℃ 水浴加热，蒸发近干，在加入 2.0mL 丙酮，盖铝箔，备用。

将备用液全部转移至 15min 离心管，再用约 3mL 丙酮分 3 次冲洗烧杯，一并转入离心管，最后定容至 5.0mL，在旋涡混合器上混合均匀，分别转入 2 个 2mL 进样瓶（必要时用 0.2μm 滤膜过滤），待色谱测定。从离心管中吸取 4mL 的乙腈溶液，放入 10mL 的刻度试管中，于氮吹仪上氮吹挥发溶剂。

（5）色谱测定

①色谱条件

A 柱：DB-17 柱，30m×0.53mm×1.0μm。

B 柱：HP-1 柱，30m×0.53mm×1.5μm。

②温度

进样口温度：220℃。

检测器温度：250℃。

柱温：150℃（保持 2min）$\xrightarrow{8℃/min}$250℃（保持 12min）。

③气体及流量

载气：氮气，纯度 ≥99.999%，流速 10mL/min。

燃气：氢气，纯度 ≥99.999%，流速 75mL/min。

助燃气：空气，流速 100mL/min。

④进样方式：不分流进样。

⑤色谱分析：自动进样器分别吸取 1.0μL 标准混合液和净化后的样品，待测液注入色谱仪，以双柱保留时间定性，以 A 柱获得的样品溶液峰面积与标准液峰面积比较定量。

五、结果与讨论

（1）定性分析　双柱测得样品液中未知组分的保留时间分别于标准液在同一色谱柱上的保留时间相比较，若样品液中某组分的两组保留时间与标准液中农药的两组保留时间相差都在 ±0.05min 内的可认定为该农药。

（2）定量结果计算　结果计算如式（4-6）所示。

$$w = \frac{V_1 \times A \times V_3}{V_2 \times A_s \times m} \times \rho \tag{4-6}$$

式中　ρ——标准溶液中农药的质量浓度，mg/L；

A——样品溶液中被测农药的峰面积；

A_s——农药标准溶液中被测农药的峰面积；

V_1——提取溶剂总体积，mL；

V_2——吸取出用于检测的提取溶液的体积，mL；

V_3——样品溶液定容体积，mL；

m——试样的质量，g。

计算结果保留两位有效数字，当结果大于 1mg/kg 时保留三位有效数字。

（3）色谱图　有机磷农药标准溶液图谱如图 4-10 所示。

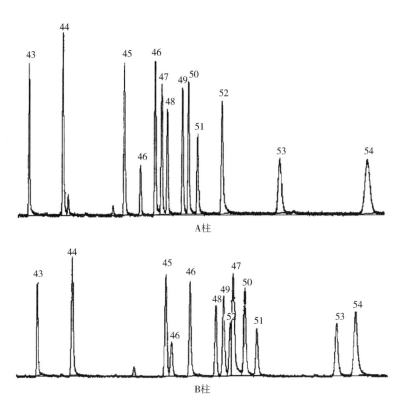

图 4-10　有机磷农药标准溶液图谱（50 为喹硫磷）

六、注意事项

本方法适用于水果和蔬菜中有机磷农药-喹硫磷的检测，检出限为 0.03mg/kg。

思考题

1. 处理好的样品如何提取？

2. 如何保存试样？

☞ **参考文献**

[1] 中华人民共和国农业部. NY/T 761—2008　蔬菜和水果中有机磷、有机氯、拟除虫菊酯和氨基甲酸酯类农药多残留的测定[S]. 北京：中国标准出版社，2008.

[2] 贾春晓. 现代仪器分析技术及其在食品中的应用[M]. 北京：中国轻工业出版社，2015.

第五章

食品技术原理实验

模块一　验证性实验

实验一　淀粉的提取和性质实验

一、实验目的
（1）熟悉淀粉的提取方法。
（2）掌握淀粉遇碘显色的原理和方法。
（3）进一步了解淀粉的性质和淀粉水解的原理和方法。

二、实验原理
淀粉广泛分布于植物界，谷类、果实、种子、块茎中含量丰富。工业用的淀粉主要从玉米、甘薯、马铃薯中提取。本实验以马铃薯、甘薯为原料，利用多糖和水生成胶体溶液的原理，采用过滤和沉降等方法提取淀粉。

淀粉与碘作用呈蓝色，是由于淀粉与碘作用形成了碘–淀粉的吸附性复合物，这种复合物是淀粉分子的每6个葡萄糖基形成的1个螺旋圈束缚了1个碘分子，所以当受热或者淀粉被降解时，都可以使淀粉螺旋圈伸展或者解体，淀粉失去对碘的束缚，因而蓝色消失。

淀粉在酸催化下加热，逐步水解成相对分子质量较小的低聚糖，最终水解成葡萄糖。

$$(C_6H_{12}O_5)_m \longrightarrow (C_6H_{10}O_5)_n \longrightarrow C_{12}H_{22}O_{11} \longrightarrow C_6H_{12}O_6$$
$$\text{淀粉} \qquad \text{糊精} \qquad\quad \text{麦芽糖} \qquad \text{葡萄糖}$$

淀粉完全水解后，失去与碘的呈色能力，同时出现单糖的还原性，与班氏试剂反应，使 Cu^{2+} 还原为红色或黄色的 Cu_2O。

三、材料、仪器与试剂
1. 材料
生马铃薯、甘薯、研钵、纱布、漏斗、白瓷板、滤纸、烧杯、量筒、试管、试管夹。
2. 仪器
水浴锅。

3. 试剂

（1）乙醇。

（2）0.1%淀粉液　称取淀粉1g，加少量水，调匀，倾入沸水，边加边搅，并以热水稀释至1000mL，可加数滴甲苯防腐。

（3）稀碘液　配制2%碘化钾溶液，加入适量碘，使溶液呈淡棕黄色即可。

（4）10%氢氧化钠溶液　称取氢氧化钠10g，溶于蒸馏水中并稀释至100mL。

（5）班氏试剂　溶解85g柠檬酸钠（$Na_3C_6H_3O_7 \cdot 11H_2O$）及50g无水碳酸钠于400mL水中，另溶8.5g硫酸铜于50mL热水中。将冷却后的硫酸铜溶液缓缓倾入柠檬酸钠-碳酸钠溶液中，该试剂可以长期使用，如果放置过久，出现沉淀，可以取用其上清液使用。

（6）20%硫酸　量取蒸馏水78mL置于150mL烧杯中，加入浓硫酸20mL，混匀，冷却后贮于试剂瓶中。

（7）10%碳酸钠溶液　称取无水碳酸钠10g溶于水并稀释至100mL。

四、实验步骤

（1）淀粉的提取　生马铃薯（或甘薯）去皮，切碎，称50g，放入研钵中，加适量水，捣碎研磨，用四层纱布过滤，除去粗颗粒，滤液中的淀粉很快沉到底部，多次用水洗涤淀粉，然后抽滤，滤饼放在表面皿上，在空气中干燥即得淀粉。

（2）淀粉与碘的反应　取少量自制淀粉于白瓷板上，加1~3滴稀碘液，观察淀粉与碘液反应的颜色。

取试管1支，加入0.1%淀粉5mL，再加2滴稀碘液，摇匀后，观察颜色是否变化。将管内液体平均分成3份于3支试管中，并编号。

1号管在酒精灯上加热，观察颜色是否褪去，冷却后，再观察颜色变化。

2号管加入乙醇几滴，观察颜色变化，如无变化可多加几滴。

3号管加入10%氢氧化钠溶液几滴，观察颜色变化。

（3）淀粉的水解　在一个小烧杯内加自制的1%淀粉溶液50mL及20%硫酸1mL，于水浴锅中加热煮沸，每隔3min取出反应液2滴，置于白瓷板上做碘实验，待反应液不与碘起呈色反应后，取1mL此液置试管内，用10%碳酸钠溶液中和后，加入2mL班氏试剂，加热，观察并记录反应现象，解释原因。

五、结果与讨论

通过以上实验观察产生的变化，根据淀粉的性质及淀粉水解的原理，试对生马铃薯（或甘薯）中提取的淀粉进行讨论。

六、注意事项

（1）淀粉提取时水浴温度不能超过50℃，否则会因溶解度增大而减少提取量。

（2）倾出上清时要尽可能小心，避免沉降的淀粉被震动起来。

（3）淀粉水解的中间产物糊精（有分子质量较大的红糊精和分子质量较小的白糊精），对碘反应的颜色变化是：紫色—棕色—黄色，若淀粉水解不彻底，也会有不同的颜色出现。

思考题

如何验证淀粉没有还原性？

参考文献

丁芳林. 食品化学[M]. 武汉：华中科技大学出版社，2017.

实验二　淀粉糊化黏度的测定

一、实验目的

（1）了解淀粉稀溶液黏度随温度的变化规律。

（2）学习利用旋转式黏度计测定淀粉稀溶液的黏度。

（3）掌握黏度计的测定原理和使用方法。

二、实验原理

（1）黏度计的工作原理　转速一定的转子，在流体中克服液体的黏滞阻力所需的转矩，与液体的黏度成正比，样品产生的黏滞阻力通过反作用的扭矩表达出黏度，其带有加热保温装置，可保持仪器及淀粉乳液的温度在 45~95℃ 变化且偏差为±0.5℃。

（2）淀粉样品糊化后具有抗流动性，在 45~95℃ 的温度范围内，样品随着温度的升高而逐渐糊化，通过旋转式黏度计可得到黏度值，此黏度值即为当时温度下的黏度值。

（3）绘出黏度值与温度曲线图，即可得到黏度的最高值及当时的温度。

三、实验材料、仪器

1. 材料

玉米淀粉、蒸馏水。

2. 仪器

旋转式黏度计、天平、250mL 四口烧瓶、搅拌器、恒温水浴锅、冷凝器。

四、实验步骤

（1）样品的准备　用天平称取样品，使样品的干基质量为 6.0g。倒入烧杯，加入蒸馏水，使水的质量与所称取的淀粉质量和为 100g。

（2）黏度计及淀粉乳液的准备　按黏度计所规定的操作方法进行校正调零，并将仪器测定筒与保温装置相连，打开水浴。淀粉乳液定量移入装在水浴内的烧瓶，烧瓶上装有搅拌器和冷凝器，并且密闭。打开保温装置、搅拌器（120r/min）和冷凝器。

（3）测定　将测定筒和淀粉乳液的温度通过水浴分别同时控制在 45、55、65、75、85 和 95℃。在保温装置到达上述每个温度时，从有淀粉乳液烧瓶中吸去淀粉乳液，加到黏度计的测量筒内，测定黏度，读取各温度时的黏度值。

（4）制作黏度值与温度变化曲线　以黏度值为纵坐标、温度变化为横坐标，根据黏度测定得到的数据做出黏度值与温度变化曲线。

（5）测定次数　对同一样品进行平行测定。

（6）结果表示

①结果：从以上所作的曲线图中，找出对应温度的黏度值。

②允许差：同时或迅速连续进行二次测定，其结果之差的绝对值应不超过平均结果的10%。

五、结果与讨论

（1）淀粉乳液的烧瓶上为什么要安装冷凝器？淀粉稀溶液的浓度对其黏度有何影响？

（2）旋转式黏度计的内筒转速变化是否会影响测量结果？

（3）旋转式黏度计的加料量对测量结果有影响吗？

（4）黏度测量时，为何要选择合适的转子？

六、注意事项

（1）按实验步骤配制淀粉稀溶液，并在整个测试中，保持淀粉乳液的浓度一致，因为浓度变化会影响黏度测试结果。

（2）要选择合适的转子及旋转式黏度计的内筒转速，同时或迅速连续进行二次测定，其结果之差的绝对值应不超过平均结果的10%。

思考题

测试中，如何保持淀粉乳液的浓度一致？

☞　参考文献

［1］中华人民共和国国家质量监督检验检疫总局，中国国家标准化管理委员会. GB/T 22427.7—2008 中华人民共和国国家标准　淀粉粘度测定［S］. 北京：中国标准出版社，2008.

［2］李里特. 食品物性学［M］. 北京：中国农业出版社，2001.

［3］赵安庆，张晓宇. 淀粉粘度测定方法综述. 甘肃联合大学学报：自然科学版，2005，19（2）：87-88.

［4］Mckenna B M, Lyng J G. Principles of food viscosity analysis. Instrumental Assessment of Food Sensory Quality, 2013：129-162.

［5］Sulaiman R, Dolan K D, Mishra D K. Simultaneous and sequential estimation of kinetic parameters in a starch viscosity model. Journal of Food Engineering, 2013, 114（3）：313-322.

[6]爱课程.食品技术原理：8-3　媒体素材——淀粉糊化黏度的测定[DB].

实验三　肉嫩度的测定

一、实验目的

（1）了解肌肉组织结构对肉嫩度的影响。

（2）学习利用质构仪穿透法测定肉的嫩度。

（3）掌握质构仪的测定原理和使用方法。

二、实验原理

（1）肉的嫩度是肉在切割时所需的剪切力，它反映肉品质的重要指标。

（2）肉嫩度有多种测定方法，质构仪是常用的方法之一。质构仪模拟人的触觉，分析检测触觉中的物理特征。

（3）图5-1是食品工业中常用的质构仪，在计算机程序控制下，可安装不同传感器的横臂和探头在设定速度下上下移动，当传感器与被测物体接触达到设定的触发应力或触发深度时，计算机以设定的记录速度（单位时间采集的数据信息量）开始记录，并在计算机显示器上同时绘出传感器受力与其移动时间或距离的曲线。由于传感器是在设定的速度下匀速移动，因此，横坐标时间和距离可以自动转换，并进一步计算出被测物体的应力与应变关系。由于质构仪可配置多种传感器，因此，该质构仪可以检测食品多个力学性能参数和感官评价参数，包括拉伸、压缩、剪切、扭转等作用方式。根据力随时间的变化关系测定肉的嫩度。

图5-1　质构仪

三、实验材料、仪器

1. 材料

符合食品卫生标准的猪胴体。

2. 仪器

质构仪、计算机、刀具、恒温水浴锅。

四、实验步骤

（1）样品的准备　在符合食品卫生标准的猪胴体上，在同一时间、同一胴体不同部位肌肉取样，将肉块除去表面结缔组织、脂肪后，放入90℃恒温水浴锅中加热，加热煮制40min，然后取出冷却至室温。按肌纤维方向切成大小为300mm×500mm×20mm的样品。取得猪肉样品包括里脊、股二头肌、冈上肌、臂三头肌、背最长肌和臀肌。

（2）质构仪准备　根据质构仪说明书所规定的方法对质构仪进行校正调零，选择柱形探头对每种样品分别进行穿透测定。测定条件设置如下：探头测量模式为阻力测试；探头运行方式为循环方式；探头下行速度为 6.0mm/s，探头返回速度为 6.0mm/s，下行距离为20mm，每次数据采集量为 200 次/s，样品厚度为 20mm，每种样品测定 3 次。

（3）嫩度测定　把样品放入质构仪上，根据上述设置条件对样品进行测定，记录测试样品所花费的时间及对应的压力。以时间为横坐标，压力为纵坐标作图，得到样品压力随时间变化而变化的关系曲线。确定曲线上的第一个极值点，用该点压力表示样品的嫩度。

五、结果与讨论

（1）猪胴体不同部位的肌肉嫩度测定结果一样吗？为什么？

（2）改变质构仪的探头会影响肉嫩度测量结果吗？

（3）测量时，为何要指定质构仪的测定条件？

六、注意事项

（1）按要求在同一猪胴体的不同部位取样，注意要去除表面结缔组织。

（2）煮制好的肉块取出，冷却至室温，按肌纤维方向切成大小一致的样品。

思考题

影响质构仪测定准确性的因素有哪些？

☞ 参考文献

［1］中华人民共和国农业部. NY/T 1180—2006　肉嫩度的测定　剪切力测定法［S］.北京：中国标准出版社，2006.

［2］李里特. 食品物性学［M］. 北京：中国农业出版社，2001.

［3］丁武，寇莉萍，张静，等. 质构仪穿透法测定肉制品嫩度的研究［J］. 农业工程学报，2005，21（10）：138-141.

［4］食品工业使用的探头［OL］.http：//www. texturetechnologies. com/foods_probes. html.

［5］Wu G，Farouk M M，Clerens S，et al. Effect of beef ultimate pH and large structural protein changes with aging on meat tenderness［J］. Meat Science，2014，98（4）：637-645.

［6］爱课程. 食品技术原理：8-3　媒体素材——肉嫩度测定［DB］.

实验四　食品色泽与色差的测定

一、实验目的

（1）学习色差计的构造、功能、工作原理和使用方法 。

（2）掌握测定食品色泽和色差的方法。

二、实验原理

（1）任何一种颜色的光，都可看成是由蓝、绿、红三种颜色的光按一定比例组合起来的。光进入眼睛后，三种颜色的光分别作用于视网膜上的三种细胞上产生刺激于视神经，这些分别产生的刺激又混合起来，产生彩色光的感觉。

（2）色差计就是用红、绿、蓝 3 种滤色片来模拟人眼的 3 种红、绿、蓝锥体细胞。由红、绿、蓝滤色片分别接收物体表面的红、绿、蓝的反射光，随后进行光电转换成 X、Y、Z，然后再导出其他颜色数据。

图 5-2　DC-P3 型全自动测色色差计

（3）本实验以 DC-P3 型全自动测色色差计（图 5-2）为例，了解测色色差计的构造、功能、工作原理和使用方法，掌握测定食品色泽和色差的方法。

三、实验材料、仪器

1. 材料

两种茶饮料、面粉。

2. 仪器

DC-P3 型全自动测色色差计、标准白板、黑筒、标准比色皿、粉体压样器。

四、实验步骤

1. 两种茶饮料的色泽与色差测定

（1）色差计的预热　将探头电缆线的插头、打印机的电缆线插头与打印机连接，连接电源，把探头放在任何一种表面干净的白色物体上，按下右上角的电源开关，这时探头灯亮，显示器显示<DC-P3 9′60″>并倒数计时，表示处于预热阶段，预热时间为 10min。

（2）测定数据的编辑　（选用 $L^*a^*b^*$ 表色系统，需要 $L^*a^*b^*$ 颜色数值）预热后可以编辑所需的颜色数据。预热结束后，按"复位"键，显示<ZERO>，再按"调零"键，显示<WHITE>，再按"调白"键显示<MAIN>。此时，按"编辑"键，即显示<XYZ、LAB、Sw>，在 X 处显示■并闪动，表示此值可以改变，按"位移"键，将■移动到 Sw，按"置数"键，显示<Y x z ON>；如果不要这些数据，按"置数"键即显示<OFF>；再按"位移"键，显示<$L^*a^*b^*$ ON>，若不需要按"置数"键即显示<OFF>，连续按"位移"键，用同样的方法可以选择是否需要 LAB、C.H.、WHITE、Yi 值。在这里需要 $L^*a^*b^*$，因此将这两项设为 ON。当按"位移"键屏幕显示<Dbb>时，按"置数"键将其设为 OFF。编辑完成后，按"选择"键，再按"编辑"键，仪器回到测量步骤。

（3）调零　探头底下放黑筒，按"调零"键，鸣"嘟"，几秒钟后又鸣"嘟"，并显示<WHITE>，表示可以调白。

（4）调白　探头底下放标准白板，按"调白"键，鸣"嘟"几秒钟后显示<MEASU>，表示可以测量。

（5）样品的处理　测量将样品1摇匀，放入专用比色皿，然后将探头放平，并将比色皿中心置于探头光斑中心，再将专用白陶瓷板置于比色皿背后，使比色皿的一面紧贴探头端面，而另一面紧贴白陶瓷板，最后用黑布罩住，防止外来光干涉，按"测量"键，显示S0、X、Y、Z值，多次连续按显示键，显示样品1的各种颜色数据。然后将样品2按相同的方法进行测定，按"测量"键，显示S1、X、Y、Z值，连续按显示键，显示样品2的各种颜色数据值以及这些值与样品1比较的色差值。

（6）打印　按"打印"键，即可把以上颜色数据全部打印出来。

2. 面粉白度的测定

待仪器预热，编辑所需要的颜色数据，在这里只需要测定白度值，因此，将其他数据都设为OFF，将WHITE设为ON。然后调零、调白。

采用恒压粉体压样器，将面粉压制成粉体试样板。试样板的表面应平整、无纹理、无疵点和无污点。测量时，直接将探头端面紧贴样板表面，按"测量"键，显示测量结果，打印结果。

五、结果与讨论

（1）DC-P3型全自动测色色差计的先进性表现在哪些方面？

（2）DC-P3全自动测色色差计在测量色泽时，与感官评价相比有哪些优点和缺点？

（3）使用DC-P3型全自动测色色差计时，如何获得精准有效的色值？

六、注意事项

（1）预热时，必须把探测器放在工作白板上，而不能放标准白板，否则必将使标准值改变，提高测量误差。

（2）若仪器长时间处于工作状态，数据会有一定的漂移，故用户要取得准确的绝对值时，请每30min重新"调零""调白"一次。

（3）仪器在工作中途需"调零""调白"时只要按一下"调零"键，即显示<ZERO>，表示可以"调零""调白"一次。

（4）各种白度值W及黄度值Yi、变黄度dYi只对测各种白色物体时有效。对测彩色物体及灰体、黑体时均无效。

思考题

色差计的工作原理是什么？

☞ 参考文献

[1]中华人民共和国国家质量监督检验检疫总局，中国国家标准化管理委员会. GB/T 3977—2008　中华人民共和国国家标准　颜色的表示方法[S]. 北京：中国标准出版社，2008.

[2]中华人民共和国国家质量监督检验检疫总局, 中国国家标准化管理委员会. GB/T 3979—2008 中华人民共和国国家标准 物体色的测量方法[S]. 北京：中国标准出版社, 2008.

[3]中华人民共和国国家质量监督检验检疫总局, 中国国家标准化管理委员会. GB/T 7921—2008 中华人民共和国国家标准 均匀色空间和色差公式[S]. 北京：中国标准出版社, 2008.

[4]中华人民共和国国家质量监督检验检疫总局, 中国国家标准化管理委员会. GB/T 5698—2001 中华人民共和国国家标准 颜色术语[S]. 北京：中国标准出版社, 2001.

[5]爱课程. 食品技术原理:8-3 媒体素材——色差计[DB].

实验五 pH 和磷酸盐对肉类蛋白质水合作用的影响

一、实验目的

（1）巩固肉的持水性概念及对食品质构的影响。

（2）观察 pH 和磷酸盐对肌原纤维蛋白质水合作用（肉的持水力）的影响。

二、实验原理

1. 肉的持水性与肌原纤维

肉中的水分一般占鲜肉重的 70%～80%，肌球蛋白是决定肉持水性的重要因素。肌动球蛋白溶解越多，则肉的持水性越好。持水力（WHC）是指肉保持原有水分和添加水分的能力。

在肌纤维间、肌原纤维间形成大量的毛细管，使肌肉蛋白质呈现均匀的网状结构。肌肉中最基本的组织是肌纤维，肌纤维的主要成分为肌原纤维，肌原纤维由粗肌丝（肌球蛋白）和细肌丝（肌动蛋白）组装而成，辅以原肌球蛋白和肌钙蛋白。肌原纤维蛋白占猪肉中总蛋白质含量的 50%～55%。

肌原纤维状态对肉的嫩度起决定性作用。对持水性影响最大的肌原纤维蛋白是肌球蛋白。

2. 影响肉的持水力的因素

蛋白质保持水分的前提：一是肉中有存留水分的空间；二是肉中存在维持水分存留的作用力。肌肉蛋白质中存在以下两种作用力：一是毛细管张力；二是电荷的相互作用力，其中蛋白质分子所带的静电荷不仅是蛋白质分子吸引水的强有力中心，同时电荷之间具有的静电斥力可使蛋白质结构松散，增加保水效果。

肌肉的持水性主要依靠肌浆中的蛋白质分子，蛋白质分子所带的静电荷与水分子极化基团静电荷之间相互吸引，从而能将水分子纳入蛋白质高分子网状立体结构的空间中，这是肌肉持水性的原因。

肌肉蛋白质的变化情况是影响持水性的关键因素。主要影响因素有以下两点。

（1）pH 成熟肉的 pH 一般在 5.7 左右，接近肉中蛋白质的等电点（pI = 5.6），因此肉的保水性极差。

（2）磷酸盐增加保水能力的作用原理　提高 pH、偏离等电点；增加离子强度，提高蛋白质的溶解性（肌球蛋白需要在离子强度为 0.2 以上的盐溶液中才能溶解；而肌动球蛋白则需要离子强度为 0.4 以上的盐溶液中才能溶解）；促使肌动球蛋白解离；改变体系电荷；焦磷酸盐对肌球蛋白的变性有一定抑制作用，可使肌肉蛋白质的持水能力稳定。

3. 聚磷酸盐的使用量

聚磷酸盐的使用量为肉量的 0.1%~0.4%，混合磷酸盐使用效果好。

4. 保水性测定

测定肉的保水性方法有压榨法、快速滤纸分析法、滴水损失法、毛细管法、吸附柱法、蒸煮损失。

（1）将肉磨碎，测量挤压后流出的水分；

（2）将肉片放置在滤纸上施加压力，通过浸出的水分在滤纸上浸延的面积计算出保水力；

（3）将原料在一定温度和时间内加热，比较流出的水分，以作为保水性的标准。

5. 持水性

持水性与冷却肉的感官品质和肉类企业的经济效益密切相关，是冷却肉最重要的品质之一，改善和提高肉品持水性一直是肉品科学中的研究热点。

三、实验材料、仪器与试剂

1. 材料

猪肉（要求：都是瘦肉，不带肥肉，没有经过冷冻的新鲜猪肉，搅碎成细肉状态）、食盐、蒸馏水、滤纸、标签纸、称量纸、保鲜膜、一次性筷子。

2. 仪器

组织捣碎匀浆机、离心机、冰箱（−18℃）、托盘天平、分析天平、酸度计全方位混合器、洗瓶、具塞塑料离心管架、长药勺、吸管、25mL 烧杯、20mL 量筒、250mL 烧杯、1000mL 烧杯、50mL 具塞塑料离心管、温度计、电炉、玻璃棒、500mL 烧杯。

3. 试剂

6mol/L 盐酸、2mol/L 氢氧化钠、磷酸二氢钠、六偏磷酸钠、磷酸氢二钠、三聚磷酸钾。

四、实验步骤

1. pH 对肉类蛋白质水合作用的影响

（1）标记 6 支 50mL 具塞塑料离心管，称重。

（2）向每支离心管中准确加 3g 细肉。再各加 15mL 蒸馏水，用 Sorvall 全方位混合器进行简单均质。

（3）用氢氧化钠或盐酸调整每支离心管的 pH，如表 5-1 所示。

（4）初调 10min 后，测定每支离心管的 pH。

（5）再放置 5min，于 2000r/min 离心 10min，小心地倒出上清液并弃去。准确称量沉积下的肌原纤维。

表 5-1 每支离心管的 pH

项 目	管 号					
	1	2	3	4	5	6
pH	4.0	4.5	5.0	5.5	6.0	7.0

2. 磷酸盐对肉类蛋白质水合作用的影响

（1）称取 20g 细肉放入 100mL 烧杯中。

（2）将肉和 200mg 食盐充分混匀，6 等份，然后分别加入 60mg 磷酸二氢钠、六偏磷酸钠、磷酸氢二钠和三聚磷酸钾，不加的那份作为对照。

（3）将所有样本置于冰箱中，于 -18℃ 下保存 2h，在室温下解冻。

（4）用滤纸吸去多余水，称重。流失的水用以式（5-1）计算：

$$流失的水（\%）=\frac{解冻前肉重-解冻后肉重}{解冻前肉重}\times100\% \tag{5-1}$$

（5）将肉样品煮 7min，测定水分流失及其口感。

五、结果与讨论

（1）pH 对肉类蛋白质水合作用的影响（表 5-2）

表 5-2 pH 对肉类蛋白质水合作用的影响

项 目	管 号					
	1	2	3	4	5	6
管重						
（细肉+管）质量						
细肉重/m_1						
初调 pH						
初调 10min 后 pH						
（离心后肌原纤维+管）重						
肌原纤维质量/m_2						
肉的质量变化						

注：+，质量增加；-，质量下降。

（2）磷酸盐对肉类蛋白质水合作用的影响（表 5-3）

表 5-3   磷酸盐对肉类蛋白质水合作用的影响

项　目	实验组					对照组：不加磷酸盐
	60mg NaH_2PO_4	60mg $(NaPO_3)_6$	60mg Na_2HPO_4	60mg $K_5P_3O_{10}$	20mg NaH_2PO_4 + 20mg $(NaPO_3)_6$ + 20mg Na_2HPO_4	
烧杯质量						
（烧杯+混合了食盐的肉）质量						
冻结前肉重 m_1						
冻结后（烧杯+肉）质量						
冻结后肉重（解冻前）						
解冻后肉重（烧杯+肉）质量						
解冻后肉重 m_2						
滤纸分析法测得肉的质量变化（m_1-m_2）						
蒸煮后（瓶+肉）质量						
蒸煮 7min 后肉重 m_3						
蒸煮损失法测得肉的质量变化（m_1-m_3）						

六、注意事项

（1）细肉在加磷酸盐、调 pH 后质量变化的观察，因此准确称取很重要。

（2）注意酸度计的使用及维护。

（3）离心机使用注意事项，离心机由指导教师培训后的学生使用。

思考题

1. pH 如何影响蛋白质的持水力？

2. 磷酸盐如何影响肉的持水力及其质构并解释原因？

3. 简述实验原理。

说明：本实验译自《食品化学实验手册》（欧仕益，黄才欢，吴希阳. 食品化学实验手册 [M]. 北京：中国轻工业出版社，2008）。

参考文献

[1]朱俊玲，柳青山，卢智. 木瓜蛋白酶、淀粉和磷酸盐对鸡肉系水力的影响[J]. 食品

工业, 2018, 39(2): 19-21.

[2]隋园园, 赵敏, 孟祥飞. 食品添加剂在肉及肉制品中的应用[J]. 现代品, 2018(3): 37-43.

[3]高星, 李欣, 李铮, 等. 宰后肌肉中肌球蛋白磷酸化调控肌动球蛋白解离作用机制[J]. 中国农业科学, 2016, 49(16): 3199-3207.

[4]王鹏, 严玉玲. 复合磷酸盐在食品中的应用分析[J]. 食品界, 2017(4): 103-103.

[5]周纷, 郑金月, 孙迪, 等. 脂肪类型对乳化肉糜中蛋白膜形成情况的影响[J]. 食品与发酵工业, 2018, 44(10): 96-102.

[6]刘泽龙. 蛋白质氧化对肉及肉制品持水与水合特性的影响机理研究[D]. 无锡: 江南大学, 2012.

[7]耿建暖. 猪肉肉糜制品持水性的研究[J]. 食品研究与开发, 2013, 34(8): 9-11.

[8]张彩霞. 食盐腌制对肌肉蛋白质磷酸化的影响[D]. 北京: 中国农业科学院, 2016.

实验六 冻结实验——豆角、辣椒的低温处理与保藏

一、实验目的

(1) 进一步掌握食品冻结的理论、食品冷藏和冻藏的技术原理。

(2) 熟悉食品回热和解冻的理论和方法。

(3) 掌握冻结、冷藏、冻藏、解冻等工艺对食品品质的影响。

二、实验原理

食品低温保藏: 低温下抑制微生物、酶及引起变质的化学作用。冷藏-15~-2℃, 冻藏-30~-12℃。冻结方法: 缓冻-17℃, 速冻-35~-25℃。速冻、缓冻后冰晶位置及大小, 浓缩危害; 冻结食品解冻过程中流出液滴量的多少是考查冻制品的重要指标。

三、实验材料、仪器

1. 材料

豆角、辣椒、大蒜、食醋。

2. 仪器

煤气灶、超低温冰箱、体视显微镜、蒸煮锅、笊篱、盆、冰箱、平板、菜刀、菜墩。

四、实验步骤

选择-17℃（缓冻）、-35℃、-70℃（速冻）分别冻结后, 再解冻, 解冻后煮熟、调拌、品尝。

1. 豆角低温处理

速冻: 超低温冰箱; 缓冻: 冰箱-17℃。

①选料: 加工速冻果蔬的原料要充分成熟, 色、香、味能充分显现, 质地坚脆, 无病虫害、无霉烂、无老化枯黄、无机械损伤的新鲜果蔬作加工原料, 最好能做到当日采收,

及时加工，以利保证产品质量。

②预冷：刚采收的果蔬，一般都带有大气热及释放的呼吸热。为确保快速冷冻，必须在速冻前进行预冷。其方法有空气冷却和冷水冷却，前者可用鼓风机吹风冷却，后者直接用冷水浸泡或喷淋使其降温。

③清洗：采收的果蔬一般表面都附有灰尘、泥沙及污物，为保证产品符合食品卫生标准，冻结前必须对其进行清洗。尤其是速冻果蔬更应如此，因为速冻制品食用时不再清洗，所以此次清洗非常重要，万万不可疏忽大意，洗涤除了手工清洗，还可采用洗涤机（如转筒状、振动网带洗涤机）或高压喷水冲洗。

④切分：速冻果蔬，有的需要去皮、去果柄或根须以及不用能的籽、筋等，并将较大的个体切分成大小一致，以便包装和冷冻。切分可用手工或机械进行，一般蔬菜可切分成块、片、条、丁、段、丝等形状。要求薄厚均匀，长短一致，规格统一。浆果类的品种一般不切分，只能整果进行冷冻，以防果汁流失。

⑤烫漂：烫漂主要用于蔬菜的速冻加工，目的是抑制其酶活性、软化纤维组织、去掉辛辣涩等味，以便烹调加工。速冻蔬菜也不是所有品种都要烫漂，要根据不同品种区别对待。一般来说，含纤维素较多或习惯于炖、焖等方式烹调的蔬菜，如豆角、菜花、蘑菇等，经过烫漂后食用效果较好。有些品种如青椒、黄瓜、番茄等，含纤维较少，质地脆嫩，则不宜烫漂，否则会使菜体软化，失去脆性，口感不佳。烫漂的温度一般为 90～100℃，品温要达 70℃以上。烫漂时间一般为 1～5min，烫漂后应迅速捞起，立即放入冷水中冷却，使品温降到 10～12℃备用。

⑥沥水：切分后的蔬菜，无论是否经过烫漂，其表面常附有一定水分。如不除掉，在冻结后很容易形成块状，既不利于快速冷冻，又不利于冻后包装，所以在速冻前必须沥干。沥干的方法很多，可将蔬菜装入竹筐内放在架子上或单摆平放，让其自然晾干；有条件的可用离心甩干机或振动筛沥干。

⑦快速冷冻：沥干后的蔬菜装盘或装筐后，需要快速冻结。力争在最短的时间内，使菜体迅速通过冰晶形成阶段（-5～-1℃）才能保证速冻质量。只有冷冻迅速，菜体中的水方能形成细小的晶体，而不致损伤细胞组织。一般将去皮、切分、烫漂或其他处理后的原料，及时放入-35～-25℃的温度下迅速冻结，而后再行包装和贮藏。

⑧包装：包装是贮藏好速冻果蔬的重要条件，其作用是防止果蔬因表面水分的蒸发而形成干燥状态；防止产品在贮藏中因接触空气而氧化变色；防止大气污染（尘、渣等），保持产品卫生；便于运输、销售和食用。包装容器很多，通常为马口铁罐、纸板盒、玻璃纸、塑薄膜袋和大型桶装等。装料后要密封，以真空密封包装最为理想。包装规格可根据供应对象而定，个人零销，一般每袋装 0.5 或 1kg，宾馆酒店用的，可装 5～10kg。包装后如不能及时外销，需放入-18℃的冷库贮藏，其贮藏期因品种而异，如豆角、甘蓝等可冷藏 8 个月；菜花、菠菜、青豌豆可贮藏 14～16 个月；而胡萝卜、南瓜等则可贮藏 24 个月。

2. 辣椒低温处理（速冻青椒）

加工速冻青椒能较好地保持其色泽、风味和营养成分，可长期储藏，食用方便。

①原料选择：选择成熟度适宜，叶尖鲜嫩，果肉肥厚、果形一致，大小均匀，无腐烂、虫蛀、病斑和损伤的新鲜青椒作为速冻原料。

②切分浸泡：将青椒倒入清水中洗净泥沙等杂质，并去除柄蒂和瓤籽。然后将青椒纵切成丝，宽与果肉厚度相同，再用清水冲洗，沥干后立即浸入 0.1% 的食盐水中浸泡 15min，以防变色。

③烫漂冷却：将浸泡后的青椒丝置于 100℃ 的 0.2%~0.3% 亚硫酸氢钠溶液中烫漂 1min 后捞出，于流动水中冷却，待凉透后捞出，沥干表面水分。

④速冻冷藏：将青椒丝平铺在冻结盘上，放入快速冻结机内快速冻结，在-35℃以下冻结 6~7min，当产品中心温度达-15℃后，即可称重，分级、包装。一般青椒规格每箱 500 克×20 袋，净重 10kg；随后置于冷库中，冷藏温度不能超过-18℃。

3. 显微镜观察

在体视显微镜下观察晶体大小和数量。

4. 解冻和蒸煮

取出放在空气中自然解冻，蒸煮调味，品尝比较。

五、结果与讨论

（1）记录时间　分别记录缓冻时间、速冻时间，填入表 5-4。

表 5-4　　　　　　　　　　　　　　时间记录表

样品	称重 m_1	缓冻时间		速冻时间	
豆角		开始		开始	
		终止		终止	
辣椒		开始		开始	
		终止		终止	

（2）计算汁液损失率　根据表 5-5 所记录数据，以式（5-2）计算汁液损失率。

$$汁液损失率 = \frac{m_3 - m_4}{m_3} \times 100\%　　　　　　　　　　（5-2）$$

表 5-5　　　　　　　　　　　　　　质量记录表

样品	冻结前称重 m_2	冻结后称重 m_3	解冻后称重 m_4		
			30℃	流动水	4℃
豆角					
辣椒					

六、注意事项

在使用超低温冰箱时最好同时放被冻样品，同时取出，以防开门次数增多而引起温度波动大，延长实验时间，影响实验数据准确性。

 **思考题**

1. 预处理和食品原料的特性有关系吗？
2. 冻结工艺对食品品质有什么影响？
3. 同一冻结食品利用不同的解冻手段，口感一样吗？有什么不同？

☞ **参考文献**

[1]顾苗青.不同加工保藏方法对食品抗氧化能力的影响[A]//广东省食品学会."食品工业新技术与新进展"学术研讨会暨2014年广东省食品学会年会论文集[C].广东省食品学会：广东省食品学会，2014：8.

[2]韦强，黄漫青，孙瑞，等.冰袋预冷对辣椒贮藏品质的影响[J].中国农学通报，2015，31(6)：223-228.

[3]韩道财，张长峰，段荣帅，等.食品快速冷冻新技术研究进展[J].食品研究与开发，2016，37(5)：171-176.

[4]唐君言，邵双全，徐洪波，等.食品速冻方法与模拟技术研究进展[J].制冷学报，2018，39(6)：1-9.

[5]张俊.包装和贮藏条件对柑橘罐头营养和感官品质的影响[A]//中国食品科学技术学会.中国食品科学技术学会第十一届年会论文摘要集[C].中国食品科学技术学会：中国食品科学技术学会，2014：2.

[6]雪梅.辣椒及辣椒叶的速冻加工技术[J].农产品加工(创新版)，2012(5)：47.

[7]Food processing; studies from King Faisal University in the area of food processing reported *using hot water as a pretreatment to extend the shelf life of cucumbers* (*Cucumis Sativus* L.) *under cold storage conditions*[J]. Food Weekly News, 2019, 42(2)：12598.

实验七 感官实验（一）：差别检验

一、实验目的

（1）学习区分两种或多种产品的感官鉴评方法。

（2）通过实验确定不同种类相似产品之间的差别，确定差别的大小与方向。

（3）针对不同的检验目的选择适宜的差别检验方法以确定差别检验的影响。

二、实验原理

差别检验只要求评价人员评定两个或两个以上的样品中是否存在感官差异（或偏爱其一）。差别检验中需要注意样品外表、形态、温度和数量等的明显差别所引起的误差。结果分析以每一类别的评价员数量为基础，通过统计学的二项分布参数检查，判断差别存在的显著性。常用方法有成对比较检验、二-三点检验、三点检验、五中取二、"A"－"非A"检验等。

1. 成对比较检验

以随机顺序同时出示两个样品给评价员，要求评价员对两个样品进行比较，判定整个样品或某些特征强度顺序，结果分析以每一类别的评价员数量为基础，通过统计学的二项分布参数检查，判断差别存在的显著性。

2. 二-三点检验

先提供给评价员一个对照样品，接着提供两个随机样品，其中一个与对照样品相同。要求评价员在熟悉对照样品后，从后者提供的两个样品中挑选出与对照样品相同的样品。结果分析以每一类别的评价员数量为基础，通过统计学的二项分布参数检查，判断差别存在的显著性。

3. 三点检验

同时提供三个随机编码样品，其中有两个是相同的，要求评价员挑选出其中不同于其他两样品的样品。结果分析以每一类别的评价员数量为基础，通过统计学的二项分布参数检查，判断差别存在的显著性。三个不同排列次序的样品组中，两种样品出现的次数应相等，它们是：BAA、ABB、ABA、BAB、AAB、BBA。

4. 五中取二

向评价员提供一组五个已编码的样品，其中两个是一种类型的，另外三个是一种类型，要求评价员将这些样品按类型分成两组。样品出现的次序应随机地从以下 20 种不同的排序中挑选：AAABB、BBBAA、AABAB、BBABA、ABAAB、BABBA、BAAAB、ABBBA、AABBA、BBAAB、ABABA、BABAB、BAABA、ABBAB、ABBAA、BAABB、BABAA、ABABB、BBAAA、AABBB。

5. "A"-"非 A" 检验

首先将对照样品"A"反复提供给评价员，直到评价员可以识别它为止，然后每次随机给出一个可能是"A"或"非 A"的样品，要求评价员辨别。

三位随机编码的样品编码，参照本实验附表编写。

三、实验材料、仪器

1. 材料

两种不同品牌的同种食品或不同工艺生产的同类产品。

2. 仪器

1000mL 容量瓶、200mL 烧杯、玻璃棒、分析天平、记号笔、一次性杯子、纯净水仪、刀具、冰箱、保温箱、托盘等。

四、实验步骤

1. 样品的制备

（1）用随机的三位数字编码，并随机地分发给评价员，避免因样品分发次序的不同而影响评价员的判断。

（2）应尽可能使分给每个评价员的同种产品具有一致性。对同种样品的制备方法应一致。例如，相同的温度、相同的煮沸时间、相同的加水量、相同的烹调方法等。

（3）有时评价那些不适合直接品尝的产品，检验时应使用某种载体。对风味作差别检验时应掩蔽其他特性，以避免可能存在的交互作用。

（4）在样品制备过程中应保持食品的风味。不受外来气味和味道的影响。

2. 成对比较检验

以确定的或随机的顺序将一对或多对样品分发给评价员。向评价员询问关于差别或偏爱的方向等问题。

实验实施：把 A、B 两个样品同时呈送给评价员，要求评价员根据要求进行评价。在实验中，应使样品 A、B 和 B、A 这两种次序出现的次数相等，样品编码可以随机选取 3 位数组成，且每个评价员之间的样品编码尽量不重复。

实验指令（表5-6）：

①从左向右品尝你面前的两个样品。

②确定这两个样品是相同的还是不同的。

③将选择结果填入表5-6。

表 5-6　　　　　　　　　　　　成对比较检验问答表

姓名：_____　　产品：_____　　日期：_____年_____月_____日			
评价员编号	样品顺序	回答（更甜/喜欢）	评价
1	A　B		a. 请您评价面前的两个样品（A、B）其中比_____更甜。 b. 两个样品中，您更喜欢_____（A、B）。 c. 选择理由：
2	B　A		
3	A　B		
4	B　A		
5	A　B		
6	B　A		

采用双边检验，统计有效问答表的正解数，此正解数与成对比较检验表（表5-7）中相应的某显著性水平的数相比较，若大于或等于表中的数，则说明在此显著水平上，样品间有显著性差异，或认为样品 A 的特性强度大于样品 B 的特性强度（或样品 A 更受偏爱）。

表 5-7　　　　　　　　　　　　成对比较检验（双边检验）表

参加人数（n）	显著水平			参加人数（n）	显著水平			参加人数（n）	显著水平		
	5%	1%	0.1%		5%	1%	0.1%		5%	1%	0.1%
7	7	7	—	13	10	12	13	19	14	15	17
8	7	8	—	14	11	12	13	20	15	16	18
9	8	9	—	15	12	13	14	21	15	17	18
10	9	10	10	16	12	14	15	22	16	17	19
11	9	10	11	17	13	14	16	23	16	18	20
12	10	11	12	18	13	15	16	24	17	19	20

续表

参加人数 (n)	显著水平			参加人数 (n)	显著水平			参加人数 (n)	显著水平		
	5%	1%	0.1%		5%	1%	0.1%		5%	1%	0.1%
25	18	19	21	36	24	26	28	47	30	32	35
26	18	20	22	37	24	27	29	48	31	33	35
27	19	20	22	38	25	27	29	49	31	34	36
28	19	21	23	39	26	28	30	50	32	34	37
29	20	22	24	40	26	28	31	60	37	40	43
30	20	22	24	41	27	29	31	70	43	46	49
31	21	23	25	42	27	29	32	80	48	51	55
32	22	24	26	43	28	30	32	90	54	57	61
33	22	24	26	44	28	31	33	100	59	63	66
34	23	25	27	45	29	31	34				
35	23	25	27	46	30	32	34				

3. 二-三点检验

首先向评价员提供已被识别的对照样品，接着提供两个已编码的样品，其中之一与对照样品相同。要求评价员识别出这一样品。如表5-8所示。

表5-8　　　　　　　　　　　二-三点检验问答表样表

姓名：_____　　产品：_____　　日期：_____年_____月_____日
检验开始前请用清水漱口并吐掉，两组二-三点检验中各有 3 个样品需要评价，各组两个编码样品中，有 1 个与参照相同，每组检验先尝参照样，然后按呈送顺序品尝各编码样品，圈出与参照最为相似的样品代码。 　　1. 参照_____ 　　2. 参照_____

有效鉴评数为 n，回答正确的表数为 R，查表5-9中为 n 的一行的数值，若 R 小于其中所有数，则说明在 5% 水平，两样品间无显著差异；若 R 大于或等于其中某数，说明在此数所对应的显著水平上两样品间有差异。

表5-9　　　　　　成对比较检验（单边检验）、二-三点检验法检验表

参加人数 (n)	显著水平			参加人数 (n)	显著水平			参加人数 (n)	显著水平		
	5%	1%	0.1%		5%	1%	0.1%		5%	1%	0.1%
7	7	7	—	12	10	11	12	17	13	14	16
8	7	8	—	13	10	12	13	18	13	15	16
9	8	9	—	14	11	12	13	19	14	15	17
10	9	10	10	15	12	13	14	20	15	16	18
11	9	10	11	16	12	14	15	21	15	17	18

续表

参加人数（n）	显著水平			参加人数（n）	显著水平			参加人数（n）	显著水平		
	5%	1%	0.1%		5%	1%	0.1%		5%	1%	0.1%
22	16	17	19	34	23	25	27	46	30	32	34
23	16	18	20	35	23	25	27	47	30	32	35
24	17	19	20	36	24	26	28	48	31	33	35
25	18	19	21	37	24	27	29	49	31	34	36
26	18	20	22	38	25	27	29	50	32	34	37
27	19	20	22	39	26	28	30	60	37	40	43
28	19	21	23	40	26	28	31	70	43	46	49
29	20	22	24	41	27	29	31	80	48	51	55
30	20	22	24	42	27	29	32	90	54	57	61
31	21	23	25	43	28	30	32	100	59	63	66
32	22	24	26	44	28	31	33				
33	22	24	26	45	29	31	34				

4. 三点检验

确定两种样品之间细微的差别。向评价员提供一组 3 个已经编码的样品，其中两个样品是相同的，要求评价员挑出其中单个的样品。3 个不同排列次序的样品组中，两种样品出现的次数应相等，它们是：BAA、ABB、ABA、BAB、AAB、BBA。

实验实施：具体实验时按组做，先小组汇总，再整个班级汇总，每个组的组长知道答案。检验开始前请用清水漱口并吐掉。记录表如表 5-10 所示。

表 5-10　　　　　　　　　　　　三点检验记录表

姓名：_____　　产品：_____　　日期：_____年_____月_____日	
序号（6组已经编码的样品）	判断结果（记录单个样品的编码）
编码	
编码	
编码	
编码	
编码	
编码	

按三点检验要求统计回答正确的问答表数，查三点检验法表（表 5-11）可得出两个样品间有无差异。

当有效鉴评表数大于 100 时（$n>100$ 时），表明存在差异的鉴评最少数如式（5-3）所示。

$$X = 0.4714Z\sqrt{n} + \frac{2n+3}{6} \qquad (5-3)$$

式中，X 取最近似整数。若回答正确的鉴评表数大于或等于这个最少数，则说明两样品间有差异。

表 5-11 三点检验法检验表

答案数 /n	显著水平			答案数 /n	显著水平			答案数 /n	显著水平		
	5%	1%	0.1%		5%	1%	0.1%		5%	1%	0.1%
4	4	—	—	33	17	18	21	62	28	30	33
5	4	5	—	34	17	19	21	63	28	31	34
6	5	6	—	35	17	19	21	64	29	31	34
7	5	6	7	36	18	20	22	65	29	32	35
8	6	7	8	37	18	20	22	66	29	32	35
9	6	7	8	38	19	21	23	67	30	33	36
10	7	8	9	39	19	21	23	68	30	33	36
11	7	8	10	40	19	21	24	69	31	33	36
12	8	9	10	41	20	22	24	70	31	34	37
13	8	9	11	42	20	22	25	71	31	34	37
14	9	10	11	43	20	23	25	72	32	34	38
15	9	10	12	44	21	23	26	73	32	35	38
16	9	11	12	45	21	24	26	74	32	35	39
17	10	11	13	46	22	24	27	75	33	36	39
18	10	12	13	47	22	24	27	76	33	36	39
19	11	12	14	48	22	25	27	77	34	36	40
20	11	13	14	49	23	25	28	78	34	37	40
21	12	13	15	50	23	26	28	79	34	37	41
22	12	14	15	51	24	26	29	80	35	38	41
23	12	14	16	52	24	26	29	82	35	38	42
24	13	15	16	53	25	27	29	84	36	39	43
25	13	15	17	54	25	27	30	86	37	40	44
26	14	15	17	55	26	28	30	88	38	41	44
27	14	16	18	56	26	28	31	90	38	42	45
28	15	16	18	57	26	29	31	92	39	42	46
29	15	17	19	58	26	29	32	94	40	43	47
30	15	17	19	59	27	29	32	96	41	44	48
31	16	18	20	60	27	30	33	98	41	45	48
32	16	18	20	61	28	30	33	100	42	45	49

5. 五中取二检验

向评价员提供一组 5 个已编码的样品，其中两个是一种类型的，另外三个是一种类型，要求评价员将这些样品按类型分成两组。这两种类型样品出现的次数应相等，它们是AAABB、BBBAA、AABAB、BBABA、ABAAB、BABBA、BAAAB、ABBBA、AABBA、BBAAB、ABABA、BABAB、BAABA、ABBAB、ABBAA、BAABB、BABAA、ABABB、BBAAA、AABBB，计 20 种组合。

实验实施：按班级做，从班里指定 3 个学生（1 个学生编码、1 个学生作记录、1 个学生倒样品）。记录表、检验表如表 5-12、表 5-13 所示。

表 5-12　　　　　　　　　　　　　五中取二检验记录表

姓名：_____	产品：_____		日期：____年____月____日	
序号 （20 组已经编码的样品）	2 个是一种类型的	正解数	3 个是一种类型的	正解数
编码○○○○○	○○		○○○	
编码				
……				

表 5-13　　　　　　　　　　　　五中取二检验法检验表（$\alpha=5\%$）

评价员数 n	正答最少数 k	评价员数 n	正答最少数 k	评价员数 n	正答最少数 k
9	4	23	6	37	8
10	4	24	6	38	8
11	4	25	6	39	8
12	4	26	6	40	8
13	4	27	6	41	8
14	4	28	7	42	9
15	5	29	7	43	9
16	5	30	7	44	9
17	5	31	7	45	9
18	5	32	7	46	9
19	5	33	7	47	9
20	5	34	7	48	9
21	6	35	8	49	10
22	6	36	8	50	10

结果分析：假设有效鉴评表数为 n，回答正确的鉴评表数为 k，查上表中 n 栏的数值。若 k 小于这一数值，则说明在 5% 显著水平上两样品间无差异。若 k 大于或等于这一数值，则说明在 5% 显著水平上两种样品有显著差异。

6. "A" - "非 A" 检验

先将对照品 "A" 反复提供给评价员，直到评价员可以识别为止，然后每次随机给出一个可能是"A"或"非A"的样品。这个检验也可称为"阈值记录表"（表5-14）。

表5-14 阈值记录表

姓名：_____ 产品：_____ 日期：_____年_____月_____日		
序号	味觉（编码）	强度（编码）

实验实施①：可选择白开水为"A"，不同浓度的柠檬酸为"非A"。先让同学品尝记住"A"，然后随机给"A"或"非A"（"非A"为0.4g/1000mL柠檬酸）的样品。每个同学自己做，全班汇总后用χ^2检验来进行解释。如表5-15、表5-16所示。

表5-15 "A"－"非A" 检验记录表

姓名：_____ 产品：纯净水、柠檬酸 日期：_____年_____月_____日		
序号	"A"（编码）	"非A"（编码）

表5-16 "A"－"非A" 检验试样结果统计表

项目	"A"	"非A"
判为"A"的回答数		
判为"非A"的回答数		
累计		

实验实施②：酸味阈值检验。同学自己做（表5-17），全班再汇总。

表5-17 酸味反应记录表

姓名：_____ 产品：酸味的似水溶液 日期：_____年_____月_____日				
按照从左到右的顺序对样品依次进行，不允许再次评估。 0：无味 ×：味道感知（刺激阈） ××：味道可辨（辨别阈） ×××：浓度感知的差异（差别阈） 如你感觉有更多的差异，请增加"×"				
样品顺序	1	2	3	4
编码				
回答				

参考答卷如表 5-18、表 5-19 所示。

表 5-18 甜味刺激阈的测定记录表样表

姓名：郑丰峰 产品：甜味的似水溶液 日期：2005 年 4 月 14 日

问题：您会拿到甜味一系列浓度的样品。这些样品按照浓度的增加顺序排列。首先用对照水来漱口以适应它的味道，不要吞咽样品。按照从左到右的顺序对这些样品依次进行评估。不允许再次评估。

请用下面的符号打分：

○：无味

×：味道感知（刺激阈）

××：味道可辨（辨别阈）

×××：浓度感知的差异（差别阈）

如您感觉有更多的差异，请再增加"×"

样品顺序	1	2	3	4	5	6	7	8	9	10	11	12	13	14	15
样品编号															
回答	0	0	0	0	0	×	×								

表 5-19 甜味反应记录表

班级：_____

样品编号 品评员	1	2	3	4	5	6	7	8	9	10	11	12	13	14	15	阈值
1	0	0	0	0	0	×	×									0.0225
2	0	0	0	0	0	0	×	×								0.0275
3	0	0	0	0	0	0	0	×	×							0.0325
4	0	0	0	0	0	0	×	×								0.0275
5	0	0	0	0	0	0	0	×	×							0.0325
6	0	0	0	0	0	0	0	×	×	×						0.0325
7	0	0	0	0	0	0	×	×								0.0275
8	0	0	0	0	×	×										0.0175
9	0	0	0	0	0	0	×	×								0.0275
10	0	0	0	0	0	0	0	×	×							0.0325
11	0	0	0	0	0	×	×									0.0225
12	0	0	0	0	0	×	×									0.0225
13	0	0	0	0	0	0	×	×								0.0225
14	0	0	0	0	0	0	×	×								0.0275
15	0	0	0	0	0	0	×	×								0.0275
16	0	0	0	0	0	0	×	×								0.0275

五、结果与讨论

（1）进行差别检验后，按照不同的检验方法填写问答表。统计问答表中回答正解数。

（2）统计正解数与相应差别检验方法确定的临界正解数（查表）进行比较。大于或等于临界值则表明在该显著水平下，样品间差异显著，反之，则表明在5%的显著水平下，样品间无差异。

六、注意事项

（1）规定不允许"无差异"的回答。

（2）样品制备与评价区域要分开。

思考题

1. 结合本次实验内容，谈谈食品感官鉴评的意义。
2. 试分析这三种差别检验有何不同，该如何应用。
3. 试讨论成对比较检验的单边性和双边性。

附表

三位随机数字表

862	245	458	396	522	498	298	665	635	665	113	917	365	332	896	314	688	468	663	712	585	351	847
223	398	183	765	138	369	163	743	593	252	581	355	542	691	537	222	746	636	478	368	949	797	295
756	954	266	174	496	133	759	488	854	187	228	824	881	549	759	169	122	919	946	293	874	289	452
544	537	522	459	984	585	946	127	711	549	445	793	734	855	121	885	595	152	237	574	166	145	784
681	829	614	547	869	742	822	554	448	813	976	688	959	714	912	646	873	397	159	155	136	463	363
199	113	941	933	375	651	414	891	129	938	862	572	698	128	363	478	214	241	314	437	792	874	926
918	481	797	621	743	827	377	916	966	426	657	246	423	277	685	533	937	223	582	946	323	626	519
335	662	875	282	617	274	635	379	287	791	334	139	117	963	448	597	451	585	821	829	267	512	638
477	776	339	818	251	916	581	232	372	374	799	461	276	486	274	791	369	774	795	681	458	938	171
653	489	538	216	446	849	914	337	993	459	325	614	771	244	429	874	557	119	122	417	882	714	769
749	824	721	967	287	556	268	843	725	731	553	253	183	653	988	431	788	426	875	838	457	927	475
522	967	259	532	618	624	396	562	134	563	932	441	834	787	231	958	232	537	439	956	531	345	352
475	172	986	859	925	932	282	924	842	642	797	565	399	896	596	282	441	784	258	684	625	662	291
894	333	612	718	869	487	741	259	476	127	286	736	257	168	847	316	969	692	786	549	949	559	526
116	218	464	191	132	218	573	786	258	296	471	372	618	935	353	747	123	863	644	161	793	196	847
381	641	393	375	354	193	165	615	587	384	119	187	965	572	112	695	615	941	361	375	376	871	633
968	755	847	643	773	765	349	478	611	978	868	898	546	319	775	169	896	275	513	222	114	233	184

续表

742	421	226	286	522	618	471	218	397	745	461	477	478	535	957	674	132	228	442	225	444	171	151
859	878	392	311	659	772	935	447	834	117	658	161	754	654	176	883	855	195	637	751	586	948	513
964	593	137	574	288	994	582	961	746	336	983	782	611	988	833	265	969	584	564	683	197	214	326
177	636	674	897	167	157	856	524	662	589	145	926	362	777	415	931	313	317	195	137	959	536	985
228	755	915	955	946	233	647	653	425	674	719	543	549	826	669	429	576	773	756	392	632	725	879
591	214	852	669	394	349	299	192	179	261	332	294	896	299	782	397	791	659	921	569	811	683	762
636	167	789	438	413	569	118	889	253	452	577	859	125	141	241	746	444	841	313	446	225	362	248
415	982	543	743	835	826	364	776	988	923	224	615	283	462	328	512	228	466	278	874	373	499	437
383	349	468	122	771	481	723	335	511	889	896	338	937	313	594	158	687	932	889	918	768	857	694
875	973	235	811	761	226	637	382	741	767	894	371	128	972	161	911	427	164	461	911	792	256	294
257	752	667	227	813	488	598	198	979	388	921	926	715	349	644	846	879	242	695	222	633	595	526
723	395	174	453	276	732	323	866	583	826	562	814	397	556	786	358	755	996	249	676	462	614	485
448	524	951	982	455	999	451	434	695	693	788	493	951	231	259	667	318	655	374	559	577	873	747
539	811	529	664	594	555	779	629	168	442	377	685	449	128	532	232	421	418	436	733	348	162	919
661	469	312	748	942	671	284	777	354	939	116	158	583	615	977	625	193	872	833	818	154	449	333
394	647	493	599	618	317	846	255	416	174	449	269	276	883	828	193	984	529	758	164	215	938	272
882	216	786	376	187	864	912	941	837	551	233	744	634	464	313	474	536	333	927	345	889	387	658
116	138	848	135	339	143	165	513	222	215	655	532	862	794	495	789	662	787	112	487	926	721	861

参考文献

[1]吴澎，贾朝爽，孙东晓.食品感官评价科学研究进展[J].饮料工业，2017，20(5)：58-63.

[2]张亦芬.食品感官检验技术及其应用分析[J].质量探索，2016，13(2)：41-40.

[3]李玉珍，肖怀秋.模糊数学评价法在食品感官评价中的应用[J].中国酿造，2016，35(5)：16-19.

[4]郑翠银，黄志清，刘志彬，等.定量描述分析法感官评定红曲黄酒[J].中国食品学报，2015，15(1)：205-213.

[5]夏熠珣.食品感官评定中差异鉴别及消费者偏好检验新方法的建立[D].无锡：江南大学，2016.

[6]陆军.基于组合学的数据编码方法研究[D].哈尔滨：哈尔滨工程大学，2010.

[7]郭家乐.农产品感官评估系统的研究与实现[D].上海：东华大学，2012.

[8]张卫斌.食品感官分析标度域[D].杭州：浙江工商大学，2012.

[9]简文清.阈值面板数据模型的理论及应用研究[D].武汉：华中科技大学，2017.

[10]柳青，罗红霞，李淑荣，等.三点检验法感官评价蜂蜜产品风味的研究[J].中国蜂业，2015，66(11)：50-52.

实验八 感官实验（二）：标度和类别检验方法

一、实验目的

（1）学习筛选两种或多种产品的感官鉴评方法。

（2）通过实验确定不同种类相似产品之间的差别，用于确定产品的等级或选择适合的产品。

二、实验原理

评分检验法是标度和类别检验方法之一，要求评价员把样品的品质特性以数字标度形式进行评价的一种检验方法，在评分中，所用的数字标度为等距标度或比率标度。它是一种绝对性判断，即根据评价员各自的评价基准进行判断，该方法出现的粗糙评分现象也可由增加评价员人数来克服。

以 9 分制鉴评（表 5-20），求两样品间是否有差异。按大组进行结果处理，采用 t 检验。

表 5-20　　　　　　　　　　　9 分制鉴评

非常不喜欢	很不喜欢	不喜欢	不太喜欢	一般	稍喜欢	喜欢	很喜欢	非常喜欢
1	2	3	4	5	6	7	8	9

三、实验材料、仪器

1. 材料

两种不同品牌的同种食品或不同工艺生产的同类产品。

2. 仪器

纯净水仪、小烧杯 3~6 个/组、刀具、冰箱、保温箱、托盘等。

四、实验步骤

1. 样品的制备

（1）用随机的三位数字编码，并随机地分发给评价员，避免因样品分发次序的不同影响评价员的判断。

（2）应尽可能使分给每个评价员的同种产品具有一致性。对同种样品的制备方法应一致。例如，相同的温度，相同的煮沸时间，相同的加水量，相同的烹调方法等。

（3）有时评价那些不适合直接品尝的产品，检验时应使用某种载体。对风味作差别检验时应掩蔽其他特性，以避免可能存在的交互作用。

（4）样品制备过程中应保持食品的风味。不受外来气味和味道的影响。

2. 评分检验法

以确定的或随机的顺序将一对或多对样品分发给评价员。首先清楚定义所使用的标度类型。标度可以是等距的也可以是比率的。检验时先由评价员分别评价样品指标，然后由检验的组织者按事先确定的规则在评价员评价的基础上给样品指标打分。样品编码可以随机选取 3 位数组成，且每个评价员之间的样品编码尽量不重复。

五、结果与讨论

采用评分检验法。每个同学填写记录表（表 5-21），然后报给组长，有组长汇总表（表 5-22）。结果处理用 t 检验，查 t 分布表（表 5-23）。若大于表中数据，说明 A、B 两样品间有显著差异（5%水平）。

表 5-21 评分检验法记录表

姓名：_____ 产品：_____ 日期：____年____月____日	
样品	评价结果

表 5-22 评价结果表

评价员		1	2	3	4	5	6	7	8	9	10	合计	平均值
样品	A												
	B												
评分差	d												
	d^2												

表 5-23 t 分布表

自由度	α								
	0.500	0.400	0.200	0.100	0.050	0.025	0.010	0.005	0.001
1	1.000	1.376	3.078	6.314	12.706	25.452	63.657		
2	0.815	1.061	1.886	2.920	4.303	6.205	9.925	14.089	31.598
3	0.785	0.978	1.638	2.363	3.182	4.176	5.841	7.453	12.941
4	0.777	0.941	1.533	2.132	2.776	3.495	4.604	5.598	8.610
5	0.727	0.920	1.476	2.015	2.571	3.163	4.032	4.773	6.859
6	0.718	0.906	1.440	1.943	2.417	2.989	3.707	4.317	5.959
7	0.711	0.896	1.415	1.895	2.385	2.841	4.489	4.029	5.405
8	0.706	0.889	1.397	1.860	2.306	2.752	3.355	3.832	5.041
9	0.703	0.883	1.383	1.833	2.262	2.685	3.250	3.630	4.781
10	0.700	0.879	1.372	1.812	2.226	2.634	3.169	3.581	4.587
11	0.697	0.876	1.363	1.795	2.201	2.893	3.106	3.497	4.437
12	0.695	0.873	1.356	1.782	2.179	2.590	3.055	3.428	4.318
13	0.694	0.870	1.350	1.771	2.160	2.533	3.012	3.772	4.221
14	0.692	9.868	1.345	1.761	2.145	2.510	2.977	3.326	4.140

续表

自由度	α								
	0.500	0.400	0.200	0.100	0.050	0.025	0.010	0.005	0.001
15	0.691	0.866	1.341	1.753	2.131	2.490	2.947	3.286	4.073
16	0.690	0.865	1.337	1.746	2.120	2.473	2.921	3.252	4.015
17	0.689	0.863	1.333	1.740	2.110	2.459	2.898	3.222	3.965
18	0.688	0.862	1.330	1.734	2.101	2.445	2.878	3.197	3.922
19	0.688	0.861	1.328	1.728	2.093	2.433	2.861	3.174	3.883
20	0.687	0.860	1.325	1.725	2.086	2.423	2.845	3.153	3.850
21	0.686	0.859	1.323	1.717	2.080	2.414	2.831	3.135	3.789
22	0.686	0.858	1.321	1.717	2.074	2.406	2.819	3.119	3.782
23	0.683	0.858	1.319	1.714	2.069	2.393	2.807	3.104	3.767
24	0.685	0.857	1.313	1.711	2.064	2.391	2.799	3.090	3.745
25	0.684	9.836	1.315	1.706	2.060	2.385	2.787	3.078	3.725
26	0.684	0.856	1.315	1.706	2.055	2.379	2.779	3.067	3.707
27	0.694	0.855	1.314	1.703	2.052	2.373	2.771	3.056	3.690
28	0.683	0.855	1.313	1.701	2.048	2.368	2.763	3.047	3.674
29	0.683	0.854	1.311	1.696	2.045	2.364	2.756	3.038	3.659
30	0.693	0.854	1.310	1.691	2.042	2.360	2.750	3.030	3.646
35	0.692	0.852	1.306	1.690	2.030	2.342	2.724	2.996	3.591
40	0.681	0.851	1.303	1.684	2.201	2.329	2.704	2.971	3.551
45	0.680	0.850	1.301	1.680	2.014	2.319	2.690	2.952	3.520
50	0.680	0.849	1.299	1.676	2.008	2.310	2.678	2.937	3.476
55	0.679	0.849	1.297	1.673	2.004	2.304	2.669	2.925	3.476
60	0.679	0.849	1.296	1.671	2.000	2.299	2.660	2.915	3.460
70	0.678	0.847	1.294	1.667	1.994	2.290	2.648	2.899	3.435
80	0.678	0.847	1.293	1.665	1.989	2.284	2.638	2.887	3.416
90	0.678	0.846	1.291	1.662	1.986	2.278	2.631	2.878	3.402
100	0.677	0.846	1.290	1.661	1.982	2.276	2.625	2.871	3.390
120	0.677	0.845	1.289	1.658	1.980	2.270	2.617	2.860	3.373
∞	0.6745	0.8418	1.2816	1.6448	1.9800	1.2414	2.5758	2.8070	3.2905

（1）进行评分检验后，按照评价要求填写问答表。统计问答表中回答分值。

（2）进行 t 检验，自由度为鉴评员人数 −1。大于或等于临界值则表明在该显著水平下，样品间差异显著，反之，则表明在 5% 的显著水平下，样品间无差异。

六、注意事项

（1）样品制备与评价区域要分开。

（2）评价前需对所使用标度类型进行确定及定义。

思考题

    1. 结合本次实验内容，谈谈评分检验法的应用。

    2. 试分析样品制备过程中应注意的问题。

    3. 简述实验原理。

参考文献

[1] 吕庆云, 贾喜午. 营养复合米品质评价方法研究[J]. 安徽农业科学, 2015, 43(6):276-277.

[2] 徐清. 啤酒的感官评价体系研究[J]. 食品安全导刊, 2015(12):59.

[3] 李玉珍, 肖怀秋. 模糊数学评价法在食品感官评价中的应用[J]. 中国酿造, 2016, 35(5):16-19.

[4] 何禹锡. 食品感官检验新技术及其应用[J]. 食品安全导刊, 2017(35):34-37.

[5] 王淼, 安景文. 食品感官质量控制技术研究[J]. 技术经济与管理研究, 2017(9):23-26.

[6] 李海滨. 数理统计在食品质量控制中的应用[J]. 食品安全导刊, 2017(36):37.

实验九 感官实验（三）：分析或描述性检验方法

一、实验目的

（1）学习用任意的或特定的词汇，对样品的特性进行描述的感官鉴评方法。

（2）通过实验完成评价后进行统计，根据每一描述性词汇使用的频数，得出评价结果，以评价样品品质。

（3）通过实验使学生掌握描述性分析方法的原理、内容、步骤、方法等，学会食品风味剖面图的作图方法。

二、实验原理

1. 简单描述检验

评价员对构成品特征的各个指标进行定性描述，尽量完整地描述出样品品质，完成评价后，由评价小组组织者统计这些结果，根据每一描述性词汇的使用频数得出评价结果，最好对评价结果进行公开讨论。

2. 定量描述和感官剖面检验

评价员尽量完整地对形成样品感官特征的各个指标强度进行评价，主要使用以前由简单描述检验所确定的词汇中选择的词汇，描述样品整个感官印象的定量分析。检验的结果可根据要求以表格或图的形式进行报告。

三、实验材料、仪器

1. 材料

两种不同品牌的同种食品或不同工艺生产的同类产品。

2. 仪器

纯净水仪、小烧杯 3~6 个/组、刀具、冰箱、保温箱、托盘等。

四、实验步骤

根据实际情况选择定量描述法进行实验。主要制定具体实验的方案、对实验的样品进行准备；组织班上同学进行品尝并参加样品的品尝；统计品尝的结果并对结果进行统计，画出品尝样品的风味剖面图并对剖面图进行分析。

实验步骤包括：①实验方案的制定；②样品的制备；③组织品尝并参加品尝；④结果的统计并画出风味剖面图，对图形进行分析。

1. 样品的制备

（1）用随机的三位数字编码，并随机地分发给评价员，避免因样品分发次序的不同影响评价员的判断。

（2）应尽可能使分给每个评价员的同种产品具有一致性。对同种样品的制备方法应一致。例如，相同的温度、相同的煮沸时间、相同的加水量、相同的烹调。

（3）有时评价那些不适合直接品尝的产品，检验时应使用某种载体。对风味作差别检验时应掩蔽其他特性，以避免可能存在的交互作用。

（4）样品制备过程中应保持食品的风味。不受外来气味和味道的影响。

2. 简单描述检验

以确定的或随机的顺序将一对或多对样品分发给评价员。首先清楚定义所使用的描述词汇。可适用于一个或多个样品，第一个出现的样品最好是对照样品。每个评价员独立地评价样品并做记录，可以提供一张指标检查表，可先由评价小组负责人主持一次讨论然后再评价。

3. 定量描述和感官剖面检验

用被检验的样品的各种特性预先进行一次实验，以便确定出其重要的感官特性。用这些实验结果设计出一张描述性词汇表并确定检验样品的程序。评价小组经过培训掌握方法，特别是学会如何使用这些术语词汇。在这一阶段提供一组纯化合物或自然产品的参比样是很有用的。这些参比样会产生出特殊的气味或风味或者具有特殊的质地或视觉特性。

在检验会议上，评价员对照词汇表检查样品。在强度标度上给每一出现的指标打分。要注意所感觉到的各因素的顺序，包括后味出现的顺序，并对气味和风味的整个印象打分。

4. 编写感官评定对照词汇表样表（参考）

（1）外观　色泽深、浅、有杂色、有光泽、苍白、饱满；

（2）口感　黏稠、粗糙、细腻、油腻、润滑、酥、脆；

（3）组织结构　致密、松散，厚重，不规则、蜂窝状、层状、疏松、油脂析出、裂缝等。

五、结果与讨论

（1）简单描述检验中设计一张适合于样品的描述性词汇表。根据每一描述性词汇的使用频数得出评价结果。最好对评价结论作公开讨论。

（2）定量描述和感官剖面检验根据讨论结果，评价小组对剖面形成一致的意见，或对评分进行 t 检验，自由度为鉴评员人数-1。大于或等于临界值则表明在该显著水平下，样品间差异显著，反之，则表明在5%的显著水平下，样品间无差异。

（3）每个学生对统计出的结果进行分析，画出风味剖面图（半圆、圆、折线都可以）并通过分析比较出实验样品间风味的差异。如图5-3所示。

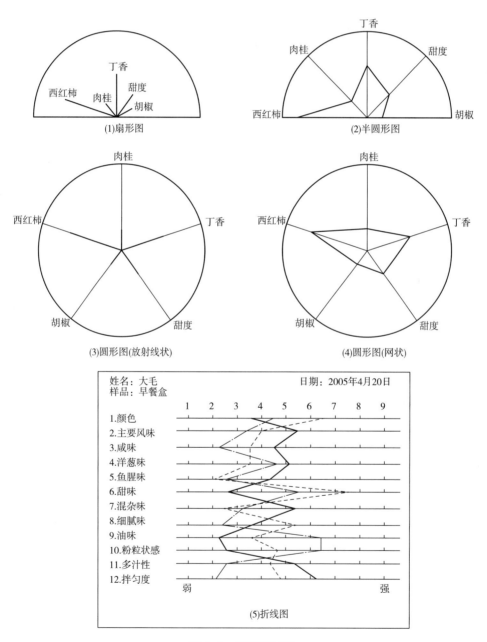

图5-3　风味剖面图

六、注意事项

（1）学生实验前应保持良好的生理和心理状态。

（2）样品制备与评价区域要分开。

（3）评价前需对样品的描述性词汇进行确定及定义，必要时需要评价小组对词汇进行讨论。

 **思考题**

1. 结合本次实验内容，谈谈分析或描述性检验方法的应用。

2. 试分析样品制备过程中应注意的问题。

3. 如何组织感官鉴评实验？

☞ **参考文献**

［1］中华人民共和国国家质量监督检验检疫总局，中国国家标准化管理委员会. GB/T 10220—2012　中华人民共和国国家标准　感官分析　方法学　总论［S］. 北京：中国标准出版社，2012.

［2］中华人民共和国国家质量监督检验检疫总局，中国国家标准化管理委员会. GB/T 10221—2012　中华人民共和国国家标准　感官分析　术语［S］. 北京：中国标准出版社，2012.

［3］中华人民共和国国家质量监督检验检疫总局，中国国家标准化管理委员会. GB/T 12315—2008　中华人民共和国国家标准　感官分析　方法学　排序法［S］. 北京：中国标准出版社，2008.

［4］中华人民共和国国家质量监督检验检疫总局，中国国家标准化管理委员会. GB/T 12316—1990　中华人民共和国国家标准　感官分析方法　"A"–"非A"检验［S］. 北京：中国标准出版社，1990.

［5］中华人民共和国国家质量监督检验检疫总局，中国国家标准化管理委员会. GB/T 16291.1—2012　中华人民共和国国家标准　感官分析　选拔、培训与管理评价员一般导则　第1部分：优选评价员［S］. 北京：中国标准出版社，2012.

［6］刘登勇，董丽，谭阳，等. 食品感官分析技术应用及方法学研究进展［J］. 食品科学，2016,37（5）：254−258.

［7］史波林，赵镭，汪厚银，等. 感官分析评价小组及成员表现评估技术动态分析［J］. 食品科学，2014,35（8）：29−35.

［8］赵镭，李志，汪厚银，等. 食品感官分析术语及描述词的良好释义与表达范式［J］. 标准科学，2014（8）：64−66.

［9］曾习，曾思敏，龙维贞. 食品感官评价技术应用研究进展［J］. 中国调味品，2019,44（3）：198−200.

［10］Angélique Villière，Ronan Symoneaux，Alice Roche，et al. Comprehensive sensory and chemical data on the flavor of 16 red wines from two varieties：Sensory descriptive analysis，HS-SPME - GC - MS volatile compounds quantitative analysis， and odor - active compounds identification by HS-SPME-GC-MS-O[J]. Data in Brief,2019,24.

实验十　硬质糖果的制作

一、实验目的
（1）巩固硬质糖果的技术原理。
（2）掌握硬质糖果的制作工艺。
（3）学习硬糖品质的评定方法。
（4）培养学生的综合实验能力。

二、实验原理
硬糖是经高温熬煮而成的糖果。干固物含量很高，在97%以上。糖体坚硬而脆，具有无定形非晶体结构。密度在1.4~1.5之间，还原糖含量范围12%~18%。

硬糖是一种由过饱和的、过冷的蔗糖和其他糖类形成的溶液，处于非晶形状态或称玻璃态。当蔗糖从溶液析出时形成糖的结晶或晶粒，就出现返砂，仅用蔗糖难以制成硬糖，因此在硬糖的配方中包括抑制结晶的淀粉糖浆。各种糖浆及蔗糖在熬制过程中产生的转化糖具有抗结晶的作用，削弱和抑制蔗糖在过饱和状态下产生的重结晶现象。

产品质量与规范要求：按照《糖果　硬质糖果》（SB/T 10018—2008）标准。

①感官指标：色泽光亮，色泽均匀一致，具有品种应有的色泽；块形完整，表面光滑，边缘整齐，大小一致，厚薄均匀，无缺角、裂缝，无明显变形；糖体坚硬而脆，不粘牙，不粘纸；符合品种应有的滋味气味，无异味；无肉眼可见的杂质。

②理化指标：干燥失重≤4.0g/100g，还原糖（以葡萄糖计）12.0~29.0g/100g。

三、实验材料、仪器
1. 材料
砂糖、麦芽糖饴、柠檬酸、椰子油、麦芽糖饴、甜炼乳、乳脂、香兰素、椰子香精、水果香精、食用色素。

2. 仪器
温度计、熬糖锅、操作台、台秤、电炉等。

四、实验步骤
1. 实验原辅材料和参考配方
（1）水果味硬糖：砂糖1.0kg，麦芽糖饴0.20~0.25kg，柠檬酸6~10g，水果香精0.8~2.0mL，食用色素适量。

（2）椰子味硬糖：砂糖1.0kg，麦芽糖饴0.47kg，椰子油0.1kg，甜炼乳0.26kg，乳脂33.3g，香兰素1.3g，椰子香精0.5g。

2. 工艺流程

香精 色素

糖浆、砂糖 → 溶化 → 过滤 → 熬制 → 冷却 → 混合 → 保温 → 冷却 → 整理 → 包装 → 成品

3. 操作要点

（1）化糖加水量由式（5-4）计算：

经验公式： $$W = 0.3 \times W_s - W_m \tag{5-4}$$

式中　W——实际加水量，kg；

　　　W_s——配料中干固体物总量，kg；

　　　W_m——配料中水分总量，kg。

（2）将糖和水置于锅中，加热至90~120℃，随时搅拌。

（3）溶成较厚稠的糖浆时，降低温度，继续加热，用小木浆轻缓搅拌，约1h后将木浆提起，糖浆呈长丝状即可离火。

（4）将糖浆倒在涂有食油的冷却瓷板或石板（30℃）上，冷至85℃时，加入柠檬酸、食用色素和香精等，成为半固体糖料。

（5）成型

a. 用木棍碾压糖料至1cm厚度，再使用模型压切。自然冷却至高于室温2~5℃，迅速包装。

b. 或把糖料拉伸成直径为2cm的条，然后切断、包装。

五、结果与讨论

（1）讨论硬糖制作中化糖不彻底会出现的问题。

（2）硬糖制作中，若改变投料次序，化糖时就加入柠檬酸，会出现怎样的结果？

（3）思考工业化制造硬糖宜采用什么工艺与设备？

六、注意事项

（1）化糖一定彻底将糖粒溶解。

（2）糖液熬制过程中要持续搅拌，并准确检测糖液温度。

思考题

硬糖加工的关键控制点及原理分别是什么？

参考文献

［1］中华人民共和国商务部. SB/T 10018—2008　中华人民共和国国内贸易行业标准　糖果　硬质糖果［S］. 北京：中国标准出版社，2008.

[2]李立安，宋晴晴，何群. 控制硬糖返砂技术要点[J]. 山东食品与发酵，2005(1)：45-46.

[3] W. P. Edwards. The Science of Sugar Confectionary . R. S. C. 2000.

[4]爱课程. 食品技术原理：14-1　媒体素材——硬质糖果[DB].

实验十一　代可可脂巧克力的制作

一、实验目的

（1）巩固代可可脂巧克力的技术原理。

（2）掌握代可可脂巧克力的制作工艺。

（3）学习代可可脂巧克力的评定方法。

（4）培养学生的综合实验能力。

二、实验原理

巧克力的物态属于粗粒分散体系，在此体系内糖和可可以细小的质粒作为分散相分散于油脂连续相内，大部分可可、糖、乳的干固物质粒径在 $20 \sim 30 \mu m$ 之间。同时，少量水分和空气在此体系内也是一种分散体。

糖粉、可可料并添加一定数量的可可脂与乳粉组成混合物料，经精磨达到巧克力质构要求的细度。在精炼过程中，物质质粒变得较小和光滑，同时均匀地分散在液态油脂的连续相内，在不断推撞和摩擦作用下，在物料内乳化剂的表面活性作用下，颗粒间的界面张力降低了，油脂由球体变成膜状，膜状油脂又均匀地把糖、可可及乳固体包裹起来，彼此吸附，形成高度均一的物态分散体系，物态的这种乳浊状态在冷固后具有高度的稳定性。经过精磨的巧克力料已经达到很细的程度，但质构还不够细腻滑润，香味还不够优美醇和，精炼就是整理和完善的过程。当巧克力经过调温并冷却凝固时，油脂成为紧密的晶格，可可、糖、乳等微小的质粒则被固定在整齐的油脂晶格之间。

代可可脂也称可可脂代用品，是由植物油经选择性氢化制得的一类专用硬脂。常用的代可可脂类型——月桂酸型和非月桂酸型，具有与可可脂相似的熔点、硬度、脆性、收缩性以及涂布性，但在固体脂肪指数、冷却曲线、口溶性和风味方面存在很大差异。代可可脂缺少可可脂的多晶型特性，不需调温处理，能简化巧克力生产过程。

产品质量与规范要求：按照《巧克力及巧克力制品、代可可脂巧克力及代可可脂巧克力制品》（GB/T 19343—2016）。

（1）感官指标　具有该产品应有的形态、色泽、香味和滋味，无异味，无正常视力可见的外来杂质。

（2）理化指标　非脂可可固形物（以干物质计）$\geq 4.5\%$；总乳固体（以干物质计）$\geq 12\%$；干燥失重 $\leq 1.5\%$；细度 $\leq 35 \mu m$。

三、实验材料、仪器

1. 材料

可可脂、代可可脂、磷脂、乳粉、蔗糖粉、麦精粉等。

2. 仪器

粉碎机、混料罐、精磨（胶体磨）、辊式研磨机、调温水浴锅、巧克力模、操作台、冷藏箱等。

四、实验步骤

1. 实验原辅料与参考配方

可可脂 50g，代可可脂 220g，磷脂 5g，蔗糖粉 440g，乳粉 130g，麦精粉 40g。

2. 工艺流程

原料预处理 → 混合 → 精磨 → 精炼 → 注模 → 振模 → 冷却 → 脱模 → 挑选 → 包装 → 成品

3. 操作要点

（1）原料预处理　可可脂、代可可脂在水浴中溶化，40℃保温；粉碎蔗糖，过筛，筛孔为 0.6~0.8mm。

（2）混合　各原料均投入混料罐中混合均匀，40℃保温。

（3）精磨　采用胶体磨进行精磨，温度控制在 40~42℃，要求大部分物料粒度控制在 15~30μm 以下。

（4）精炼　采用辊式研磨机完成，控制温度。

（5）注模　将巧克力浆注入模板中，温度保持在 27~29℃。

（6）振模　注模后，立即振模，振动频率 1000 次/min，振幅 5mm，1~2min。

（7）冷却、脱模　置于 8℃冷却室冷却 25~30min 后，脱模。

五、结果与讨论

（1）巧克力酱精炼的目的是什么？

（2）精炼起何作用，如何控制精炼工艺？

（3）代可可脂巧克力制作中为何没有调温工序？

六、注意事项

（1）要在水浴中融化可可脂、代可可脂，不要用明火直接加热可可脂、代可可脂。

（2）蔗糖经粉碎、过筛后使用。

（3）加工中要控制精磨、精炼及注模等工序的温度。

思考题

从加工、产品品质等角度分析代可可脂巧克力与可可脂巧克力的差别？

👉 **参考文献**

[1]国家标准化管理委员会, 国家质量监督检验检疫总局. GB/T 19343—2016　巧克力

及巧克力制品、代可可脂巧克力及代可可脂巧克力制品[S]. 北京：中国标准出版社，2016.

[2]蔡云升，张文治. 新版糖果巧克力配方[M]. 北京：中国轻工业出版社，2000.

[3] Stephen T. Beckett, et al. The Science of Chocolate, R. S. C. 2000.

[4]爱课程. 食品技术原理：14-1　媒体素材——巧克力[DB].

模块二 综合性实验

实验十二　香肠的制作

一、实验目的

（1）掌握肉腌制原理和肉发色机制。

（2）掌握香肠加工工艺原理及其操作要点。

（3）掌握腌制剂作用及用量要求。

（4）熟悉香肠制作的主要工艺设备的原理及操作

（5）熟悉香肠的质量标准。

（6）了解成本核算方法。

二、实验原理

1. 腌制的作用

（1）抑菌防腐　食盐、硝酸盐和亚硝酸盐、香料和调味品、微生物发酵。

（2）呈色　糖对肉色的作用、硝酸盐和亚硝酸盐对肉色的作用、抗坏血酸（异抗坏血酸）及其盐类为助发色剂。

（3）风味形成　羰基化合物、挥发性脂肪酸、游离氨基酸、含硫化合物等。

（4）保水　碱性磷酸盐。

2. 腌制加工的主要原理

渗透压对微生物的影响：$P_{外} > P_{内}$，$C_{外} > C_{内}$ 质壁分离，使微生物生长活动受到抑制，细胞外的这种溶液成为高渗溶液——腌制保藏原理。腌渍与微生物的耐受性：当盐浓度为 1%～3% 时，大多数微生物的生长受到暂时性抑制。

腌制加工主要是利用食盐的防腐作用，同时增加配料以达到改善肉食品种、风味和质量的作用。食盐具有防腐作用，主要缘于以下几个方面：

（1）对微生物的脱水作用　1% 的氯化钠 $P = 61.7 kN/m^2$，大多数微生物细胞 $P = 30.7 \sim 61.5 kN/m^2$；

（2）降低水分活度　食盐吸引水分子，在饱和食盐溶液（26.5%）中，没有自由水，因此，所有的微生物都不能生长；

（3）对微生物的生理毒害作用；

（4）降低溶液中氧的浓度。

3. 肉发色机制

硝酸盐或亚硝酸盐的发色机制如下所述。

原料肉的红色是由肌红蛋白（Mb）和血红蛋白（Hb）呈现的一种感官性状。由于肉的部位不同和家畜品种的差异，其含量和比例也不一样。一般来说，肌红蛋白占 70%～90%，血红蛋白占 10%～30%。由此可见，肌红蛋白是使肉类呈色的主要成分。

鲜肉中的肌红蛋白为还原型，呈暗紫色，很不稳定，易被氧化变色。还原型肌红蛋白分子中二价铁离子上的结合水被分子状态的氧置换，形成氧合肌红蛋白（MbO_2），色泽鲜红。此时的铁仍为二价，因此这种结合不是氧化而称氧合。当氧合肌红蛋白在氧或氧化剂的存在下进一步将二价铁氧化成三价铁时，则生成褐色的高铁肌红蛋白。

硝酸盐和亚硝酸盐都是腌肉的发色剂。硝酸盐必须先由还原硝酸盐细菌还原成亚硝酸后才能参与发色反应。亚硝酸则能直接参与固定色泽的反应，亚硝酸盐用量小，反应迅速，因此能在腌肉时取代硝酸盐，单独地得到广泛应用。因此，在加工过程中，人们常添加亚硝酸盐，亚硝酸盐在酸性条件下可生成亚硝酸。一般宰后成熟的肉因含乳酸，pH 为 5.6～5.8，故不需外加酸即可生成亚硝酸，其反应为：

$$NaNO_2 + CH_3CHOHCOOH \longrightarrow HNO_2 + CH_3CHOHCOONa$$

亚硝酸很不稳定，即使在常温下，也可分解产生亚硝基（NO）：

$$HNO_2 \longrightarrow H^+ + NO_3^- + NO + H_2O$$

所生成的亚硝基很快与肌红蛋白反应生成鲜艳的、亮红色的亚硝基肌红蛋白（Mb-NO）：

$$Mb + NO \longrightarrow MbNO$$

亚硝基肌红蛋白只有在热加工后才比较稳定，亚硝基肌红蛋白遇热后放出巯基（—SH），生成较稳定的具有鲜红色的亚硝基血色原。

由第二反应式可知，亚硝酸分解生成 NO 时，也生成少量硝酸，而 NO 在空气中还可被氧化成 NO_2，进而与水反应生成硝酸。

$$NO + O_2 \longrightarrow NO_2$$
$$NO_2 + H_2O \longrightarrow HNO_2 + HNO_3$$

如第四、第五反应式所示，不仅亚硝基被氧化生成硝酸，而且还抑制了亚硝基肌红蛋白的生成。硝酸有很强的氧化作用，即使肉中含有很强的还原性物质，也不能防止肌红蛋白部分氧化成高铁肌红蛋白。因此，在使用亚硝酸盐的同时，常用 L-抗坏血酸及其钠盐等还原性物质来防止肌红蛋白的氧化，且可把氧化型的褐色高铁肌红蛋白还原为红色的还原型肌红蛋白，以助发色。此外，烟酰胺可与肌红蛋白结合生成很稳定的烟酰胺肌红蛋白，难以被氧化，故在肉类制品的腌制过程中添加适量的烟酰胺，可以防止肌红蛋白在亚硝酸生成亚硝基期间氧化变色。如果在肉制品的腌制过程中，同时使用 L-抗坏血酸或异抗坏血酸及其钠盐与烟酰胺，则发色效果更好，并能保持长时间不褪色。

4. 食品腌制剂的作用

（1）亚硝酸盐　具有良好的呈色和发色作用；抑制腐败菌的生长；防止肉毒杆菌的生长；具有增强肉制品风味的作用：①产生特殊腌制风味；②防止脂肪氧化酸败，以保持腌制肉制品独有的风味。

（2）食盐　食盐是肉类腌制中最基本的原料，它可使制品有一定的咸味，同时可提高肉品的保水性和黏结性，并能抑制微生物的生长。

（3）糖类　主要作用是增加肉制品的甜度，缓解盐的咸味，使肉变得柔嫩，产生风味物质，提高制品质量。

（4）碱性磷酸盐　可以提高肉制品的保水性，减少汁液流失。

（5）抗坏血酸钠、异抗坏血酸钠　主要作用是加速腌制，促进发色。因此，也将这类物质称为发色辅助剂。抗坏血酸钠、异抗坏血酸钠还可减少致癌物质亚硝胺的形成。

5. 食品腌制剂的用量

按照《食品安全国家标准　食品添加剂使用标准》（GB 2760—2014）。食盐在肉品中的添加量一般为 2.5%～3%。最大使用量为 0.015%；砂糖、葡萄糖的用量一般为原料肉的 0.5%～1.0%。碱性磷酸盐一般使用量为 0.5%（混合磷酸盐），抗坏血酸钠、异抗坏血酸钠使用量一般为 0.03%～0.05%（可 1g/kg），淀粉 5%（含水量高的情况，在腌制完毕后加入）。

三、实验材料、仪器

1. 材料

经检验合格的新鲜猪肉，食盐、白糖、亚硝酸盐、碱性磷酸盐、胡椒、花椒、八角、孜然、抗坏血酸钠、姜、芝麻油、白酒、淀粉、葡萄糖、混合香料（肉桂、丁香、荜拨、八角茴香、甘草、桂子、山奈）、天然肠衣（3m/kg 馅）、洗洁精、热水。

2. 仪器

标签纸、保鲜膜、记号笔、2000mL 烧杯、不锈钢带盖盆、白线绳、蒸煮袋、玻璃棒、一次手套、纱布、洗碗布、称量纸、不锈钢碗、棕色磨口瓶（200～500mL）、药勺、万能粉碎机、菜板、天平（±0.001g）、台秤、不锈钢锅、蒸煮锅、灌肠机、真空包装机、高压杀菌锅、冰箱或者高温冷库。

四、实验步骤

1. 工艺流程

鲜猪肉 → 切块 (100g 左右小块) → 配料 → 腌制 （12~24h/2~3℃，不得少于 6h） → 切丁(1cm³)或肉糜
→ 拌馅 → 灌制 → 蒸煮 → 冷却 → 蒸煮袋包装 → 高温杀菌 → 冷却沥干 → 保温检验

2. 工艺配方（以小组计）

（1）配方一　以肉量（瘦肉+肥肉）为基准计算，瘦肉 700g，肥肉 300g；食盐 2.5kg（2.5%），白糖 1.0kg（1%），亚硝酸盐 0.015g（0.015%），碱性磷酸盐 4g，胡椒 0.2g（0.02%），孜然 0.5g（0.05%），花椒 0.5g（0.05%），八角 0.3g（0.03%），姜 0.2g（0.02%），白酒 1mL（1%）。

操作要点：

①腌制：将精盐、白糖、硝酸盐、碱性磷酸盐拌和均匀后，揉擦于肉坯两面，放入腌制缸中压以重物，转入温度为 2～3℃ 的腌制室内腌制 12～24h。然后将肉坯取出缸内，拍去盐粒，再切成小块。

②切丁：将猪肉块切成 1cm³ 的肉丁或斩成肉糜，然后加入调料混匀作为肉馅。

③灌制：将拌好的肉馅用灌肠机充填于合适的动物肠衣内，每灌到 18～20cm 时，即可用麻绳结扎，待肠衣全灌满后，用细针（百支针）打孔排气。将灌好结扎后的湿肠，用清水漂洗 1～2 遍。

④蒸煮：将肉肠平摆于蒸煮锅的笸子上，在 90～95℃的温度下蒸煮 1～2h 后即可出锅、冷却。

⑤高温杀菌冷却：蒸煮袋置于杀菌锅内，在 121℃下杀菌 25～40min，再用冷水进行冷却至 20℃以下，然后沥干水分。

⑥保温检验：将产品取样后，放入恒温箱中，在（37±2）℃下 7d 进行保温检验，检验合格后即为成品。

（2）配方二　以肉量（瘦肉＋肥肉）为基准计算，瘦肉 700g，肥肉 300g；亚硝酸盐 0.14g，食盐 25g，碱性磷酸盐 4g，白砂糖 10g，抗坏血酸钠 0.8g，白酒 10g，芝麻油 20g，胡椒粉 3g，花椒粉 3g，生姜 11g，淀粉 50g，葡萄糖 3g，混合香料 2g（即肉桂 25%、丁香 3%、荜拨 8%、八角和茴香 50%、甘草 2%、桂子 6%、山奈 6%，磨成粉末）。

操作要点：腌制时只加食盐、亚硝酸盐、抗坏血酸钠、碱性磷酸盐，用少许水溶解后加入，抗坏血酸钠最后加入；其他调味料在拌馅时加。其他操作同配方一。

五、结果与讨论

1. 配方

香肠原料及可能配方设计表，如表 5-24 所示。

表 5-24　　　　　　　　香肠原料及可能配方设计表

原料名称	设计配方 1	设计配方 2	设计配方 3
瘦肉、肥肉			
食盐			
亚硝酸盐			
碱性磷酸盐			
白砂糖			
胡椒粉			
花椒粉			
孜然			
生姜			
八角			
白酒			
抗坏血酸钠			
芝麻油			
淀粉			

续表

原料名称	设计配方 1	设计配方 2	设计配方 3
葡萄糖			
混合香料			
其他（肠衣）			

2. 香肠成本核算

（1）成本核算的概念　对生产企业各项生产费用的支出和产品成本的形成进行核算，就是产品的成本核算。

（2）成本核算组成

①配料。

②劳动力成本。

③供应：燃料、电、水等。

④企业一般管理费用。

⑤成本比较。

⑥增值税。

（3）香肠成本核算步骤

①列出确定的香肠配方表。

②计算出配料中各主要成分的含量。

③计算配料成本。

④对其他生产费用进行列表计算，见表 5-25、表 5-26 所示。

表 5-25　　　　　　　　　　　　　　　　　原辅料成本核算

原辅料	用量/kg	单价/（元/kg）	计价/元

表 5-26　　　　　　　　　　　　　　　　　香肠总成本表

项　目	人数/个	工作时间/h	单价/元	费用/元
原辅料成本	—	—	—	A
加工（配料混合、杀菌、加热、清洁）	*	*	*	B
燃料用量	—	—	*	C
电力计算	—	—	—	—
用电项目　　　kW 数　　　时间/h	—	—	—	—

续表

项　目		人数/个	工作时间/h	单价/元	费用/元
＊	＊	—	—	—	—
＊	＊	—	—	—	—
＊	＊	—	—	—	—
＊	＊	—	—	—	—
用电度数共计		—	—	＊	D
生产（　　）料所需费用		—	—	—	A+B+C+D

注：A~D代表各项费用的数值；＊需要学生填入的数据；—表示该位置可不填写。

3. 香肠质量评定

参照《中式香肠》（GB/T 23493—2009）。

六、注意事项

（1）腌制　腌制时间不得少于6h，腌好的标志是80%的肉的颜色变得鲜红且色调均匀，马肉变得质地紧实、颜色鲜红，牛肉变得富有弹性和黏性。

硝酸钠的用量根据季节和肉温的不同需要灵活掌握。一般第一、第四季度用量可占肉中的0.12%~0.15%，第二、第三季度的用量可占肉中的0.10%~0.12%。肉温在1~17℃时用量占0.12%~0.15%，肉温在17℃以上时应减少至肉重的0.06%~0.07%。

（2）斩拌　5min左右。加7%~10%的肉重冰屑，冰屑的数量包括在加水总量内。斩拌结束时的温度最好保持在8~10℃以下，在斩拌时加0.3%~0.5%的磷酸盐可改善肠馅的结构和稠度，使制品在蒸煮时避免发生出水现象。

（3）拌馅　拌馅时，先将不带脂肪的肉放入搅拌机，根据需要加适量冷水，搅拌6~8min后再加调料，然后加带脂肪的肉。灌肠中的脂肪含量为15%较合适。肠馅达到均匀和有足够黏性和可塑性（达到粘贴在搅拌器上的程度）时即为拌好。

（4）香肠包衣

①聚偏二氯乙烯（PVDC）：它是一种无毒无味、安全可靠的高阻隔性材料。它除具有塑料的一般性能外，还具有耐油性、耐腐蚀性、保味性以及优异的防潮、防霉、可直接与食品进行接触等性能，同时还具有优良的印刷性能。在世界上，PVDC之所以被广泛用于食品包装，最主要原因是它具有很高的阻隔性，用它包装食品可以有效地解决产品变质问题，从而大大延长产品货架期。

②蒸煮袋：蒸煮袋是一种能进行加热处理的复合塑料薄膜袋，它具有罐头容器和耐沸水塑料袋两者的优点，因此，又称之为"软罐头"。经过十多年的使用证明，它是一种理想的销售包装容器。

蒸煮袋多用三层材料复合而成，具有代表性的蒸煮袋结构：外层为聚酯膜，作加强用；中层为铝箔，作防光、防湿和防漏气用；内层为聚烯烃膜（如聚丙烯膜），作热合和接触食品用。

思考题

1. 肉腌制品加工的主要原理是什么？
2. 实验中用到的腌制剂有哪些？各起什么作用？

☞ **参考文献**

[1] 王文娟，许传兵. 低盐风干香菇香肠的制作[J]. 山东畜牧兽医，2015，36（2）：11-12.

[2] 陆程，陆利霞，林丽军，等. 添加葡萄糖氧化酶对熏煮香肠品质的影响[J]. 食品工业科技，2018，39（15）：1-4，9.

[3] 黄金枝，杨荣玲，刘学铭，等. 发酵广式香肠菌种配比优化研究[J]. 食品科技，2014，39（11）：143-146.

[4] 赵百忠，姜旭德，国勇，等. 原辅料添加顺序对乳化型香肠品质影响[J]. 食品界，2016（8）：120-120.

[5] 王富刚，魏永义，豆康宁. 变性淀粉在香肠加工工艺中的应用研究[J]. 肉类工业，2016（1）：36-38.

实验十三　五香黄金鸡翅的制作

一、实验目的
（1）了解调味剂等的作用、剂量及应用方法；
（2）掌握五香黄金鸡翅块的制作工艺。

二、实验原理
在烹饪过程中用来调和食品口味的辅助原料，具有酸、甜、苦、辣、咸等味和芳香味，这些辅料即为调味品。本实验旨在利用调味剂的特性对食品原料进行制作。

三、实验配方
小组按 4~5 人/组分组，原料及配方如表 5-27 所示。

表 5-27　　　　　　　　　　　　　　　　　　原料及配方

原料	五香粉	味精	老酒	老抽	醋	盐	鸡翅中	蒜末	淀粉或低筋面粉	鸡蛋
配方（用量）	15~20g	1.5g	少量	适量	适量	2小勺	5个	1/4个	适量	两组共用1个

四、实验步骤

（1）原料处理　将鸡翅洗净，将鸡翅背面竖切两刀，蒜切末，盐，备用。

（2）腌制　加入调味汁和腌制剂，拌匀（以无汁液为准），腌制 30min 左右（注意：因为时间较短，老抽和醋适当多一点）。

（3）裹粉　将腌制好的鸡翅裹一层面粉，在裹一层蛋液，再裹一层面粉，用手挤压一下鸡翅，让面粉和蛋液紧紧包裹住鸡翅。

（4）油炸　煎锅内中小火热油，用筷子测量油温，筷子旁有小气泡冒出就行，把鸡翅放入锅内炸 2min 后翻面在炸 2min 后捞出控油放至一旁备用，煎锅转大火热油，放入上一步骤炸过的鸡翅继续复炸，直至鸡翅颜色变成焦黄色即可捞出。（备注：也可以直接将肉块裹稀面糊，然后在外裹一层干粉，均匀后进行油炸，成蜂窝状脆片。）

（5）冷却至室温后，品鉴。

五、结果与讨论

产品评价：从口感、口味、香味、色泽等指标对自制产品做出感官评价，如表 5-28 所示。

表 5-28　　　　　　　　　　　产品评价

项目	外观	色泽	气味	内部组织状态	口感	其他
评分						
总分						

六、注意事项

（1）实验中应注意油炸溅出。

（2）裹粉不能使用高筋粉。

（3）材料上粉的厚度需与包裹全肉为佳。

思考题

1. 实验中用了哪些调味料，分别属于那些类别？

2. 试说明实验中所用的各类添加剂的作用？

参考文献

［1］顾立众，吴君艳. 食品添加剂应用技术［M］. 北京：化学工业出版社 .2018.

［2］自编教材.《食品添加剂应用技术实验指导书》.

模块三　设计研究性实验

实验十四　红心萝卜水溶性色素的提取

一、实验目的

（1）巩固分离纯化水溶性色素的技术原理。

（2）掌握大孔吸附树脂分离纯化水溶性色素的原理和操作方法。

（3）学习和掌握评价色素提取率和精制效果的方法。

（4）培养学生的实验组织能力、自主实验能力和创新能力。

二、实验原理

水溶性食用色素广泛应用于食品中，天然的水溶性色素在自然界广泛存在，可以作为食用色素的重要来源，如萝卜红色素、紫甘薯色素、甜菜红色素等都是我国允许生产和在食品中使用的天然水溶性色素品种，此外，还有许多新的水溶性色素资源将被利用，如紫甘蓝、紫玉米等。

红心萝卜富含花青素类色素，而花青素类物质易溶于水且在酸性条件下稳定，利用这些特性，采用酸性水溶液作为提取剂提取色素，再依据大孔吸附树脂对色素的吸附特性进行精制，即在水溶液中的花青素类物质可以与特定类型的大孔吸附树脂通过氢键结合被吸附到树脂上，而不能被吸附的组分则流出树脂，改变洗脱剂的极性可以使花青素从树脂上解吸下来，从而使其得到分离和精制，获得较高色价的食用天然色素。

三、实验材料、仪器与试剂

1. 材料

新鲜的红心萝卜。

2. 仪器

恒温水浴、温度计、布氏漏斗、循环水泵、小型离子交换柱、部分收集器及恒流泵、pH 计、电子天平、分光光度计、电热干燥箱、真空旋转蒸发仪。

3. 试剂

柠檬酸、磷酸氢二钠、大孔吸附树脂 AB-8、乙醇、氢氧化钠。

四、实验步骤

1. 提取剂、洗脱剂和缓冲液的配制

（1）提取剂　0.5g/100mL 的柠檬酸水溶液，300mL。

（2）水洗剂　0.1g/100mL 柠檬酸水溶液，150mL。

（3）洗脱剂　60mL/100mL 的乙醇水溶液，100mL。

（4）pH 3.0 柠檬酸-磷酸氢二钠缓冲液，250mL。

2. 工艺流程

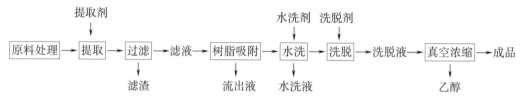

3. 操作要点

（1）原料处理　称取 100g 新鲜的红心萝卜，清洗干净，切成 3~5mm 的细丝，置 500mL 容器中。

（2）提取　加入 300mL 提取剂，于 50℃ 恒温水浴保温提取 1h，间歇式搅拌。

（3）过滤　用纱布或滤布粗过滤，弃去滤渣。滤液用布氏漏斗抽滤，弃去滤渣。记录提取液体积 V_1（mL）。

（4）树脂吸附　将预处理好的大孔吸附树脂湿法装柱，柱床体积约 50mL，整个实验过程保持液面高出树脂面。用蒸馏水或去离子水洗至无乙醇。将色素提取液上柱吸附，吸附流速为每小时 2~4 倍柱床体积（BV/h），观察流出液颜色，至流出液吸光值达到上柱液的 10% 时停止吸附，弃去流出液。

（5）水洗　用 0.1% 柠檬酸水溶液 150mL 洗去未被吸附的杂质，流速为 3BV/h，弃去水洗液。

（6）洗脱　用洗脱剂解吸吸附的色素，流速为 1BV/h，待红色流出时开始收集，至颜色很淡时停止收集。

（7）真空浓缩　在 40℃，真空度 85~100kPa 条件下真空浓缩，回收乙醇，得到精制色素液，记录体积 V_2。

4. 提取和精制效果评价

通过提取、精制得率和精制后色价提高的倍数评价提取和精制实验的效果。

（1）色价的测定　1% 的色素在 pH 3.0 柠檬酸-磷酸氢二钠缓冲液中，用 1cm 比色皿测得在其最大吸收波长处的吸光度值。

（2）提取液色素的得率　每 100g 原料经一次提取得到的色素量（以色价计），即总色价。

提取液的总色价测定：取 1mL 提取液，用缓冲液定容至 25mL，在 $\lambda = 530$nm，测定吸光度值 A，如式（5-5）所示。

$$提取液总色价 = V_1 \times A \times 1/4 \qquad (5-5)$$

（3）提取液的色价（以干物质计）　另取 5mL 用烘干法测定样品的干重率，并计算总干物质质量，如式（5-6）所示。

$$提取液的色价（以 g 干物质计）= 提取液总色价/总干物质质量（g） \qquad (5-6)$$

（4）精制色素的得率　每 100g 原料经一次提取并精制后得到的色素量（以色价计），

即总色价。

取 0.1mL 精制色素，用缓冲液定容至 25mL，在 $\lambda = 530nm$，测定吸光度值 A，如式 (5-7) 所示。

$$精制色素的总色价 = V_2 \times A \times 2.5 \tag{5-7}$$

（5）精制色素的色价（以干物质计） 另取 5mL 用烘干法测定样品的干重率，并计算总干物质量，如式 (5-8) 所示。

$$精制色素的色价（以 g 干物质计）= 精制色素总色价 / 总干物质量（g） \tag{5-8}$$

（6）精制后色价提高的倍数 如式 (5-9) 所示。

$$精制后色价提高的倍数 = 精制后样品的色价（以干物质计）/ 提取液的色价（以干物质计） \tag{5-9}$$

5. 树脂的回收与处理

用 2mol/L 的氢氧化钠处理 2h，用蒸馏水洗至中性。

五、结果与讨论

（1）制订方案 根据老师指定的原料，结合实验条件，确定实验方案，通过查找资料自行设计红心萝卜水溶性色素色价提高方案，经指导教师审核批准后进行实验。

（2）评价提取和精制效果，并思考影响提取率和精制效果的因素有哪些？

（3）为什么在提取剂和水洗剂中加柠檬酸？

（4）测定花色苷的色价时，为什么要用 pH 3.0 的柠檬酸-磷酸氢二钠缓冲液？

（5）工业化生产采取什么流程和设备？

六、注意事项

整个实验过程要保持层析柱中液面高出树脂面，否则柱床中会产生气泡影响吸附和解吸效果。

 思考题

提取温度的变化会影响红心萝卜水溶性色素的提取率吗？

参考文献

[1] 中华人民共和国国家卫生和计划委员会. GB 25536—2010 中华人民共和国国家标准 食品添加剂萝卜红[S]. 北京：中国标准出版社，2010.

[2] 吕晓玲. 紫玉米芯色素提取工艺条件研究[J]. 食品研究与开发，2006(4)：76-78.

[3] 王冀，等. 大孔吸附树脂法紫玉米色素精制工艺的研究[J]. 中国食品添加剂，2006(6)：61-64.

实验十五　钙盐豆腐和内酯豆腐的制作

一、实验目的

（1）巩固豆腐制作的技术原理。

（2）分别掌握钙盐豆腐和内酯豆腐的原理和操作方法。

（3）探索影响豆腐凝胶质量的因素。

（4）培养学生的实验组织能力、自主实验能力和创新能力。

二、实验原理

大豆蛋白质发生热变性之后，加入钙盐破坏蛋白质外层的水化膜和双电层；改变大豆蛋白质溶液的等电点，使蛋白质从溶胶状态转变为凝胶状态。在蛋白质凝胶的网络中包含了水分，成为具有弹性的豆腐类制品。

制作手工豆腐使用卤水（氯化钙和氯化镁的混合物）或石膏（硫酸钙）作为凝固剂，生产时需要对大豆蛋白质凝胶进行压制和脱水。内酯豆腐使用 δ-葡萄糖酸内酯作为凝固剂，生产时在包装袋（盒）内凝固，不需要压制和脱水。豆腐的制作受到豆浆温度、豆浆浓度、豆浆 pH、凝固剂种类等因素的影响。

产品质量与规范要求：根据《绿色食品　豆制品》（NY/T 1052—2014）。

（1）感官指标　色泽呈白色或淡黄色；气味和滋味具有豆腐特有的香味，无异味；组织状态：块形完整，软硬适宜，质地细腻，有弹性；无肉眼可见外来杂质。

（2）理化指标　水分：钙盐豆腐 85%～90%，内酯豆腐≤90%；蛋白质：钙盐豆腐 5.0%～7.0%，内酯豆腐≥5.0%。

（3）质地测定　应用食品质地测定仪的 TPA 模式测定两种豆腐的凝胶强度。

三、实验材料、仪器与试剂

1. 材料

大豆。

2. 仪器

混料罐、加热锅、磨浆机、豆腐布、豆腐模框、温度计、pH 计、天平、压榨器、塑料包装容器、塑料热合机、豆浆密度计、质构仪。

3. 试剂

硫酸钙、氯化钙、δ-葡萄糖酸内酯、卤水。

四、实验步骤

1. 实验原辅材料与参考配方

（1）钙盐豆腐　大豆 1000g，硫酸钙或卤水 15g 或卤片 15g；

（2）内酯豆腐　大豆 1000g，δ-葡萄糖酸内酯 15g。

2. 工艺流程

$$点浆 \rightarrow 凝固 \rightarrow 上箱 \rightarrow 压制 \rightarrow 切块 \rightarrow 钙盐豆腐$$

大豆 → 浸泡 → 水洗 → 磨制 → 煮浆 → 冷却 → 混合 → 灌装 → 加热成型 → 冷却 → 内酯豆腐

3. 操作要点

（1）豆乳的制作

①浸泡：按 1：3 添加泡豆水，水温 17~25℃，pH 在 6.5 以上，时间为 8~12 h，浸泡适当的大豆表面比较光亮，没有皱皮，豆瓣易被手指掐断。

②水洗：用自来水清洗浸泡的大豆，去除浮皮和杂质，降低泡豆的酸度。

③磨制：用磨浆机磨制水洗的泡豆，磨制时每千克原料豆加入 50~55℃ 的热水 4000mL。

④煮浆：煮浆使蛋白质发生热变性，煮浆温度要求达到 95~98℃，保持 2min。

（2）钙盐豆腐

①点浆和凝固：用豆浆密度计测定豆浆的浓度，应不小于 11%，测量温度为 70~75℃。分别使用硫酸钙或卤水作为凝固剂，硫酸钙的加入量为 0.8%~1.5%，卤水的加入量为 0.8%~1.0%。用水混匀硫酸钙或溶解卤片后在搅拌之下加到豆浆之中，迅速搅拌后静置，保持 20~25min 以凝固成豆脑。

②上箱压制：把豆脑轻轻地撒在豆腐布上，包好放在豆腐箱内，在盖板上施加压力，压制 5~20min。

（3）内酯豆腐

①冷却：δ-葡萄糖酸内酯在30℃以下不发生凝固作用，为使它能与豆浆均匀混合，把豆浆冷却至30℃；但δ-葡萄糖酸内酯的混合物可以使豆浆的凝固温度提高到60℃以上，因此使用新的δ-葡萄糖酸内酯时，需要确认其凝固温度。

②灌装：把混合好的豆浆注入塑料盒，每盒重200g，用热合机封口。

③加热凝固：把封装好的豆浆盒放入锅中隔水静置加热，当温度超过50℃后，δ-葡萄糖酸内酯开始发挥凝固作用，使袋内的豆浆逐渐形成豆脑。加热的水温为90℃，加热时间为10min，到时后立即冷却，以保持豆腐的形状。

五、结果与讨论

（1）制订方案　根据老师指定的原料，结合实验条件，确定实验方案，通过查找资料自行设计豆腐制作方案，经指导教师审核批准后进行实验。

（2）设计感官评价表，要求对制作的豆腐进行感官评定。

（3）制作内酯豆腐的两次加热各有什么作用？

（4）影响钙盐豆腐品质的因素有哪些？如何优化豆腐加工操作？

六、注意事项

（1）要选无污染、无霉变的大豆，另，大豆浸泡的时间与季节也有一定的关系，夏天一般时间较短，泡好的大豆要达到表面光滑，无皱皮，豆瓣内表面略有塌陷，手指能够掐断，断面没有硬心。

（2）凝固剂加入豆浆中时，要迅速搅拌均匀后静置。

思考题

豆腐凝固剂的作用原理是什么？

参考文献

[1] 中华人民共和国农业部. NY/T 1052—2014　绿色食品　豆制品[S]. 北京：中国标准出版社，2014.

[2] 黄明伟，刘俊梅，王玉华，等. 大豆蛋白组分与豆腐品质特性的研究[J]. 食品工业科技，2015(13)：94-98.

[3] 邹艳楠. 豆腐加工生产中几个关键问题研讨[J]. 黑龙江科学，2015(7)：80.

[4] 于新，吴少辉，叶伟娟. 豆腐制品加工技术[M]. 北京：化学工业出版社，2012.

[5] 爱课程. 食品技术原理：9-5　媒体素材——豆腐制造技术[DB].

实验十六　蛋黄酱和沙拉酱的制作

一、实验目的

（1）巩固蛋黄酱（水油乳化）的技术原理。

（2）掌握蛋黄酱和沙拉酱的制作工艺。

（3）熟悉搅拌乳化及调和稳定技术。

（4）培养学生的实验组织能力、自主实验能力和创新能力。

二、实验原理

蛋黄酱是以精炼植物油、食醋、鸡蛋黄为基本成分，通过乳化制成的半流体食品。

蛋黄酱属于油在水中型（O/W）的乳化物中，内部的油滴分散在外部的醋、蛋黄和其他组分之中。蛋黄在该体系中发挥乳化剂的作用，醋、盐、糖等除调味的作用以外，还在不同程度上起到防腐、稳定产品的作用。沙拉酱是以改性淀粉、黄原胶等原料部分或全部替代蛋黄，经调味乳化后制成的产品。

产品质量与规范要求如下。

（1）蛋黄酱　按照《蛋黄酱》（SB/T 10754—2012）。

①感官指标

色泽：乳白色或淡黄色。

香气：具有产品应有的香气，无酸败（哈喇）气味及其他不良气味。

滋味：酸咸并带有产品的特征风味，无异味。

体态：柔软适度，无异物，呈黏稠、均匀的软膏体，无明显油脂析出、分层现象。

②理化指标：脂肪含量≥65%，pH≤4.2。

③物理性质测定：使用旋转黏度计、色差计测定样品的黏度和色差。

（2）沙拉酱　按照《沙拉酱》（SB/T 10753—2012）。

①感官指标

色泽：乳白色或淡黄色。

香气：具有沙拉酱应有的香气。

滋味：酸咸或酸甜味，无异味。

体态：细腻均匀一致，明显分层。

②理化指标：脂肪含量≥10%，pH≤4.3。

③物理性质测定：使用旋转黏度计、色差计测定样品的黏度和色差。

三、实验材料、仪器

1. 材料

蛋黄、色拉油、食用白醋、糖、柠檬酸、芥末粉、改性淀粉、黄原胶。

2. 仪器

混料罐、加热锅、打蛋机、胶体磨、塑料热合封口机、温度计、旋转黏度计、色差计、pH 计、天平。

四、操作步骤

1. 实验原辅材料与参考配方

（1）蛋黄酱（1000g）　蛋黄150g，精炼植物油790g，食用白醋（醋酸4.5%）20mL，砂糖22g，食盐9g，山梨酸2g，柠檬酸2g，芥末粉5g。

（2）沙拉酱（1000g）　全蛋100g，精炼植物油475g，食用白醋（醋酸4.5%）30mL，糖85g，食盐10g，柠檬酸2g，芥末粉5g，改性淀粉20g，黄原胶3g，水270mL。

2. 工艺流程

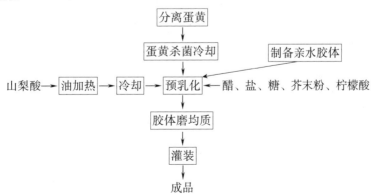

3. 操作要点

（1）蛋黄酱

①加热精炼植物油至60℃，加入山梨酸，缓缓搅拌使其溶于油中，呈透明状冷却至室温待用。

②鸡蛋除去蛋清，取蛋黄打成匀浆，水浴加热至60℃，在此温度下保持3min，以杀灭沙门菌，冷却至室温待用，如果使用巴氏杀菌的商品蛋黄，可以省略此步骤。

③用打蛋机搅打蛋黄，加入1/2的醋，边搅拌边加入油，油的加入速度不大于100mL/min（总量为1000g），直至搅打成淡黄色的乳状物。随后加入剩余的醋等成分，搅打均匀。

④均质乳化：胶体磨要冷却到10℃以下，经胶体磨均质成膏状物。使用玻璃瓶或尼龙/聚乙烯复合袋包装，封口后即得成品。

（2）沙拉酱

①改性淀粉预乳化：将改性淀粉与100g油充分混合均匀，备用。

②干混糖、食盐、柠檬酸、黄原胶、芥末粉，充分混匀备用。

③用打蛋机充分搅打全蛋和醋，然后缓慢加入混粉末。

④加入边搅拌边缓慢加入油，油的加入速度不大于100mL/min（总量为375g）。

⑤边搅拌边缓慢加入变性淀粉与油的混合物，搅打均匀。

⑥均质乳化：胶体磨要冷却到10℃以下，经胶体磨均质成膏状物。

⑦使用玻璃瓶或尼龙/聚乙烯复合袋包装，封口后即得成品。

五、结果与讨论

（1）制订方案　根据老师指定的原料，结合实验条件，确定实验方案，通过查找资料自行设计蛋黄酱和沙拉酱制作方案，经指导教师审核批准后进行实验。

（2）设计感官评价表，要求对制作的蛋黄酱和沙拉酱进行感官评定。

（3）讨论各组分在蛋黄酱中的作用是什么？

（4）讨论乳化的操作条件对蛋黄酱产品的质量有何影响？

（5）蛋黄酱依靠什么防止微生物引起腐败，保持产品的稳定性？

六、注意事项

（1）要选用色浅、味淡的精炼植物油；蛋黄要选用新鲜不散黄、不受冻、清洁卫生的，使用时温度控制在约10℃；芥末粉、食盐、白糖等均选用气味纯正、无杂质的精制品。

（2）所用的打蛋器、容器均要经清洗、消毒后方可使用。

（3）调制时，油的加入不可过快，搅拌速度也不宜过快，使油和蛋黄充分融合、分散均匀。

 **思考题**

蛋黄酱和沙拉酱的制作原理与品质保障关键分别是什么？

☞ **参考文献**

[1]中华人民共和国商务部.SB/T 10754—2012 蛋黄酱[S].北京：中国标准出版社，2012.

[2]中华人民共和国商务部.SB/T 10753—2012 沙拉酱[S].北京：中国标准出版社，2012.

[3]严泽湘.调味品加工大全[M].北京：中国化工工业出版社，2015.

[4]尚丽娟.蛋黄酱和沙拉酱[S].农产品加工，2014(1)：38-39.

[5]爱课程.食品技术原理：13-1 媒体素材——蛋黄酱和沙拉酱[DB].

实验十七　咸蛋的制作

一、实验目的

加工咸蛋的主要目的是增加蛋的保藏性以及改善其风味。加工方法主要包括两种：一是草灰法；二是盐泥涂布法。本实验要求学生掌握咸蛋的加工原理及工艺流程。

二、实验原理

咸蛋主要是将鸭蛋或鸡蛋用食盐腌制而成，在腌制过程中食盐通过蛋壳、蛋壳膜、蛋清膜、蛋黄膜逐渐向蛋清及蛋黄渗透和扩散，从而使之获得一定的防腐能力，改善产品的风味。

三、实验材料、仪器

1. 材料

鲜鸡蛋；鲜鸭蛋；香辛料；白酒；草木灰、黄泥土（干燥无杂质，无霉变、无砂粒）；食盐（氯化钠的含量>96%，无异味）。

2. 仪器

玻璃泡菜坛密封罐（带盖）、照蛋器、烧杯、量筒、称量天平、电子秤、切刀、不锈钢盆、塑料桶、煮锅、切菜板、铁盘、牙签、保鲜膜、一次性手套、记号笔等。

四、实验步骤

1. 实验要点（选择以下两种方法完成腌制）

（1）方法一　水腌五香咸鸡蛋的腌制保藏

①取花椒、八角、白芷、良姜、桂皮、茴香、生姜，用适量水煮沸20min［制成饱和食盐水，常温下饱和浓度为36/（100+36）= 26.47%］。

②冷却后倒入瓷坛内，将洗净的鸡蛋泡入（水要能淹没鸡蛋）。

③密封坛口，置通风处。

④贴标签（标明实验班组、实验条件、时间等信息）。

⑤放到保存处室温保存；15~20d 左右即可开坛取蛋煮食。

（2）方法二　黄泥腌蛋的腌制保藏

①取花椒、八角、白芷、良姜、桂皮、茴香、生姜等用适量水煮沸 20min。

②冷却后和选择好的深层黄土（晒干捣碎）调成浆糊状。

③用干布擦净鸡蛋（切勿用生水洗）。

④将鸡蛋在泥浆（按照配比调配的泥料）里滚动后。

⑤使鸡蛋外面的黄泥表面包裹上一层食盐。

⑥然后将沾满食盐的鸡蛋装坛密封即可。

⑦在坛子上贴标签（标明实验班组、实验条件、时间等信息）。

⑧放到保存室，室温保存；15d 左右即可食用。

（3）方法三　白酒腌蛋的腌制保藏

鸡蛋洗净，擦干水，在酒里浸泡 3~5min，然后在食盐里反复滚动，使鸡蛋表面覆盖食盐层，然后用保鲜膜包裹鸡蛋，盛放在器皿里，阴暗处放置 15d 左右。

（4）实验观察　每隔 3d 观察一次，分别评价不同腌制条件下生，熟咸蛋的蛋清、蛋黄组织色泽、质地和风味变化。

2. 产品评定

（1）透视检验　抽取腌制到期的咸蛋，洗净后放到照蛋器上，用灯光透视检验。腌制好的咸蛋透视时，蛋内澄清透光，蛋清清澈如水，蛋黄鲜红并靠近蛋壳。将蛋转动时，蛋黄随之转动。

（2）摇震检验　将咸蛋握在手中，放在耳边轻轻摇动，能感到蛋清的流动，并有拍水的声响是成熟的咸蛋。

（3）除壳检验　取咸蛋样品，洗净后打开蛋壳，倒入盘内，观察其组织状态，成熟良好的咸蛋，蛋清与蛋黄分明，蛋清呈水样，无色透明，蛋黄坚实，呈朱红色。

（4）煮制剖视　品质好的咸蛋，煮熟后蛋壳完整，煮蛋的水洁净透明，煮熟的咸蛋，用刀沿纵面切开观察，成熟的咸蛋蛋清鲜嫩洁白，蛋黄坚实，呈朱红色，周围有露水状的油珠，品尝时咸淡适中，鲜美可品，蛋黄发沙。

（5）感官指标　外壳包泥（灰）或涂料均匀洁净，去壳后蛋壳完整，无霉斑，灯光透视时可见蛋黄阴影，剖检时蛋清液化，澄清，蛋黄呈橘红色或黄色环状凝胶体，具有咸蛋正常气味，无异味。

①蛋壳：咸蛋蛋壳应完整、无裂纹、无破损、表面清洁。

②气室：高度应小于 7mm。

③蛋清：蛋清纯白、无斑点、细嫩。

④蛋黄：色泽红黄，蛋黄变圆且黏度增加，煮熟后黄中起油或有油析出。

⑤滋味：咸味适中，无异味。

（6）理化指标（表 5-29）。

表 5-29　　　　　　　　　　　　　咸蛋的理化指标

项　目	指　标	项　目		指　标
水分/%	60~68	汞（以 Hg 计）/（mg/kg）	≤	0.03

续表

项　目	指　标	项　目	指　标
砷（以 As 计）/（mg/kg）	≤　0.5	食盐（以 NaCl 计）/%	2.0~5.0
硒（以 Se 计）/（mg/kg）	0.10~0.50	挥发性盐基氮/（mg/100g）	≤　1.0
锌（以 Zn 计）/（mg/kg）	7.0~50		

五、结果与讨论

（1）咸蛋的验收标准及方法

①抽样方法：对于出口咸蛋，采取抽样方法进行验收。1—5 月、9—12 月按每 100 件抽查 5%~7%，6—8 月按每 100 件抽查 10%，每件取装数的 5%。抽检人员可根据咸蛋的品质、包装、加工、贮藏等情况，酌情增减抽检数量。

②质量验收：抽检时，不得存在有红贴皮咸蛋、黑贴皮咸蛋、散黄蛋、臭蛋、泡花蛋（水泡蛋）、混黄蛋、黑黄蛋。

自抽检样品中每级任取 10 枚鉴定大小十分均匀。先称总质量，计算其是否符合规定。平均每个样品蛋的质量不得低于该等级规定的质量，但允许有不超过 10% 的邻级蛋。出口咸蛋质量分级标准见表（5-30）。

表 5-30　　　　　　　　　　出口咸蛋质量分级标准

级　别	1000 枚质量/kg	级　别	1000 枚质量/kg
一　级	≥77.5	四　级	62.5~67.5
二　级	72.5~77.5	五　级	57.5~62.5
三　级	67.5~72.5		

（2）次劣咸蛋产生的原因　咸蛋在加工、贮藏和运输过程中，间有次劣蛋产生。有些虽质量降低，但尚可食用，也有些因变质而失去食用价值。次劣咸蛋在灯光透视下，各有不同的特征。

①泡花蛋透视时可看到内容物有水泡花，泡花随蛋转动，煮熟后内容物呈"蜂窝状"，这种蛋称为泡花蛋，但不影响食用。产生原因主要是鲜蛋检验时，没有剔除水泡蛋；其次是贮藏过久，盐分渗入蛋内过多。防止方法是不使鲜蛋受水湿、雨淋检验时主要剔除水泡蛋，加工后不要贮藏过久，成熟后就上市供应。

②混黄蛋透视时内容物模糊不清，颜色发暗，打开后蛋清呈白色与淡黄色相混的粥状物。蛋黄的外部边缘呈白色，并发出腥臭味，这种蛋称为混黄蛋，初期可食用，后期不能食用。产生原因是由于原料蛋不新鲜，盐分含量不够，加工后存放过久所致。

③黑黄蛋透视时蛋黄发黑，蛋清呈混浊的白色，这种蛋称为"清水黑黄蛋"。产生原因是加工咸蛋时，鲜蛋检验不严，水湿蛋、热伤蛋没有剔除；在腌制过程中温度过高，存放时温度高、时间过久而造成。防止的方法是：严格剔除鲜蛋中的次劣蛋，腌制时防止高温，成熟后不要久贮。

此外，还有红贴皮咸蛋、黑贴皮咸蛋、散黄蛋、臭蛋等，这些都是由于加工原料蛋不新鲜所造成的。

（3）通过实验比较不同腌制处理条件下生，熟咸蛋的蛋清、蛋黄组织色泽、质地和风味变化，比较不同腌制处理条件的优点和缺点。

（4）填写感官评价表（表5-31、表5-32）。

表5-31　　　　　　　　　　　　　　　　咸蛋感官评价表

项目	第一次			第二次			第三次			第四次			第五次		
	湿腌法	混合法	干腌法	湿腌法	混合法	干腌法	湿腌法	混合法	干腌法	湿腌法	混合法	干腌法	湿腌法	混合法	干腌法
色评															
质地															
风味															

表5-32　　　　　　　　　　　　　　　熟咸蛋的感官评价指标描述

指标	评价描述	
	蛋清	蛋黄
色泽	熟咸蛋清，呈乳白色、有光亮； 熟咸蛋清，乳白色较暗； 熟咸蛋清，色暗	熟蛋黄呈橙黄、朱红或鲜红色； 熟蛋黄呈灰色或其他不正常的颜色
质地	熟咸蛋清细嫩、光滑、不黏壳； 熟咸蛋清细嫩、光滑、黏壳； 熟咸蛋清细嫩、不光滑、黏壳	熟蛋黄呈球形、结实； 熟蛋黄呈近似球形、较结实或不结实
风味	具有咸蛋应有的气味、无异味、咸度适中，蛋清清嫩爽口、蛋黄口味有细砂感，且富有油脂；蛋黄、蛋清有异味	

六、注意事项

鸡蛋、鸭蛋存放时要大头向上（气室），小头朝下，直立存放；鲜蛋的蛋清是浓稠的，但随着存放时间的延长以及外界温度的变化，蛋清在蛋白酶的作用下所含的黏液素会逐渐脱水变稀，从而使蛋清失衡，失去固定蛋黄的作用。选择将蛋的大头向上，即使蛋清变稀，也不会很快发生靠黄和贴皮现象，这样既可防止微生物侵入蛋黄，也有利于保证蛋品的质量。如图5-4所示。

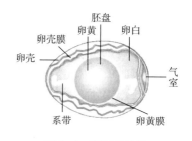

图5-4　鲜蛋的结构

？思考题

1. 试述咸蛋的加工方法及注意事项？
2. 影响咸蛋质量的因素有哪些？

参考文献

[1]丁武. 食品工艺学综合实验[M]. 北京：中国林业出版社，2012.

[2]马俪珍. 食品工艺学实验[M]. 北京：化学工业出版社，2011.

[3]潘道东. 畜产食品工艺学实验指导[M]. 北京：科学出版社，2012.

[4]潘思轶. 食品工艺学实验[M]. 北京：中国农业出版社，2015.

[5]孔保华. 畜产品加工学[M]. 北京：中国农业科学技术出版社，2008.

[6]何美. 即食咸蛋的加工技术研究[D]. 长沙：湖南农业大学，2017.

实验十八　特色果脯的制作

一、实验目的

（1）巩固果脯（食品糖制）的技术原理。

（2）掌握果脯制作工艺。

（3）熟悉糖度计或者手持式折光仪工作原理并会使用。

（4）培养学生的实验组织能力、自主实验能力和创新能力。

二、实验原理

1. 果脯制作的基本原理

利用高浓度糖液的较高渗透压，析出果实中的多余水分，在果实的表面与内部吸收适合的糖分，形成较高的渗透压，抑制各种微生物的生存而达到保藏的目的。50%糖液浓度会阻止大多数酵母的生长，65%糖液浓度一般可抑制细菌的生长，而80%糖液浓度才可抑制霉菌的生长。

2. 原料选择原则

根据果脯制作原理，在制作果脯时应注意选择果实含水量较少、固形物含量较高的品种，果实颜色美观、肉质细腻并具有韧性的品种，耐贮运性良好、果核容易脱离的品种等。

3. 糖液的配制

正常果脯成品的含水量为17%~19%，总糖含量为68%~72%，其中还原糖含量为43%，占总糖含量的60%以上时，不会出现"返砂"（成品表面或内部产生蔗糖结晶）和"返糖"（成品发生葡萄糖结晶）现象，这时产品质量最佳。当还原糖含量为30%，占总糖的50%以下时，干制后成品将会不同程度地出现返砂现象。返砂的果脯，失去正常产品的光泽、容易破损，严重影响成品的外观和质量。当还原糖含量在30%~40%时，成品干制后虽暂时不返砂，但经贮藏仍有可能产生轻微返砂现象，其返砂程度将随还原糖含量的增多而减低；当还原糖含量过高时，遇高温潮湿季节，易发生"返糖"现象。由此可见，果脯成品中蔗糖与还原糖比例决定着成品的质量，而成品中糖源的主要来源是糖液，所以糖液的配制实为果脯生产的技术关键，必须予以高度的重视。经验证明，煮制果脯的糖液，特别是苹果等含有机酸少的果品的糖液，在煮制过程中应加入一定量的有机酸，调整其 pH，这样可以控制佐糖液中还原糖的比例。实践中得出，糖液 pH 调为 2.5 时，经 90min 煮制，其中蔗糖的大部分可以得到转化，产品质量可以得到保证。

4. 煮制与浸渍

各种果脯的煮制与浸渍方法，基本上可以分为两种：

（1）一次煮制法　一次煮制法主要用于加工水果果实含水量较低，细胞间隙较大，组织结构较疏松的果类，如苹果、枣等。具体的煮制和浸制时间应根据品种的不同而分别确定。但是，南方某些地区的果脯生产与北京略有不同。例如，福建制做的桃片、李片等果脯，将果实去皮、磕开、去核后用 0.2% 的石灰水浸泡，然后热烫、糖渍，采用一次煮制法生产。

（2）多次煮制法　多次煮制法适用于果实含水量较高、细胞较厚、组织结构较致密、煮制过程中容易糜烂的果类。因为果实采用一次煮制浸渍，不仅糖液难以浸透到果实内部，而且容易煮烂甚至煮成果酱，因此应采取多次煮制浸渍法。例如，桃、梨、杏等都是采取多次煮制法加工。其中有的梨虽然不易煮烂，但由于其含水量较高，糖分难以浸透到内部。煮制过程中果实中的水分在糖液浸渍下会大量渗出、稀释了糖液浓度，若延长煮制时间，必然会提高成本，所以一般也都采取多次煮制法。除此之外，多次煮制法还可以使果实中蛋白质细胞原生质受热凝固，具有更好的渗透性，同时也借助热烫而破坏了果实中的各种酶，有利于防止单宁氧化褐变，保持果品的鲜美色泽。

5. 产品质量与规范要求

（1）参照《苹果脯》（GH/T 1155—2017）。

①感官指标

色泽：鲜艳透明，呈比原果深的颜色。

组织形态：块形完整，基本一致，组织饱满，质地柔软，有韧性柔软、浸糖饱满，不黏粒。

滋味及气味：酸甜适口，具有原果味，无异味。

②理化指标：水分 16%~20%，总糖 60%~70%。

③其他指标：见 GH/T 1155—2017。

（2）参照《果脯类流通规范》（SB/T 11025—2013）。

三、实验材料、仪器与试剂

1. 材料

苹果、白砂糖、亚硫酸氢钠、氯化钙、柠檬酸。

2. 仪器

糖度计、菜刀、电磁炉、去核小刀、菜板、苹果去皮刀、白纸碟、200mL 烧杯、500mL 烧杯、pH 试纸、滤纸、纱布、2000mL 烧杯、电子秤（精度 0.01g）、50mL 量筒、500mL 量筒、带盖不锈钢煮锅（3kg 容量）、玻璃棒、漏勺（口径 10~15cm）、不锈钢盆（1~2kg 容量）、铁丝网、洗碗巾、洗瓶、烘箱。

3. 试剂

0.2%~0.3%亚硫酸氢钠溶液、0.1%氯化钙溶液、1%食盐水溶液、0.6%石灰水、0.1%柠檬酸溶液、50%柠檬酸溶液。

四、实验步骤

1. 苹果脯制作方案一

（1）原辅材料　苹果 1.5kg，白砂糖 1.86kg，亚硫酸氢钠 4g，氯化钙 2g，柠檬酸 50g。

（2）仪器、设备　糖度计、酸度计、菜刀、去核小刀、菜板、烧杯、电子秤（±0.1）、不锈钢煮锅（3kg 容量）、1000mL 容量瓶 3 个（亚硫酸氢钠、氯化钙、柠檬酸）、玻璃棒、盘子、盆、笊篱、铁丝网、电磁炉、洗碗巾、烘箱

（3）工艺流程

原料 → 分选 → 清洗 → 去皮 → 挖核 → 切片 → 护色硬化 → 漂洗沥干 → 糖煮 → 糖渍 → 烘干 → 苹果脯

（4）制作方法

①选料：选用优质、无病虫害、新鲜的柠檬、苹果。

②处理原料：清洗净的苹果用机械法削去果皮，对半切开，挖去巢芯，在清水中洗净，切成片状。

③护色硬化处理：使用 0.2%亚硫酸氢钠溶液与 0.1%的氯化钙溶液的混合液浸泡，进行硬化和硫化处理，浸泡 0.5~2.5h。取出在清水中漂洗，去净残液，沥去水分，即可进行糖煮。

④糖煮：配浓度 40%的糖液 1.6kg，用柠檬酸（50%）调至 pH 2.5，加热煮沸，倒入已漂洗净的苹果片，用旺火煮沸后再添加 80%的糖液 0.35kg，分 3 次加入，3 次煮沸，共需 30~40min。其后再行 6 次加糖煮制。第一、二次各加糖 0.12kg；第三、四次各加糖 0.13kg；第五次加糖 0.14kg。以上各次加糖后重新煮沸，每次相间隔 5min 左右。第六次加糖 0.3kg，煮沸 20min，至果块呈浅褐透明时出锅。

⑤糖渍：趁热出锅倒入缸内连浆浸渍 2d 左右，待苹果出现透明感，使果肉吃糖均匀，即可取出苹果片坯，沥去糖液。

⑥干燥：将沥去糖液的苹果片坯排放在烘盘上整形，送入烘箱，在 60~70℃温度下烘烤 18~24h，到果肉饱满稍带弹性，表面不粘手时即可取出。

⑦成品包装：出烘房的果片坯进行整修，剔除不合格的产品。

2. 苹果脯制作方案二

（1）原辅材料　苹果 1.5kg，白砂糖 2.25kg，食盐 10g，亚硫酸氢钠 4g，柠檬酸 50g。

（2）仪器、设备　糖度计、酸度计、菜刀、去核小刀、菜板、烧杯、电子秤（±0.1）、不锈钢煮锅（3kg 容量）、1000mL 容量瓶 2 个（亚硫酸氢钠、柠檬酸）、玻璃棒、盘子、盆、笊篱、铁丝网、电磁炉、洗碗巾、烘箱。

（3）工艺流程

原料 → 分选 → 清洗 → 削皮 → 挖核 → 切块 → 食盐护色 → 硫化处理 → 漂洗沥干 →

糖煮 → 烘干 → 整形 → 包装 → 成品

（4）制作方法

①分选：按苹果几何尺寸进行分寸，并将其中的烂果、病虫果、畸形果以及过于成熟的果子挑出，使每批苹果尺寸大小基本相等，成熟程度基本相同，便于加工。

②清洗：洗去苹果表面的残留农药和泥土等药物，避免其随着削皮而进入果肉内。

③去皮、挖核、切块：苹果去皮是采用半机械化削皮，切块，人工挖去籽巢。在每道工序结束后，应将果块放在1%（10g 食盐，1000g 水）的食盐水溶液中，防止变色。

④浸泡：将果块浸入0.3%亚硫酸钠水溶液中（3g 亚硫酸钠盐，100g 水）果块浸到半透明状时即可。取出在清水中漂洗，去净残液，沥去水分，即可进行糖煮。

⑤糖煮：配浓度40%（40g 糖，100mL 水）的糖水，煮沸。将浸泡处理后的果肉倒入（糖液要浸没果肉），迅速升温至沸腾。沸煮5min，马上加入浓度为40%的冷糖液，加入量为果实的10%左右，如此反复三次，此时果块已基本煮软，开始加入白砂糖。加糖的方法是分5~6次加，前两次要同时加入少许冷糖液，后三四次只加砂糖，全部加糖量为果重的1.5倍。

糖煮过程约需1h，煮至苹果完全透明，呈浅黄金色，即可将果块连同糖液一起倒入缸中，浸渍24h。为防止果脯返砂，糖煮时可适量加入一定量的有机酸（柠檬酸或者柠檬汁），调整其pH为2.5，这样使蔗糖适当转化，同时也起到一定的护色作用。

⑥烘干：将糖煮后果块沥去糖液，均匀铺在烤盘内，送入烤房烘干，烘干温度在70℃，烘至不沾手即可。

⑦整形、分级、包装：果块在烘烤过程中形状会发生变化，因此要进行整形，烘干后进行人工分级，包装。

3. 胡萝卜脯制作方案一

（1）原辅材料　胡萝卜1.5kg，石灰（氧化钙）20g，白砂糖2.25kg，食盐10g，柠檬酸50g。

（2）仪器、设备　糖度计、酸度计、菜刀、去核小刀、菜板、烧杯、电子秤（±0.1）、不锈钢煮锅（3kg 容量）、1000mL 容量瓶2个（亚硫酸氢钠、柠檬酸）、玻璃棒、盘子、盆、笊篱、铁丝网、电磁炉、洗碗巾、烘箱。

（3）工艺流程

选料 → 清洗 → 去皮 → 石灰水浸泡硬化 → 切片 → 护色 → 预煮 → 糖煮 → 糖渍 →

烘干 → 包装

（4）制作方法

①选料：从外观颜色上看，橙黄或橙红色的胡萝卜营养价值更高，含 β-胡萝卜素较多。加工时应选取橙黄色或橙红色的原料，肉质木质化和黑心胡萝卜不宜选用。

②处理：选料后将胡萝卜的尾部根须和青头去掉，洗净后去皮。放进浓度为0.6%的石灰水中浸泡8~12h，然后用流动水清洗残液（可做比较，另一组没有此步骤）。

③切片：人工切片切成每片厚度为 0.4~0.5cm，要求厚薄均匀。将切片后的胡萝卜浸没于 0.2%的食盐水（0.1%的柠檬酸液）中，以防止变色。

④热烫：在 90~100℃的热水中进行预煮，加热程度以原料由硬变软为宜，然后从热水中捞出沥水备用。按 1 份原料、2 份水的比例，锅内先放 0.2%的食盐水，煮沸后将原料片投入，维持沸腾 3~5min 后取出冷却。

⑤糖煮：配制浓度为 40%的糖液，用糖量为原料重的 80%，把原料加入糖液中共煮。起初要火大，让水分大量蒸发，并要不断搅拌。当糖液浓度不断提高，原料外观由不透明逐渐变得透明时，说明原料吸糖已接近饱和，糖液已接近过饱和状态，这时火一定要小，否则易于出现糖焦化而变褐甚至黑色，产品就不合格了。一直煮到糖液处于结晶状态，或者差不多全部返砂时，把原料捞出并不断吹冷风降温使其表面得以全部返砂。

⑥干燥：将薄片从锅中捞出沥净糖液后，置于 65~70℃的烘房中烘至不粘手、含水量为 22%~24%时出房，充分冷却后在薄片上撒一层糖粉，拌匀。

⑦成品：胡萝卜脯外观橙红色，外表干爽，有均匀细小糖粒，口感清脆。

4. 胡萝卜脯制作方案二

（1）原辅材料 胡萝卜 1.5kg，生姜 100g，白砂糖 2.4kg。

（2）仪器、设备 糖度计、酸度计、菜刀、菜板、烧杯、电子秤（±0.1）、不锈钢煮锅（3kg 容量）、1000mL 容量瓶 1 个（1 柠檬酸）、玻璃棒、盘子、盆、笊篱、铁丝网、电磁炉、洗碗巾、烘箱。

（3）工艺流程

选料 → 清洗 → 去皮 → 切片 → 预煮 → 糖煮 → 糖渍 → 烘干 → 包装

（4）制作方法

①选料：选择大小均匀、质体好，颜色橙红或橙黄，且无虫害、无伤烂、无畸形的胡萝卜。

②清洗：原料选好后切去胡萝卜的绿端及须根，用清水将胡萝卜洗干净。

③去皮：可采用机械法去皮，即用不锈钢削皮刀直接削皮即可，去皮的胡萝卜立即用清水漂洗。

④切片：把胡萝卜用不锈刀切成 1cm 左右的片段。

⑤预煮：把切好的胡萝卜片放入 95℃的水中煮制，待肉组织稍变软时，即可捞出，并沥干水分待用。

⑥糖煮：将含有适量姜汁，浓度为 40%的糖液倒入锅内，充分混含均匀，加热。姜汁糖液与胡萝卜片的比例为 2∶1。待糖液加热沸腾后加入胡萝卜片，并用文火加热使之沸腾。保持微沸 10min 后，再向沸腾处均匀加入浓度为 50%的冷糖液，加热使之再次沸腾。保持微沸状态数分钟后，向沸腾处再加入适量的白砂糖，煮到胡萝卜发亮且透明，停火出锅。

⑦糖渍：把胡萝卜和糖液倒入不锈钢盆，放入恒温室（8~10℃）冷藏 4h，捞出沥净糖液。

⑧烘烤：将胡萝卜单层摆在烤盘上送入烤房，在 60~65℃的温度下，烘烤 8h 左右

（使胡萝卜含水量为 18%～20%，且可溶物含量为 70% 左右），即可移出烘房。

⑨包装。

五、结果与讨论

（1）制订方案　根据老师指定的原料，结合实验条件，确定实验方案，通过查找资料自行设计果脯制作方案，经指导教师审核批准后进行实验。

（2）设计感官评价表，要求对制作的果脯进行感官评定。

六、注意事项

（1）糖渍时，掌握好糖液中适当的还原糖含量。在气温高、湿度大的地区，还原糖含量可小些，而在气温低、较干燥的地区，还原糖含量可高些，一般可控制在 50% 左右。可通过加入转化糖液或含转化糖的糖液来调整还原糖含量。切记不可在过低的 pH 下浸泡果实，否则易引起褐变。

（2）硬化处理　为防止果块破碎，可在糖制前进行硬化处理，即用 0.1% 的 $CaCl_2$ 溶液浸泡处理，或用 3%～5% 的石灰水上清液进行处理，但处理后需漂净残留的 $CaCl_2$ 或石灰。

（3）原料去皮、挖去果芯后一定要称重，因为后面要根据原料量计算加入糖液、护色剂、硬化剂的量。

（4）每加一次糖后要测定糖液的浓度。

（5）糖煮过程注意观察，随时切换电子炉加热挡，避免焦糊。

（6）电磁炉不要空烧，注意安全操作，以防烫伤。

（7）实验过程注意计时、称重、拍照。

 思考题

1. 说明糖与食品保藏的关系。
2. 若制作梨果脯，需要护色吗？如何制作梨果脯？

知识拓展

手持糖度计的原理及使用方法

一、糖度计的工作原理

光线从一种介质进入另一种介质时会产生折射现象，且入射角正弦之比恒为定值，此比值称为折光率。果蔬汁液中可溶性固形物含量与折光率在一定条件下（同一温度、压力）成正比例，故测定果蔬汁液的折光率，可求出果蔬汁液的浓度（含糖量的多少）。

通过测定果蔬可溶性固形物含量（含糖量），可了解果蔬的品质，大约估计果实的成熟度。如图 5-5 所示。

二、使用方法

打开手持式折光仪盖板，用干净的纱布或卷纸小心擦干棱镜玻璃面。在棱镜玻璃面上滴 2 滴蒸馏水，盖上盖板。于水平状态，从接眼部处观察，检查视野中明暗交界线是否处在刻度的零线上。若与零线不重合，则旋动刻度调节螺旋，使分界线面刚好落在零线上。打开盖板，用纱布或卷纸将水擦干，然后如上法在棱镜玻璃面上滴 2 滴果蔬汁，

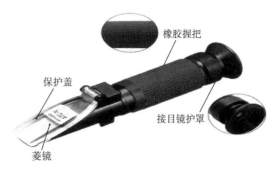

图 5-5　手持糖度计示意图

进行观测，读取视野中明暗交界线上的刻度，即为果蔬汁中可溶性固形物含量（％）（糖的大致含量）。重复三次。

☞ **参考文献**

[1]魏征，祝美云，邵建峰.低糖苹果果脯微波渗糖工艺影响因素研究[J].食品科学，2010，31(18)：37-40.

[2]段腾飞，顾金成，刘敏，等.低糖胡萝卜果脯加工工艺的研究[J].佳木斯大学学报（自然科学版），2018，36(4)：592-595.

[3]冯中波，徐敏，贺君，等.营养保健型胡萝卜果脯的研制[J].食品工业科技，2009，30(6)：248-250.

[4]蔡诗鸿，黄桂颖，谭晓燕，等.圣女果果脯制作过程中的品质控制[J].农产品加工，2019(21)：68-71.

[5]秦世蓉，左勇，何颂捷，等.猕猴桃果脯制作工艺优化[J].食品工业科技，2019，40(24)：152-159.

实验十九　复配添加剂在调配果味酸乳时的应用技术研究

一、实验目的

通过制作调配果味酸乳，了解甜味剂、防腐剂、酸味剂、香精、增稠剂、乳化剂及稳定剂等添加剂在此类食品中的应用研究及各自所起的作用。

二、实验原理

食品添加剂种类很多，我们利用甜味剂、防腐剂、酸味剂、香精、增稠剂、乳化剂及稳定剂等食品添加剂的性能、特点，使用范围、标准用量，应用到果味酸乳的调配中，使其符合色、香、味、形状等品质，满足我们对自制成品的需求，达到可应用可推广的目的。

三、实验配方

小组按 4~5 人/组分组，配制 1000mL，配方比例如表 5-33 所示。

表 5-33　　　　　　　　　　　　复配添加剂配方表

原料	蔗糖	纯乳粉	山梨酸钾	柠檬酸	柠檬酸钠	水果香精	CMC	黄原胶	单甘酯	三聚磷酸钠
配方/%	10	5	0.03	0.3	0.06	0.01	0.2	0.1	0.03	0.02

四、实验步骤

(1)将 CMC、黄原胶混合均匀,加水 600mL,加热溶解完全。

(2)将乳粉、糖、单甘酯、柠檬酸钠、三聚磷酸钠、山梨酸钾用 200mL 温水溶解。

(3)将柠檬酸加水 200mL 溶解。

(4)先将 2 加入 1 中混合均匀,然后将 3 逐滴加入并快速混合均匀,最后调整体积至 1000mL。

(5)再加热至 75~80℃,过滤后,均质(均质压力 30MPa)处理 5min。

(6)调香。

(7)罐装。

(8)灭菌　80~100℃,10~15min。

(9)冷却即成。

五、结果与讨论

试对自制的饮料做口味、香味、稳定性等方面的感官指标评价。

六、注意事项

(1)用纯乳或纯乳粉,不用调配后的乳粉。

(2)在溶解的时候需溶解完全,但不可搅拌起泡。

(3)关键点:加酸要缓慢,逐滴加入,否则容易出现沉淀。

思考题

1. 食品添加剂的选用原则有哪些?举例说明。

2. 按来源及用途来分,食品添加剂有哪些?

知识拓展

沙拉酱的手工制作

一、原料

鸡蛋一个、色拉油 60mL、醋(或果醋)15mL、白糖 10g、盐 2g。

二、做法

(1)鸡蛋　清洗外壳,去壳,分离蛋清和蛋黄,蛋黄备用。

（2）在洁净容器内，加入蛋黄，再加白糖用手动打蛋器不停地划圈，将蛋和白糖溶和在一起，体积会变大。

（3）加入色拉油，每加入一小勺子，用手动打蛋器，不停地搅拌到蛋油溶和。再加下一勺子，不能心急。

（4）加到一半油的时候，这时已经比较浓稠，可以加一小勺子醋来调和，并使沙拉酱的口感更好。（如果果醋代替可以制成不同风味）。

（5）再加剩下的色拉油，如果浓稠再加一勺子醋，如此交替就可以做出质量好的沙拉酱。

（6）最后再加上适量盐搅拌，就做好沙拉酱了。

（7）品鉴。

（8）做好的沙拉酱，可以用来做蔬菜沙拉、水果沙拉、涂面包等。

参考文献

［1］杨玉红. 食品添加剂应用技术［M］. 北京:中国质检出版社, 2015.

［2］自编教材.《食品添加剂应用技术实验指导书》.

第三篇

食品加工及分析类实验

第六章

食品工艺学实验

模块一 验证性实验

实验一 凝固型酸乳的制作

一、实验目的

（1）了解酸乳制品加工的基本工艺。

（2）掌握影响酸乳质量的因素及控制方法。

二、实验原理

以鲜牛乳为原料，经杀菌、接种发酵剂、恒温发酵、冷却、后熟等工艺，加工制作出凝块均匀细腻、色泽均匀一致、营养丰富、风味独特、呈酸味的发酵乳制品。

三、实验材料、仪器

1. 材料

鲜牛乳、发酵剂、糖。

2. 仪器

恒温培养箱、三角瓶、玻璃杯或纸杯、橡胶圈、牛皮纸、移液管、锅、电炉、冰箱、天平、量筒、烧杯、灭菌釜。

四、实验步骤

1. 工艺流程

鲜牛乳 → 调配（加糖） → 杀菌、冷却 → 接种 → 装瓶封口 → 恒温发酵 → 冷却 → 贮藏（后熟）→ 产品

2. 操作要点

（1）发酵剂制备　发酵剂制备分三个阶段：乳酸菌纯培养物的制备；母发酵剂的制备；生产（工作）发酵剂的制备。

①乳酸菌纯培养物的制备：乳酸菌保存菌种一般为干燥的粉末状。取新鲜不含抗菌素

和防腐剂的乳经过滤、脱脂，分装于 20mL 的试管中，经 120℃、15～20min 灭菌处理后，在无菌条件下接种，放在菌种适宜温度下培养 12～14h，取出再接种于新的试管中培养，如此继续 3～4 代之后，即可使用。

②母发酵剂的制备：取 200～300mL 的脱脂乳装于 300～500mL 的三角瓶中，在 120℃、15～20min 条件下灭菌，然后取相当于脱脂乳量 3% 的已活化的乳酸菌纯培养物在三角瓶内接种培养 12～14h，待凝块状态均匀稠密，在微量乳清或无乳清分离时，即可用于制造生产发酵剂。

③生产（工作）发酵剂的制备：基本方法与母发酵剂制备相同，只是生产（工作）发酵剂量较大，一般采用 500～1000mL 三角瓶或不锈钢制的发酵罐进行培养，并且培养基宜采用 90℃、30～60min 的杀菌制度。通常制备好的生产（工作）发酵剂应尽快使用，也可保存于 0～5℃ 的冰箱中待用。

（2）原料乳验收与处理　生产酸乳所需要的原料乳要求酸度在 18°T 以下，脂肪大于 3.0%，非脂乳干物大于 8.5%，并且乳中不得含有抗菌素和防腐剂，并经过滤。

（3）加蔗糖　蔗糖添加剂量一般为 6%～8%，最多不能超过 10%。具体办法是在少量的原料乳中加入糖，在电炉上加热到 50℃ 左右使之溶解，过滤后倒入原料乳中混匀即可。

（4）杀菌、冷却　将加糖后的乳盛在铝锅中，然后置 90～95℃ 的水浴中。当乳上升到 90℃ 时，开始计时，保持 10min 之后立即冷却到 40～45℃。

（5）添加发酵剂　将制备好的生产发酵剂（保加利亚乳杆菌：嗜热链球菌=1∶1）搅拌均匀，用纱布过滤徐徐加入杀菌冷却后的乳中，搅拌均匀。一般添加量为原料乳的 3%～5%。

（6）装瓶　将酸乳瓶用水浴煮沸消毒 20min，然后将添加发酵剂的乳分装于酸乳瓶中，每次不能超过容器的 4/5。装好后用蜡纸封口，再用橡皮筋扎紧即可进行发酵。

（7）发酵　将装瓶的乳置于恒温箱中，在 40～45℃ 条件下保持 4h 左右至乳基本凝固为止。判断发酵终点的方法：缓慢倾斜瓶身，观察酸乳的流动性和组织状态，当流动性变差且有小颗粒出现，可终止发酵。发酵时应注意避免震动，发酵温度维持恒定，并掌握好发酵时间。

（8）冷藏　发酵好的酸乳应立即置于 0～4℃ 冷库或冰箱中冷藏 4h 以上，冷藏期间，酸度仍会上升，同时产生风味物质（乙醛）且有利于乳清吸收。

3. 质量评价

参照《食品安全国家标准　发酵乳》（GB 19302—2010），酸乳的加工应符合标准。

（1）原料　应符合相应国家标准及行业标准规定。

（2）食品添加剂和营养强化剂　选用《食品安全国家标准　食品添加剂使用标准》（GB 2760—2014）和《食品安全国家标准　食品营养强化剂使用标准》（GB 14880—2012）中允许使用的品种，并应符合相应国家标准和行业标准规定；不得添加防腐剂。

（3）感官指标　符合表6-1规定。

表 6-1 酸牛乳的感官指标

项　目	纯酸乳	调味（果料）酸牛乳
色　泽	呈均匀一致的乳白色或微黄色	呈均匀一致的乳白色，或调味乳、果乳应有的色泽
滋味和气味	具有酸牛乳固有的滋味和气味	具有调味酸牛乳或果料酸牛乳固有的滋味和气味
组织状态	组织细腻、均匀，允许有少量乳清析出	成品均匀一致，保质期内无沉淀；果粒酸牛乳允许有果块或果粒

（4）理化指标　符合表 6-2 规定。

表 6-2 酸牛乳的理化指标

项　目	纯酸牛乳			调味（果料）酸牛乳		
	全脂	部分脱脂	脱脂	全脂	部分脱脂	脱脂
脂肪/%　　≥	3.0%	1.0~2.0	≤0.5	≥2.5	0.8~1.6	≤0.4
蛋白质/%	2.9	2.9	2.9	2.3	2.3	2.3
非脂乳固体/% ≥	8.1	8.1	8.1	6.5	6.5	6.5
酸度/°T　　≥	70.0	70.0	70.0	70.0	70.0	70.0

（5）卫生指标　符合表 6-3 规定。

表 6-3 酸牛乳的卫生指标

项　目		纯酸牛乳	调味酸牛乳	果料酸牛乳
苯甲酸/（g/kg）	≤	0.03	0.03	0.23
山梨酸/（g/kg）	≤	不得检出	不得检出	0.23
硝酸盐（以 $NaNO_3$ 计）/（mg/kg）	≤	11.0	11.0	11.0
亚硝酸盐（以 $NaNO_2$ 计）/（mg/kg）	≤	0.2	0.2	0.2
黄曲霉毒素 M_1/（μg/kg）	≤	0.5	0.5	0.5
大肠菌群/（MPN/100mL）	≤	90	90	90
致病菌（指肠道致病菌和致病性球菌）		不得检出	不得检出	不得检出

（6）产品中乳酸菌数　不得低于 $1 \times 10^6 CFU/mL$。

（7）食品营养强化剂添加量　应符合 GB 2760—2014 和 GB 14880—2012 的规定。

五、结果与讨论

（1）感官评定（表 6-4）　具体评定方法参照乳与乳制品感官评定方法［《酸牛乳感官质量评鉴细则》（RHB 103—2004）］操作。

表6-4   酸牛乳的感官评分

项 目	特 征	扣 分	得 分
滋味和气味（65分）	有醇正的酸乳味，酸甜适口，有清香、醇正的酸乳味（果肉味）	0	65
	酸味过度或有其他不良滋味，酸乳香气平淡或有轻微异味	5~8	60~57
	有苦味、涩味或其他不良气味，有腐败味、霉变味、酒精发酵及其他不良异味	8~12	53~57
组织形态（25分）	组织细腻、均匀，允许有少量乳清析出（果粒或果块）	0	25
	凝乳不均匀也不结实，有乳清析出	2~5	20~23
	凝乳不良，有气泡，乳清析出严重或乳清分离，瓶口及酸乳表面有霉斑	5~8	17~20
色泽（5分）	呈均匀一致的乳白色或微黄色（果料色泽）	0	5
	色泽不均，成微黄色或浅灰色	1~3	2~4
	色泽灰暗或出现其他异常颜色	1~3	2~4

（2）风味物质测定　发酵型酸乳的特征香气和风味来源于羰基化合物——乙醛和丁二酮（双乙酰）。这两种物质的测定方法如下所述：

①乙醛测定：乙醛在酸性条件下与亚硫酸氢钠发生加成反应，生成乙醛亚硫酸氢钠。在碱性条件下，乙醛亚硫酸氢钠与碘发生定量反应，根据当量关系计算出乙醛含量。

$$CH_3CHO + NaHSO_3 \longrightarrow CH_3CHOHSO_3Na$$

$$CH_3CHOHSO_3Na + I_2 + H_2O \longrightarrow CH_3CHO + NaHSO_4 + 2HI$$

②丁二酮测定：采用紫外分光光度计法。邻苯二胺和丁二酮反应生成2,3-二甲基并吡嗪，利用生成物的盐酸盐在355nm波长下有最大吸收值，可对样品中丁二酮进行定量检测。

（3）理化指标检测　蛋白质、脂肪、总固形物含量检验与原料乳的理化检验方法[《食品安全国家标准　发酵乳》（GB 19302—2010)]相同。

六、注意事项

实验中应严格把控原料乳的标准，原料乳的质量对凝固型酸乳品质会产生较大影响。研究表明，乳干物质、酸度等指标会影响酸乳的黏度，而使乳清析出。

思考题

1. 酸乳发生凝固的原因是什么？

2. 控制酸乳质量应注意哪些方面？

👉 **参考文献**

[1]丁武.食品工艺学综合实验[M].北京:中国林业出版社,2012.

[2]武俊瑞,颜廷才.新编食品工艺学实验指导[M].沈阳:沈阳农业大学出版社,2014.

[3]杜鹏.乳品微生物学实验技术[M].北京:中国轻工业出版社,2008.

[4]谷鸣.乳品工程师实用技术手册[M].北京:中国轻工业出版社,2009.

[5]蒋明利.酸奶和发酵乳饮料生产工艺与配方[M].北京:中国轻工业出版社,2006.

[6]杨敏.凝固型酸奶加工技术应用研究[D].武汉:湖北工业大学,2016.

实验二　猪肉脯的制作

一、实验目的

通过本实验的学习,让学生了解肉品原料特性及其对肉脯加工工艺的影响,掌握肉品的加工特性;让学生能够根据需要选择原辅料和添加剂,同时制订生产工艺和产品方案,生产出肉脯。

二、实验原理

通过原料肉修整、切片、腌制、烘烤等加工工艺,制作出色泽棕红有光泽,切片薄厚均匀,滋味鲜美猪肉脯。

三、实验材料、仪器

1. 材料

新鲜猪肉(包括瘦肉和肉膘)、白糖、白胡椒粉、鸡蛋、味精、精盐、特级酱油等。

2. 仪器

天平、刀、砧板、冰箱、筛子、烘烤设备等。

四、实验步骤

1. 工艺流程

原料肉修整 → 切片 → 配料 → 拌料 → 烘烤 → 品尝

2. 操作要点

(1)原料修整与切片　选用新鲜猪后腿,去皮拆骨,修尽肥膘、筋膜,将纯精瘦肉装模,置于冷库使肉块中心温度降至-2℃,上机切成2mm厚肉片。

(2)配料(以100kg肉计算)　特级酱油9.5kg、白糖13.5kg、白胡椒粉0.1kg、鸡蛋3.0kg、味精0.50kg、精盐2.5kg。

(3)拌料　将配料混匀后与肉片拌匀,腌制50min。不锈钢丝面上涂植物油后平铺上腌好的肉片。铺片时中间留一条空隙,形成两个半圆形。

(4)烘烤　将铺好肉片的筛子送入烘房内,保持烘房温度80~55℃,烘5~6h便成干坯。冷却后移入烤炉内，150℃烘烧至肉坯表面出油，呈棕红色为止。烘好的肉片用压平机压平，切成 120mm×80mm 长方形，每公斤 60 片左右。装箱后贮藏于干燥阴凉库内。

（5）品尝　根据感官检验方法，观察产品的色香味形等指标，与成品规格对照，进行评分。

成品规格：无异味，无焦片，无杂质，含蛋白质 46.5%、水分 13.5%、脂肪 9%、灰分 6.5%。

3. 产品评定

（1）感官指标　对肉脯的感官评价主要从形态、色泽、滋味与气味、杂质 4 个方面进行，如表 6-5 所示。

表 6-5　　　　　　　　　　　　　　猪肉脯的感官评价

项目	指标
形态	片型规则整齐，厚薄基本均匀，可见肌理允许有少量脂肪析出及微小空洞，无焦片生片
色泽	呈棕红、深红、暗红，色泽均匀，油润有光泽
滋味与气味	滋味鲜美，醇厚，甜咸适中，香味醇正，具有该产品特有的风味
杂质	无肉眼可见杂质

（2）理化指标（表 6-6）

表 6-6　　　　　　　　　　　　　　肉脯的理化指标

项目	指标	项目	指标
水分/（g/100g）	≤19	亚硝酸盐/（mg/kg）	≤30
脂肪/（g/100g）	≤14	铅（Pb）/（mg/kg）	≤0.5
蛋白质/（g/100g）	≥30	无机砷/（mg/kg）	≤0.05
氯化物（以 NaCl 计）/（g/100g）	≤5	镉（Cd）/（mg/kg）	≤0.1
总糖（以蔗糖计）/（g/100g）	≤38	总汞（以 Hg 计）/（mg/kg）	≤0.05

（3）微生物指标　参照本实验中肉松微生物指标［《肉脯》（GB/T 31406—2015）］的规定。

（4）净含量　应符合《定量包装商品计量监督管理办法》。

五、结果与讨论

对猪肉脯的形态、色泽等方面进行详细论述，并对其理化指标进行整理，若失败，写出合理的原因并写出改进措施。

六、注意事项

烘烤过程注意时间的控制，以免产品过干，过硬。

思考题

1. 采用烘烤、炒制、油炸等不同方法制成的产品在成品率、风味上有何不同？
2. 试查资料找寻制肉脯的其他配方，并与本实验进行简单比较。

☞ **参考文献**

[1] 丁武.食品工艺学综合实验[M].北京：中国林业出版社，2012.

[2] 潘道东.畜产食品工艺学实验指导[M].北京：科学出版社，2012.

[3] 孔保华.畜产品加工学[M].北京：中国农业科学技术出版社，2008.

[4] 马丽珍，刘金福.食品工艺学实验[M].北京：化学工业出版社，2011.

[5] 周跃平.肉制品加工技术[M].北京：化学工业出版社，2008.

[6] 陆炀.靖江猪肉脯生产工艺的研究[J].中国调味品，2018，43（4）：148-149，153.

[7] 蔡金龙，万里遥，石秀清.酱香味猪肉脯的研发[J].肉类工业，2017（6）：1-5.

实验三　鱼松的制作

一、实验目的

掌握鱼松的制作技术。

二、实验原理

选择肌肉纤维较长的鱼类，通过蒸煮、去皮、去骨、调味炒松、凉干等工艺操作，使鱼类肌肉失去水分，制成色泽金黄、绒毛状的干制品。

三、实验材料、仪器

1. 材料

青鱼（草鱼、鲢鱼、鲤鱼也可）。

2. 仪器

蒸锅、炒锅、电炉、盘子等。

四、实验步骤

1. 工艺流程

原料选择与整理 → 蒸煮 → 脱皮、骨 → 拆碎、凉干 → 调味炒松 → 凉干 → 包装

2. 操作要点

（1）配料　鱼肉 1kg，猪骨（或鸡骨）汤 1kg，水 0.5kg，酱油 400mL，白糖 0.2kg，葱姜 0.2g，花椒 0.25kg，桂皮 0.15g，茴香 0.2g，味精适量。

（2）原料选择与整理　选择肌肉纤维较长的、鲜度标准为二级的鱼，变质鱼严禁使用

（以白色肉鱼类为好），洗净，去鳞之后从腹部剖开，去内脏、黑膜等，再去头，充分洗净，滴水沥干。

（3）蒸煮　沥水后的鱼，放入蒸笼，蒸笼底要铺上湿纱布，防止鱼皮，肉黏着和脱落到水中，锅中放清水（约容量的1/3）然后加热，水煮沸15min后即可取出鱼。

（4）去皮、骨　将蒸熟的鱼趁热去皮，拣出骨、鳍、筋等，留下鱼肉。

（5）拆碎、晾干　将鱼肉放入清洁的白瓷盘内，在通风处晾干，并随时将肉撕碎。

（6）调味炒松　调味液要预先配制，方法是：先将原汤汁放入锅中烧热，然后按上述用量放入酱油、桂皮、茴香、花椒、糖、葱、姜等，最好将桂皮等放入纱布袋中，以防混入鱼松的成品中去，待煮沸熬煎后，加入适量味精，取出放于瓷盘中待用。洗净的锅中加入生油（最好是猪油），等油熬熟，即将前述晾干并撕碎的鱼肉放入并不断搅拌，之后再用竹帚充分炒松，约20min，等鱼肉变成松状，即将调味液喷洒在鱼松上，随时搅拌，直至色泽和味道均很适合为止。炒松要用文火，以防鱼松炒焦发脆。

（7）晾干，包装　炒好的鱼松自锅中取出，放在白瓷盘中，冷却后包装。

五、结果与讨论

（1）感官指标　色泽金黄，肉丝疏松，无潮团，口味正常，无焦味及异味，允许有少量骨刺存在。

（2）理化指标　水分12%～16%，蛋白质52%以上。

（3）微生物指标　无致病菌，0.1g样品内无大肠杆菌。

从外观，口味及组织状态等方面综合评价产品质量。要求实事求是地对本人实验结果进行清晰地叙述，实验失败必须详细分析可能的原因。

六、注意事项

炒松时注意充分搅动，注意色泽的变化，以免炒煳。

思考题

1. 将制作的鱼松依照其质量要求进行感官检查，找出问题并分析原因。

2. 哪些操作会影响鱼松的疏松程度？

参考文献

［1］丁武.食品工艺学综合实验［M］.北京：中国林业出版社，2012.

［2］马丽珍，刘金福.食品工艺学实验［M］.北京：化学工业出版社，2011.

［3］马美湖.动物性食品加工学［M］.北京：中国轻工业出版社，2003.

［4］周家春.食品工艺学［M］.2版.北京：化学工业出版社，2008.

［5］叶桐封.水产品深加工技术［M］.北京：中国农业出版社，2007.

[6]金达丽,赵利,付奥,等.鱼松的制作工艺研究[J].食品科技,2017,42(1):171-175.

[7]周家萍,张文涛,孟梦,等.抹茶鱼松加工工艺及其挥发性成分的分析[J].食品研究与开发,2015,36(16):101-106.

实验四　面包的制作

一、实验目的

(1)掌握面包的生产加工工艺流程。

(2)加深对面包发酵原理、条件的了解,初步学会一般主食面包的成型方法。

(3)熟悉各种原材料的性质及其在面包制作中起的作用。

(4)初步学会鉴别常见的质量问题,找出原因并制订解决办法。

二、实验原理

面包是由小麦、酵母和其他辅料加水调制成面团,再经过发酵、整形、成型、烘烤等工序而制成的,它是一种营养丰富,组织蓬松,易于被消化吸收,食用方便,深受广大人民群众所喜爱的方便食品之一。酵母是制造面包不可缺少的一种生物膨松剂。虽然酵母的质量标准是影响面包成品质量的重要条件,但是投产前处理得好坏对产品质量也有重要的影响。现在的酵母大多是即发活性干酵母,可以直接使用。在面团发酵中,酵母首先分泌转化酶使蔗糖水解产生葡萄糖和果糖,而后才分泌麦芽糖酶水解麦芽糖产生葡萄糖。酵母在发酵过程中首先利用葡萄糖进行发酵,而后才利用果糖。

发酵过程中酶的作用与糖的转化:

$$(C_6H_{10}O_5)_n + nH_2O \xrightarrow[\text{面粉中}]{\text{淀粉酶}} C_{12}H_{22}O_{11} \xrightarrow[\text{酵母中}]{\text{麦芽糖酶}} 2C_6H_{12}O_6$$

淀粉　　　　　　　　　麦芽糖　　　　　　　葡萄糖

$$C_{12}H_{22}O_{11} \xrightarrow[\text{酵母中}]{\text{蔗糖转化酶}} C_6H_{12}O_6 + C_6H_{12}O_6$$

蔗糖　　　　　　葡萄糖　　果糖

酵母的发酵机制——单糖的代谢途径。淀粉在转化为葡萄糖后被发酵利用。

面团发酵中形成的风味物质是酒精、有机酸、酯类、羟基化合物和其他醇类物质。

面团在发酵中所积累的气体有两个来源:一是酵母呼吸作用;二是酒精发酵。

在面团发酵时,用含有强力面筋的面粉调制成的面团能保有大量的气体而不逸出,使面团膨胀而形成海绵状的结构。

评价面筋质量和工艺性能的指标有延伸性、弹性、可塑性、韧性和比延伸性。目前,国际上都通用粉质仪、拉伸仪来进行综合测定。

①延伸性:指湿面筋被拉长至某长度后而不断裂的性质。延伸性好的面筋,面粉的品质一般也较好。

②弹性:指湿面筋被压缩或拉伸后恢复原来状态的能力,可分为强、中、弱三等。

③可塑性:指湿面筋被压缩或拉伸后不能恢复原来状态的能力。

④韧性：指面筋对拉伸时所表现的抵抗力。一般来说，弹性强的面筋，韧性也好。

⑤比延伸性：以面筋每分钟能自动延伸的厘米数来表示，面筋质量好的强力粉每分钟仅自动延伸几厘米，弱力粉的面筋每分钟可自动延伸高达100多厘米。

就面筋质的不同可分为三类。

①优良面筋：弹性好，延伸性大或中等。

②中等面筋：弹性好，延伸性小或弹性中等，比延伸性小。

③劣质面筋：弹性弱，韧性差，由于本身重力而自然延伸和断裂，或完全没有弹性的流散的面筋。

不同烘焙食品对面筋的工艺性能有不同的要求。制作面包要求用弹性和延伸性都好的面粉；制作糕点、饼干则要求用弹性、韧性、延伸性都不高，但可塑性良好的面粉。

三、实验材料、仪器

1. 材料

高筋粉、水、干酵母、白砂糖、食盐、植物油、抗坏血酸、鲜鸡蛋、奶油等。

2. 仪器

烤箱、调粉机、打蛋机、调温调湿箱、二两枕型面包模、天平、烧杯、移液管、量筒、温度计、不锈钢盆、不锈钢刀、台秤、案板、排笔、纸袋、塑料箱。

四、实验步骤

1. 配方

实验原料及配方如表6-7所示。

表6-7　　　　　　　　　　　　　　　参考配方

原料	面粉	鲜牛乳	干酵母	食盐	白砂糖	黄油	抗坏血酸	面包改良剂
配方	1000g	750~800mL	15g	5g	150~200g	30g	50mg/kg	30mg/kg

2. 工艺流程

（1）工艺流程一（中种法或二次发酵法）

原料预处理 → 第一次调粉 → 第一次发酵 → 第二次调粉 → 第二次发酵 → 整形 → 醒发 → 烘烤 → 冷却 → 成品检验

①原料预处理：干酵母和鲜酵母要预先进行活化、液态的原料要进行过滤处理、粉质的原料要进行筛粉处理。

②第一次调粉：取面粉的80%，水的70%及全部酵母一起加入调粉机中，先慢速搅拌，物料混合后中速搅拌约10min左右使物料充分起筋成为黏稠而光滑的酵母面团，调制好的面团温度应在27~29℃（可视当时面粉温度等调节加水温度以达到要求）。

③第一次发酵：面团中插入一根温度计，放入32℃恒温培养箱中的容器内，静止发酵2~2.5h，观察其发酵成熟（发起的面团用手轻轻一按能微微塌陷）既可取出。注意发酵

时面团温度不要超过 33℃。

④第二次调粉：剩余的原辅料（糖盐等固体应先用水溶化）与经上述发酵成熟的面团一起加入调粉机中。先慢速拌匀后，中速搅拌 10~12min，使其成为光滑均一的面团。

⑤第二次发酵：方法与第一次相同。时间需 1.5~2h。

⑥整形：经第二次发酵成熟的面团用不锈钢刀切成 150g 左右生坯，用手搓团，挤压除去面团内的气体，整形后装入内壁涂有一薄层熟油的烤模中，并在生坯表面用小排笔涂上一层糖水或蛋液。

⑦醒发：将装有生坯的烤模，置于调温调湿箱内，箱内调节温度至 30℃、相对湿度90%~95%，醒发时间 45min~1h，一般观察生坯发起的最高点略高出烤模上口即醒发成熟，立即取出。

⑧烘烤：取出的生坯应立即置于烤盘上，推入炉温已预热至 250℃ 左右的远红外食品烘箱内，开始只开底火，不开面火，这样，炉内的温度可逐渐下降，应观察注意，待炉内生坯发起到应有高度（可快速打开炉门观察）立即打开面火，温度又会上升，当观察面包表面色泽略浅于应有颜色时，关掉面火，底火继续加热，此时炉温可基本保持平衡，直至面包烤熟后立即去处，一般观察到烤炉出气孔直冒蒸汽，烘烤总时间达 15~16min 即能成熟。注意在烘烤中炉温起伏应控制在 240~260℃ 之间。

⑨冷却：出炉的面包待稍冷后拖出烤模，置于空气中自然冷却至室温。

（2）工艺流程二（直接发酵法或一次发酵法）

原料准备 → 面团调制 → 整批发酵 → 分割称重 → 中间醒发 → 整形、装模 → 烘烤 →

冷却 → 包装 → 成品

①原料准备

a. 按配方称取面粉、糖、盐等固体物料备用。

b. 按配方称取油脂备用。

c. 称取鲜酵母或干酵母，加入与酵母等量的温水，用玻璃棒搅拌均匀，置于调温调湿箱中，于 40℃ 下培养 25min 左右。

d. 称取氧化剂，配制成 0.1% 的水溶液，备用。

e. 澄清所需水量，并调节水温至适当温度，水量应按配方扣除酵母和氧化剂中用水量。水温按式（6-1）计算：

$$水温 = 42 - 1/2 \, 面粉温度 \qquad (6-1)$$

②调制面团

a. 料倒入不锈钢盆中，不得撒漏，用力适当翻动，使物料混合均匀。

b. 酵母液倒入面粉料中，用少量水冲洗数次，洗液倒入面粉。

c. 氧化剂倒入粉料中，用少量水冲洗数次，洗液倒入面粉。剩余组分水全部倒入粉料中用手翻动，并对面团进行揉、压折叠等动作，揉面过程中注意观察面团的物理性状。

d. 揉面后期加入油脂。

e. 继续揉压面团，直至面团表面光滑，有弹性，不粘手，这时表明面团已成熟。

f. 将面团置于塑料箱中，进行整批发酵。

③整批发酵：将面团放入调温调湿箱内进行发酵，调温调湿箱调节至所需温度和湿度，温度为26~28℃，湿度为75%~80%，在发酵过程中经常查看，密切注意面团的物理状态，及时掌握面团的成熟状况。当面团体积膨胀至原来面团体积的4倍，面团顶部稍有下陷现象，并有浓郁的酒香味时，表示面团已完成发酵。

④分割、称重、搓圆：发酵结束后取出全部面团，分割成112g的小块面胚，时间控制在20min内完成。搓圆时揉光即可，不能过度揉搓。

⑤中间醒发：将装有面团的烤盘置于调温调湿箱，8~15min，进行面胚的中间醒发。

⑥整形、装模：中间醒发后，将面胚取出，用手抓捏面团数次，然后将面团压成6mm厚的长条面片，再卷成圆柱状后搓紧，整形工作就完成了。整形后的面胚放入事先涂过植物油的烤模中，注意面胚的接缝要放在底部。

⑦摆盘、醒发：将装有面团的烤模置于烤盘上，放入调温调湿箱进行最后醒发。温度控制在38~40℃，湿度在85%，时间控制在1h左右。

⑧烘烤：入炉前，可在面胚表面刷一层蛋液，刷好蛋液后立即进入烤箱烘烤，入炉后将炉温调至面火180℃，底火190℃，烘烤20min后，观察面包的成熟状况。

⑨冷却、包装：一般要求冷却到中心温度下降至32℃，整体水分含量为38%~44%即可。冷却后的面包可进行包装，常用的包装材料有油纸袋和塑料袋两种。

3. 成品质量检验

（1）感官指标

形态：听型面包应两头大小相同、外形饱满完整、高度适中、表面光滑、无硬皮、无裂缝。

色泽：表面呈有光亮的金黄色或棕黄色，四周底部呈黄色，不焦，不浅，不发白。

内部组织：面包的端面呈细密均匀的海绵状组织，无大孔洞，富有弹性。

口味：品尝口感松软，并具有产品的特有风味，鲜美可口无酸味。

卫生状态：表面清洁，内部无杂质。

（2）理化指标

酸度：5°T以下。

水分：30%~40% 最高不超过40%。

五、结果与讨论

结果记录在表6-8中。

表6-8   感官理化检验记录表

检 验 方 式	检 验 项 目	结　　果
感官检验	形态	
	色泽	
	内部组织	
	口味	

续表

检 验 方 式	检 验 项 目	结　　果
理化检验	比容	
	酸度	
	水分	
	卫生指标	

六、注意事项

（1）实验中可根据条件选用不同工艺，条件许可注意加以对比，防止调制过度、醒发不足或者过度。

（2）面包烘烤是关键的工艺部位，应注意体会把握好烘烤过程的三个阶段，控制好底面火温度、时间和炉内湿度等。

思考题

1. 实验中影响产品质量的主要因素有哪些？针对各组制成的产品，结合所学的理论，分析产品的质量。

2. 制作面包对面粉有何要求？为什么？

3. 糖、乳制品、蛋制品等辅料对面包质量有何影响？

4. 二次发酵法生产面包的优缺点有哪些？如让你选择，本实验你认为采用哪种发酵方法更合适，为什么？

5. 面包烘烤时，为什么面火要比底火迟打开一段时间？

参考文献

[1] 赵晋府. 食品工艺学[M]. 北京：中国轻工业出版社，1999.

[2] 周家春. 食品工艺学[M]. 北京：化学工业出版社，2008.

[3] 天津轻工业学院、无锡轻工业学院. 食品工艺学[M]. 北京：中国轻工业出版社，1984.

[4] 刘江汉. 焙烤工业实用手册[M]. 北京：中国轻工业出版社，2003.

[5] 孙显慧，马同庆. 多维复合蔬菜营养型面包加工工艺[J]. 食品研究与开发，2016，37(6)：86-88.

实验五　曲奇饼干的制作

一、实验目的

（1）掌握饼干的生产加工工艺流程。

（2）加深对饼干发酵原理、条件的了解，初步学会曲奇饼干的成型方法。

（3）熟悉各种原材料的性质及其在饼干制作中起的作用。

（4）初步学会鉴别常见的质量问题，找出原因并制定解决办法。

二、实验原理

饼干是通过化学疏松剂和生物疏松剂受热分解产生气体和饼干坯内部水分的蒸发胀发力来膨胀的。饼干的上色是靠美拉德反应和焦糖化作用。美拉德反应不仅使产品表面产生悦目的颜色，而且产生芳香味。这种香味是由各种羰基化合物和氨基化合物共同作用形成的。

糖在面团调制过程中起反水化作用，面团中的面筋形成量随糖量增加而下降。双糖的作用较单糖大，融化的砂糖糖浆比糖粉作用大。油脂的反水化作用虽不如糖那样强烈，但它亦是一种重要的反水化物质。因为脂肪吸附在蛋白质分子表面，使表面形成一层不透性的薄膜，阻止水分子向胶粒内部渗透和在一定程度上减少了表面毛细管的吸水面积，使吸水减弱，面筋得不到充分胀润。油脂的香味对产品口味的影响大，在酥性饼干与甜酥性饼干生产中，要求油脂稳定性、起酥性较好，最理想的油脂为人造奶油及植物性起酥油。鸡蛋蛋白质良好的起泡性使面团具有更高的气体包含能力。乳制品和蛋品都能提高饼干的保存期，原因是乳酪蛋白和鸡蛋蛋白质中的硫氢基（—SH）化合物具有抗氧化作用。面团的调制温度应控制在30℃以下，这种面团要求具有较大程度的可塑性和有限的黏弹性，使操作中的面皮有结合力，不粘辊筒和模型，成品有良好的花纹，具有保存能力，形态不收缩变形，烘烤后具有一定程度的胀发率。因此，必须在面团调制过程中控制面筋的吸水率，限制面筋的充分形成。

三、实验材料、仪器

1. 材料

低筋粉、白砂糖、鲜鸡蛋、黄油、香精、泡打粉等。

2. 仪器

烤箱、打蛋机、裱花袋、裱花嘴子、天平、烧杯、移液管、量筒、温度计、不锈钢盆、不锈钢刀、台秤、案板、排笔、纸袋、塑料箱等。

四、实验步骤

1. 配方

曲奇饼干配方如表6-9所示。

表6-9   参考配方

原料	面粉	黄油	白砂糖	鲜鸡蛋	泡打粉	香精
配方	500g	500g	250g	210g	0.6g	适量

2. 工艺流程

（黄油、面粉、泡打粉、香精）
↓

原料准备（鸡蛋、砂糖）→ 打擦起泡 → 搅拌 → 成型 → 烘烤 → 冷却 → 包装 → 成品

3. 操作要点

（1）将鲜蛋、白砂糖、按量加入打蛋机中，快速打擦使其成为乳白色的泡沫体系。总时间为 10~20min。

（2）在打擦后的泡沫体系中，缓慢加入黄油，同时快速搅拌均匀。然后加入面粉、泡打粉、香精慢慢搅拌均匀。

（3）用裱花袋和裱花嘴子来成型。

（4）烘烤的温度为 160~200℃，时间为 8~16min。出炉后的饼干冷却后即为成品。

五、结果与讨论

结果记录在表 6-10 中。

表 6-10   曲奇饼干感官理化记录表

检 验 方 式	检 验 项 目	结 果
感官检验	形态	
	色泽	
	内部组织	
	口味	
理化检验	酸度	
	水分	
	卫生指标	

六、注意事项

（1）曲奇面团辅料用量大，且调粉时加水量甚少，因此一般不使用或使用极少量的糖浆，而以糖为主。另外，因用油脂量较大，所以不使用液态油脂，以防造成"走油"，同时要求面团温度保持在 19~20℃，以保证面团中油脂呈凝固状态。

（2）曲奇饼干配方因油、糖含量高，故在高温下即使水分含量很低，制品也很软，出炉时应防止产品弯曲变形。

思考题

1. 针对各组制成的产品，结合所学的理论，分析产品的质量。

2. 影响饼干色泽变化有哪几个因素？

3. 饼干为什么要冷却？

4. 韧性饼干与酥性饼干在配方上有何异同？

☞ **参考文献**

[1] 赵晋府. 食品工艺学[M]. 北京：中国轻工业出版社，1999.

[2] 周家春. 食品工艺学[M]. 北京：化学工业出版社，2008.

[3] 田晓玲. 葡萄皮曲奇饼干研制[J]. 辽宁农业职业技术学院学报，2018(3)：9-10.

[4] 刘江汉. 焙烤工业实用手册[M]. 北京：中国轻工业出版社，2003.

实验六　蛋黄酥的制作

一、实验目的

了解和掌握蛋黄酥制作的基本方法和加工工艺。

二、实验原理

烘焙食品是以谷物、食糖、水为基本原料，添加适量油脂、乳品、鸡蛋、食品添加剂等，通过高温焙烤工艺定型、熟化制成的易于保存、食用方便的焙烤系列食品。蛋黄酥属于酥皮包馅类糕点，其成型工艺是通过油酥皮包裹含整颗蛋黄的系列馅料，加工的蛋黄酥产品具有外酥内软、甘甜适口、蛋香浓郁等特点。

三、实验材料、仪器

1. 材料

中筋（低筋）面粉、牛油、油红豆沙、莲蓉馅料、咸鸭蛋黄、细糖粉等。

2. 仪器

搅拌机、不锈钢电烤炉、枕式包装机、电热恒温培养箱、面粉筛、恒温干燥箱、分析天平等。

四、实验步骤

1. 工艺流程

低筋面粉→ 过筛 →牛油→ 搅拌机 →油酥

中筋面粉→ 过筛 → 细糖粉混合 →牛油、水→ 搅拌机 →水油皮 ｝→ 辊轧 →

包馅（包裹咸鸭蛋黄的油红豆沙或莲蓉馅料） → 成型 → 蘸上白芝麻 → 烘烤 → 冷却 → 包装

2. 操作要点

（1）将中筋面粉、细糖粉混合后，加入牛油，放入 2/3 的温水先搅拌，再将剩余 1/3 水加入搅拌机，使其完全拌匀，直到面团表面光滑。

（2）松弛 20min 后卷成长条状进行均匀分割，即成水油皮。

（3）将牛油与低筋面粉混合拌匀，搅拌机搅拌，松弛 20min 后卷成长条状进行均分，即成油酥。

（4）将油酥包入水油皮内，即成酥皮面团。

（5）将酥皮面团收口朝下，用手按扁，用擀面杖由中间往两头擀开，卷叠成3层。松弛15min，转90°后进行二次擀卷，松弛15min。

（6）按住擀卷好的酥皮面团中间，使两端端面向上翘起；用手将不规则的边缘向中间收拢后再按扁成圆形。

（7）放上包裹咸鸭蛋黄的油红豆沙或莲蓉馅料后，酥皮面团借助虎口向上收拢合口捏紧，稍加整理成型收口朝下放在铺油纸的烤盘上，蘸上白芝麻点缀。

烘烤条件：烘烤温度面火190～216℃，底火170～190℃，时间16～24min。

3. 产品评定

（1）感官指标　感官指标应符合表6-11的规定。

表6-11　　　　　　　　　　　　　　蛋黄酥感官评价

项目	标准
形态	外形整齐，底部平整，无霉变，无变形，具有蛋黄酥应有的形态特征
色泽	表面呈较明亮的黄色，略带光泽，色泽均匀，不应有过焦现象
滋味与气味	味道纯正，无异味，外酥内软、甘甜适口、蛋香浓郁、口感细腻
组织	组织无空洞、无糖粒、无粉块；酥皮厚薄均匀，馅料细腻，具有油红豆沙或莲蓉馅料应有的组织特征，皮馅比例适当，馅料包裹分布均匀

（2）理化指标

①干燥失重≤42.0%，按照《食品安全国家标准　食品中水分的测定》（GB 5009.3—2016）测定。

②粗脂肪含量≤34.0%，按照《食品安全国家标准　食品中脂肪的测定》（GB 5009.6—2016）测定。

③总糖含量≤40.0%，按照《糕点通则》（GB/T 20977—2007）测定。

④反式脂肪酸不应检出，按照《食品安全国家标准　食品中反式脂肪酸的测定》（GB 5009.257—2016）测定。

五、结果与讨论

尝试从蛋黄酥的口感、外观、组织形态（色泽、块形、质地）、滋味及气味等方面综合评价产品质量。要求实事求是地对本人实验结果进行清晰的叙述，实验失败必须详细分析可能的原因。

六、注意事项

每枚咸鸭蛋黄（冷藏状态）的质量均应符合《咸鸭蛋黄》（SB/T 10651—2012），以避免由于咸鸭蛋黄的原因而出现少量口感发硬或有腥（臭）味的劣质品。

思考题

试举例一种焙烤类食品，比较它与蛋黄酥在用料及制作工艺上的异同。

☞ **参考文献**

[1]程华平，郑孝和，李翠红，等.抹茶蛋黄酥加工工艺研究[J].安徽农业科学，2019，47(6)：184-185.

[2]李里特，江正强.焙烤食品工学[M].北京：中国轻工业出版社，2010.

[3]中华人民共和国国家卫生和计划生育委员会.GB 5009.3—2016　食品中水分的测定[S].北京：中国标准出版社，2017.

[4]国家食品药品监督管理总局，国家卫生和计划生育委员会.GB 5009.6—2016　食品中脂肪的测定[S].北京：中国标准出版社，2016.

[5]中华人民共和国国家卫生和计划生育委员会.GB 5009.257—2016　食品中反式脂肪酸的测定[S].北京：中国标准出版社，2016.

[6]中华人民共和国国家卫生和计划生育委员会.GB 7099—2015　糕点、面包[S].北京：中国标准出版社，2016.

[7]中华人民共和国国家质量监督检验检疫总局，中国国家标准化管理委员会.GB/T 20977—2007　糕点通则[S].北京：中国标准出版社，2007.

实验七　蛋糕的制作

一、实验目的

加深了解焙烤制品生产的一般过程，基本原理和操作方法。

二、实验原理

蛋糕是充分利用鸡蛋中蛋白质的起泡性能，使蛋液中充入大量的空气，加入面粉烘而成的一类膨松点心。鸡蛋在高速搅打下，大量空气被卷入蛋液形成大量气泡，经加热，空气膨胀会使蛋糕体积疏松膨大。

三、实验材料、仪器

1. 材料

鸡蛋、面粉、砂糖、奶油、饴糖、食品添加剂等。

2. 仪器

烤箱、打蛋机、蛋糕烤盘、天平、烧杯、移液管、量筒、温度计、不锈钢盆、不锈钢刀、台秤、案板、排笔、纸袋、塑料箱等。

四、实验步骤

1. 配方

蛋糕配方见表 6-12。

表 6-12 参考配方 单位：g

原料	鸡蛋	白砂糖	面粉	食盐	黄油	蛋糕乳化油	苏打粉
配方	1000	800	800	5	50	50	6~8

2. 工艺流程

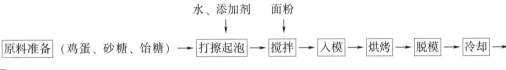

包装 → 成品

3. 操作要点

（1）将鲜蛋、白砂糖、饴糖按量加入打蛋机中，用快速打擦使其成为乳白色的泡沫体系。总时间为 35~50min。打擦后期加入水及添加剂。

（2）在打擦后的泡沫体系中，徐徐加入面粉，同时用棒慢慢搅拌均匀。面粉宜用中筋粉，防止在搅拌中起面筋。

（3）烤模壁几低部预先用少许奶油涂抹，再将已拌有面粉的泡沫体轻轻倒入模中，容量约占模高的 1/3。

（4）烘烤的温度为 200~220℃，时间为 10~20min。

（5）出炉后的蛋糕立即脱模，冷却后即为成品。

五、结果与讨论

结果记录在表 6-13 中。

表 6-13 蛋黄酥感官理化结果记录表

检 验 方 式	检 验 项 目	结 果
感官检验	形态	
	色泽	
	内部组织	
	口味	
理化检验	比容	
	酸度	
	水分	
	卫生指标	

六、注意事项

蛋液的搅打为实验关键环节，操作时注意以下几点。

（1）要注意搅打速度，先慢，后中，再快。

（2）要注意搅打时间，时间太少鸡蛋液起发不好；而若时间太长，易使蛋液打泻，胶体性质改变，反而跑气。

（3）要注意温度，一般以20℃为宜，小于20℃，则打蛋时间延长，如采用加温方法注意防止蛋白质变性；大于20℃，则缩短打蛋时间。同时注意不能使蛋液与油、盐直接接触，以免影响起泡。

？ 思考题

1. 针对各组制成的产品，结合所学的理论，分析产品的质量，特别是对不足之处要分析原因，提出改进意见。

2. 面粉为什么宜用中筋粉？面粉为什么要在最后加入且不宜用力搅拌？

3. 蛋糕烘烤与面包烘烤有何不同？

参考文献

[1] 赵晋府. 食品工艺学[M]. 北京：中国轻工业出版社出版，1999.

[2] 周家春. 食品工艺学[M]. 北京：化学工业出版社，2008.

[3] 天津轻工业学院，无锡轻工业学院. 食品工艺学[M]. 北京：中国轻工业出版社，1984.

[4] 刘江汉. 焙烤工业实用手册[M]. 北京：中国轻工业出版社，2003.

[5] 田洁，李俊华，汤高奇，等. 枳椇子海绵蛋糕制作关键工艺优化[J]. 粮食与食品工业，2019，26(2)：33-37.

[6] 吴威. 蛋糕制作加工过程的技巧和注意事项论述[J]. 产业与科技论坛，2019，18(1)：62-63.

实验八　杏仁露的制作

一、实验目的

（1）掌握杏仁露生产的基本方法。

（2）掌握斯托克斯（Stokes）定律在混浊型饮料中的应用。

（3）了解影响蛋白质饮料稳定性的一般因素。

（4）了解苦杏仁脱毒处理的一般方法。

二、实验原理

蛋白质饮料的主要成分是水、蛋白质、脂肪、糖、盐、乳化稳定剂等。它是一种以水为分散介质，以蛋白质、脂肪为分散相的宏观分散体系，呈乳状液态。这是结构十分复杂的不稳定体系，既有蛋白质形成的悬浮液；又有脂肪形成的乳浊液；还有以糖、盐等形成的真溶液。如果配料、生产工艺或乳化稳定剂不过关，则贮存时间稍长，便可能有蛋白质及固体颗粒聚沉以及脂肪上浮等现象。

要解决蛋白质饮料常见的分层、沉淀、油圈上浮等质量问题，必须做好以下几方面的工作。

1. 合理配料

饮料中蛋白质的主要成分，是球蛋白、谷蛋白、醇蛋白和白蛋白。除白蛋白外，前三种蛋白质均不溶于水，但均属于盐溶性蛋白质。氯化钠等一价盐能促进蛋白质的溶解。蛋白质在钙、镁等二价盐类溶液中的溶解则比较小。钙、镁离子使离子态的蛋白质粒子间产生桥联作用而形成较大的胶团，增加了凝聚沉淀趋势。因此，在配料时，须特别注意钙、镁等二价金属离子和其他多价电解质，避免因电解质引起蛋白质凝聚沉淀。

pH 对蛋白质饮料的稳定性有十分显著的影响。饮料的 pH 越接近蛋白质的等电点，蛋白质越容易絮凝析出。因此，在配料时必须用柠檬酸或小苏打调整饮料的 pH。

2. 对饮料的分散质进行细微化处理

分散质粒度较大，对饮料稳定性的影响至关重要。若粒度较大，便容易将饮料的 pH 调整为<4.0 或>6.8，否则将不可避免地产生絮凝沉淀现象。在其重力作用下沉淀析出。如式（6-2）所示。

$$v = \frac{2gr^2(\rho_1 - \rho_2)}{9\eta} \qquad (6-2)$$

式中　v ——沉降速度，cm/s；

　　　ρ_1 ——分散相粒子的密度，g/cm^3；

　　　ρ_2 ——分散媒（介质）的密度，g/cm^3；

　　　r ——粒子平均半径，cm；

　　　η ——分散媒的黏度，Pa·s；

　　　g ——重力加速度，m/s^2。

由 Stokes 定律可知，沉淀速度与粒子直径、粒子密度、介质黏度，以及介质密度有关。对于特定的蛋白质饮料，在其一定的黏度和密度下，粒子直径越大，沉降速度也就越大；粒子直径越小，其沉降速度也就随之越小。通常见到的一些蛋白质饮料发生的非酸性沉淀分层现象，多数是由于其蛋白质及脂肪球粒子直径较大，导致了沉降速度较大，破坏了乳状液的沉降平衡而造成的。因此，蛋白质饮料一般采取胶体磨及均质机对蛋白质饮料粒子进行细微化处理，以提高饮料的稳定性。

3. 加入乳化剂、稳定剂

根据斯托克斯法则，分散相微粒的稳定性与分散介质的黏度成正比，因此往往在饮料中加入能够提高浓稠度的稳定剂，稳定剂可在分散相微粒外面形成亲水性的薄膜保护果肉微粒，以减少颗粒吸引凝聚的机会和沉降的速度。常用以作为稳定剂的有黄原胶、海藻胶、甘露胶、羧甲基纤维素等。在实验中可采用添加稳定剂来增加饮料的稳定性，同时又可提高分散介质的黏度，增大沉降阻力。

4. 蛋白质饮料稳定性评价

取 10mL 蛋白质饮料在 4800r/min 的条件下离心 20min，弃除溶液后准确称取沉淀物（湿剂）的质量，按式（6-3）计算沉淀率，作为稳定性评价指标。

$$沉淀率（\%） = \frac{沉淀物的质量（g）}{离心乳液的质量（g）} \times 100\% \tag{6-3}$$

5. 苦杏仁脱毒

杏仁有苦杏仁和甜杏仁两种。苦杏仁中含有苦杏仁苷，苦杏仁苷在苦杏仁酶、樱叶酶或酸加热条件下能水解，最后生成葡萄糖、苯甲醛和氢氰酸。水解产物氢氰酸，又名氰化氢，是剧毒物质。氢氰酸极易挥发，稍微加热就可将其除去。苦杏仁在用于加工食品之前必须首先脱毒，目前脱毒方法有浸泡、酸煮和烘烤等。甜杏仁味香甜，颗粒大，淡黄色，尖端略歪；营养成分与作用同苦杏仁，但甜杏仁苷含量很少。

三、实验材料、仪器

1. 材料

杏仁（市售）、单脂肪酸甘油酯（HLB3.5）、蔗糖脂肪酸酯（HLB11）、羧甲基纤维素钠、黄原胶、乙基麦芽酚、乳精、低聚果糖、白砂糖、食盐、SA-5 花生杏仁专用等。

2. 仪器

GMSX-280 型手提式灭菌锅、DJM50L 型胶体磨、FDM-2 型磨浆机、TDL-5-A 型低速台式离心机、GYB40-10S 型高压均质机、AL104 型电子天平等。

四、实验步骤

1. 工艺流程

乳化稳定剂 ──→ 浸化溶解 ──→ 过滤

杏仁 ──→ 热烫去皮 ──→ 浸泡脱毒 ──→ 冲洗 ──→ 磨浆 ──→ 浆渣分离 ──→ 胶体磨 ──→ 离心 ──→ 均质 ──→

调配 ──→ 均质 ──→ 灌装 ──→ 微波处理 ──→ 高温灭菌 ──→ 冷却 ──→ 成品

2. 操作要点

（1）原料的验收　挑选无霉变、无虫蛀、无氧化变质的饱满杏仁原料。

（2）热烫去皮　将杏仁放入含 0.15%~0.2% 三聚磷酸钠、85℃以上的热水中热烫 2~4min，用冷水冷却清洗后用机械或手工脱去外皮。或用脱皮剂、碱液等化学方法脱去种皮。

（3）浸泡脱毒　甜杏仁不需脱毒，苦杏仁则必须经脱毒处理后才能使用。利用苦杏仁苷易溶于水的性质，可采用热水浸泡，多次漂洗的方法脱毒。具体做法是将杏仁放入 50~65℃热水中，用水量为原料的 3 倍左右，每天换水 2~3 次，浸泡 8d 左右，漂洗干净备用。或采用 pH 为 5~6 的稀盐酸浸泡 6~7d，每隔 1d 换 1 次浸泡液，然后彻底清洗干净备用。浸泡后的水要统一收集在一起进行处理。

（4）磨浆　将脱苦后的杏仁与约 15 倍的水混合后用磨浆机或胶体磨磨浆 2～3 次，以充分提取杏仁中的可溶物质。同时为了护色，可加入 0.1% 的焦磷酸钠和焦亚硫酸钠的混合液。

（5）浆渣分离　用离心机分离浆液中的杏仁渣。此过程可与磨浆工序配合循环 2～3 次，使将渣达到足够的细度。经分离的浆液过 120 目筛网。

（6）配料

①配方：如表 6-14 所示。

表 6-14　　　　　　　　　　　　　杏仁乳饮料配方

原料	杏仁	白砂糖	乳化剂	增稠剂	香料	水
配方	50g 杏仁磨成浆体	80g	4g	2.5g	1g	添足 1000g

②配料方法：先将白砂糖用水溶解并煮成 20°Bx 左右的糖液，过滤后入配料罐，其他添加剂如乳化剂、增稠剂分别溶化后入配料罐，然后按配方加入 75～80℃ 的杏仁液及香精，搅拌混匀即可。

（7）均质　混合料液送入均质机中均质 2 次。第一次均质压力为 25～28MPa，第二次压力为 18～20MPa。其主要目的是打碎脂肪球及蛋白质颗粒，使产品细腻可口。

（8）真空脱气　由于乳化剂、稳定剂的作用，产生大量气泡，对产品的外观、色泽及稳定性影响很大。通过脱气，可消除气泡，改善产品质量。

（9）装罐、杀菌　杏仁乳通过封罐机装入马口铁罐中。封口后真空度应在 $4.7×10^4$ Pa 以上。然后送入高压灭菌锅中灭菌。灭菌公式：20min—15min—15min/118℃。

五、结果与讨论

（1）产品感官检验　取各组自己制作的杏仁露进行色泽、香气、滋味以及组织形态检验。

①色泽检验：在小烧杯中静止 30min 后，观察色泽发暗与否。

②香气和滋味检验：是否具有原料果蔬的香味，应先嗅其香味，然后评定是否酸甜适口。

③组织形态检验：观察其稳定程度，有无沉淀、分层和油圈等现象。填表 6-15。

表 6-15　　　　　　　　　　　　　数据记录表

序号	色泽	香气	滋味	组织形态	综合评价
1					
2					
3					
4					
5					

注：评分比例为色泽 30%，香气 20%，滋味 20%，组织形态 30%。

（2）不同杀菌条件对杏仁露品质影响　取各组自己制作的不同杀菌条件下生产的样品，保温（37℃）14d后，观察其稳定性情况和是否变质。填表6-16。

表6-16　　　　　　　　　　　　数据记录表

序号	杀菌方法/（℃/min）	沉淀率/%	综合感官评价
1			
2			
3			
4			
5			

（3）不同均质条件对杏仁露稳定性的影响　取各组自己制作的样品，静置，观察不同均质压力下的稳定性。

均质压力、均质温度和均质次数等条件均影响均质效果，在此可以固定温度和次数，在不同均质压力下进行实验。填表6-17。

表6-17　　　　　　　　　　　　数据记录表

序号	均质压力/MPa	均质温度/℃	均质次数/次	沉淀率/%
1				
2				
3				
4				
5				
6				

六、注意事项

（1）由于蛋白质饮料均有等电点问题，要注意乳化剂的添加顺序和添加方法，一般先用热水溶解乳化剂，稍加搅拌就可形成白色稳定的乳状液，然后再同蛋白质和脂肪等成分充分混合，再经均质。如需添加增稠剂，最好分开混合，其次序为：

乳化 → 增稠 → 调酸 → 均质 → 杀菌 → 灌装

（2）分析测试项目及方法

可溶性固形物的测定：手持糖量计法。

蛋白质的测定：凯氏定氮法。

脂肪的测定：索氏抽提法。

杏仁露质量标准如下所述。

①感官指标：乳白色，香甜可口，组织细腻，允许有少量沉淀出现。

②理化指标：蛋白质≥0.8%，脂肪≥1.3%，总固体物≥8.5%。

1. 在蛋白质饮料生产过程中，用于提高乳化稳定性的方法有哪些？
2. 均质条件中，哪一个对杏仁露稳定性影响最大？为什么？
3. 杀菌条件对杏仁露的品质有什么影响？有改善措施吗？
4. 乳化剂的使用应根据原料中哪一成分含量确定？如何选用？

☞ **参考文献**

[1] 侯建平.饮料生产技术[M].北京：科学出版社，2004.

[2] 赵晋府.食品工艺学[M].北京：中国轻工业出版社出版，1999.

[3] 莫慧平.饮料生产技术[M].北京：中国轻工业出版社，2005.

[4] 天津轻工业学院，无锡轻工业学院.食品工艺学[M].北京：中国轻工业出版社，1984.

[5] 孙强，黄纪念，范会平，等.芝麻蛋白饮料稳定性研究[J].食品研究与开发，2011，32(11)：68-71.

实验九　糖水水果罐头的制作

一、实验目的

(1) 通过实验加深理解水果类罐头的一般过程和罐藏原理的了解。

(2) 观察原料在加工过程中的变化，了解各工序与罐头品质的关系。

(3) 了解、掌握去皮方法、护色、抽空、糖液配制及加注等加工基本工序的方法和原理。

二、实验原理

糖水果罐头是水果经处理后注入糖液制成，制品较好地保持了原料固有的形状和风味。我国目前生产的糖水水果罐头，一般要求开罐糖度为 14%～18%。

1. 碱液去皮的原理

利用果蔬各组织抗腐蚀性的不一致的原理来去皮的。果皮中的角质，半纤维素易被碱腐蚀而变薄及至溶解，果胶被碱水解而失去胶凝性，果肉组织为薄壁细胞，比较抗碱，利用碱液的腐蚀性来使果蔬表面内的中胶层溶解，从而使果皮分离。见表 6-18。

表 6-18　　　　　　　　　　　　几种果蔬的碱液去皮条件

种类	氢氧化钠溶液的浓度/%	液温/℃	浸碱时间/s
桃	2.0～6.0	90 以上	30～60
李	2.0～8.0	90 以上	60～120
杏	2.0～6.0	90 以上	30～60
胡萝卜	4.0	90 以上	65～120

续表

种类	氢氧化钠溶液的浓度/%	液温/℃	浸碱时间/s
马铃薯	10~11	90 以上	120
梨	8~14	90 以上	30~60
苹果	8~14	90 以上	30~60

2. 配制方法

糖液配置及加注糖液配制方法有直接法和稀释法两种。直接法是根据装罐所需的糖液浓度，直接称取蔗糖和水在溶糖锅内加热搅拌溶解并煮沸过滤待用。例如，装罐需用30%浓度的糖液，则可按蔗糖30kg、清水70kg的比例入锅加热配制。稀释法是配制高浓度的糖液（称为母液），一般浓度在65%以上，装罐时再根据所需浓度用水或稀糖液稀释。例如，用65%的母液配30%的糖液，则以母液：水＝1：1.17混合，即可得到30%的糖液。

蔗糖溶解调配时，必须煮沸10~15min，然后过滤，保温85℃以上备用；如须在糖液中加酸必须做到随用随加，防止积压，避免多次加热产生较多的羟甲基糠醛。酸度最好平衡在0.3%左右，酸度过低会影响杀菌效果，酸度过高对变色起促进作用。

我国目前生产的糖水水果罐头，一般要求开罐糖度为14%~18%（若是400g装的瓶子，则果块240~250g，糖水150~160g）。每种水果罐头加注糖液的浓度，可根据式（6-4）计算：

$$Y = (W_3 Z - W_1 X)/W_2 \tag{6-4}$$

式中　W_1——每罐装入果肉重，g；

　　　W_2——每罐加入糖液重，g；

　　　W_3——每罐净重，g；

　　　X——装罐时果肉可溶性固形物含量，%；

　　　Y——需配制的糖液浓度，%；

　　　Z——要求开罐时的糖液液浓度，%。

3. 护色

原料中的单宁类物质在去皮、核后会因接触氧气而发生酶促反应，引起褐变，影响果块的色泽。所以梨/苹果去皮、去籽巢后应迅速浸泡护色，防止过多地和氧接触，而发生酶促褐变。护色液中一般添加0.1%抗坏血酸、1%~2%食盐或0.3%柠檬酸，一般加入0.1%的抗坏血酸浸泡护色，浸泡料水比约为0.6：1。

热烫可钝化酶从而抑制酶促反应的进行，可采用如下方法检验是否达到破坏酶活性的要求：用1.5%愈创木酚酒精溶液及3% H_2O_2 等量混合后，将试样切片浸入其中，在数分钟内不变色即表示已破坏。

三、实验材料、仪器

1. 材料

梨（或苹果）、砂糖、食盐、氯化钙、氢氧化钠、盐酸、柠檬酸、1.5%愈创木酚酒精

溶液和 $3\%H_2O_2$。

2. 仪器

不锈钢盘、不锈钢锅、杀菌锅、电炉、煤气灶、刀具、糖度计/仪、四旋盖玻璃瓶（罐盖）、电子秤、烧杯、抽空装置、滤布（网）等。

四、实验步骤

季节不同实验所用原料亦有可能变化，此处以糖水梨为例。

1. 工艺流程

原料验收 → 挑选 → 摘把去皮 → 切半去籽巢 → 修整 → 洗涤 → 抽空处理、热烫 →

冷却分选 → 装罐（加汤汁）→ 排气密封 → 杀菌冷却 → 检验 → 包装 → 成品

2. 操作要点

（1）原料选择　选用鲜嫩多汁、成熟度在八成以上、果肉组织致密、石细胞少、风味正常的果实。剔除有病虫害、机械损伤和霉烂的果实。

（2）分级　巴梨和雪花梨横径为 65～90mm，鸭梨和长把梨为 60mm 以上，秋白梨 55mm 以上，个别品种可能在 50mm 以下，用清水洗净。（苹果按横径分为 60～67mm、67～75mm、75mm 以上三级。）

（3）去皮　用手工或机械去皮法，或可碱液去皮（条件可由实验确定），去皮后用 0.1%～0.3% 的盐酸中和，立即浸入盐水中护色。

（4）切块　用不锈钢水果刀纵切对半，大型果实可切四块，切面光滑。

（5）去果心、果柄　用刀挖去果心、果柄和花萼，削除残留果皮。

（6）盐水浸泡　切好的果块立即浸入 1%～2% 的盐水中护色。

（7）抽空及烫煮　20～30℃，真空度 >90kPa，湿抽；将果块倒进 80～100℃ 水中烫煮 10min 左右（条件确定、检验见原理部分护色），以流动水冷却，取出沥干水分，拣选。

（8）装罐、加糖水　将果块装入已消毒的玻璃罐中，果块 300g、糖水 200g（见糖液配置及加注）。装罐时糖水温度要在 80℃ 以上，要加得满些。

（9）排气密封　趁热旋紧瓶盖密封，罐盖要预先消毒。

（10）杀菌、冷却　封罐后立即投入沸水浴中杀菌 15～20min，然后分段冷却。

五、结果与讨论

（1）护色液等溶液的配制。

（2）去皮条件的确定。

（3）热烫条件的确定。

（4）抽空时间及果块的变化。

（5）加注糖液的浓度的确定。

（6）排气温度的确定。

（7）杀菌记录。

六、注意事项

（1）不同季节可选取不同原料，注意不同原料产品之间工艺的区别。

（2）注意根据原料特点决定去皮方法的选择。如果是碱液去皮，浸碱后应洗净残碱。

（3）变色是水果罐头常见的质量问题，因其原因很多，应加以预防。

思考题

1. 糖水罐头在加工过程中需注意什么问题？

2. 不同的去皮方法与制品品质有什么关系？碱液去皮的原理是什么？

3. 糖水水果罐头对于不同的糖含量的原料，加注糖液的浓度，如何计算？

4. 对生产用水的硬度有何要求？

5. 为了防止水果变色，应采取哪些方法？试说出其原理？

6. 排气方法有几种？排气温度与糖液加注量及真空度的形成有何关系？

7. 不同杀菌时间与温度和成品质量的关系如何？

8. 为什么罐头杀菌后要立即冷却？为什么冷却水也应清洁卫生？

☞ **参考文献**

［1］杨帮英.罐头工业手册［M］.北京：中国轻工业出版社，2002.

［2］赵晋府.食品工艺学［M］.北京：中国轻工业出版社出版，1999.

［3］天津轻工业学院，无锡轻工业学院.食品工艺学［M］.北京：中国轻工业出版社，1984.

［4］相玉秀，臧洪鑫，郭玲玲，等.覆盆子罐头加工工艺［J］.北华大学学报（自然科学版），2018，19（6）：110-114.

［5］曾洁，孙晶.罐头食品生产［M］.北京：化学工业出版社，2014.

实验十　罐头食品的实罐检验

一、实验目的

（1）了解罐头食品实罐检验的内容和基本过程。

（2）掌握罐头食品感官检验和物理检验的一般方法。

（3）了解罐头食品的分类方法。

二、实验原理

1. 罐藏食品的分类

（1）**肉类罐头**　清蒸类肉罐头、调味类肉罐头、腌制类肉罐头、烟熏类肉罐头、香肠类肉罐头、内脏类肉罐头。

（2）禽类罐头　白烧类禽罐头、去骨类禽罐头、调味类禽罐头。

（3）水产类罐头　油浸（熏制）类水产类罐头、调味类水产类罐头、清蒸类水产类罐头。

（4）水果类罐头　糖水水果类罐头、糖浆水果类罐头、果酱类水果罐头、果汁类水果罐头。

（5）蔬菜类罐头　清渍类蔬菜类罐头、醋渍类蔬菜类罐头、调味类蔬菜类罐头、盐（酱）渍类蔬菜类罐头。

（6）其他类　如坚果类罐头、汤类罐头、粥类罐头。

2. 各类罐头食品的感官检验与物理检验

根据人类的感觉特性，用眼（视觉）、鼻（嗅觉）、舌（味觉）和口腔（综合感觉）按产品标准要求对罐头的外观、密封性、容器内外表面以及内容物的形态、色泽、气味、滋味、组织形态等方面进行评定和物理检验。其主要任务是检验出样品与标准品之间，或样品与样品之间的差异，以及差异的程度，并客观评价出样品的特性。

用天平称量或用量筒量取、计算进行质量（重量）检验。

三、实验材料、仪器

1. 材料

肉类、禽类、水产类、水果类、蔬菜类等各类罐头。

2. 仪器

白瓷盘、匙、不锈钢圆筛、游标卡尺、螺旋测微计、克感量天平、大口漏斗、烧杯、量筒、锉刀、开罐刀、电炉、不锈钢锅和折光计等。

四、实验步骤

1. 感官检验

（1）组织与形态检验

①肉、禽、水产类罐头先经加热至汤汁溶化（有些罐头如午餐肉、凤尾鱼等，不经加热），然后将内容物倒入白瓷盘中，观察其组织、形态是否符合标准。

②糖水水果类及蔬菜类罐头在室温下将罐头打开，先滤去汤汁，然后将内容物倒入白瓷盘中观察组织、形态是否符合标准。

③糖浆类罐头开罐后，将内容物平倾于不锈钢圆筛中，静置3min，观察组织、形态是否符合标准。

④果酱类罐头在室温（15~20℃）下开罐后，用匙取果酱（约20g）置于干燥的白瓷盘上，在1min内视其酱体有无流散和汁液分泌现象。

（2）色泽检验

①肉、禽、水产类罐头在白瓷盘中观察其色泽是否符合标准，将汤汁注入量筒中，静置3min后，观察其色泽和澄清程度。

②糖水水果类及蔬菜类罐头在白瓷盘中观察其色泽是否符合标准，将汁液倒在烧杯中，观察其汁液是否清亮透明，有无夹杂物及引起浑浊的果肉碎屑。

③糖浆类罐头将糖浆全部倒入白瓷盘中观察其是否混浊，有无胶冻和有无大量果屑及夹杂物存在。将不锈钢圆筛上的果肉倒入盘内，观察其色泽是否符合标准。

④果酱类罐头及番茄酱罐头将酱体全部倒入白瓷盘中，随即观察其色泽是否符合标准。

⑤果汁类罐头在玻璃容器中静置 30min 后，观察其沉淀程度，有无分层和油圈现象，浓淡是否适中。

（3）滋味和气味检验

①肉、禽及水产类罐头：检验其是否具有该产品应有的滋味与气味，有无哈喇味及异味。

②果蔬类罐头：检验其是否具有与原果蔬相近似的香味。果汁类罐头应先嗅其香味（浓缩果汁应稀释至规定浓度），然后评定酸甜是否适口。

注：参加评尝人员须有正常的味觉与嗅觉，感官鉴定时间不得超过 2h。

2. 物理检验

（1）容器外观检验

①观察商标纸及罐盖打印是否符合规定，底盖有无膨胀现象，罐之外表是否清洁。

②撕下商标纸观察接缝及卷边是否正常，卷边处是否有铁舌、裂隙或流胶现象，罐体及底盖有无锈斑、有无凹瘪变形。

③用量罐卡尺检查卷边是否符合规定，用游标卡尺检查罐径与罐高是否符合规定。

（2）质量检验

①净重：擦净罐头外壁，用天平称取罐头毛重（罐头毛重：整个罐头在开罐前的质量，单位 g）。

肉、禽及水产类罐头需将罐头加热，使凝冻融化后开罐。果蔬类罐头不经加热，直接开罐。内容物倒出后，将空罐洗净、擦干后称重 W_1（单位 g）。按式（6-5）计算净重：

$$W = W_2 - W_1 \tag{6-5}$$

式中　W——罐头净重，g；

　　　W_2——罐头毛重，g；

　　　W_1——空罐质量，g。

② 固形物含量：沥干物重（含油脂）占标明净重的百分率。

水果、蔬菜类罐头开罐后，将内容物倾倒在预先称重的圆筛上，不搅动产品，倾斜筛子，沥干 2min 后，将圆筛和沥干物一并称重（单位 g）。按式（6-6）计算固形物含量：

$$X = \frac{W_2 - W_1}{W} \times 100\% \tag{6-6}$$

式中　X——固形物含量，质量分数，%；

　　　W_2——果肉或蔬菜沥干物加圆筛质量，g；

　　　W_1——圆筛质量，g；

　　　W——罐头标明净重，g。

注：带有小配料的蔬菜罐头，称量沥干物时应扣除小配料。

肉禽及水产类罐头：将罐头在（50±5）℃的水浴中加热 10~20min（视罐头大小而定），使凝冻的汤汁融化，开罐后，将内容物倾倒在预先称重的圆筛上，圆筛下方配接漏斗，架于容量合适的量筒上，不搅动产品，倾斜圆筛，沥干 3min 后，将筛子和沥干物一并称量（单位 g）。将量筒静置 5min，使油与汤汁分为两层，量取油层的毫升数乘以密度 0.9，即得油层质量（单位 g）。按式（6-7）计算固形物含量：

$$X = \frac{(W_2 - W_1) + F}{W} \times 100\% \qquad (6-7)$$

式中　X——固形物含量，质量百分率，%；

　　　W_2——沥干物加圆筛质量，g；

　　　W_1——圆筛质量，g；

　　　F——油脂质量，g；

　　　W——罐头标明净重，g。

注：净重小于 1.5kg 的罐头用直径 200mm 的圆筛；净重等于或大于 1.5kg 的罐头，用直径 300mm 的圆筛。

（3）容器内壁检验

①观察罐身及底盖内部镀锡层是否有腐蚀和露铁情况。

②涂膜有无脱落情况。

③有无铁锈和硫化铁斑点。

④罐内有无锡粒和内流胶现象。

五、结果与讨论

结果记录在表 6-19 中。

表 6-19　　　　　　　　　　　　　结果记录表

序号	品名	色泽	滋味气味	组织形态	罐号	净重/g	固形物/%
1							
2							
3							
4							
5							
6							
7							
8							
9							
10							

六、注意事项

（1）在实验材料的选择上应尽可能品种全面有代表性。

（2）注意不同品种罐头之间检验方法的差异。

（3）实验室应具备良好的感官鉴定条件。

思考题

1. 罐藏食品是如何分类的？

2. 食品实罐检验的内容有哪些？

3. 罐头食品感官检验是如何进行的？

4. 各类罐头的产品质量有何具体要求？

👉 **参考文献**

［1］潘思轶.食品工艺学实验［M］.北京：中国农业出版社，2015.

［2］周家春.食品工艺学［M］.北京：化学工业出版社，2008.

［3］马汉军，秦文.食品工艺学实验技术［M］.北京：中国计量出版社，2009.

［4］杨帮英.罐头工业手册［M］.北京：中国轻工业出版社，2002.

实验十一　罐头的空罐检验

一、实验目的

（1）进一步加强对二重卷边的结构及各部位名称的了解。

（2）掌握二重卷边的解剖方法和检测方法。

（3）掌握叠接率、紧密度和缝盖钩完整率（三率）的概念及其对罐头密封性能的意义。

（4）了解二重卷边的外部检测方法。

二、实验原理

1. 二重卷边的结构及各部位的名称

二重卷边的结构见图 6-1 所示。

（1）卷边宽度（W）　从卷边外部测得的卷边顶部至下缘的尺寸。

（2）卷边厚度（T）　从卷边外部测得的垂直于卷边叠层的最大尺寸。

（3）埋头度（C）　从二重卷边顶部至靠近卷边内壁盖肩平面的距离。

（4）身钩（L_{BH}）　在二重卷边形成时，把桶身或罐身的翻边部分弯曲成钩状的长度。

（5）盖钩（L_{CH}）　在二重卷边形成时，盖钩边弯曲在卷边内部的长度。

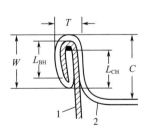

图 6-1　二重卷边的结构及各部位的名称

1—罐身　2—罐盖

（6）叠接长度（L_{OL}） 二重卷边形成后，经解剖测得身钩与盖钩互相叠接部分的长度。卷边封口解剖实验时，检测部位为圆周上均匀分布的三点（夹角120°）。

2. "三率"（$L_{OL}\%$、TR%和JR%）

（1）叠接率（$L_{OL}\%$，卷边重合率） 身钩和盖钩重叠程度用百分率表示。

马口铁罐底或易开盖一般要求 $L_{OL}\% \geqslant 50\%$。L_{OL}和$L_{OL}\%$可用计算法、投影仪仲裁法及查表法三种方法［参见《罐头食品金属容器通用技术要求》（GB/T 14251—2017）中的规定］。

（2）皱纹度（WR,%）和紧密度（TR,%） 封口结构的紧密度是罐头密封性要求的一项重要指标，它通常用目测解剖实验时盖钩内侧的皱纹度大小来评定，如图6-2所示。

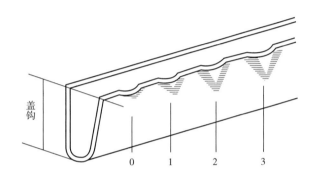

图6-2 紧密度与皱纹度的关系

0—TR = 87.5%，WR = 12.5%；1—TR = 75%，WR = 25%；2—TR = 50%，WR = 50%；3—TR = 25%，

WR = 75%，即相应的 TR = 1-WR，（一般要求镀锡薄板的底盖或易开盖 TR ≥ 50%）

（3）接缝盖钩完整率 JR% 指焊缝外卷边盖钩因内垂唇造成有效盖钩不足形成的，一般在满足 L_{OL}、$L_{OL}\%$和TR的条件下，JR%不另作要求（目测 JR% ≥ 50% 即可）。

三、实验材料、仪器

1. 材料

空罐（选购于空罐制造厂）、本实验第一部分的实罐。

2. 仪器

卫生开罐刀、罐头工业专用卡尺、卷边测微计、游标卡尺、深度尺、千分尺、锉刀、卷边切割机钢丝锯、尖嘴钳、放大镜、卷边投影仪等。

四、实验步骤

1. 卷边外部检测

分目检和计量检测两大项。

（1）目检 卷边的外观要求上部平服，下缘光滑，卷边的整个轮廓，曲线卷曲适度，卷边宽度一致，无卷边不完全（滑封）假封（假卷）、大塌边、锐边、快口、牙齿、铁舌、卷边碎裂、双线、跳封等因压头或滚轮故障引起的其他缺陷，用肉眼进行观察。

（2）计量检测 按图6-3所示的I、K、J三个检测部位进行罐高、卷边宽度、卷边厚

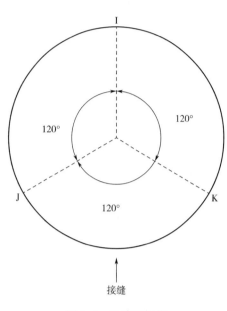

接缝

图 6-3　X 检测部位

①仲裁法：用卷边投影仪测定如图 6-4 所示卷边的 a、b 部分数值，其中 a 部分为叠接长度（L_{OL}），b 部分为理论叠接长度，并按 $a/b \times 100\%$ 计算叠接率。

②计算法：根据测定的罐身钩（L_{BH}）、盖钩（L_{CH}）、卷边宽度（W）、罐盖铁皮厚度（d_c）、罐身铁皮厚度（d_b），计算叠接率（$L_{OL}\%$）。计算法如式（6-8）所示：

$$L_{OL}(\%) = \frac{L_{BH} + L_{CH} + 1.1d_c - W}{W - (2.6d_c + 1.1d_b)} \times 100\%$$

（6-8）

式中　d_c——罐盖铁皮厚度；
　　　d_b——罐身铁皮厚度。

度、埋头度、垂唇度等的测定。

2. 卷边内部检测

（1）目检　按上图 I、K、J 部位，确定卷边测定部位，用钢丝锯垂直罐顶，将二重卷边切开，用肉眼在投影仪的显示屏上或借助与放大镜观察卷边内部空隙情况，包括顶部空隙上部空隙和下部空隙观察罐身钩、盖钩的咬合状况及盖钩的皱纹状况。

（2）计量检测　在接缝对面的 I 部位用卷边切割机或用锯切开卷边形成卷边截面，用投影仪检测身钩 BH、盖钩 CH 长度和叠接率，再用钳子完整撕开卷边，检查整个盖钩的紧密度和接缝盖钩完整率，测量 K、J 部位身钩 BH、盖钩 BH 长度，然后综合进行评价。

叠接率 $L_{OL}\%$ 的测定有两种方法。

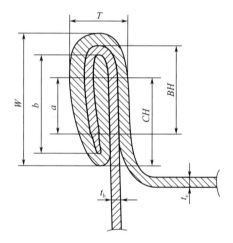

图 6-4　接缝处二重卷边结构图

五、结果与讨论

结果如表 6-20～表 6-22 所示。

表 6-20　　　　　　　　卷边外部检测结果记录表

序号	罐高	卷边宽度	卷边厚度	埋头度	缺陷
1					
2					
3					

表 6-21　　　　　　　　　　　　　　卷边内部检测结果记录表

序号	上部空隙	下部空隙	皱皱纹度（WR%）	紧密度（TR%）	接缝盖钩完整率（JR%）
1					
2					
3					

表 6-22　　　　　　　　　　　　叠接率（L_{OL}%）　测量及计算结果记录表

序号	盖钩（L_{CH}）	罐身钩（L_{BH}）	罐盖铁厚度（d_c）	罐身铁皮厚度（d_b）	叠接长度（L_{OL}）	叠接率（L_{OL}%）
1						
2						
3						

六、注意事项

（1）实验材料应包含有缺陷的材料，以便对比观察。

（2）注意检测部位的选取。

？ 思考题

1. 根据实验画出二重卷边的结构图，标出各部位名称。

2. 为什么用锉刀将二重卷边顶部一层铁皮锉透，即可用尖嘴钳把卷边拉下？

3. 什么是滑封、假封、大塌边、锐边、快口、牙齿、铁舌、卷边碎裂、双线、跳封？

4. 什么是二重卷边的"三率"，其与罐头的密封性能有何关系？

参考文献

［1］潘思轶. 食品工艺学实验［M］. 北京：中国农业出版社，2015.

［2］周家春. 食品工艺学［M］. 北京：化学工业出版社，2008.

［3］马汉军，秦文. 食品工艺学实验技术［M］. 北京：中国计量出版社，2009.

［4］杨帮英. 罐头工业手册［M］. 北京：中国轻工业出版社，2002.

［5］张钟，李先保，杨胜远. 食品工艺学实验［M］. 郑州：郑州大学出版社，2012.

［6］张海燕，康三江，张芳，等. 干装苹果罐头蒸汽漂烫工艺研究［J］. 甘肃农业科技，2019，517（1）：30-38.

［7］高海生，索杏娜，刘芸，等. 美味香椿罐头的加工工艺［J］. 河北科技师范学院学报，2017，31（1）：1-7.

模块二 综合性实验

实验十二 牛肉干的制作

一、实验目的

了解和掌握牛肉干制作的基本方法和工艺。

二、实验原理

以新鲜牛肉为原料，通过原料肉修整、煮熟切片、加入配料复煮、腌制、烘烤等加工工艺，制作出营养丰富、口味鲜美、易于保存携带的片状、条状、粒状等形状的干肉制品。

三、实验材料、仪器

1. 材料

新鲜牛肉、白糖、五香粉、辣椒粉、食盐、味精、安息香酸钠、曲酒、茴香粉、特级酱油、玉果粉100g。

2. 仪器

刀、菜板、盆、电子天平/秤、铁丝网或筛子、烘箱、电炉、锅、冰箱、温度计和烘烤设备等。

四、实验步骤

1. 工艺流程

$$原料肉修整 \rightarrow 切片 \rightarrow 配料 \rightarrow 拌料 \rightarrow 烘烤 \rightarrow 品尝$$

2. 操作要点

（1）原料肉的选择与处理　多采用新鲜的牛肉，以前后腿的瘦肉为最佳。先将原料肉的脂肪和筋腱剔去，然后洗净沥干，切成0.5kg左右的肉块。

（2）预煮　将肉块放入锅中，用清水煮开后撇去肉汤上的浮沫，浸烫20~30min，使肉发硬，然后捞出切成$1.5cm^3$的肉丁或切成1.5cm×2.0cm×4.0cm的肉片（按需要而定）。

（3）配料（按每100kg瘦肉计算）　牛肉100kg，白糖22kg，五香粉250g，辣椒粉250g，食盐4kg，味精300g，安息香酸钠50g，曲酒1kg，茴香粉100g，特级酱油3kg，玉果粉100g。

（4）复煮　又称作红烧。取原汤一部分，加入配料，用大火煮开。当汤有香味时，改用小火，并将肉丁或肉片放入锅内，用锅铲不断轻轻翻动，直到汤汁将干时，将肉取出。

（5）烘烤　将肉丁或肉片铺在铁丝网上用50~55℃进行烘烤，要经常翻动，以防烤焦，需 8~10h，烤到肉发硬变干，具有芳香味美时即成肉干。牛肉干的成品率为 50%。

（6）包装和贮藏　肉干先用纸袋包装，再烘烤 1h，可以防止发霉变质，能延长保质期。如果装入玻璃瓶或马口铁罐中，可贮藏 3~5 个月。肉干受潮发软，可再次烘烤，但滋味较差。

（7）感官评定　根据感官检验方法，观察产品的色、香、味、形等指标，与成品规格对照，进行评分。

成品规格：色泽褐湿有光泽，肉质酥松，厚薄均匀，无杂质，口感鲜美，无异味。含蛋白质约 52%，水分约 13.5%，脂肪约 6.3%，灰分 1.35%。

按指定的配方，制作牛肉干，并按表 6-23 进行记录和计算。

表 6-23　　　　　　　　　　牛肉干生产记录表

牛肉干配方	项目							
	总肉量/kg	瘦肉量/kg	水煮所需时间/min	复煮所需时间/min	烘烤所需时间/min	肉干产量/kg	肉干占总肉/%	肉干占瘦肉/%	备注
数值								

五、结果与讨论

按表 6-24 进行牛肉干品质评定。

表 6-24　　　　　　　　　　牛肉干的品质评定

项目	品质要求	最高评分	品质评价结果			
			给分			情况说明
			1	2	3	
形态	片（块）均匀一致，碎屑少，外形美观	20分				
香味	香味清香适中	20分				
颜色	纯正，干而不焦	30分				
口味	咸甜适中，久嚼有味，具有该类产品的特有风味	30分				

六、注意事项

贮藏过程中，注意隔绝空气。以免产品受潮、变软，滋味变差。

思考题

1. 牛肉干加工中常用的脱水方法有哪些？
2. 牛肉干的特点及加工中的注意要点有哪些？
3. 水分和水分活度对微生物活动的意义是什么？
4. 干制食品对包装、运输的意义体现在何处？

👉 **参考文献**

[1]杜克生.肉制品加工技术[M].北京：中国轻工业出版社，2006.

[2]武俊瑞，颜廷才.新编食品工艺学实验指导[M].沈阳：沈阳农业大学出版社，2014.

[3]潘思轶.食品工艺学实验[M].北京：中国农业出版社，2015.

[4]周雁，傅玉颖.食品工程综合实验[M].杭州：浙江工商大学出版社，2009.

[5]孟宪军，张佰清.农产品贮藏与加工技术[M].沈阳：东北大学出版社，2010.

[6]叶春苗.牛肉干加工工艺研究[J].农业科技与装备，2017(10)：34-35，39.

[7]高秀兰，包志华，赵涛，等.内蒙古牛肉干加工工艺技术革新研究[J].农产品加工（上），2016(1)：26-28.

实验十三　配制型含乳饮料的制作

一、实验目的

（1）了解水果乳饮料的加工的基本工艺。

（2）掌握影响水果乳饮料质量的因素及控制方法。

二、实验原理

以鲜乳或乳粉为原料，经添加苹果或草莓等水果汁、混合、均质、杀菌、灌装、冷却等工艺，加工制作出组织状态均匀一致、营养丰富、风味独特的酸性乳饮料。

三、实验材料、仪器

1. 材料

新鲜牛乳或乳粉、新鲜水果（苹果和草莓或其他适宜水果）、柠檬酸、砂糖、香精、稳定剂［羧甲基纤维素（CMC）或果胶］。

2. 仪器

打浆机或高速电磨、均质机、纱布、三角瓶、乳瓶、橡胶圈、牛皮纸、移液管、锅、电炉、冰箱、天平、量筒、烧杯、灭菌釜。

四、实验步骤

1. 工艺流程

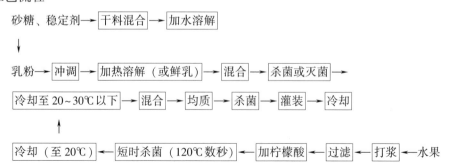

2. 操作要点

（1）配料（参考 100kg 水中配料）　砂糖 18kg，草莓 20kg，CMC 或果胶 0.3kg，乳粉 8kg，柠檬酸 0.15kg，香精 0.1kg。

（2）调和水果汁的制备　用高速电磨或打浆机将苹果或草莓打碎，挤压出汁后，加入少部分水和柠檬酸，短时杀菌（120℃数秒），冷却 20℃待用，注意防止污染。

（3）稳定剂与糖液的制备　将干料混合后，加少部分水溶解后制成 3% 的溶液。

（4）添加稳定剂和预热杀菌　将乳粉加入剩余的热水溶解后，再将稳定剂溶液加入混合，杀菌或灭菌，冷却至 20~30℃以下。

（5）添加调和果汁　加果汁和有机酸的混合液，边加入边搅拌，添加速度要慢。

（6）添加香精（也可添加色素调色）。

（7）灭菌、冷却、灌装。

方法一：先灭菌则冷却后再灌装。

方法二：料液混合后，装瓶再高压灭菌。冷却至 10~20℃后，置于 0~4℃冷库或冰箱中冷藏。

3. 产品评定

产品应无沉淀、分层，有牛乳和果汁的香气，颜色应为乳白色，产品应酸甜可口，口感浓厚，具有该类产品的特有风味。

五、结果与讨论

（1）按指定的配方制作配制型含乳饮料，并按表 6-25 进行记录。

表 6-25　　　　　　　　　　　配制型含乳饮料具体配方

项　目	乳粉	蔗糖	柠檬酸	稳定剂	柠檬酸钠
质量/g					

配制型含乳饮料最终 pH：测定按上述配方制的饮料 pH 并记录。

（2）按表 6-26 进行配制型含乳饮料的品质评价。

表 6-26　　　　　　　　　　　配制型含乳饮料的品质评价

项　目	品质要求	最高评分	品质评价结果			
			得　分			情况说明
			1	2	3	
均质	无沉淀、分层	20 分				
香味	有牛乳和果汁的香气	20 分				
颜色	乳白色	30 分				
口味	酸甜可口，口感浓厚，具有该类产品的特有风味	30 分				

六、注意事项

制备、调和新鲜水果汁时，避免引入污染。

思考题

1. 如果产品出现沉淀、分层现象，其原因是什么？
2. 影响产品品质的主要原因有哪些？

参考文献

[1]潘道东.畜产食品工艺学实验指导[M].北京：科学出版社，2012.

[2]武俊瑞，颜廷才.新编食品工艺学实验指导[M].沈阳：沈阳农业大学出版社，2014.

[3]周光宏.畜产品加工学[M].北京：中国农业出版社，2008.

[4]马丽珍，刘金福.食品工艺学实验[M].北京：化学工业出版社，2011.

[5]李晓东.乳品加工实验[M].北京：中国林业出版社，2013.

[6]蔡健，常锋.乳品加工技术[M].北京：化学工业出版社，2008.

[7]钟华锋.配制型菠萝汁含乳饮料的研究[J].食品研究与开发，2016(1)：75-80.

[8]万剑吟.含乳饮料的流行趋势及复合含乳饮料稳定剂的选择[J].食品安全导刊，2011(7)：56-57.

实验十四　调味鱼肉片的制作

一、实验目的

掌握水产品干制加工的方法和原理。

二、实验原理

以鱼类为原料，通过剖片、漂洗、调味、烘干、滚压拉松等工艺操作，制成水分含量较低的片状鱼制品。

三、实验材料、仪器

1. 材料

鲢鱼（或草鱼），各种调料等。

2. 仪器

剖片刀，干燥设备，漂洗用筐或水槽等。

四、操作步骤

1. 工艺流程

原料选择与整理（冻鱼解冻）→ 剖片 → 检验 → 漂洗 → 沥水 → 调味渗透 → 摊片 →

烘干 → 揭片（生干片）→ 烘干 → 滚压拉松 → 检验 → 称量 → 包装

2. 操作要点

（1）原料选择与整理处理　将新鲜鲢鱼先清洗，刮鳞去头、内脏、皮，洗净血污。

（2）剖片　用片刀割去胸鳍，一般由尾端下刀剖至肩部，力求出肉率高。

（3）检片　将剖片时带有的黏膜、大骨刺、杂质等检出保持鱼片洁净。

（4）漂洗　漂洗是提高制品质量的关键。漂洗可在漂洗槽中进行，也可将肉片放入筐内，再将筐浸入漂洗槽，用循环水反复漂洗干净，然后捞出，沥水。

（5）调味　配料：白砂糖 5%~6%，精盐 1.5%~2%，味精 1%~1.8%，黄酒 1%~1.5%。用手翻拌均匀，静置渗透 1.5h（15℃）。

（6）摊片　将调味的鱼片摊在烘帘上烘干，摆放时片与片间距要紧密，片型要整齐，抹平，两片搭接部位尽量紧密，使整片厚度一致，以防爆裂，相接的鱼片肌肉纤维要纹理一致，使鱼片成型美观。

（7）烘干　烘干温度以不高于 35℃（30~35℃）为宜，烘至半干时移出，使内部水分向外扩散后再行烘干，最终达到规格要求。

（8）揭片　将烘干的鱼片从网上揭下，即得生片。

（9）烘烤　温度为 160~180℃，为 1~2min，烘烤前生片喷洒适量水，以防鱼片烤焦。

（10）滚压拉松　烤熟的鱼片在滚压机中进行滚压拉松，滚压时要沿着鱼肉纤维的垂直（即横向）方向进行，一般须经二次拉松，使鱼片肌肉纤维组织疏松均匀，面积延伸增大。

（11）检验　经拉松后的鱼片，去除剩留骨刺，根据市场需求确定包装大小（聚乙烯或聚丙烯袋均可）。

3. 产品评定

（1）感官指标

色泽：黄白色，边沿允许略带焦黄色。

形态：鱼片平整，片形基本完好。

组织：肉质疏松，有嚼劲，无僵片。

滋味及气味：滋味鲜美，咸甜适宜，具有烤淡水鱼的特有香味，无异味。

杂质：不允许存在。

（2）水分含量　17%~22%。

（3）微生物指标　致病菌（系指肠道致病菌及致病性球菌）不得检出。

五、结果与讨论

结果分析从调味鱼肉片的组织形态（块形、质地）、滋味及气味、有无杂质等方面综合评价产品质量。要求实事求是地对本人实验结果进行清晰的叙述，实验失败必须详细分析可能的原因。

六、注意事项

注意所用原料鱼的质量，若选择冻藏原料，应判断其品质，缓冻后肉质稀松，破碎则不可使用。

思考题

1. 影响制品质量的关键因素有哪些？
2. 如何计算剖片后的得率？
3. 如何计算成品得率？

参考文献

[1] 高福成. 新型海洋食品 [M]. 北京：中国轻工业出版社，1999.

[2] 张万萍. 水产品加工新技术 [M]. 北京：中国农业出版社，1995.

[3] 丁武. 食品工艺学综合实验 [M]. 北京：中国林业出版社，2012.

[4] 潘道东. 畜产食品工艺学实验指导 [M]. 北京：科学出版社，2012.

[5] 蒋爱民. 畜产品加工学实验指导 [M]. 北京：中国农业出版社，2005.

[6] 佘丹丹. 安康鱼调味烤鱼片加工工艺研究与货架期预测 [D]. 舟山：浙江海洋大学，2016.

实验十五　无铅皮蛋（变蛋）的制作

一、实验目的

通过本次实验，要求学生掌握无铅皮蛋的加工方法。

二、实验原理

蛋白质遇碱发生变性而凝固，当蛋清和蛋黄遇到一定浓度的氢氧化钠时，由于蛋白质分子结构受到破坏而发生变化，蛋清部分形成具有弹性的凝胶体，蛋黄部分则由蛋白质变性和脂肪皂化反应形成凝固体。

三、实验材料、仪器

1. 材料

鲜鸭蛋（鸡蛋）、生石灰、纯碱、食盐、红茶末等。

2. 仪器

小缸、台秤或杆秤、放蛋容器、照蛋器等。

四、实验步骤

1. 工艺流程

原料蛋的选择 → 辅料的选择 → 配料 → 料液碱度的检验 → 装缸、灌料泡制 → 成熟 → 成品

2. 操作要点

（1）原料蛋的选择 加工变蛋的原料蛋须经照蛋和敲蛋逐个严格的挑选。

①照蛋：加工变蛋的原料蛋用灯光透视时，气室高度不得高于 9mm，整个蛋内容物呈均匀一致的微红色，蛋黄不见或略见暗影，胚珠无发育现象。

②敲蛋：经过照蛋挑选出来的合格鲜蛋，还需检查蛋壳完整与否，厚薄程度以及结构有无异常。

（2）配料

配方一：水 100kg；纯碱 6.0~6.7kg，生石灰 28~32kg，食盐 3~4kg，红茶 1~2kg，硫酸铜 200~300g。可腌制 2500 枚鸭蛋。

配方二：水 1500mL；烧碱（氢氧化钠）65~68g，食盐 50g，红茶 25g，硫酸铜 0.45g。可腌制 30~35 枚鸭蛋。

烧碱法：将除红茶外的其他辅料放入容器中，红茶加水煮成茶汁，过滤除渣，趁热将茶汁冲入放辅料的容器中，充分搅拌溶解，冷却待用。

生石灰法：将除红茶及生石灰外的其他辅料放入容器中，红茶加水煮成茶汁，过滤除渣，趁热将茶汁冲入放辅料的容器中，充分搅拌溶解后加入生石灰，处分搅拌均匀，冷却后取上清液，待用。

（3）料液碱度的检验 用刻度吸管精确吸取澄清料液 4mL，注入 300mL 的三角瓶中，加 100mL 蒸馏水，再加入 10%$BaCl_2$溶液 10mL，摇匀，静止片刻后，加入 3~5 滴酚酞指示剂，用 1.0mol/L 标准盐酸滴定至粉红色褪去，消耗 1mol/L 盐酸标准溶液的毫升数即为料液的氢氧化钠百分含量。料液中的氢氧化钠含量要求达到 4%~5% 为宜。若浓度过高应加水稀释，若浓度过低应加烧碱提高料液的氢氧化钠浓度。

（4）装缸、灌料泡制 将检验合格的蛋装入缸内，用竹箆盖撑封，将检验合格冷却的料液在不停地搅拌下徐徐倒入缸内，使蛋全部浸泡在料液中。

（5）成熟 灌料后要保持室温为 16~28℃，最适温度为 20~25℃，浸泡时间为 25~40d。在此期间要进行 3~4 次检查。出缸前取数枚变蛋，用手颠抛，变蛋回到手心时有震动感。用灯光透视蛋内呈灰黑色。剥壳检查蛋清凝固光滑，不黏壳，呈黑绿色，蛋黄中央呈溏心即可出缸。

（6）包装 变蛋的包装有传统的涂泥糠法和现在的涂膜包装法。

①涂泥包糠：用残料液加黄土调成糊糊状，包泥时用刮泥刀取 40~50g 的黄泥及稻壳，使变蛋全部被泥糠包埋，放在缸里或塑料袋内密封贮藏。

②涂膜包装：用液体石蜡或固体石蜡等作涂膜剂，喷涂在变蛋上（固体石蜡需先加热熔化后喷涂或涂刷），待晾干后，再封装在塑料袋内贮藏。

3. 产品评定

（1）感官指标 外壳包泥或涂料均匀洁净，蛋壳完整，无霉变，振摇时无水响声；剖检时蛋体完整白呈青褐、棕褐或棕黄色，呈半透明状，有弹性，一般有松花花纹；蛋黄呈深浅不同的数色或黄色，略带溏心或凝心，具有变蛋应有的滋味和气味，无异味。

（2）理化指标 产品理化指标如表 6-27 所示。

表 6-27　　　　　　　　　　　　　　　变蛋的理化指标

项　目	指　标
锌（以 Zn 计）/（mg/kg）　≤	50
砷（以 As 计）/（mg/kg）　≤	0.05
铅（以 Pb 计）/（mg/kg）　≤	2
总汞（以 Hg 计）/（mg/kg）　≤	0.05
六六六，滴滴涕	按照《食品安全国家标准　食品中农药最大残留限量》（GB 2763—2019）规定执行

（3）微生物指标　细菌总数（个/g）≤500，大肠菌群（个/100g）≤30，致病菌不得检出。

五、结果与讨论

结果分析从蛋的外壳包泥或涂料、剖检时蛋体的组织形态（块形、质地）、滋味及气味等方面综合评价产品质量。要求实事求是地对本人实验结果进行清晰的叙述，实验失败必须详细分析可能的原因。

六、注意事项

原料蛋的选择应按照操作要点逐一严格筛选；浸泡过程中定期检查产品情况。

思考题

1. 你所制作的变蛋有何成品特色？
2. 思考变蛋的加工对其营养的影响？

参考文献

[1]周光宏.畜产品加工学[M].北京：中国农业大学出版社，2002.

[2]孔保华，于海龙.畜产品加工[M].北京：中国农业科学技术出版社，2008.

[3]马丽珍，刘金福.食品工艺学实验[M].北京：化学工业出版社，2011.

[4]潘思轶.食品工艺学实验[M].北京：中国农业出版社，2015.

[5]孔保华.畜产品加工学[M].北京：中国农业科学技术出版社，2008.

实验十六　乳的检验与酸马乳的制作

一、实验目的

（1）掌握原料乳验收要点，掌握乳的密度、酸度、酒精试验和乳中抗菌物质的检验方法。

（2）熟悉酸乳的生产工艺，掌握牛乳酪蛋白胶粒稳定性及影响因素、菌种的活化与驯化方法和酸乳制作原理。

（3）掌握酸马乳制作基本原理及制作过程。

（4）了解传统发酵技术与现代生物培养在酸马乳中的应用。

二、实验原理

1. 原料乳的检测

乳的密度：正常乳的密度是乳中各种成分密度的平均值，当乳中比水重的无脂干物质增多时乳的密度会增高，加水时密度则降低。

乳的酸度：由于牛乳含有蛋白质、柠檬酸盐、磷酸盐、脂肪酸、二氧化碳等酸性物质，因此牛乳呈微酸性，其 pH 为 6.5~6.7，这种酸度称为自然酸度。由于微生物的活动，乳糖被分解产生乳酸，使牛乳的酸度升高。这种因发酵而升高的酸度称为发酵酸度。自然酸度和发酵酸度的总和称为总酸度。乳的总酸度越高，乳的热稳定性越低，生产出乳制品的质量也会降低。牛乳的酸度通常用吉尔涅尔度表示，正常乳为 16~18°T。

酒精试验是验收原料乳的重要项目。一定数量的正常乳对一定浓度及数量的酒精的脱水作用呈现稳定性，但乳的酸度升高时，乳酪蛋白质因酒精的脱水作用而产生凝集作用。

热稳定性试验（煮沸试验）能有效地检出高酸度乳。乳的酸度升高时，变得不稳定，达到一定酸度时，加热煮沸有絮状或凝固现象发生。

牧场内经常应用抗生素治疗乳牛的各种病症，因此凡经抗生素治疗过的乳牛，其乳中在一定时期内仍残存着抗生素。氯化三苯四氮唑（TTC）试验是用来测定乳中有无抗生素残留的较简易的方法。

2. 酸乳制作

（1）酪蛋白胶粒的不稳定性　酪蛋白是以酪蛋白磷酸钙络合物的胶粒状态存在于乳中的。在乳品工业中，很多工艺过程与这种酪蛋白体系的变化有关，特别是在受热、盐类、酸、凝乳酶等作用后，对粒子的凝聚具有重要关系，乳中的酪蛋白酸盐—磷酸盐粒子与乳浆之间保持着一种不稳定的平衡关系。酪蛋白在溶液中主要以其本身的电荷保持稳定状态，其与镁和钙二价离子牢固地结合，因此对周围的盐类、离子、pH 与酸度等环境的变化非常敏感。

（2）酪蛋白的酸凝固　酪蛋白磷酸盐胶粒对 pH 的变化非常敏感。当脱脂乳加酸调节pH 时，酪蛋白胶粒中的钙、磷酸盐逐渐游离出来，到 pH 达到酪蛋白等电点 4.6 时，乳中沉淀析出的蛋白质就是酪蛋白。

牛乳因微生物污染，产生的自然酸败现象，也会使酪蛋白凝固。这主要是乳糖在微生物作用下生成乳酸的机制，pH 下降到酪蛋白的等电点时就会出现絮状沉淀。这种发酵是杂菌共同作用的结果，代谢途径复杂，产物杂异，使产品不能食用。利用纯的乳酸菌培养发酵牛乳制作酸牛乳及其他发酵乳制品就是一个典型例子，这被认为是乳酸发酵过程。

（3）酸乳发酵剂菌种的共生作用

①酸乳发酵剂的主要作用

a. 分解乳糖产生乳酸。

b. 产生挥发性的物质（如丁二酮、乙醛等），使酸乳具有典型的风味。

c. 具有一定的降解脂肪、蛋白质的作用，使酸乳更利于消化吸收。

d. 酸化过程抑制了致病菌的生长。

②酸乳发酵剂常用菌种

a. 传统菌种：嗜热链球菌（*Streptococcus thermophilus*）和保加利亚乳杆菌（*Lactobacillus bulgaricus*）。

b. 其他菌种：

产香菌种：嗜热链球菌，乳脂明串珠菌和丁二酮乳酸链球菌，双乙酰链球菌。

产维生素的菌种：双歧杆菌，谢氏丙酸杆菌（B_{12}）。

具有保健作用的菌种：双歧杆菌，干酪杆菌，嗜酸乳杆菌。

c. 在牛乳发酵前首先要制备发酵剂。发酵过程可以用 1 种菌，也可以用 2 种以上的菌作发酵剂，常将嗜热链球菌和保加利亚乳杆菌组合起来应用。发酵剂的制备分三个阶段，即乳酸菌纯培养物、母发酵剂和生产发酵剂。

③酸乳发酵剂菌种的共生作用，见图 6-5。

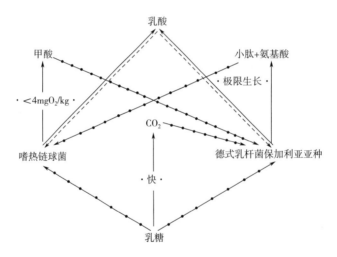

图 6-5　牛乳中乳酸菌发酵的共生作用

将两种微生物混合培养比分别单独培养时生长得好，这种现象称为共生。若将嗜热链球菌和保加利亚乳杆菌组合起来应用，则乳的凝固时间比单一发酵剂短，40~45℃培养，凝固时间只需 2~3h，而使用单一发酵剂必须经数小时或更长时间才能凝乳。

保加利亚乳杆菌可从酪蛋白中将多种氨基酸游离出来，促进嗜热链球菌生长，使继代时间大大缩短，菌数很快增加。在开始培养第 1 小时后，嗜热链球菌数可达 3~4 倍。此后，由于受到乳酸的影响，嗜热链球菌生长减慢，保加利亚乳杆菌菌数与其逐渐接近。

嗜热链球菌产生的甲酸可促进保加利亚乳杆菌生长。如果对乳进行强烈加热，例如，90℃，30min，乳中会产生相当量的甲酸。但在发酵乳制作过程中，乳的加热处理并不十分强烈，所以不能产生足够的甲酸。在这样的条件下，甲酸只能由嗜热链球菌产生。含有大量甲酸的强烈加热牛乳，例如灭菌乳，具有改变乳酸球菌和乳酸杆菌比例的作用。在用于制作发酵乳的杀菌乳（90℃加热 5min 或 85℃加热 20~30min）或灭菌乳［超高温瞬时灭菌（UHT）］中能保持嗜热链球菌和保加利亚乳杆菌的最佳比率（1∶1~2∶1）。

3. 酸马乳制作

制酸乳的原料主要是牛乳和酸乳曲种，但也用羊乳、驼乳做原料。酸乳曲种称为活酸乳（核仁格，Horenge），在牧区制曲种非常有讲究，一般找个干净的布袋放少许酒曲和鲜乳进行搅拌或在少许半生不熟的蒙古米子和黏米上加一点白酒，上面再加刚挤的鲜乳或初乳，倒进干净的容器内用干净的布裹好口放置于15℃以上的环境中进行发酵24h，发酵后的东西叫酸乳曲种。在每年新奶子下来后，没有曲种的人家要向别人请曲种。酸马乳又称马奶酒，蒙古语中称琦葛（Qigee），意为"发酵马奶子"。酸马乳是含有乙醇等风味物质和乳酸的发酵制品。它是以新鲜马乳为原料，利用天然发酵剂和传统发酵技术发酵而制成的一种营养价值很高的具有浓厚民族特色的乳酸菌保健饮料。做酸马乳要先进行发酵制曲种。培养酸马乳曲种的方法与普通酸乳曲种的方法差不多，用牛乳培养的酸乳曲种里加凉马乳，或者在马乳里加少许白酒不停地搅拌，在22℃环境里放置5~7d就会发酵成熟。一般要求初曲种的发酵能力必须强。根据现代科学实验分析，确认酸马乳中含有多种有益于人体的有效成分，如糖、蛋白质类、脂肪、维生素类，还有氨基酸、乳酸、酶、矿物质以及芳香性物质和微量酒精等。高血压、瘫痪、肺结核、慢性胃炎、十二指肠溃疡、肠结核、细菌性痢疾、糖尿病等疾病的患者应经常食用。

三、实验材料、仪器与试剂

1. 材料

牛乳、砂糖等。

菌种：嗜热嗜酸链球菌、保加利亚乳杆菌和混合菌种（工作发酵剂）。

2. 仪器

天平、烧杯、150mL 三角瓶、25mL 碱式滴定管、移液管、玻璃试管（10、20mL）、250mL 量筒、乳稠计、温度计、吸管（1、2、25mL）等。

乳瓶、煤气灶、不锈钢锅、发酵罐、恒温培养箱、均质机、塑料箱。灭菌脱脂乳培养基。

3. 试剂

95%乙醇、乙醇溶液（68%、70%、72%）、0.5 中性酚酞溶液 0.1mol/L 氢氧化钠标准溶液、4%氯化三苯四氮唑水溶液。

四、实验步骤

1. 原料乳的检测

验收原料乳时除根据标准进行感观指标的检验外，还要进行理化性质、微生物方面的检查。

（1）乳的密度通常用牛乳密度计（或称乳稠计）来测定。乳稠计上刻有 15~45 的刻度，以°来表示。正常乳为 30°。每加 10%的水约降低 3°。乳的密度随温度而变化。在 10~25℃范围内，温度每增加或减少 1℃，密度则减少或增大 0.2°。因此，当乳温达到 20℃后，每提高 1℃，密度应加 0.2°，反之应减去 0.2°。

（2）牛乳的酸度其测定方法一般是用 0.1mol 氢氧化钠滴定 10mL 乳品，用 0.5%酚酞为指示剂，当被滴定样品呈微红色时所消耗的氢氧化钠的体积数乘以 10 即为 100mL 乳的酸度。

（3）酒精试验　一般用 68%~70%的酒精与等量的牛乳相混合，若呈现稳定，说明牛乳的蛋白质稳定，牛乳的酸度符合原料乳的要求。牛乳对酒精的稳定性越高，牛乳的热稳定性也越好。此外，酒精试验还可以检出乳房炎乳、盐类不平衡及混入钙等异常乳。

（4）热稳定性试验　将牛乳（取 5~10mL 乳于试管中）置于沸水中或酒精灯上加热 5min，如果加热煮沸时有絮状或凝固现象发生，则表示乳已不是新鲜的、酸度在 20°T 以上、或混有高酸度乳、初乳等。

（5）乳中抗菌物质的检验　乳中有无抗菌物质，常用氯化 2,3,5-三苯基四氮唑法检验（TTC 法）。

将检样（9mL）（以不含抗菌物质的脱脂乳为对照）于 80℃恒温水浴中保持 5min 杀菌，然后冷却至 37℃。向试管中加入试验用稀释菌液（嗜热链球菌）1mL，充分混合后于 37℃的条件下培养 2h，然后各加入 0.3mL TTC 试剂，继续培养 5min，如果样品液与对照液一样出现红或桃红色，说明无抗菌物质存在；若为无色，说明有抗菌物质存在。

菌种：嗜热嗜酸链球菌。

4%氯化三苯四氮唑水溶液：装褐色瓶内于 7℃冰箱保存，临用时 1:5 稀释。

（6）细菌数的测定　一般直接、快速的测定方法为直接计数法。步骤如下所述。

①测直径在显微镜下用测微尺测出油镜视野的直径（r）。

②涂片载玻片上用玻璃刀或用蜡笔划 1cm^2 的方格，用微量吸样器吸样并将之滴到载片的方格中，用接种针将样品涂匀，然后在酒精灯火焰上干燥（40~50℃）。

③脱脂干燥后将玻片置于二甲苯中脱脂 1~2min，取出沥净晾干，再浸入 95%酒精 1~2min，除去二甲苯。

④染色用骆氏美蓝染色 5min，水洗、干燥。然后镜检 10~15 个视野，计所见细菌数。

2. 酸乳的制作

酸乳的制作如图 6-6 所示。

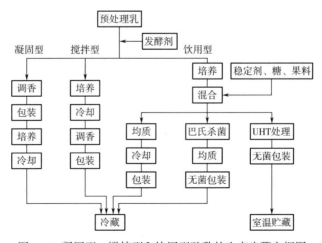

图 6-6　凝固型、搅拌型和饮用型酸乳的生产步骤方框图

（1）原料乳的质量要求　生产酸乳的原料乳必须是高质量的，要求酸度在 18°T 以下，杂菌数不高于 50 万 CFU/mL，总干物质含量不得低于 11.5%。不得使用病畜乳，如乳房炎乳和残留抗菌素、杀菌剂、防腐剂的牛乳。

（2）辅料

①脱脂乳粉（全脂乳粉）：用作发酵乳的脱脂乳粉质量必须高，无抗生素、防腐剂。

脱脂乳粉可提高干物质含量，改善产品组织状态，促进乳酸菌产酸，一般添加量为 1%~1.5%。

②稳定剂：在搅拌型酸乳生产中，通常添加稳定剂，稳定剂一般有明胶、果胶、琼脂、变性淀粉、CMC 及复合型稳定剂，其添加量应控制在 0.1%~0.5%。凝固型酸乳也可以添加稳定剂。

③糖及果料：一般用蔗糖或葡萄糖作为甜味剂，其添加量可根据各地口味不同有差异，一般以 6.5%~8% 为宜。

果料的种类很多，如果酱，其含糖量一般在 50% 左右。

果肉主要是粒度（2~8mm）的选择上要注意。

果料及调香物质在搅拌型酸乳中使用较多，而在凝固型酸乳中使用较少。

（3）配合料的预处理

①均质。

②热处理：热处理可杀灭原料乳中的杂菌，确保乳酸菌的正常生长和繁殖同时可钝化原料乳中对发酵菌有抑制作用的天然抑制物，而且热处理可以使牛乳中的乳清蛋白变性，以达到改善组织状态，提高黏稠度和防止成品乳清析出的目的。

原料乳热处理可在 90~95℃ 下保持 5min。热处理后的乳马上冷却到接种温度。

（4）接种　接种量要根据菌种活力、发酵方法、生产时间的安排和混合菌种配比的不同而定，一般为 2%~4%。加入的发酵剂应事先在无菌操作条件下搅拌成均匀细腻的状态，不应有大凝块，以免影响成品质量。

（5）灌装　可根据要求选择玻璃瓶或塑料瓶，在装瓶前需对玻璃瓶进行蒸汽灭菌。

（6）发酵　用保加利亚乳杆菌与嗜热链球菌的混合发酵剂时，温度保持在 41~43℃，培养时间 2.5~4.0h（2%~4% 的接种量）。

达到凝固状态时即可终止发酵。一般发酵终点可依据如下条件来判断：

①滴定酸度达到 80°T 以上。

②pH 低于 4.6。

③表面有少量水痕。

④倾斜酸乳瓶或杯观察凝固状态。

（7）冷却　发酵好的凝固酸乳，应立即移入 0~4℃ 的冷库中，迅速抑制乳酸菌的生长，以免继续发酵而造成酸度的升高。在冷藏期间，酸度仍会有所上升，同时风味成分双乙酰含量会增加。

3. 酸马乳的制作

（1）玻璃瓶等消毒灭菌　玻璃瓶在灭菌器内灭菌 0.5h，如用蒸锅灭菌需 45min，接种室内需紫外线灭菌 50min，接种工具在高压蒸汽灭菌器内灭菌 30min。

（2）鲜乳灭菌　鲜马乳用 65℃ 加热杀菌 30min。杀菌完都冷却为 20～22℃。无论采用哪种方法以不破坏鲜乳原有营养成分为佳，灭菌后冷却。在灭菌前或灭菌过程中最好除去上层油脂，使牛乳脱脂。

（3）发酵剂复活　酸马乳的品质与发酵剂有着直接的关系。酸马乳发酵剂中含有保加利亚乳酸杆菌、乳酸球菌、酵母菌等。使用时把发酵剂浸泡于 30℃ 的去脂消毒牛乳或羊乳中，使菌种复活。复活之后的发酵剂中，少量添加 20～22℃ 的马乳，不断地搅拌，使其充分混合，还可以从中提取一部分再制备母发酵剂。

（4）接种　马乳与发酵剂混合之后要捣 3000～4000 次，酸马乳中富集气体时温度相对下降，酸度提高，乳酸菌的生长繁殖减慢，而酵母菌的生长繁殖加速。按牧民的经验，发酵好的酸马乳（乙醇发酵为主）酸度在 100～110°T 的酸马乳中再添加占酸马乳总量 1/3～1/4 的消毒冷却马乳，使其在相对冷环境中发酵，控制乳酸的生成量，为乙醇等风味物质的形成创造有利条件。如果酸马乳中有气泡或瓶盖上鼓或有辛辣味及其他异味，说明鲜马乳在发酵过程中已被杂菌污染，不能食用。如在室温下放置超时，乳凝很少、乳清分离，甚至不乳凝，会出现大量悬浮物并出现臭味，说明菌种衰退严重或菌种已被杂菌污染，应停止使用。

五、结果与讨论

（1）将原料乳的检测结果记录在表 6-28。

表 6-28　　　　　　　　　　　　原料乳的检测结果记录表

次数	牛乳密度	牛乳酸度	酒精试验	热稳定性试验	乳中抗菌物质	细菌总数
1						
2						
3						

（2）酸乳的制作　对本组制作的酸乳进行感官检验，并与其他组进行对比。

六、注意事项

（1）制备发酵剂时应严格无菌操作，防止杂菌污染影响发酵剂质量。

（2）发酵结束后应迅速降低发酵乳的温度，防止过度产酸，影响产品口感。

（3）制备酸马乳的操作技术，其目的就是使乙醇与乳酸保持适当的比例。美味可口的酸马乳通常应当是乙醇含量突出，如乳酸量高于乙醇量，则酸过重而发起苦味，这样的酸马乳在贮存期间很容易变质。

（4）在整个过程中要注意无菌操作。

 思考题

1. 原料乳验收主要要检验哪些方面？如何进行原理为何？
2. 酸乳的制作中可能出现得的质量问题主要为那些？如何进行质量控制？
3. 本实验涉及了你所学习过的那些方面的理论知识？
4. 酸马乳可用哪些发酵剂？有何特点？
5. 酸马乳制作过程最重要的环节是什么？

☞ 参考文献

[1]张钟，李先保，杨胜远.食品工艺学实验[M].北京：中国轻工业出版社出版，2012.

[2]周家春.食品工艺学[M].北京：化学工业出版社，2008.

[3]马俪珍，刘金福.食品工艺学实验[M].北京：化学工业出版社，2001.

[4]张和平，张佳程.乳品工艺学[M].北京：中国轻工业出版社，2007.

[5]国家质检总局.企业生产乳制品许可条件审查细则(2010版)(总局2010年第119号公告)[Z].2010.

[6]珠娜.酸马奶生产发酵剂菌株及贮藏稳定性研究[D].呼和浩特：内蒙古农业大学，2018.

模块三 设计研究性实验

实验十七　乳铁蛋白、抗坏血酸和乳酸钠复合保鲜调理肉的制作

一、实验目的

使学生了解和掌握复合调理保鲜肉的基本方法和加工工艺，探究选用乳铁蛋白、抗坏血酸和乳酸钠作为保鲜剂对肉质的影响，并确定复合保鲜调理肉的最佳制作工艺。

二、实验原理

以冷鲜调理肉为原料，添加乳铁蛋白、抗坏血酸和乳酸钠三种具有抗菌性、抗氧化、保水性食品添加剂，延长冷鲜肉的保质期，使其具有良好的色泽、质地、滋味、香气等感官指标。

三、实验材料、仪器

1. 材料

冷鲜肉、乳铁蛋白、抗坏血酸、乳酸钠。

2. 仪器

刀具、电子天平、冰箱、超净工作台。

四、实验步骤

1. 工艺流程

冷鲜肉 → 切割 → 均分（30份） → 添加乳铁蛋白、抗坏血酸和乳酸钠 → 滚揉腌制10min → 冷藏（4℃，7d）

2. 操作要点

（1）选肉　选择市售冷鲜肉待用。

（2）切割　冷鲜肉切割成大小均一肉条。

（3）添加剂　三种添加剂预混合后添加。

（4）腌制　揉制均匀，使肉条与添加剂混合均匀。

（5）冷藏　将腌制好的冷鲜肉置于4℃冰箱中冷藏7d。

五、结果与讨论

查找资料，确定实验方案，设计正交实验，经指导教师审核批准后进行实验。

六、注意事项

设计实验时注意食品添加剂的用量，以免带来食品安全隐患。

思考题

1. 冷鲜肉保鲜过程中常用的添加剂有哪些?
2. 食品添加剂在使用过程中应注意哪些问题?

知识拓展

肉的涂膜保鲜原理

涂膜保鲜是将肉浸渍于涂膜液中，或将涂膜液涂于肉表面，在肉表面形成一层膜，通过改变肉表面的气体环境来抑制微生物生长，以达到保鲜目的。20 世纪 50 年代后期，可食性膜保鲜的研究开始应用于肉制品，近年来取得了一定效果。其中应用较多的是壳聚糖、酪蛋白、大豆蛋白、海藻酸盐、羧甲基纤维素、淀粉和蜂胶等，并结合低温措施，可有效地延长肉类食品的货架期。壳聚糖是性能稳定、无毒的天然保鲜剂，具有很好的成膜特性，并可抑制植物镰刀病孢子的发芽和生长，对金黄色葡萄球菌、大肠杆菌、酵母菌、霉菌等都有很强的抑制作用，因此，在调理肉制品保鲜中得到了广泛的应用。可食性抗菌膜有助于解决肉贮存期间的汁液损失问题，减少脂肪氧化腐败和肌红蛋白氧化褐变，减少肉表面腐败微生物和致病微生物的浸染，限制挥发性风味物的损失和外来异味的侵入。

参考文献

[1]黄镭，熊汉国.浅谈乳铁蛋白在肉类保鲜中的应用[J].肉类研究，2009，35(11)：48-51.

[2]中华人民共和国国家卫生和计划生育委员会. GB 2760—2014 食品安全国家标准 食品添加剂使用标准[S].北京：中国标准出版社，2014.

[3]凌雪萍，庞广昌，邢伟.乳铁蛋白的开发利用及其研究进展[J].中国乳品工业，2002，30(4)：23-26.

[4]张晓春，葛良鹏，李诚.乳铁蛋白抗坏血酸和乳酸钠复合保鲜冷鲜调理肉的初探[J].农产品加工(创新版)，2010，2010(8)：54-56.

[5]陈亚莉，杨秀华，王远亮，等.冷却肉天然复合保鲜剂配比的优化[J].食品科学，2010，31(8)：84-90.

[6]刘琳，张德权，贺稚非.调理肉制品保鲜技术研究进展[J].肉类研究，2008(5)：3-9.

实验十八　儿童型香蕉果肉再制干酪的制作

一、实验目的

使学生了解和掌握儿童型香蕉果肉再制干酪制作的基本方法和加工工艺，通过对添加辅料配方及其比例的筛选、优化，探究采用香蕉果肉再制干酪味品的口感、风味等调配技术的最佳方案。

二、实验原理

成熟的香蕉香味浓郁，果肉嫩滑，营养丰富，含有丰富的蛋白质、植物膳食纤维、维生素 C、维生素 E 及钙、磷、铁、镁、钾等矿物质，并被证实有防癌功效。此外，还具有润肺、润肠的功效。香蕉热量，植物膳食纤维含量丰富。对于再制干酪这种高热量食品，添加一定的香蕉果肉，可以降低产品的热量。香蕉果肉中含有较多的果胶物质，黏性大，以其作再制干酪的辅料，与其他水果相比，可减少稳定剂的用量。

三、实验材料、仪器

1. 材料

新鲜的黄皮香蕉、柠檬酸钠、黄原胶、白砂糖、抗坏血酸等。

2. 仪器

质构仪、搅拌器、组织捣碎机、pH 计、恒温水浴锅等。

四、实验步骤

1. 工艺流程

（1）自制香蕉果浆

香蕉 ⟶ 去皮 ⟶ 护色 ⟶ 打浆 ⟶ 低温保藏 ⟶ 备用

（2）再制干酪

天然干酪 ⟶ 添加混合好的辅料（乳化盐 2.5%，水分 45%，均为占天然干酪的量）⟶ 加热融化（85℃，7min）⟶ 加入果浆 ⟶ 混合（5min）⟶ 迅速冷却（4℃）

2. 操作要点

先将称好的稳定剂、乳化盐和糖混匀后，加水混合融解备用（稳定剂 0.5%，糖 4%），适当时间添加果浆（20%）。通过感官评分结果选出最佳工艺。以稳定剂、香蕉果浆、白砂糖添加量为三个因素，设计正交表安排实验，各因素所取水平由单因素实验确定。

五、结果与讨论

（1）制订方案　根据老师指定的原料，结合实验条件，确定实验方案，通过查找资料自行设计方案，经指导教师审核批准后进行实验。

（2）设计感官评价表　按要求对制作的再制干酪进行感官评定。

六、注意事项

由于香蕉中含有多酚物质，易于褐变，必须进行护色处理（香蕉去皮、切片置于沸水中烫漂以钝化氧化酶，再转入护色液，即 0.3%维生素 C 溶液中浸泡护色）。

思考题

1. 食品生产过程中常用的护色方法有哪些？
2. 迅速冷却的目的？

参考文献

[1]檀子贞.乳酸菏发酵香蕉酸奶的研究[J].食品工业，2001（1）：26- 28.

[2]黄发新，陈小艳，严冬.天然香蕉果奶[J].食品工业，2002（1）：31-32.

[3]刘良忠，向学斌，朱本利.香蕉果浆冰淇淋的研制[J].湖北农学院学报，2001（11）：335-337.

[4]黄发新.香蕉鲜果冰淇淋的研究[J].中国乳品工业，1998（12）：20-22.

[5]温艳霞，宋国庆.枸杞再制奶酪加工工艺研究[J].农产品加工，2017（1）：38-40.

[6]王乐，宗学醒，闫清泉，等.关键加工工艺对涂抹再制干酪品质的影响[J].中国乳品工业，2016，44（1）：62-64.

[7]乔为仓，刘宁.再制干酪的制造与前景预测[J].广州食品工业科技，2004，20（3）：169-170.

[8]李玉竹.天然奶酪 VS 再制干酪[J].食品与健康，2017（8）：62-63.

实验十九　果蔬汁饮料的制作

一、实验目的

（1）掌握澄清型、混浊型果蔬汁饮料生产工艺。

（2）了解有关正交表的概念和性质，学会选择合适的正交实验表进行实验设计。

（3）了解果蔬汁饮料生产设备。

二、实验原理

制作澄清汁需要澄清和过滤，以干果为原料还需要浸提工序；制作混浊汁需要均质和脱气。用 $L_9(3^4)$ 正交实验来确定配方，直观分析法处理实验结果。

三、实验材料、仪器

1. 材料

水晶红富士苹果、西瓜、芹菜、白砂糖（市售）、蜂蜜等。

2. 仪器

DJ 型打浆机，RPL-G 型冷热缸，WK330-Ⅲ型硅藻土过滤机，ZRP-H 型板框压滤机，GT7C13 型杀菌锅，PHS-3C 型酸度计，MA200 型电子天平。

四、实验步骤

举例：澄清型复合果蔬汁饮料研制。

1. 原辅材料

水晶红富士苹果、西瓜、芹菜、白砂糖（市售）、蜂蜜等。

2. 仪器、设备

DJ 型打浆机，RPL-G 型冷热缸，WK330-Ⅲ型硅藻土过滤机，ZRP-H 型板框压滤机，GT7C13 型杀菌锅，PHS-3C 型酸度计，MA200 型电子天平。

3. 工艺流程

护色

水果、蔬菜 → 挑选清洗 → 切分、去心、去籽 → 打浆 → 过滤 → 调配 → 精滤 → 灌装 → 杀菌 → 冷却 → 检验 → 成品

4. 操作要点

（1）原料选择　精选果蔬汁液多、香味浓郁、色泽鲜艳、充分成熟的新鲜原料。

（2）果蔬汁制备

①苹果汁：

苹果 → 清洗 → 称量 → 去皮、去籽 → 切块 → 护色 → 预煮 → 冷却 → 榨汁 → 过滤 → 苹果原汁

选用外皮光亮无斑痕、香气浓郁、果肉组织细腻的水晶红富士苹果为原料，用离子交换水洗净后，用小刀削去果皮，挖去内核，然后切成 1cm 厚的小块，将切好的果块立即放入 0.2% 的食盐水浸泡 5min，然后将浸泡好的果块置于 85℃ 的热水中热烫 3~4min，钝化酶且软化组织，利于榨汁。将热烫好的果块按料水比 1∶1 于 70~80℃ 下进行榨汁，注意榨汁的水要用去离子水。最后采用 150 目纱布滤除料渣，所得苹果原汁冷却备用。

②西瓜汁：

西瓜 → 去皮 → 称量 → 切块、去籽 → 烫漂 → 榨汁 → 过滤 → 自然澄清 → 西瓜原汁

将西瓜去掉外皮，切成小块，去籽，85℃ 的热水中热烫 3~4min，然后按料水比 1∶1 榨汁，在榨汁过程中加入 0.2% 维生素 C 抗氧化，经过滤后自然澄清便得原汁，冷却备用。

③芹菜汁：

芹菜 → 精选 → 称量 → 切碎 → 热烫 → 榨汁 → 过滤 → 自然澄清 → 芹菜原汁

将芹菜带叶洗净，切段，然后放入沸水中热烫 2min，在此过程中加入 3% β-环糊精脱去芹菜的风味，按料水比 1∶1 榨汁，再采用 150 目的纱布滤除料渣，汁液冷却备用。

（3）调配　35%苹果汁、35%西瓜汁、10%芹菜汁复合，加入2%蜂蜜、8%白砂糖、0.05%柠檬酸、0.1%苹果酸、60mL苹果香精，搅拌。

（4）过滤　采用两次过滤。第一次采用硅藻土过滤器进行粗滤，硅藻土用量苹果汁按2kg/1000L计，芹菜汁、西瓜汁按5kg/1000L计。第二次采用板框滤布压滤机。经两次过滤后，得到澄清果蔬汁。

（5）灌装　80~85℃热灌装，并进行热封盖。

（6）杀菌　90℃保持30min，再逐级冷却至37℃。

五、结果与讨论

（1）制订方案　根据老师指定的原料，结合实验条件，确定实验方案，通过查找资料自行设计果蔬汁饮料制作方案，经指导教师审核批准后进行实验。

（2）设计感官评价表　要求对制作的果蔬汁饮料进行感官评定。

（3）设计正交实验表　通过实验得出果蔬汁饮料的最优配方。

（4）要求最好以研究报告（学术论文）形式交实验报告。

六、注意事项

杀菌时严格控制温度和时间，防止加热过度影响产品品质。

思考题

1. 混浊型和澄清型果蔬汁饮料在工艺上的关键区别？
2. 简述实验原理。
3. 果蔬汁饮料生产设备主要有那些要求？

参考文献

[1]国家食品药品监管总局.饮料生产许可审查细则(2017版)(国家食品药品监督管理总局令第16号)[Z].2017.

[2]中华人民共和国国家质量监督检验检疫总局，中国国家标准化管理委员会.GB/T 10789—2015　中华人民共和国国家标准　饮料通则(含第1号修改单)[S].北京：中国标准出版社，2015.

实验二十　植物蛋白质饮料的制作

一、实验目的

（1）掌握植物蛋白质饮料制作的方法，学习植物蛋白质饮料产品设计的原则和成本核算方法。

（2）掌握植物蛋白质饮料最终产品感官评定及理化检测方法。

（3）了解影响蛋白质饮料稳定性的因素，不同稳定剂及配比、添加量对蛋白质饮料稳定性的作用；了解各种食品添加剂如色素、香精、防腐剂等的特性、作用和添加限量。

（4）学习植物蛋白质饮料开发设计方法。

二、实验原理
关键工艺参数通过正交实验设计确定。

三、实验材料
巴旦杏仁原浆、大豆原浆、核桃原浆、砂糖、甜味剂、全脂鲜乳、乳粉、稳定剂、酸味剂、饮用水、赋香剂、营养强化剂等。

四、实验步骤
1. 工艺流程

大豆 → 预处理 → 浸泡 → 磨浆 → 浆渣分离 → 煮浆调制 → 均质 → 灌装封口 →

杀菌、冷却 → 成品

2. 操作要点

（1）浸泡　通常将大豆浸泡于 3 倍水中。浸泡程度应随季节而异，夏季可九成，浸泡 8~10h；冬季则需浸泡至十成，浸泡 16~20h。大豆吸水量 1.1~1.2 倍，即大豆增重至 2.0~2.2 倍。浸泡温度和时间是决定大豆浸泡程度的关键因素，两者相互影响，相互制约。可加 1%NaHCO$_3$ 减轻苦涩味，提高蛋白质溶出率（Na$^+$减轻豆腥味，软化大豆，提高均质效果）。

（2）磨浆与酶的钝化　采用热磨浆工艺，将浸泡好的大豆沥去浸泡水，另加沸水磨浆［豆水比＝1：（5~10）］，并在>80℃条件下保温 10~15min。磨浆的同时进行浆渣分离。分离时注意控制豆渣含水量在 85%以下，以免豆浆中蛋白质等固形物回收率降低。

（3）调制　按不同的稳定剂、配比及添加量设计 3 组配方，按设计好的产品配方和标准要求，将豆浆、乳粉、甜味料、营养强化剂、赋香剂和稳定剂等进行配制，充分搅拌均匀。

（4）均质　调制后的豆乳饮料在 70℃左右，13~23MPa 下均质。分别进行一次（19.6MPa）和两次均质（压力分别为 14.7 和 4.9MPa），注意比较效果。

（5）杀菌　除杀灭致病菌和大多数腐败菌之外，必须使胰蛋白酶抑制素失活。121℃，10~20min，反压冷却。

3. 植物蛋白质饮料理化指标的检测

（1）植物蛋白质饮料总固形物含量的测定。

（2）植物蛋白质饮料中总糖含量的测定。

（3）植物蛋白质饮料中酸度的测定

（4）植物蛋白质饮料中蛋白质含量的测定。

（5）植物蛋白质饮料感观评定实验。

（6）植物蛋白质饮料稳定性观察。

五、结果与讨论

（1）植物蛋白质饮料设计及制作的要求　通过查找资料自行设计适合本地区口味的植物蛋白质饮料配方、外形、花色及口味，并选择外包装。按照设计将其付诸实践，制作出特色植物蛋白质饮料，然后进行成本核算。

（2）植物蛋白质饮料的检测要求

①根据产品设计查阅相关资料，确定需要检测理化和感官指标，拟定实验方案待通过审定后进行实验准备。

②严格按照实验指导进行操作，确保实验的准确性。

按照指导对植物蛋白质饮料各个指标的测定和感官评定，每组对每种植物蛋白质饮料的每个指标要进行至少 3 次平行实验（重复实验），取平均值，对所测的实验数据进行分析。

六、注意事项

对于该类产品，原料的预处理是十分关键的。预处理不但会影响产品的口感和风味，而且对产品的稳定性影响较大。

 **思考题**

1. 能否用生物改性方法来提高植物蛋白质饮料稳定性呢？
2. 对植物蛋白质饮料品质起决定性作用的是哪个工艺？为什么？
3. 对植物蛋白质饮料的蛋白质含量有没有具体规定？
4. 影响植物蛋白质饮料色泽的因素有哪些？

参考文献

[1]彭义交. 核桃-大豆双蛋白饮料工艺配方优化[J]. 食品科学，2012，33（2）：286-289.

[2]时慧，刘军，郑力，等. 巴旦木蛋白饮料的加工工艺及稳定性研究[J]. 中国酿造，2010（9）：89-93.

[3]徐效圣. 核桃乳生产工艺研究[D]. 乌鲁木齐:新疆农业大学，2010.

[4]安广杰，王亮. 豆乳饮料的稳定性及控制技术研究[J]. 现代食品科技，2007（3）：20-22，26.

[5]周玉宇，吕兵. 核桃乳饮料的研制[J]. 食品科技，2006（2）：69-72.

实验二十一　猴头菇墨鱼丸的制作

一、实验目的

（1）通过实验，使学生在学习理论知识的基础上深刻理解猴头菇墨鱼丸的加工原理。

（2）掌握猴头菇墨鱼丸的生产过程及工艺要点。

二、实验原理

猴头菇是一种低脂肪、高蛋白质、富含维生素和矿物质的一种优良食品。中医认为猴头菇性平味甘，助消化，利五脏；具有补虚健胃，益肾补精，抗癌，提高肌体免疫力，延缓衰老等功效。

墨鱼，谷称"乌贼"，是生活在海洋的软体动物，墨鱼通常经进行干制加工，以便于保藏流通。墨鱼既具有鲜脆爽口的味感，又具有较高的营养及药用价值。

本实验将猴头菇与墨鱼及其相应辅料进行合理搭配，最终研制出营养保健、风味独特的鱼丸新产品，并通过正交实验及感官评定确定影响猴头菇墨鱼丸品质的因素，为工业化生产及家庭自制鱼丸提供了有效的技术参数。

三、实验材料、仪器

1. 材料

猴头菇、墨鱼、玉米变性淀粉、大豆分离蛋白、猪肉肥膘、蛋清粉、调味粉、香油、复合磷酸盐。

2. 仪器

搅拌机、电磁炉、恒温水浴锅、绞肉机等。

四、实验步骤

1. 工艺流程

墨鱼选材 → 处理墨鱼 → 漂洗 → 脱水 → 研磨 ⎫

清洗干猴头菇 → 冷水浸泡 → 护色 → 入锅焖煮 → 冷却 → 制泥 ⎬ →

研磨后的墨鱼和制泥后的猴头菇混合 → 制丸 → 凝胶化 → 冷却 → 检测

2. 操作要点

（1）干猴头菇的预处理

将干猴头菇洗净后 → 先用冷水浸泡 → 入锅焖煮或用沸水以蒸笼蒸制 → 直至发透，备用

（2）原料墨鱼的处理

①预处理：去内脏前要先摘除墨囊并要将眼球翻出，再用清水将鱼体内外的污物及墨汁洗净，备用。

②擂溃：需适当加冰或间歇擂溃，否则会导致鱼肉温度过高，发生劣化凝胶。

（3）漂洗　这是鱼糜类制品加工中必备的步骤。漂洗能够洗去原料中的脂肪、色素及无机盐离子等，亦可祛除鱼肉的腥臭味等，还可提高肌原纤维的相对浓度，进而大大增强鱼糜的凝胶力。

（4）研磨　研磨需注意：一是要在研磨时添加少量冷水甚至碎冰；二是空气要适度，否则加热时膨胀影响成品外观和弹力；三是研磨充分但又不过度，保证鱼糜的黏性达到最佳即可。

（5）凝胶化　将分装好鱼丸在 40℃ 的恒温水浴锅中加盖加热 50min，后立即转入 90℃ 的恒温水浴锅中加盖加热 0.5h。该过程一定要控制好温度，否则会出现凝胶劣化和鱼糕化等现象，最终影响鱼丸品质。

五、结果与讨论

（1）制订方案　根据老师指定的原料，结合实验条件，确定实验方案，通过查找资料自行设计猴头菇墨鱼丸制作方案，经指导教师审核批准后进行实验。

（2）设计感官评价表　要求对制作的猴头菇墨鱼丸进行感官评定。

（3）设计单因素和正交实验表　要求确定猴头菇墨鱼丸最优方案。

六、注意事项

选择原料时注意其新鲜程度；处理原料时严格按照实验操作要点进行。

思考题

1. 结合所学知识谈谈如何提高猴头菇墨鱼丸的质量？
2. 结合所学知识谈谈猴头菇墨鱼丸与传统墨鱼丸的优势所在？

参考文献

［1］毕韬韬，吴广辉. 猴头菇营养价值及深加工研究进展［J］. 食品研究与开发，2015，36（9）：146-148.

［2］赖建平，江钧韶，谢华明，等. 猴头菇甜品罐头的研制与开发［J］. 食品与发酵工业，2001，27（4）：87-88.

［3］马海霞，杨贤庆，习石强. 墨鱼干加工技术及其质量要求［J］. 中国水产，2008（11）：77-79.

［4］常志娟，张培旗，刘永玲. 红薯鱼丸的加工工艺研究［J］. 食品科技，2015，40（7）：126-131.

［5］沈硕，马国栋，万刚. 香菇保健鱼丸的加工工艺研究［J］. 肉类工业，2011（4）：31-33.

［6］翁梁，戴立上. 蔬菜鱼丸加工工艺研究［J］. 食品工业，2013，34（2）：50-52.

实验二十二　番茄沙司的制作

一、实验目的

（1）掌握沙司生产工艺。

（2）了解有关正交表的概念和性质，学会选择合适的正交实验表进行实验设计。

（3）了解沙司生产设备。

二、实验原理

以番茄酱为原料，加入食盐、砂糖、淀粉等经搅拌、熬煮、打浆、调配、浓缩、装罐、封口、杀菌、冷却等工序制成。

三、实验材料、仪器

1. 材料

番茄酱、食盐、桂皮、白胡椒、丁香、淀粉、砂糖、稳定剂（黄原胶、CMC）、洋葱粉、辣椒粉、脱水香菜、醋酸。

2. 仪器

不锈钢夹层锅、120目滤网、打浆机、折光仪。

四、实验步骤

1. 工艺流程

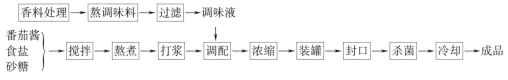

2. 操作要点

（1）香辛料的浸提　在不锈钢夹层锅内加香辛料（食盐、桂皮、白胡椒、丁香等）加水到定量体积，开电子炉加热至煮沸30~35min，再加盖焖煮，每隔30min搅拌一次，并挤压香料袋，焖煮2h后，过滤、去渣。用120目滤网过滤形成滤液，贮存于玻璃瓶中。

（2）淀粉的糊化　搅拌罐中加入适量的水把稳定剂（黄原胶、CMC）同白砂糖混匀加定体积水经过搅拌机进行均匀打浆，形成均匀的黏稠状稳定剂至于夹层锅中，再把食盐、淀粉等搅匀倒入夹层锅中，通蒸汽加热煮至95~100℃，5~10min。

（3）混合均匀　番茄酱、饴糖、香料滤液等倒入夹层锅中，再依次放入，变性淀粉、稳定剂、洋葱粉、辣椒粉、脱水香菜、醋酸等加水定容到固定体积后充分搅拌。

把番茄酱、精盐、葡萄糖混合在一起，搅拌均匀，加热浓缩至折光计读数为27%~29%，然后出锅，用0.8mm筛孔的打浆机打浆，再加入香料水继续浓缩至折光计读数为32%~33%，搅拌均匀，出锅。

五、结果与讨论

（1）制订方案　根据老师指定的原料，结合实验条件，确定实验方案，通过查找资料自行设计番茄沙司制作方案，经指导教师审核批准后进行实验。

（2）设计感官评价表　要求对制作的番茄沙司进行感官评定。

六、注意事项

处理丁香时，因其头部往往不洁且含有单宁，应将头部小圆形突出物去除。

思考题

1. 番茄沙司与番茄酱有哪些区别？
2. 制作番茄沙司过程中需要注意哪些问题？
3. 怎样评价番茄沙司的货架寿命？
4. 淀粉在番茄沙司中起什么作用？

☞ **参考文献**

[1]丰培，明扬.调味番茄沙司加工工艺[J].保鲜与加工，2009，9(5):14.

[2]晏小欣，廖菁，杨玉新.调味番茄沙司制备工艺研究[J].中国酿造，2013，32(7):144-147.

[3]肖春玲.番茄沙司的加工工艺[J].山西农业，1997(11):38-39.

[4]顾银芬.感官分析在番茄沙司产品品质改进中的应用[J].食品安全导刊，2015(24):36.

[5]王嫣，田颖.番茄沙司中主要配料和增稠剂对其粘度的影响[J].中国调味品，2012，37(9):42-45.

实验二十三　蔬菜蛋肠的制作

一、实验目的

为改善蛋肠营养单一的问题，研制一种全蛋液和蔬菜粉蛋肠。使学生了解和掌握蔬菜蛋肠制作的基本方法和加工工艺，探究蔬菜蛋肠的最佳工艺配方。

二、实验原理

开发鸡蛋制品对于改善人民的营养结构、提高人们的营养摄入有重要的意义，因此制作一种新型蔬菜粉鸡蛋肠。以鸡蛋为原料，其在营养上继承了鸡蛋的全部营养成分，又通过添加蔬菜粉来丰富蛋肠的营养价值，以适合幼、中、老年各个年龄阶段的人群食用。

三、实验材料、仪器

1. 材料

鸡蛋、蒸馏水、玉米淀粉、食盐、白糖、白胡椒粉、生姜、蒜、甜菜根粉、菠菜、胡萝卜粉、紫薯粉、鸡蛋蛋白粉、天然干制猪肠衣、真空塑封袋。

2. 仪器

304 不锈钢双层蒸锅、电子恒温水浴锅、电动搅拌器、质构仪、电磁炉、电子天平、无氧真空充气包装实验台、立式压力蒸汽灭菌等。

四、实验步骤

1. 工艺流程

鸡蛋（选蛋 → 去壳 → 搅打）→ 添加辅料（蔬菜粉、水、淀粉、鸡蛋蛋白粉及其他辅料）→

搅拌 → 均匀 → 灌制 → 漂洗 → 煮制 → 冷却 → 真空封装 → 杀菌 → 成品

2. 操作要点

（1）新鲜鸡蛋表面擦干净，打入不锈钢盆中，搅打 10min，充分打匀，静置待用。

（2）将 0.3% 复合磷酸盐（三聚磷酸盐、焦磷酸盐、六偏磷酸盐的质量比为 3：1：1）、2% 食盐、2% 白糖、0.3% 白胡椒粉、0.1% 生姜、0.1% 蒜，以及水、淀粉、鸡蛋蛋白粉、蔬菜粉等辅料依次加入搅打好的全蛋液中，搅拌均匀，静置待用。

（3）将搅拌均匀的混合液静置至无气泡，用漏斗灌入洗净的肠衣中，每根鸡蛋肠的长度为 20cm。

（4）灌制好的鸡蛋肠用清水冲洗干净，去除肠体表面的污物。

（5）蒸煮锅内的水加热至 85~90℃ 时，将清洗干净的鸡蛋肠放入。水温保持在 85℃ 左右，煮制 30min。

（6）将蒸煮好的鸡蛋肠从锅中取出，吊挂于清洁干净并且阴凉通风处，鸡蛋肠冷却至室温，表面呈干燥状态。

（7）将冷却的鸡蛋肠，进行真空封装，真空度 0.1MPa，热封平整，不漏气，两根为一袋。

（8）采用巴氏杀菌法对鸡蛋肠进行灭菌处理。杀菌条件为 61~63℃，30min。

五、结果与讨论

（1）制订方案　根据老师指定的原料，结合实验条件，确定实验方案，通过查找资料自行设计鸡蛋肠制作方案，经指导教师审核批准后进行实验。

（2）设计感官评价表　要求对制作的鸡蛋肠进行感官评定。

（3）设计正交实验表　找出鸡蛋肠的最优配方。

六、注意事项

食品生产过程中避免煮制时间过长或者温度过高。

思考题

1. 食品生产过程中煮制时间过长或者温度过高对于产品影响有哪些?

2. 与其他鸡蛋肠相比本实验的蔬菜粉鸡蛋肠的优点?

参考文献

[1]吉艳莉,周婕,仝其根.蔬菜蛋肠的配方研究[J].食品研究与开发,2019,40(4):125-129.

[2]余秀芳,杜新武,马美湖.卤蛋营养成分及风味物质测定与评价[J].营养学报,2012,34(2):196-198.

[3]李纯,吕玉璋,吴兴壮,等.几种风味蛋肠的加工方法及工艺要点[J].肉类研究,2011(2):27-28.

[4]段秀梅,张志国.一种新型蛋制品——蛋肠的研制[J].食品科技,2001(5):29.

[5] Lawless H T, Heymann H. Sensory evaluation of food [J]. Cornell Hospitality Quarterly, 2010, 84(4):664-668.

[6]王福红,崔晓娜,任伟伟.松花蛋肠的实用加工技术[J].肉类工业,2016(10):10.

| 第七章 |

食品机械与设备实验

模块一 验证性实验

实验一 均质机的操作

一、实验目的

（1）掌握均质机的工作原理。

（2）深入了解均质机在食品加工中的作用。

二、实验原理

均质同时具备粉碎和混合两种作用，是液态物料混合操作的特殊方式，其目的在于获取粒度较小且均匀一致的液相混合物。根据工作原理和构造，均质机可分为机械式、喷射式、离心式和超声波式等，其中又以机械式均质机应用最多。均质在现代食品加工业中的作用越来越重要，非均相液态食品的分散相物质在连续相中的悬浮稳定性，与分散相的粒度大小及其分布均匀性密切相关，粒度越小，分布越均匀，其稳定性越大，包括乳、饮料在内的绝大多数的液态食品的悬浮（或沉降）稳定性都可以通过均质处理加以提高，从而改善此类食品的感官品质。

三、实验装置

均质机。

四、实验步骤

（1）检查　操作前先检查机器是否完好，各联结部位是否牢靠。

（2）启动　先倒入物料或液体于料斗中，按下机体旁边"ON"键钮，启动机器，使出料管能正常流出物料或液体。

（3）二级阀先升压　在机器无异常嘈杂声时，先适当旋紧定压阀，再略微旋紧一级阀手柄，以示压力表指针能稳定的跳动后，调节二级阀顺时针调节先升压（注意：二级阀升压不得超过 20MPa）。

（4）一级阀再升压　再顺时针旋动一级阀调制所需的压力（注意：一级阀升压不得超过 60MPa）。

（5）出料　完成上述操作后，可旋动三通阀手柄使物料或清水从不同的出料口出来。

（6）卸压　操作完成后，必须卸压，先逆时针旋松一级阀手柄两圈，后逆时针旋松二级阀手柄两圈，最后旋松定压阀门使压力表复"0"位。

（7）清洗　操作完成后应用清水（热水）清洗机器，并将水放尽，按下机体旁边的"OFF"键。

五、结果与讨论

（1）做好实验记录。

（2）分析影响均质效果的因素。

六、注意事项

（1）使用中若出现电机不运转的情况，应先检查电源插头是否牢靠，有否有接线脱落，电刷是否接触良好，排除以上故障后仍不能正常运转时，需请专业人员修理，请勿随意拆装，以免造成事故。

（2）工作完毕后，应及时清洗工作头，便于下次使用。工作头应妥善放置，不能跌碰。

（3）分散均质过程应在液体中进行，严禁离开介质空转。

（4）需置于清洁干燥处，保持整洁，防止其受潮。使用环境温度一般不超过 40℃。

思考题

1. 均质机在食品加工中有哪些具体的应用？

2. 均质机操作过程会常遇到哪些故障或问题？如何解决？

☞ **参考文献**

刘静波. 食品科学与工程专业实验指导［M］. 北京:化学工业出版社, 2010.

模块二 综合性实验

实验二 原位清洗（CIP） 循环清洗系统的操作

一、实验目的

（1）深入了解原位清洗（CIP）循环清洗系统在食品加工中的意义。

（2）掌握 CIP 循环清洗系统的使用方法。

二、实验原理

CIP 循环清洗系统又称就地清洗，是指不用拆开或移动装置，即采用高温、高浓度的洗净液对设备装置加以强力作用，把与食品的接触面洗净，用于卫生级别所以要求有较严格的生产设备的清洗、净化工序。该系统能保证一定的清洗效果，提高产品的安全性；节约操作时间，提高效率；节约劳动力，保障操作安全；节约水、蒸汽等能源，减少洗涤剂用量；生产设备可实现大型化，自动化水平高；延长生产设备的使用寿命。CIP 清洗常用的洗涤剂有酸、碱洗涤剂和灭菌洗涤剂。

三、实验装置

去离子水设备、蒸汽发生器、清洗罐、高剪切调配罐、集汁槽。

四、实验步骤

1. 去离子水设备

（1）打开自来水阀（墙角处）。

（2）打开急停开关键及原水泵开关。

（3）冲洗设备。

罐 I（石英砂罐）：正冲（"直线标志"）10min，反冲（"曲线标志"）10min 后，将调节阀调至正常使用状态（"漏斗标志"）。

罐 II（活性炭罐）：冲洗方法与罐 I 冲洗方法一致，冲洗完毕后，调至正常使用状态（"漏斗标志"）。

罐 III（离子交换树脂罐）：先浸泡，即将调节阀调至"三角标志"处，待工业盐注入罐 III 后，而后分别进行正反冲洗，各 10min，方法与前两个罐冲洗方法一致，冲洗完毕后，调至正常使用状态（"漏斗标志"）。罐 III 最关键。

（4）打开清洗罐上纯水出入阀和清洗罐进水阀（通常最后一次清洗使用纯水清洗，之前使用自来水即可，有专门自来水阀）。

（5）打开高压泵。通过调节仪器下方红色阀门，调节纯水流量。一般将纯水流量表上平面调至 4 左右，就是压力表为 1~1.3MPa。

（6）待清洗罐注满后，关闭纯水出入阀，若不再使用纯水，按急停开关，关闭即可。

注：①工业盐用量为筒高的 1/3。

②通过电导率高低，来判断仪器是否需要清洗（电导率高，需要清洗，电导率小于 10ms/cm 为正常）。通常正常使用半个月后，对第三个罐进行冲洗。

③在使用纯水装置时，必须要打开纯水出入阀（清洗罐左侧），待进水完成后，必须要关闭。

2. 蒸汽发生器

自动进水，这机器目的是提供蒸汽给 CIP 清洗水加热，用热水来对整管道杀菌清洗。

（1）关闭排污阀、出气阀，打开进水阀。

（2）打开电源开关。

（3）等待 10min 左右，即可产生蒸汽。在蒸汽制备过程中，若压力过高，可以打开出气阀，放一下气，而后再关闭。

（4）待蒸汽制备完成后，慢慢打开清洗罐与蒸汽设置连接处的阀门，进行加热。

（5）使用完毕后，关闭仪器，待设备温度降温后（50℃左右），方可开启排污阀。太热蒸汽会烫到人。

注：①蒸汽发生器，可在实验前先打开，为实验做准备。

②设备使用完毕后，必须要排污。

3. 清洗罐

待清洗罐温度达到实验所需温度后，打开清洗罐下端的出水开关。

4. 高剪切调配罐控制面板

（1）打开控制面板电源。

（2）打开清洗泵，10s 左右。

（3）再打开集汁槽泵，待液体注入槽内 2/3 左右。

（4）打开调配泵，此时调配罐、平衡罐应处于清洗阀开、物料阀关、出料阀开的状态。

（5）打开 CIP 污水阀（仅限于首次冲洗时使用）；若第二次冲洗，需关闭排污阀，打开 1 号进水阀，形成 CIP 大循环。

（6）待清洗罐中无水时，关闭清洗泵。

（7）待集汁槽中无水时，关闭集水泵。

（8）待调配罐中无水时，关闭调配泵。

（9）循环冲洗数次，一般用 1% 碱液清洗 10min，再用清水冲洗至中性，最后用去离子水清洗一遍。

注：①调配罐、平衡罐上清洗阀位于左侧，物料阀位于右侧；阀平行于机身表示关闭，垂直于机身表示开启状态。

②每次使用后，必须将每个设备的阀门复位，即处于使用前的状态。

③这几个槽都是喷淋式的，故水肯定会流出来。

④清洗泵是把 CIP 槽水加到集中槽中。

5. 清洗步骤

（1）用碱液清洗一定要加热，清洗时先用 1% 碱液洗一次，再用热自来水洗两次到中性，最后用热纯水洗一次，看是否到中性，用 pH 试纸在 CIP 槽出管口测到中性就行。一般不用酸洗，这是中和碱液的，用水洗即可。

（2）CIP 槽下面阀要打开，这样水才能循环，只要不打开 CIP 污水阀即可。

（3）碱洗后要把水排掉完后，再加自来水洗。第一遍自来水洗时不用循环，直接把调配罐这几个出料阀打开，把水排掉即可。第一遍水太脏，循环洗浪费时间。

（4）CIP 清洗时，可以一个罐洗时，另一个罐加热。这样节省时间，因为加热到产生蒸汽要 10min。

（5）第一次已经把管道残留洗干净了，下次洗就用纯水循环洗下即可。

五、结果与讨论

（1）做好实验记录。

（2）完整复述 CIP 循环清洗的每个步骤。

六、注意事项

（1）操作前认清所有的开关和阀门。

（2）使用蒸发器的过程中注意安全，以免烫伤。

（3）注意区分存放去离子水、碱液和酸液的存放罐。

思考题

1. 对比 CIP 循环清洗系统和传统清洗方法的优劣。

2. 自来水、去离子水、超纯水之间存在什么差异？用什么指标去评价？

☞ **参考文献**

高海燕. 食品机械与设备[M]. 北京：化学工业出版社，2017.

模块三 设计研究性实验

实验三 果汁饮料生产线设备的操作

一、实验目的

（1）了解果汁饮料生产线设备的基本组成、工作原理。

（2）掌握果汁饮料生产线设备的使用方法和操作技术。

（3）学习果汁饮料生产线设备的维护方法。

二、实验原理

一般原果汁的生产工艺流程如下：

原料选择 → 清洗 → 预煮 → 破碎 → 打浆酶处理 → 榨汁 → 过滤 → 调整 → 脱气 →

均质 → 灌装 → 杀菌 → 冷却 →原果汁

三、实验材料、仪器

1. 材料

市售红富士苹果。

2. 仪器

螺旋榨汁机、调配罐、集汁槽、平衡罐、均质机、高温灭菌机、灌装机、CIP 循环清洗系统等。

四、实验步骤

1. 果汁制备

（1）打开控制面板（高剪切调配罐右侧）"系统启动"。

（2）开启螺旋榨汁，放入物料，进行榨汁。

（3）榨汁完成，关闭螺旋榨汁。

（4）再确认调配罐、清洗阀关闭，物料阀打开，出料阀关闭。

（5）打开"集汁槽启动"，作用将物料从集汁槽移到调配罐；若需要灭酶，慢慢打开进气泵（位于灭酶管道上方），压力不超过 0.3MPa，若不需要，无须开启。

（6）若需加热，慢慢打开进气阀（紧挨调配罐），压力不超过 0.2MPa。当物料完全到调配罐，关闭集汁槽启动开关。

（7）打开"调配搅拌启动"，在此进行调配。调配完后关闭这开关。

（8）调配完成后，先确认平衡罐状态，使其处于物料阀开、清洗阀关、出料阀关的状态。

（9）打开调配罐出料阀，启动调配泵，使其进入平衡罐中，待物料完全出来后，关闭调配罐出料阀。

（10）均质　打开均质机开关，再打开平衡罐与均质机相连的开关，待物料加满后，关闭该阀，加压，均质。加压需注意：设备正面为一级高压，侧面为二级低压，加压（顺时针），先二级低压，再加一级高压，减压（逆时针），先一级高压，在卸二级低压。加压到 20MPa 左右，依据物料不同，压力不同，最高 60MPa，一般乳类 23～26MPa。

（11）待均质完成，打开两个出口阀，进入下一个设备。若所有物料均质完成，将压力表压力卸掉。（均质机右侧的阀）。

注：若不需要均质，打开平衡罐与下一个设备的开关即可。

2. 灭菌和灌装

（1）第一步：线路灭菌（已杀）　主要是对罐装室内的贮藏室杀菌，紫外照不到那里。

①打开总进水。

②打开电源开关。

③排压：将"预热锅炉排水阀"逐渐打开，"预热锅炉进水阀"逐渐关闭，待压力表为"0"时同时关闭两个阀（垂直为关闭状态，平行为打开状态）。杀菌锅炉排压方法与上边相同，一般不用进行排压，只有在锅炉缺水，报警加水后，进行。

④罐补水加满。

⑤调到产品模式，打开"螺杆泵启动"，设定第一段物料温度 90℃，第二段物料温度 95℃。

⑥打开一段和二段"加热启动"，等待温度升高，此时可以打开灌装设备紫外灯。当成品物料温度（即灌装室温度）在 70℃ 左右时，关闭灌装口开关（在灌装室内，来储藏物料），待第二段物料温度为 85℃ 左右，灌装设备溢流管溢水时，保持 10min，进行灭菌。

⑦灭菌后，打开灌装口，放水。

（2）第二步：物料灭菌和灌装

①设定第二段物料温度 135℃（温度依据实验所需灭菌温度而定），此时需慢慢加压（顺时针，100℃ 以上水不通过加压，是没法实现的），先加压后设温度，加压感觉到有些吃力就行（慢慢加）。以每升温 10℃，加压 0.1MPa 为标准，逐渐以每次 0.1MPa 速度加压，最终加压至 0.4～0.45MPa 之间即可。（注意：最终压力一定要比设定温度所需的压力高，否则会糊管。最终加压，压力表应在 0.4～0.45MPa，不能低于 0.35MPa。Eg：135℃，压力为 0.35MPa，加压表值：110℃，0.1MPa；120℃，0.2MPa；130℃，0.3MPa……）

②控制出料温度，通过调节冷却水进阀进行。（注意：出料温度依据实验所需来进行设定。不能过 100℃，太热进入灌装室，就变成蒸汽了。当温度到 135℃ 后，要看第一段冷却温度。）

③待罐补中的水完全循环，底部添水后，倒入物料（打开均质机连接阀）。

④打开灌装口，让存留在管路中的水排出，加入物料 30min 以后，开始灌装。

⑤待物料循环完毕，罐补中无物料后，用水清洗，倒入水前后 4min 中可以继续灌装，

之后即可当废水排出。

（3）第三步：清洗管路

①降温、降压：调节第一、二段物料温度为80℃，同时降压（逆时针），慢慢转动，以每下降10℃，降压0.1MPa为标准，逐渐降压。（注意：温度先降下来，再降压。）

②待温度降到100℃以下，压力为0MPa即可，关闭螺杆泵，再调到CIP模式（切记，顺序不能反）。

③关闭"冷却水进"。

④进行大循环冲洗（碱液清洗）：加入碱液约1min后，关闭罐装口，打开溢水口，连接罐装与灭菌CIP线路（连接罐装口的那条）。连接完成之后，再打开罐装口，关闭溢水开关，进行大循环冲洗，一般碱液循环冲洗10min。（注意：罐装时，开关阀一定要快，开则完全开，闭则完全闭，否则处于半开状态会导致空气进入，使罐补水溢出。不用碱液清洗，在CIP模式清洗即可，不需要进行大循环。）

⑤待冲洗10min后，关闭罐装口，打开溢水口，去掉连接阀，再用水冲洗至pH为中性。

⑥将控制面板上开关调到停止状态，关闭一、二段加热启停。

⑦关闭"总进水"。

⑧关闭"停止"。

注：①螺杆泵绝不能空转，否则30min即会烧掉。

②CIP模式关闭后，待机器完全停止，再使用产品模式。（注：CIP模式螺杆泵高速运转时，不能马上转到产品模式。）

③第一、二段锅炉温度要比第一、二段物料温度高15~20℃。

④开机之前更换持温管，持温管杀菌时间为30s。

⑤在进料和本机循环时，第一段冷却温度不宜超过70℃，若超过可通过调节冷却进水开关降低温度。在出料时，第一段冷却温度不受限制，依据实验所需设定。

3. 保养（2周进行一次）

打开电源 → 调至CIP模式 → 开启一段、二段加热 → 打开总进水口 → 打开罐补水

锅炉各按钮表示：

①第一段锅炉温度：预热温度。

②第二段锅炉温度：灭菌温度。

③持温管温度：感应管路温度（实际灭菌温度），若该温度达不到实验要求，可调节第二段锅炉温度。

④成品物料温度：罐装时物料温度。

⑤平衡桶复位：罐补水不足时报警，按其解除报警。

⑥第一段冷却温度：物料灭菌后进入罐装室之前的温度。

⑦第一段物料温度：预热温度。

五、结果与讨论

（1）做好实验记录。

（2）计算产品得率（以果汁质量与原料总质量 g/g 计）。

六、注意事项

（1）严格按操作规范对生产线上的每一个设备进行操作，尤其注意高温高压设备的使用。

（2）注意各加工工艺的连续性，尽量避免仪器发生空转。

思考题

1. 请简述苹果浊汁和清汁加工工艺之间的差异。

2. 除了热杀菌技术，请简述一到两种非热杀菌技术在果汁加工中的应用。

☞ **参考文献**

［1］高海燕. 食品机械与设备［M］. 北京：化学工业出版社，2017.

［2］杨公明. 食品机械与设备［M］. 北京：中国农业大学出版社，2015.

第八章

食品分析实验

模块一 验证性实验

实验一 液态食品相对密度的测定

内容一 密度计法测相对密度

一、实验目的

（1）掌握各种密度计的使用方法和使用要求。

（2）学会选择密度计的量程和使用密度计。

（3）学会选择乳稠剂、酒精计、锤度计用于不同食品的密度测定。

二、实验原理

密度计利用了阿基米德原理，将待测液体倒入一个较高的容器，再将密度计放入液体中。密度计下沉到一定高度后呈漂浮状态。此时液面的位置在玻璃管上所对应的刻度就是该液体的密度。测得试样和水的密度的比值即为相对密度。

三、实验材料、仪器

1. 材料

酱油、牛乳、植物油等液体食品。

2. 仪器

密度计（图 8-1）。

四、实验步骤

将密度计洗净擦干，缓缓放入盛有待测液体试样的适当量筒中，勿使其碰及容器四周及底部，保持试样温度在20℃，待其静置后，再轻轻按下少许，然后待其自然上升，静置至无气泡冒出后，从水平位置观察与液面相交处

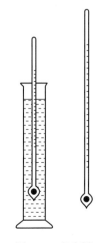

图 8-1 密度计

的刻度，即为试样的密度。分别测试试样和水的密度，两者比值即为试样相对密度。

五、结果与讨论

精密度：在重复性条件下获得的两次独立测定结果的绝对差值不得超过算术平均值的 5%。

六、注意事项

（1）操作简便迅速，但准确性较差，需要样液量多，且不适用于极易挥发的样液。

（2）使用前先检查密度计是否有破损，同时估计样液的密度。比如酱油密度肯定超过 1，尝试选用密度计的量程。

（3）测量完成以后，把密度计用酒精清洗干净并存放好，以便下一次测量使用。

（4）操作时，应注意密度计不得接触量筒的壁和底部，待测液中不得有气泡。

（5）读数时，应以密度计与液体形成的弯月面下缘为准（图 8-2）。若液体颜色较深，不易看清弯月面下缘时，则以弯月面上缘为准。

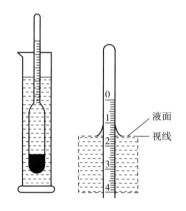

图 8-2　密度计读数示意图

　**思考题**

密度计有哪些类型？各有什么用途？如何正确使用密度计？

☞ 参考文献

中华人民共和国国家卫生和计划生育委员会. GB 5009. 2—2016　食品安全国家标准 食品相对密度的测定[S]. 北京：中国标准出版社，2016.

内容二　密度瓶法测相对密度

一、实验目的

（1）掌握液体食品相对密度的测定方法——密度瓶法的原理。

（2）学会使用密度瓶测相对密度。

（3）学会正确使用电子天平。

二、实验原理

在 20℃时分别测定充满同一密度瓶的水及试样的质量，由水的质量可确定密度瓶的容积即试样的体积，根据试样的质量及体积可计算试样的密度，试样密度与水密度比值为试样相对密度。

三、实验材料、仪器与试剂

1. 材料

酱油、牛乳、植物油、饮料等液体食品。

2. 仪器

（1）密度瓶　精密密度瓶（图8-3）。

（2）天平　感量为0.1mg。

（3）水浴锅。

3. 试剂

石油醚：用于清洗密度瓶。

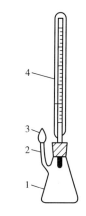

图8-3　密度瓶

1—密度瓶　2—支管标线
3—支管上小帽　4—附温度计的瓶盖

四、实验步骤

（1）取洁净、干燥、恒重、准确称量的密度瓶（具体操作：先把密度瓶洗干净，再依次用乙醇、乙醚洗涤，烘干并冷却后，精密称重）。

（2）装满样液，盖上盖，置于20℃水浴内浸0.5h。

（3）使内容物的温度达到20℃后保持20min，并用细滤纸条吸去支管标线上的试样，盖好小帽后取出。

（4）用滤纸把瓶外擦干，置于天平室内0.5h后称重。

（5）再将试样倾出，洗净密度瓶，装满水，以下按上述自步骤（2）"置20℃水浴内浸0.5h"，按照步骤（3）~（4）完成。

注：密度瓶内不应有气泡，天平室内温度保持20℃恒温条件，否则不应使用此方法。

五、结果与讨论

试样在20℃时的相对密度按式（8-1）进行计算：

$$d = \frac{m_2 - m_0}{m_1 - m_0} \tag{8-1}$$

式中　d——试样在20℃时的相对密度；

　m_0——空密度瓶质量，g；

　m_1——密度瓶和水的质量，g；

　m_2——密度瓶加液体试样的质量，g。

精密度：在重复性条件下获得的两次独立测定结果的绝对差值不得超过算术平均值的5%。

六、注意事项

（1）密度瓶法适用于测定各种液体食品的相对密度，特别适合于试样量较少的场合，对挥发性试样也适用，结果准确，但操作较烦琐。

（2）注意测定环境。如果是低于20℃，可以用水浴锅直接水浴，高于20℃，需要提前在冰箱里冷却试样。

（3）水及试样必须装满密度瓶，瓶内不得有气泡，注样时要注意缓慢不产生气泡。

（4）拿取已达恒温的密度瓶时，不得用手直接接触密度瓶底部，以免液体受热流出。应带隔热手拿瓶颈或用工具夹取。

（5）天平室温度不得高于20℃，以免液体膨胀流出。

（6）水浴中的水必须清洁无油污，防止瓶外壁被污染。

思考题

1. 用密度瓶法测定液体食品的相对密度优点是什么？

2. 用密度瓶法测定液体食品的相对密度应该注意什么？

参考文献

中华人民共和国国家卫生和计划生育委员会. GB 5009.2—2016 食品安全国家标准食品相对密度的测定[S]. 北京：中国标准出版社，2016.

实验二　食品中水分含量的测定

内容一　直接干燥法测定水分含量

一、实验目的

（1）了解食品中水分的作用、食品中水分的存在状态。

（2）掌握《食品安全国家标准　食品中水分的测定》（GB 5009.3—2016）。

（3）掌握水分测定的原理、水分干燥的条件。

（4）掌握恒重的概念。

二、实验原理

利用食品中水分的物理性质，在101.3kPa（一个大气压），温度101~105℃下采用挥发方法测定样品中干燥减失的质量，包括吸湿水、部分结晶水和该条件下能挥发的物质，再通过干燥前后的称量数值计算出水分含量。

三、实验材料、仪器与试剂

1. 材料

粮食、乳粉、蔬菜、肉制品等。

2. 仪器

（1）扁形铝制或玻璃制称量瓶。

（2）电热恒温干燥箱。

（3）干燥器　内附有效干燥剂。

（4）天平　感量为 0.1mg。

3. 试剂

乙醚除非另有说明，本方法所用试剂均为分析纯，水为《分析实验室用水规格和试验方法》（GB/T 6682—2008）规定的三级水。

氢氧化钠、盐酸、海砂。

四、实验步骤

1. 固体试样

（1）取洁净铝制或玻璃制的扁形称量瓶，置于 101～105℃ 干燥箱中，瓶盖斜支于瓶边，加热 1.0h，取出盖好，置干燥器内冷却 0.5h，称量，并重复干燥至前后两次质量差不超过 2mg，即为恒重。

（2）将混合均匀的试样迅速磨细至颗粒小于 2mm，不易研磨的样品应尽可能切碎，称取 2～10g 试样（精确至 0.0001g），放入此称量瓶中，试样厚度不超过 5mm，如为疏松试样，厚度不超过 10mm，加盖，精密称量后，置于 101～105℃ 干燥箱中，瓶盖斜支于瓶边，干燥 2～4h 后，盖好取出，放入干燥器内冷却 0.5h 后称量。

然后再放入 101～105℃ 干燥箱中干燥 1h 左右，取出，放入干燥器内冷却 0.5h 后再称量，并重复以上操作至前后两次质量差不超过 2mg，即为恒重。

注：两次恒重值在最后计算中，取质量较小的一次称量值。

2. 半固体或液体试样

（1）取洁净的称量瓶，内加 10g 海砂（实验过程中可根据需要适当增加海砂的质量）及一根小玻棒，置于 101～105℃ 干燥箱中，干燥 1.0h 后取出，放入干燥器内冷却 0.5h 后称量，并重复干燥至恒重。

（2）称取 5～10g 试样（精确至 0.0001g），置于称量瓶中，用小玻棒搅匀放在沸水浴上蒸干，并随时搅拌，擦去瓶底的水滴，置于 101～105℃ 干燥箱中干燥 4h 后盖好取出，放入干燥器内冷却 0.5h 后称量。然后再放入 101～105℃ 干燥箱中干燥 1h 左右，取出，放入干燥器内冷却 0.5h 后再称量，并重复以上操作至前后两次质量差不超过 2mg，即为恒重。

五、结果与讨论

试样中的水分含量按式（8-2）进行计算：

$$X = \frac{m_1 - m_2}{m_1 - m_3} \times 100 \tag{8-2}$$

式中　X——试样中水分的含量，g/100g；

　　　m_1——称量瓶（加海砂、玻棒）和试样的质量，g；

m_2——称量瓶（加海砂、玻棒）和试样干燥后的质量，g；

m_3——称量瓶（加海砂、玻棒）的质量，g；

100——单位换算系数。

水分含量≥1g/100g 时，计算结果保留三位有效数字；水分含量<1g/100 时，计算结果保留两位有效数字。

六、注意事项

（1）在测定过程中，称量瓶从烘箱中取出后，应迅速放入干燥器中进行冷却，否则，不易达到恒量。

（2）干燥器内一般用硅胶作干燥剂，硅胶吸湿后效能会减低，故当硅胶蓝色减退或变红时，需及时换出，吸湿后的硅胶可置135℃左右烘2~3h，使其再生后被再利用，硅胶若吸附油脂等后，去湿能力也会大大减低。

（3）糖浆、甜炼乳等浓稠液体，一般要加水稀释，稀释液的固形物含量应控制在20%~30%。

（4）浓稠态试样直接加热干燥，其表面易结硬壳焦化，使内部水分蒸发受阻，故在测定前，需加入精制海砂或无水硫酸钠，搅拌均匀，以防食品结块，同时增大受热与蒸发面积，加速水分蒸发，缩短分析时间。

（5）果糖含量较高的试样，如水果制品、蜂蜜等，在高温下（>70℃）长时间加热，其果糖发生氧化分解作用而导致明显误差。故宜采用减压干燥法测定水分含量。

（6）含有较多氨基酸、蛋白质及羰基化合物的试样，长时间加热则会发生羰基反应，析出水分而导致误差。对此类试样宜采用其他方法测定水分含量。

（7）在水分测定中，恒量的标准定为 2mg。

（8）测定水分后的试样，可供测脂肪含量用。

思考题

1. 说明直接干燥法测定水分的方法分类、原理及适用范围。

2. 解释恒重的概念，怎样进行水分恒重的操作？

3. 指出下列各种食品水分测定的方法及操作要点：

①谷类食品；②肉类食品；③香料；④果酱；⑤淀粉糖浆；⑥糖果；⑦浓缩果汁；⑧面包；⑨饼干；⑩水果；⑪蔬菜；⑫麦乳精；⑬乳粉。

4. 简述玻璃真空干燥器的使用方法和注意事项。

 知识拓展

操作条件选择

操作条件选择主要包括：称样数量，称量瓶规格，干燥设备及干燥条件等的选择。

1. 称样数量

测定时称样数量一般控制在其干燥后的残留物质量为 1.5~3g 较适宜。对于水分含量较低的固态、浓稠态食品，将称样数量控制在 3~5g，而果汁、牛乳等液态食品，通常每份样量控制在 15~20g 为宜。

2. 称量瓶规格

称量瓶分为玻璃称量瓶和铝质称量瓶两种。前者能耐酸碱，不受试样性质的限制，故常用于干燥法。铝质称量瓶质量轻，导热性强，但对酸性食品不适宜，常用于减压干燥法。称量瓶规格的选择，以试样置于其中平铺开后厚度不超过瓶高的 1/3 为宜。

3. 干燥设备

电热烘箱有各种形式，一般使用强力循环通风式，其风量较大，烘干大量试样时效率高，但质轻试样有时会飞散，若仅作测定水分含量用，最好采用风量可调节的烘箱。当风量减小时，烘箱上隔板 1/3~1/2 面积的温度能保持在规定温度±1℃的范围内，即符合测定使用要求。温度计通常处于离上隔板 3cm 的中心处，为保证测定温度较恒定，并减少取出过程中因吸湿而产生的误差，一批测定的称量瓶最好为 8~12 个，并排列在隔板的较中心部位。

4. 干燥条件

温度一般控制在 95~105℃，对热稳定的谷物等，可提高到 120~130℃ 进行干燥；对含还原糖较多的食品应先用低温（50~60℃）干燥 0.5h，然后再用 100~105℃ 干燥。干燥时间的确定有两种方法，一种是干燥到恒量，另一种是规定一定的干燥时间。前者基本能保证水分蒸发完全；后者则以测定对象的不同而规定不同的干燥时间。比较而言，后者的准确度不如前者，故一般均采用恒量法，只有那些对水分测定结果准确度要求不高的试样，如各种饲料中水分含量的测定，可采用第二种方法进行。

☞ **参考文献**

中华人民共和国国家卫生和计划生育委员会. GB 5009.3—2016 食品安全国家标准 食品中水分的测定[S]. 北京：中国标准出版社，2016.

内容二 减压干燥法测定水分含量

一、实验目的

（1）掌握《食品安全国家标准 食品中水分的测定》（GB 5009.3—2016）。
（2）掌握减压干燥法测定水分的原理。

二、实验原理

利用食品中水分的物理性质，在达到 40~53kPa 压力后加热（60±5）℃，采用减压烘干方法去除试样中的水分，再通过烘干前后的称量数值计算出水分的含量。

本方法适用于高温易分解的样及水分较多的样品（如糖、味精等食品）中水分的测定，不适用于添加了其他原料的糖果（如奶糖、软糖食品）中水分的测定，不适用于水分含量小于 0.5g/100g 的样品（糖和味精除外）。

三、实验材料、仪器与试剂

1. 材料

高温易分解的样及水分较多的样品（如糖、味精等食品）。

2. 仪器

真空干燥流程图如图 8-4 所示。

（1）扁形铝制称量瓶。

（2）真空干燥箱。

（3）干燥器　内附有效干燥剂。

（4）天平　感量为 0.1mg。

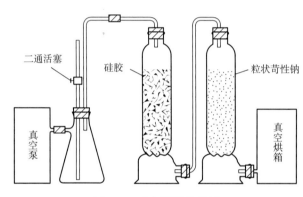

图 8-4　真空干燥流程图

3. 试剂

乙醚除非另有说明，本方法所用试剂均为分析纯，水为 GB/T 6682—2008 规定的三级水。

氢氧化钠、盐酸、海砂。

四、实验步骤

（1）试样制备　粉末和结晶试样直接称取；较大块硬糖经研钵粉碎，混匀备用。

（2）测定　取已恒重的称量瓶称取 2~10g（精确至 0.0001g）试样，放入真空干燥箱内，将真空干燥箱连接真空泵，抽出真空干燥箱内空气（所需压力一般为 40~53kPa），并同时加热至所需温度（60±5）℃。关闭真空泵上的活塞，停止抽气，使真空干燥箱内保持一定的温度和压力，经 4h 后，打开活塞，使空气经干燥装置缓缓通入至真空干燥箱内，待压力恢复正常后再打开。取出称量瓶，放入干燥器中。0.5h 后称量，并重复以上操作至前后两次质量差不超过 2mg，即为恒重。

五、结果与讨论

试样中的水分含量按"内容一　直接干燥法测定水分含量"中式（8-2）进行计算，

水分含量≥1g/100g 时，计算结果保留三位有效数字；水分含量<1g/100 时，计算结果保留两位有效数字。

精密度：在重复性条件下获得的两次独立测定结果的绝对差值不得超过算术平均值的 10%。

六、注意事项

（1）真空干燥箱内各部位温度要求均匀一致，若干燥时间短时，更应严格控制。

（2）第一次使用的铝瓶要反复烘干两次，每次置于调节到规定温度的干燥箱内干燥 1~2h，然后移至干燥器内冷却 45min，称重（精确到 0.1mg）。第二次以后使用时，通常可采用前一次的恒量值。试样为谷粒时，如小心使用可重复使用 20~30 次，而其质量值不变。

（3）由于直读天平与被称量物之间的温度差会引起明显的误差，故在操作中应力求被称量物与天平的温度相同后再称重，一般冷却时间在 0.5~1h。

（4）减压干燥时，自干燥箱内部压力降至规定真空度时起计算烘干时间。恒量一般以减量不超过 0.5mg 时为标准，但对受热后易分解的试样则可以不超过 2mg 的减量值为恒量标准。

思考题

1. 说明减压干燥法测定水分的方法分类、原理及适用范围。
2. 指出下列各种食品水分测定的方法及操作要点：
①谷类食品；②肉类食品；③香料；④果酱；⑤淀粉糖浆；⑥糖果；⑦浓缩果汁；⑧面包；⑨饼干；⑩水果；⑪蔬菜；⑫麦乳精；⑬乳粉。
3. 简述减压干燥箱的使用方法和注意事项。

参考文献

中华人民共和国国家卫生和计划生育委员会. GB 5009.3—2016 食品安全国家标准食品中水分的测定[S]. 北京：中国标准出版社，2016.

实验三 食品中脂肪的测定

内容一 索氏提取法测定脂肪含量

一、实验目的

（1）了解脂类的分类、作用及测定的意义。

（2）掌握《食品安全国家标准 食品中脂肪的测定》（GB 5009.6—2016）。

（3）掌握索氏抽提法设备安装及测定脂肪的操作技能。

（4）明确索氏提取法测定脂肪的试样要求——无水。

二、实验原理

脂肪易溶于有机溶剂。试样直接用无水乙醚或石油醚等溶剂抽提后，蒸发除去溶剂，干燥，得到游离态脂肪的含量。

一般食品用有机溶剂抽提，蒸去有机溶剂后获得的物质主要是游离脂肪，此外还含有部分磷脂、色素、树脂、蜡状物、挥发油、糖脂等物质。因此，用索氏抽提法获得的脂肪，也称之为粗脂肪。

此法适用于脂类含量较高，结合态的脂类含量较少，能烘干磨细，不易吸湿结块的食品试样，如肉制品、豆制品、坚果制品、谷物、油炸制品、中西式糕点等的粗脂肪含量的分析检测。

食品中的游离脂肪一般都能直接被乙醚、石油醚等有机溶剂抽提，而结合态脂肪不能直接被乙醚、石油醚提取，需在一定条件下进行水解等处理，使之转变为游离脂肪后方能提取，故索氏提取法测得的只是游离态脂肪，而结合态脂肪测不出来。

此法是经典方法，对大多数试样结果比较可靠，但费时间，溶剂用量大，且需专门的索氏抽提器。

三、实验材料、仪器与试剂

1. 材料

肉制品、豆制品、坚果制品、谷物、油炸制品、中西式糕点。

2. 仪器

（1）索氏抽提器（图8-5）。

（2）恒温水浴锅。

（3）分析天平　感量为0.1mg。

（4）电热鼓风干燥箱。

（5）干燥器　内附有效干燥剂，如硅胶。

（6）滤纸筒。

（7）蒸发皿。

3. 试剂

（1）无水乙醚　分析纯，不含过氧化物。

（2）石油醚（30~60℃沸程）。

（3）纯海砂。

四、实验步骤

（1）试样制备

①固体试样：称取充分混匀后的试样2~5g，准确至0.001g，全部移入滤纸筒内。

②液体或半固体试样：称取混匀后的试样5~10g，准

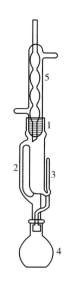

图8-5　索氏抽提器

1—抽提筒　2—连接管　3—虹吸管

4—接收瓶　5—冷凝管

确至 0.001g，置于蒸发皿中，加入约 20g 石英砂，于沸水浴上蒸干后，在电热鼓风干燥箱中于（100±5）℃干燥 30min 后，取出，研细，全部移入滤纸筒内。蒸发皿及粘有试样的玻璃棒，均用沾有乙醚的脱脂棉擦净，并将棉花放入滤纸筒内。

（2）抽提　将滤纸筒放入索氏抽提器的抽提筒内，连接已干燥至恒重的接收瓶，由抽提器冷凝管上端加入无水乙醚或石油醚至瓶内容积的 2/3 处，于水浴上加热，使无水乙醚或石油醚不断回流抽提（6~8 次/h），一般抽提 6~10h。提取结束时，用磨砂玻璃棒接取 1 滴提取液，待磨砂玻璃棒上无油斑表明提取完毕。

注：①滤纸筒用长镊子放入抽提筒中，不能堵塞虹吸管；
　　②"由抽提器冷凝管上端加入无水乙醚或石油醚至瓶内容积的 2/3 处"，实践中一般虹吸 2 次即可；
　　③抽提过程使试样包完全浸没在乙醚中。调节水温使冷凝下滴的乙醚成连珠状（120~150 滴/min 或回流 7 次/h 以上）；
　　④抽提完毕后，提取瓶中的乙醚另行回收。

（3）回收溶剂　取出滤纸筒，用回收装置回收石油醚，当石油醚完全蒸出后，取下接收瓶，于水浴上蒸去残留石油醚。用纱布擦净烧瓶外部，于 100~105℃烘箱中烘至恒重并准确称量。

（4）称量　取下接收瓶，回收乙醚或石油醚，待接受瓶内乙醚剩 1~2mL 时在水浴上蒸干，再于（100±5）℃干燥 2h，放干燥器内冷却 0.5h，后称量。重复以上操作直至恒量（两次称量的差不超过 2mg）。

五、结果与讨论

试样中的脂肪含量按式（8-3）进行计算：

$$X = \frac{m_1 - m_0}{m_2} \times 100 \tag{8-3}$$

式中　X——试样中脂肪的含量，g/100g；

　　　m_1——恒重后接收瓶和脂肪的含量，g；

　　　m_0——接收瓶的质量，g；

　　　m_2——试样的质量，g；

　　　100——单位换算系数。

计算结果表示到小数点后一位。

精密度：在重复性条件下获得的两次独立测定结果的绝对差值不得超过算术平均值的 10%。

六、注意事项

（1）本法所测得结果为粗脂肪，因为除脂肪外，还含有色素及挥发油、蜡、树脂等物质。

（2）抽提用的乙醚或石油醚要求无水、无醇、无过氧化物，挥发残渣含量低。

（3）本法抽提所得的脂肪为游离脂肪，若测定游离及结合脂肪总量，可采用酸水解法。

（4）提取时水浴温度不可过高，以每分钟从冷凝管滴下 80 滴左右，每小时回流 6～12次为宜，提取过程应注意防火。

（5）乙醚和石油醚都是易燃易爆且挥发性强的物质，因此在挥发乙醚或石油醚时，切忌用直接明火加热，应该用电热套、电水浴等。另外，乙醚具有麻醉作用，应注意环境空气的流畅。

（6）反复加热会因脂类氧化而增重。当质量增加时，以增重前的质量作为恒重值。

（7）滤纸筒的高度不要超过虹吸管的高度，否则容易造成乙醚没有浸没的部分抽提不完全。

（8）若样品份数多，可将索氏提取器串联起来同时使用。

思考题

1. 脂肪的生理功能有哪些？为什么要测定脂肪的含量？
2. 食品中脂肪的存在形式有哪些？应采用何种提取测定的方法？
3. 测定脂肪的方法有哪些？各自的适用范围如何？
4. 常用测定脂肪的溶剂有哪些？各自有何优缺点？

☞ **参考文献**

中华人民共和国国家卫生和计划生育委员会. GB 5009.6—2016　食品安全国家标准 食品中脂肪的测定[S]. 北京：中国标准出版社，2016.

内容二　酸水解法测定脂肪含量

一、实验目的

（1）掌握酸水解法测定脂肪的操作技能；

（2）掌握酸水解法测定脂肪食品类型。

二、实验原理

食品中的结合态脂肪必须用强酸使其游离出来，游离出的脂肪易溶于有机溶剂。试样经盐酸水解后用无水乙醚或石油醚提取，除去溶剂即得游离态和结合态脂肪的总含量。

本法测定的是总脂肪，包括结合态的和游离态的。适用范围包括水果、蔬菜及其制品、粮食及粮食制品、肉及肉制品、蛋及蛋制品、水产及其制品、焙烤食品、糖果等食品中游离态脂肪及结合态脂肪总量的测定。对固体、半固体、黏稠液体或液体食品，特别是加工后的混合食品，容易吸湿、结块，不易烘干的食品，不能采用索氏提取法时，用此法效果较好。但鱼类、贝类和蛋品中含有较多的磷脂，在盐酸溶液中加热时，磷脂几乎完全分解为脂肪酸和碱，因为仅定量前者，测定值偏低。故本法不宜用于测定含有大量磷脂的食品，此法也不适于食糖高的食品，糖类遇强酸易碳化而影响测定结果。

三、实验材料、仪器与试剂

1. 材料

水果、蔬菜及其制品、粮食及粮食制品、肉及肉制品、蛋及蛋制品、水产及其制品、焙烤食品、糖果。

2. 仪器

（1）水浴锅。

（2）电热板　满足200℃高温。

（3）分析天平　感量为0.1g和0.001g。

（4）电热鼓风干燥箱。

（5）锥形瓶。

（6）蓝色石蕊试纸、脱脂棉、滤纸　中速。

3. 试剂

除非另有说明，本方法所用试剂均为分析纯，水为GB/T 6682—2008规定的三级水。

盐酸、乙醇、无水乙醚、石油醚（沸程为30~60℃）、碘、碘化钾、盐酸溶液（2mol/L）：量取50mL盐酸，加入到250mL水中，混匀。

碘液（0.05mol/L）：称取6.5g碘和25g碘化钾于少量水中溶解，稀释至1L。

四、实验步骤

（1）试样酸水解

①肉制品：称取混匀后的试样3g~5g，准确至0.001g，置于锥形瓶（250mL）中，加入2mol/L盐酸溶液50mL和数粒玻璃细珠，盖上表面皿，于电热板上加热至微沸，保持1h，每10min旋转摇动1次。取下锥形瓶，加入150mL热水，混匀，过滤。锥形瓶和表面皿用热水洗净，与热水一并过滤。沉淀用热水洗至中性（用蓝色石蕊试纸检验，中性时试纸不变色）。将沉淀和滤纸置于大表面皿上，于（100±5）℃干燥箱内干燥1h，冷却。

②淀粉：根据总脂肪含量的估计值，称取混匀后的试样25~50g，准确至0.1g，倒入烧杯并加入100mL水。将100mL盐酸缓慢加到200mL水中，并将该溶液在电热板上煮沸后加入到样品液中，加热此混合液至沸腾并维持5min，停止加热后，取几滴混合液于试管中，待冷却后加入1滴碘液，若无蓝色出现，可进行下一步操作。若出现蓝色，应继续煮沸混合液，并用上述方法不断地进行检查，直至确定混合液中不含淀粉为止，再进行下一步操作。将盛有混合液的烧杯置于水浴锅（70~80℃）中30min，不停地搅拌，以确保温度均匀，使脂肪析出。用滤纸过滤冷却后的混合液，并用干滤纸片取出粘附于烧杯内壁的脂肪。为确保定量的准确性，应将冲洗烧杯的水进行过滤。在室温下用水冲洗沉淀和干滤纸片，直至滤液用蓝色石蕊试纸检验不变色为止。将含有沉淀的滤纸和干滤纸片折叠后，放置于大表面皿上，在（100±5）℃的电热恒温干燥箱内干燥1h。

③其他食品

a. 固体试样：称取2~5g，准确至0.001g，置于50mL试管内，加入8mL水，混匀后再加 10mL 盐酸。将试管放入 70~80℃ 水浴中，每隔 5~10min 以玻璃棒搅拌 1 次，至试样消化完全为止，用时 40~50min。

b. 液体试样：称取约 10g，准确至 0.001g，置于 50mL 试管内，加 10mL 盐酸。将试管放入 70~80℃ 水浴中，每隔 5~10min 以玻璃棒搅拌 1 次，至试样消化完全为止，用时 40~50min。

（2）抽提

①肉制品、淀粉：将干燥后的试样装入滤纸筒内，其余抽提步骤同索氏提取法"抽提"。

②其他食品：取出试管，加入 10mL 乙醇，混合。冷却后将混合物移入 100mL 具塞量筒中，以 25mL 无水乙醚分数次洗试管，一并倒入量筒中。待无水乙醚全部倒入量筒后，加塞振摇 1min，小心开塞，放出气体，再塞好，静置 12min，小心开塞，并用乙醚冲洗塞及量筒内附着的脂肪。静置 10~20min，待上部液体清晰，吸出上清液于已恒重的锥形瓶内，再加 5mL 无水乙醚于具塞量筒内，振摇，静置后，仍将上层乙醚吸出，放入原锥形瓶内。

（3）称量　取下接受瓶，回收乙醚或石油醚，待接受瓶内乙醚剩 1~2mL 时在水浴上蒸干，再于（100±5）℃ 干燥 2h，放干燥器内冷却 0.5h，后称量。重复以上操作直至恒量（两次称量的差不超过 2mg）。

五、结果与讨论

试样中的脂肪含量按"内容一　索氏提取法测定脂肪含量"中式（8-3）进行计算，计算结果表示到小数点后一位。

精密度：在重复性条件下获得的两次独立测定结果的绝对差值不得超过算术平均值的 10%。

六、注意事项

（1）测定的试样须充分磨细，液体试样需充分混合均匀，以便消化完全至无块状碳粒为止，否则结合性脂肪不能完全游离，致使结果偏低。

（2）水解时应防止大量水分损失，使酸浓度升高。

（3）水解后加入乙醇可使蛋白质沉淀，降低表面张力，促进脂肪球聚合，同时溶解些碳水化合物、有机酸等。后面用乙醚提取脂肪时，因乙醇可溶于乙醚，故需加入石油醚，降低乙醇在醚中的溶解度，使乙醇溶解物残留在水层，并使分层清晰。

（4）挥干溶剂后，残留物中若有黑色焦油状杂质，是分解物与水一同混入所致，会使测定值增大造成误差，可用等量的乙醚及石油醚溶解后过滤，再次进行挥干溶剂的操作。

 **思考题**

1. 酸水解法测定脂肪的原理是什么？
2. 酸水解法测定脂肪的适用范围如何？

👉 **参考文献**

中华人民共和国国家卫生和计划生育委员会. GB 5009.6—2016 食品安全国家标准食品中脂肪的测定[S]. 北京：中国标准出版社，2016.

实验四 食品中灰分的测定

内容一 食品中粗灰分的测定

一、实验目的

（1）了解灰分测定的内容和意义；

（2）掌握总灰分的概念；

（3）掌握灰分测定的原理。

（4）学会炭化、灰化的操作方法；

二、实验原理

食品经灼烧后所残留的无机物质称为灰分。

把一定量的试样经炭化后放入高温炉内灼烧，使有机物被氧化分解，以二氧化碳、氮的氧化物及水等形成逸出，无机物则以硫酸盐、磷酸盐、碳酸盐、氯化物等无机盐和金属氧化物的形式残留下来，这些残留物即为灰分。称量残留物的质量即可计算出试样中总灰分的含量。灰分数值系用灼烧、称重后计算得出。

适用于食品中灰分的测定（淀粉类灰分的方法适用于灰分质量分数不大于2%的淀粉和变性淀粉的情况）。

三、实验材料、仪器与试剂

1. 材料

粮食、淀粉、肉与肉制品、食用菌、油料饼粕、香辛料和调味品、动植物油脂、谷物、豆类。

2. 仪器

（1）高温炉（马弗炉） 最高使用温度≥950℃。

（2）分析天平 感量分别为0.1mg、1mg、0.1g。

（3）石英坩埚或瓷坩埚。

（4）干燥器（内有干燥剂）。

（5）电热板。

（6）恒温水浴锅 控温精度±2℃。

3. 试剂

（1）乙酸镁溶液（80g/L） 称取8.0g乙酸镁加水溶解并定容至100mL，混匀。

（2）乙酸镁溶液（240g/L） 称取24.0g乙酸镁加水溶解并定容至100mL，混匀。

（3）10%盐酸溶液　量取 24mL 分析纯浓盐酸用蒸馏水稀释至 100mL。

四、实验步骤

（1）坩埚预处理

①含磷量较高的食品和其他食品：取大小适宜的石英坩埚或瓷坩埚置高温炉中，在（550±25）℃下灼烧 30min，冷却至 200℃左右，取出，放入干燥器中冷却 30min，准确称量。重复灼烧至前后两次称量相差不超过 0.5mg 为恒重（两次称量之差不超过 0.5mg）。

②淀粉类食品：先用沸腾的稀盐酸洗涤，再用大量自来水洗涤，最后用蒸馏水冲洗。将洗净的坩埚置于高温炉内，在（900±25）℃下灼烧 30min，并在干燥器内冷却至室温，称重，精确至 0.0001g。

（2）试样预处理及称样

①含磷量较高的食品和其他食品：灰分 ≥10g/100g 的试样称取 2~3g（精确至 0.0001g）；灰分 ≤10g/100g 的试样称取 3~10g（精确至 0.0001g）；灰分含量更低的试样可适当增加称样量。

②淀粉类食品：迅速称取样品 2~10g（马铃薯淀粉、小麦淀粉以及大米淀粉至少称 5g，玉米淀粉和木薯淀粉称 10g），精确至 0.0001g，将样品均匀分布在坩埚内，不要压紧。

（3）炭化　试样经预处理后，在放入高温炉灼烧前要先进行炭化处理。炭化处理可防止在灼烧时，因温度高试样中的水分急剧蒸发使试样飞扬，还可防止糖、蛋白质、淀粉等易发泡膨胀的物质在高温下发泡膨胀而溢出坩埚；不经炭化而直接灰化，碳粒易被包住，使灰化不完全。

炭化操作一般在电炉或煤气灯上进行。把坩埚置于电炉上，半盖坩埚盖，小心加热使试样在通气的情况下逐渐炭化，直至无黑烟产生为止。对易膨胀的试样（如含糖多的食品），可在试样上加数滴辛醇或纯植物油，再进行炭化。

（4）灰化　炭化后，把坩埚移入已达规定温度（500~550℃）的马弗炉炉口处，稍停留片刻，再慢慢移入炉膛内，将坩埚盖斜倚在坩埚口，关闭炉门，灼烧一定时间（通常4h 左右，视试样种类、性状而异），至灰中无炭粒存在为止。打开炉门，将坩埚移至炉口处冷却至 200℃左右，再移入干燥器中冷却至室温，准确称重。重复灼烧、冷却、称重，直至达到恒重（前后两次称量相差不超过 0.5mg）。具体样品操作细节如下所述：

含磷量较高的豆类及其制品、肉禽及其制品、蛋及其制品、水产及其制品、乳及乳制品炭化至无烟样品置于高温炉中，在（550±25）℃灼烧 4h。

淀粉类食品炭化至无烟的样品后即刻将坩埚放入高温炉内，将温度升高至（900±25）℃，保持此温度直至剩余的炭全部消失为止。

其他食品，样品炭化后置于高温炉中，在（550±25）℃灼烧 4h。

注：称量前如发现灼烧残渣有炭粒时，应向试样中滴入少许水将其湿润，使结块松散，蒸干水分再次灼烧至无炭粒即表示灰化完全，方可称量。重复灼烧至前后两次称量相差不超过 0.5mg 为恒重。

五、结果与讨论

（1）以试样质量计

①试样中灰分的含量（加乙酸镁溶液），按式（8-4）计算：

$$X = \frac{m_1 - m_2 - m_0}{m_3 -_2} \times 100 \tag{8-4}$$

式中　X_1——加乙酸镁溶液试样中灰分的含量，g/100g；

　　　m_1——坩埚和灰分的质量，g；

　　　m_2——坩埚的质量，g；

　　　m_3——坩埚和试样的质量，g；

　　　m_0——氧化镁（乙酸镁灼烧后生成物）的质量，g；

　　　100——单位换算系数。

②试样中灰分的含量（未加乙酸镁溶液），按式（8-5）计算：

$$X_2 = \frac{m_1 - m_2}{m_3 - m_2} \times 100 \tag{8-5}$$

式中　X_2——未加乙酸镁溶液试样中灰分的含量，g/100g；

　　　m_1——坩埚和灰分的质量，g；

　　　m_2——坩埚的质量，g；

　　　m_3——坩埚和试样的质量，g；

　　　100——单位换算系数。

（2）以干物质计

①试样中灰分的含量（加乙酸镁溶液），按式（8-6）计算：

$$X_1 = \frac{m_1 - m_2 - m_0}{(m_3 - m_2) \times \omega} \times 100 \tag{8-6}$$

式中　X_1——加乙酸镁溶液试样中灰分的含量，g/100g；

　　　m_1——坩埚和灰分的质量，g；

　　　m_2——坩埚的质量，g；

　　　m_3——坩埚和试样的质量，g；

　　　m_0——氧化镁（乙酸镁灼烧后生成物）的质量，g；

　　　ω——试样干物质含量（质量分数），%；

　　　100——单位换算系数。

②试样中灰分的含量（未加乙酸镁溶液），按式（8-7）计算：

$$X_2 = \frac{m_1 - m_2}{(m_3 - m_2) \times \omega} \times 100 \tag{8-7}$$

式中　X_2——未加乙酸镁溶液试样中灰分的含量，g/100g；

　　　m_1——坩埚和灰分的质量，g；

　　　m_2——坩埚的质量，g；

m_3——坩埚和试样的质量，g；

ω——试样干物质含量（质量分数），%；

100——单位换算系数。

试样中灰分含量≥10g/100g 时，保留三位有效数字；试样中灰分含量<10g/100g 时，保留两位有效数字。

精密度：在重复性条件下获得的两次独立测定结果的绝对差值不得超过算术平均值的5%。

六、注意事项

（1）试样炭化时要注意热源强度，防止产生大量泡沫溢出坩埚。

（2）把坩埚放入马弗炉或从炉中取出时，要放在炉口停留片刻，使坩埚预热或冷却，防止因温度剧变而使坩埚破裂。

（3）灼烧后的坩埚应冷却到200℃以下后，再移入干燥器中，否则因热的对流作用，易造成残灰飞散，且冷却速度慢，冷却后干燥器内会形成较大真空，盖子不易打开。

（4）从干燥器内取出坩埚时，因内部形成真空，开盖恢复常压时，应注意使空气缓缓流入，以防残灰飞散。

（5）灰化后所得残渣可留作钙、铁、磷等成分的分析。

（6）用过的坩埚经初步洗刷后，可用粗盐酸或废盐酸浸泡 10~20min，再用水冲刷洗净。

（7）如液体试样量过多，可分次在同一坩埚中蒸干，在测定蔬菜、水果这一类含水量高的试样时，应预先测定这些试样的水分，再将其干燥物继续加热灼烧，测定其灰分含量。

（8）加速灰化时，一定要沿坩埚壁加去离子水，不可直接将水洒在残灰上，以防残灰飞扬，造成损失和测定误差。

思考题

1. 简述总灰分测定的原理及操作要点。

2. 试样在灰化前为什么要进行炭化？

3. 简述加速灰化的方法。

4. 灰分测定主要用到哪些仪器设备？

5. 灰化炉的构造包括几部分？

参考文献

中华人民共和国国家卫生和计划生育委员会. GB 5009.4—2016　食品安全国家标准食品中灰分的测定[S]. 北京：中国标准出版社，2016.

内容二　食品中水溶性灰分和水不溶性灰分的测定

一、实验目的
（1）了解水溶性灰分、水不溶性灰分的概念。
（2）掌握水溶性灰分、水不溶性灰分的方法。

二、实验原理
用热水提取总灰分，经无灰滤纸过滤、灼烧、称量残留物，测得水不溶性灰分，由总灰分和水不溶性灰分的质量之差计算水溶性灰分。

三、实验材料、仪器与试剂
1. 材料
粮食、淀粉、肉与肉制品、食用菌、油料饼粕、香辛料和调味品、动植物油脂、谷物、豆类。
2. 仪器
（1）高温炉（马弗炉）　最高使用温度≥950℃。
（2）分析天平　感量分别为0.1mg、1mg、0.1g。
（3）石英坩埚或瓷坩埚。
（4）干燥器（内有干燥剂）。
（5）恒温水浴锅　控温精度±2℃。
（6）无灰滤纸。
（7）漏斗。
（8）表面皿　直径6cm。
（9）烧杯（高型）　容量100mL。
3. 试剂
除非另有说明，本方法所用水为GB/T 6682—2008规定的三级水。

四、实验步骤
（1）坩埚预处理（同"内容一　食品中灰分的测定"）。
（2）称样（同"内容一　食品中灰分的测定"）。
（3）总灰分的制备　（同"内容一　食品中灰分的测定"）。
（4）测定　用约25mL热蒸馏水分次将总灰分从坩埚中洗入100mL烧杯中，盖上表面皿，用小火加热至微沸，防止溶液溅出。趁热用无灰滤纸过滤，并用热蒸馏水分次洗涤杯中残渣，直至滤液和洗涤体积约达150mL为止，将滤纸连同残渣移入原坩埚内，放在沸水浴锅上小心地蒸去水分，然后将坩埚烘干并移入高温炉内，以（550±25）℃灼烧至无炭粒（一般需1h）。待炉温降至200℃时，放入干燥器内，冷却至室温，称重（准确至0.0001g）。再放入高温炉内，以（550±25）℃灼烧30min，如前冷却并称重。如此重复操作，直至连续两次称重之差不超过0.5mg为止，记下最低质量。

五、结果与讨论

（1）以试样质量计

①水不溶性灰分的含量，按式（8-8）计算：

$$X_1 = \frac{m_1 - m_2}{m_3 - m_2} \times 100 \tag{8-8}$$

式中　X_1——水不溶性灰分的含量，g/100g；

　　　　m_1——坩埚和水不溶性灰分的质量，g；

　　　　m_2——坩埚的质量，g；

　　　　m_3——坩埚和试样的质量，g；

　　　　100——单位换算系数。

②水溶性灰分的含量，按式（8-9）计算：

$$X_2 = \frac{m_4 - m_5}{m_0} \times 100 \tag{8-9}$$

式中　X_2——水溶性灰分的质量，g/100g；

　　　　m_0——试样的质量，g；

　　　　m_4——总灰分的质量，g；

　　　　m_5——水不溶性灰分的质量，g；

　　　　100——单位换算系数。

（2）以干物质计

①水不溶性灰分的含量，按式（8-10）计算：

$$X_1 = \frac{m_1 - m_2}{(m_3 - m_2) \times \omega} \times 100 \tag{8-10}$$

式中　X_1——水溶性灰分的质量，g/100g；

　　　　m_1——坩埚和水不溶性灰分的质量，g；

　　　　m_2——坩埚的质量，g；

　　　　m_3——坩埚和试样的质量，g；

　　　　ω——试样干物质含量（质量分数），%；

　　　　100——单位换算系数。

②水溶性灰分的含量，按式（8-11）计算：

$$X_2 = \frac{m_4 - m_5}{m_0 \times \omega} \times 100 \tag{8-11}$$

式中　X_2——水溶性灰分的含量，g/100g；

　　　　m_0——试样的质量，g；

　　　　m_4——总灰分的质量，g；

　　　　m_5——水不溶性灰分坩埚的质量，g；

　　　　ω——试样干物质含量（质量分数），%；

100——单位换算系数。

试样中灰分含量≥10g/100g 时，保留三位有效数字；试样中灰分含量<10g/100g 时，保留两位有效数字。

精密度：在重复性条件下获得的两次独立测定结果的绝对差值不得超过算术平均值的 5%。

六、注意事项

同"内容一 食品中灰分的测定"。

思考题

简述水溶性灰分测定的原理及操作要点。

参考文献

中华人民共和国国家卫生和计划生育委员会. GB 5009.4—2016 食品安全国家标准 食品中灰分的测定[S]. 北京：中国标准出版社，2016.

实验五　食品中总酸的测定（酸碱滴定法）

内容一　酚酞指示剂法测定食品中总酸含量

一、实验目的

(1) 掌握酸度的概念。

(2) 了解食品中酸度的测定意义。

(3) 掌握酸碱滴定的原理；掌握酸碱滴定的实际应用。

(4) 掌握酸碱滴定的实验技能、计算方法及操作要点。

二、实验原理

试样经过处理后，以酚酞作为指示剂，用 0.1000mol/L 氢氧化钠标准溶液滴定至中性，消耗氢氧化钠溶液的体积数，经计算确定试样的酸度。

三、实验材料、仪器与试剂

1. 材料

乳制品、粮食类。

2. 仪器

(1) 分析天平　感量为 0.001g。

（2）碱式滴定管　容量 10mL，最小刻度 0.05mL。

（3）碱式滴定管　容量 25mL，最小刻度 0.1mL。

（4）水浴锅。

（5）锥形瓶　100、150、250mL。

（6）具塞磨口锥形瓶　250mL。

（7）粉碎机　可使粉碎的样品 95% 以上通过 CQ16 筛［相当于孔径 0.425mm（40 目）］粉碎样品时磨腔不应发热。

（8）振荡器　往返式，振荡频率为 100 次/min。

（9）中速定性滤纸。

（10）移液管　10、20mL。

（11）量筒　50、250mL。

（12）玻璃漏斗和漏斗架。

3. 试剂

（1）氢氧化钠标准溶液（0.1000mol/L）　称取 0.75g 于 105~110℃ 电烘箱中干燥至恒重的工作基准试剂邻苯二甲酸氢钾，加 50mL 无二氧化碳的水溶解，加 2 滴酚酞指示液（10g/L），用配制好的氢氧化钠溶液滴定至溶液呈粉红色，并保持 30s。同时做空白试验。

注：把二氧化碳限制在洗涤瓶或者干燥管，避免滴管中氢氧化钠因吸收二氧化碳而影响其浓度。可通过盛有 10% 氢氧化钠溶液洗涤瓶连接的装有氢氧化钠溶液的滴定管，或者通过连接装有新鲜氢氧化钠或氧化钙的滴定管末尾而形成一个封闭的体系，避免此溶液吸收二氧化碳。

（2）参比溶液硫酸钴　将 3g 七水硫酸钴溶解于水中，并定容至 100mL。

（3）酚酞指示液　称取 0.5g 酚酞溶于 75mL 体积分数为 95% 的乙醇中，并加入 20mL 水，然后滴加氢氧化钠溶液至微粉色，再加入水定容至 100mL。

（4）中性乙醇-乙醚混合液　取等体积的乙醇、乙醚混合后加 3 滴酚酞指示液，以氢氧化钠溶液（0.1mol/L）滴至微红色。

（5）不含二氧化碳的蒸馏水　将水煮沸 15min，逐出二氧化碳，冷却，密闭。

四、实验步骤

1. 乳粉

（1）试样制备　将样品全部移入到约两倍于样品体积的洁净干燥容器中（带密封盖），立即盖紧容器，反复旋转振荡，使样品彻底混合。在此操作过程中，应尽量避免样品暴露在空气中。

（2）测定　称取 4g 样品（精确到 0.01g）于 250mL 锥形瓶中。用量筒量取 96mL 约 20℃ 的水，使样品复溶，搅拌，然后静置 20min。向一只装有 96mL 约 20℃ 的水的锥形瓶中加入 2.0mL 参比溶液，轻轻转动，使之混合，得到标准参比颜色。如果要测定多个相似的产品，则此参比溶液可用于整个测定过程，但时间不得超过 2h。

向另一只装有样品溶液的锥形瓶中加入 2.0mL 酚酞指示液，轻轻转动，使之混合。用 25mL 碱式滴定管向该锥形瓶中滴加氢氧化钠溶液，边滴加边转动烧瓶，直到颜色与参比溶液的颜色相似，且 5s 内不消退，整个滴定过程应在 45s 内完成。滴定过程中，向锥形瓶中吹氮气，防止溶液吸收空气中的二氧化碳。记录所用氢氧化钠溶液的体积（V_1，mL），精确至 0.05mL，代入式（8-12）计算。

（3）空白滴定　用 96mL 水做空白试验，读取所消耗氢氧化钠标准溶液的体积（V_0，mL）。空白所消耗的氢氧化钠的体积应不小于零，否则应重新制备和使用符合要求的蒸馏水。

2. 液态乳（巴氏杀菌乳、灭菌乳、生乳、发酵乳）

（1）制备参比溶液　向装有等体积相应溶液的锥形瓶中加入 2.0mL 参比溶液，轻轻转动，使之混合，得到标准参比颜色。如果要测定多个相似的产品，则此参比溶液可用于整个测定过程，但时间不得超过 2h。

（2）试样滴定　称取 10g（精确到 0.001g）已混匀的试样，置于 150mL 锥形瓶中，加 20mL 新煮沸冷却至室温的水，混匀，加入 2.0mL 酚酞指示液，混匀后用氢氧化钠标准溶液滴定，边滴加边转动烧瓶，直到颜色与参比溶液的颜色相似，且 5s 内不消退，整个滴定过程应在 45s 内完成。滴定过程中，向锥形瓶中吹氮气，防止溶液吸收空气中的二氧化碳。记录消耗的氢氧化钠标准滴定溶液毫升数（V_2），代入式（8-13）进行计算。

3. 粮食及制品

（1）试样制备　取混合均匀的样品 80~100g，用粉碎机粉碎，粉碎细度要求 95% 以上通过 CQ16 筛［孔径 0.425mm（40 目）］，粉碎后的全部筛分样品充分混合，装入磨口瓶中，制备好的样品应立即测定。

（2）测定　称取试样 15g，置入 250mL 具塞磨口锥形瓶，加水 150mL（V_{51}）（先加少量水与试样混成稀糊状，再全部加入），滴入三氯甲烷 5 滴，加塞后摇匀，在室温下放置提取 2h，每隔 15min 摇动 1 次（或置于振荡器上振荡 70min），浸提完毕后静置数分钟用中速定性滤纸过滤，用移液管吸取滤液 10mL（V_{52}），注入 100mL 锥形瓶中，再加水 20mL 和酚酞指示剂 3 滴，混匀后用氢氧化钠标准溶液滴定，边滴加边转动烧瓶，直到颜色与参比溶液的颜色相似，且 5s 内不消退，整个滴定过程应在 45s 内完成。滴定过程中，向锥形瓶中吹氮气，防止溶液吸收空气中的二氧化碳。记下所消耗的氢氧化钠标准溶液毫升数（V_5），代入式（8-14）进行计算。

（3）空白滴定　用 30mL 水做空白试验，记下所消耗的氢氧化钠标准溶液毫升数（V_0）。

注：三氯甲烷有毒，操作时应在通风良好的通风橱内进行。

五、结果与讨论

（1）乳粉试样中的酸度数值（°T）按式（8-12）计算：

$$X_1 = \frac{c_1 \times (V_1 - V_0) \times 12}{m_1 \times (1 - \omega) \times 0.1} \tag{8-12}$$

式中　X_1——试样的酸度，°T（以 100g 干物质为 12% 的复原乳所消耗的 0.1mol/L 氢氧化钠体积（mL）计，mL/100g）；

c_1——氢氧化钠标准溶液的浓度，mol/L；

V_1——滴定时所消耗氢氧化钠标准溶液的体积，mL；

V_0——空白试验所消耗氢氧化钠标准溶液的体积，mL；

12——12g乳粉相当100mL复原乳（脱脂乳粉应为9，脱脂乳清粉应为7）；

m_1——称取样品的质量，g；

ω——试样中水分的质量分数，g/100g；

$1-\omega$——试样中乳粉的质量分数，g/100g；

0.1——酸度理论定义氢氧化钠的物质的量浓度，mol/L。

以重复性条件下获得的两次独立测定结果的算术平均值表示，结果保留三位有效数字。

注：若以乳酸含量表示样品的酸度，那么样品的乳酸含量（g/100g）= $T \times 0.009$。T 为样品的滴定酸度（0.009为乳酸的换算系数，即1mL 0.1mol/L的氢氧化钠标准溶液相当于0.009g乳酸）。

精密度：在重复性条件下获得的两次独立测定结果的绝对差值不得超过算术平均值的10%。

（2）巴氏杀菌乳、灭菌乳、生乳、发酵乳、奶油和炼乳试样中的酸度数值（°T）按式（8-13）计算：

$$X_2 = \frac{c_2 \times (V_2 - V_0) \times 100}{m_2 \times 0.1} \tag{8-13}$$

式中 X_2——试样的酸度，°T（以100g样品所消耗的0.1mol/L氢氧化钠体积（mL）计，mL/100g）；

c_2——氢氧化钠标准溶液的物质的量浓度，mol/L；

V_2——滴定时所消耗氢氧化钠标准溶液的体积，mL；

V_0——空白试验所消耗氢氧化钠标准溶液的体积，mL；

100——100g试样；

m_2——试样的质量，g；

0.1——酸度理论定义氢氧化钠的物质的量浓度，mol/L。

以重复性条件下获得的两次独立测定结果的算术平均值表示，结果保留三位有效数字。

精密度：在重复性条件下获得的两次独立测定结果的绝对差值不得超过算术平均值的10%。

（3）粮食及制品试样中的酸度数值（°T）按式（8-14）计算：

$$X_5 = (V_5 - V_0) \times \frac{V_{51}}{V_{52}} \times \frac{c_5}{0.1000} \times \frac{10}{m_5} \tag{8-14}$$

式中 X_5——试样的酸度，°T（以10g样品所消耗的0.1mol/L氢氧化钠体积（mL）计，mL/10g）；

V_5——试样滤液消耗的氢氧化钾标准溶液体积，mL；

V_0——空白试验消耗的氢氧化钾标准溶液体积，mL；

V_{51}——浸提试样的水体积，mL；

V_{52}——用于滴定的试样滤液体积，mL；

c_5——氢氧化钾标准溶液的浓度，mol/L；

0.1000——酸度理论定义氢氧化钠的物质的量浓度，mol/L；

10——10g 试样；

m_5——试样的质量，g。

以重复性条件下获得的两次独立测定结果的算术平均值表示，结果保留三位有效数字。

精密度：在重复性条件下获得的两次独立测定结果的绝对差值不得超过算术平均值的 10%。

六、注意事项

不同试样制备和计算差别很大。

思考题

1. 直接滴定法测定食品总酸度，为何要选酚酞作指示剂？

2. 对于颜色较深的试样，测定总酸度时，应如何克服终点不易观察的现象？

3. 酸度测定有几种方法？牛乳、炼乳、粮食酸度测定用哪几种方法。

☞ **参考文献**

中华人民共和国国家卫生和计划生育委员会. GB 5009.239—2016　食品安全国家标准食品酸度的测定[S]. 北京：中国标准出版社，2016.

内容二　pH 计法测定食品中总酸含量

一、实验目的

（1）掌握酸度计的测定原理。

（2）掌握酸度计的操作技能。标准缓冲溶液的种类及配制方法。

（3）掌握酸度计、磁力搅拌器的操作技能。

二、实验原理

中和试样溶液至 pH 为 8.30 所消耗的 0.1000mol/L 氢氧化钠体积，经计算确定其酸度。本方法适用于乳及其他乳制品中酸度的测定。

三、实验材料、仪器与试剂

1. 材料

乳粉。

2. 仪器

（1）分析天平　感量为 0.001g。

（2）碱式滴定管　分刻度 0.1mL，可准确至 0.05mL。或者自动滴定管满足同样的使用要求。（注意：可以进行手工滴定，也可以使用自动电位滴定仪。）

（3）pH 计　带玻璃电极和适当的参比电极。

（4）磁力搅拌器。

（5）高速搅拌器，如均质器。

（6）恒温水浴锅。

3. 试剂

除非另有说明，本方法所用试剂均为分析纯，水为 GB/T 6682—2008 规定的三级水。

（1）氢氧化钠。

（2）氮气　纯度为 98%。

（3）氢氧化钠标准溶液（0.1000mol/L）（同"内容一　酚酞指示剂法测定食品中总酸含量"）。

（4）不含二氧化碳的蒸馏水。

将水煮沸 15min，逐出二氧化碳，冷却，密闭。

四、实验步骤

（1）试样制备　将样品全部移入到约两倍于样品体积的洁净干燥容器中（带密封盖），立即盖紧容器，反复旋转振荡，使样品彻底混合。在此操作过程中，应尽量避免样品暴露在空气中。

（2）测定　称取 4g 样品（精确到 0.01g）于 250mL 锥形瓶中。用量筒量取 96mL 约 20℃ 的水，使样品复溶，搅拌，然后静置 20min。用滴定管向锥形瓶中滴加氢氧化钠标准溶液，直到 pH 稳定在 8.30±0.01 处 4~5s。滴定过程中，始终用磁力搅拌器进行搅拌，同时向锥形瓶中吹氮气，防止溶液吸收空气中的二氧化碳。整个滴定过程应在 1min 内完成。记录所用氢氧化钠溶液的毫升数（V_6），精确至 0.05mL，代入式（8-15）计算。

（3）空白滴定　用 100mL 蒸馏水做空白试验，读取所消耗氢氧化钠标准溶液的毫升数（V_0）。

注：空白所消耗的氢氧化钠的体积应不小于零，否则应重新制备和使用符合要求的蒸馏水。

五、结果与讨论

乳粉试样中的酸度数值以°T 表示，按式（8-15）计算：

$$X_6 = \frac{c_6 \times (V_6 - V_0) \times 12}{m_6 \times (1 - \omega) \times 0.1} \tag{8-15}$$

式中　X_6——试样的酸度，°T；

c_6——氢氧化钠标准溶液的浓度，mol/L；

V_6——滴定时所消耗氢氧化钠标准溶液的体积，mL；

V_0——空白试验所消耗氢氧化钠标准溶液的体积，mL；

12——12g 乳粉相当 100mL 复原乳（脱脂乳粉应为 9，脱脂乳清粉应为 7）；

m_6——称取样品的质量，g；

ω——试样中水分的质量分数，g/100g；

$1-\omega$——试样中乳粉质量分数，g/100g；

0.1——酸度理论定义氢氧化钠的物质的量浓度，mol/L。

以重复性条件下获得的两次独立测定结果的算术平均值表示，结果保留三位有效数字。

注：若以乳酸含量表示样品的酸度，那么样品的乳酸含量（g/100g）= $T \times 0.009$。T 为样品的滴定酸度（0.009 为乳酸的换算系数，即 1mL 0.1mol/L 的氢氧化钠标准溶液相当于 0.009g 乳酸）。

精密度：在重复性条件下获得的两次独立测定结果的绝对差值不得超过算术平均值的 10%。

六、注意事项

pH 计的保养：

（1）复合电极不用时，可充分浸泡于 3mol/L 氯化钾溶液中。切忌用洗涤液或其他吸水性试剂浸洗。

（2）使用前，检查玻璃电极前端的球泡。正常情况下，电极应该透明而无裂纹；球泡内要充满溶液，不能有气泡存在。

思考题

1. 标准缓冲溶液在常温（15~25℃）下保存多长时间？

2. 酸度计的测定原理是什么？

3. 适用于滴定分析法的化学反应必须具备哪些条件？

4. 滴定方式有几种？

☞ **参考文献**

中华人民共和国国家卫生和计划生育委员会. GB 5009.239—2016 食品安全国家标准 食品酸度的测定[S]. 北京：中国标准出版社，2016.

实验六　食品中蛋白质的测定

内容一　凯氏定氮法测定食品中蛋白质

一、实验目的

（1）掌握食品中蛋白质的测定方法。

（2）掌握凯氏定氮法测定蛋白质的原理以及操作技术。

（3）学会微量凯氏定氮装置的准确无损安装以及清洗、蒸馏吸收方法。

二、实验原理

试样、浓硫酸和催化剂一同加热消化，使蛋白质分解，其中碳和氢被氧化为二氧化碳和水逸出，而试样中的有机氮转化为氨，并与硫酸结合成硫酸铵。然后加碱蒸馏，使氨逸出，用硼酸溶液吸收后，再以标准盐酸溶液滴定。根据消耗的标准盐酸液的体积可计算蛋白质的含量。

根据试样测试步骤，包括以下几个方面。

（1）消化　将试样与浓硫酸和催化剂一同加热消化，使蛋白质分解，其中碳和氢被氧化为二氧化碳和水逸出，而试样中的有机氮转化为氨，并与硫酸结合成硫酸铵，此过程称为消化。

在消化过程，利用浓硫酸的脱水性，使有机物脱水并炭化为碳、氢、氮。反应式为：

$$NH_2CH_2COOH + 3H_2SO_4 \longrightarrow 2CO_2 + 3SO_2 + 4H_2O + NH_3$$

同时浓硫酸又具有氧化性，使炭化后的碳进一步氧化为二氧化碳，硫酸同时被还原成二氧化硫，反应式为：

$$2H_2SO_4 + C \longrightarrow CO_2 + 2SO_2 + 2H_2O$$

最后，二氧化硫使氮还原为氨，本身则被氧化为三氧化硫，氨随之与硫酸作用生成硫酸铵留在酸性溶液中：

$$2NH_3 + H_2SO_4 \longrightarrow (NH_4)_2SO_4$$

（2）蒸馏　在消化完全的试样消化液中加入碱液（浓氢氧化钠）使之碱化，消化液中的氨被游离出来，通过加热蒸馏释放出氨气，反应方程式如下：

$$(NH_4)_2SO_4 + 2NaOH \longrightarrow 2H_2O + Na_2SO_4 + 2NH_3$$

（3）吸收与滴定　蒸馏所释放出来的氨，用弱酸溶液（如硼酸）进行吸收，与氨形成强碱弱酸盐，待吸收完全后，再用盐酸标准溶液滴定。吸收及滴定反应方程式如下：

$$2NH_3 + 4H_3BO_3 \longrightarrow (NH_4)_2B_4O_7 + 5H_2O$$

$$(NH_4)_2B_4O_7 + 2HCl + 5H_2O \longrightarrow 2NH_4Cl + 4H_3BO_3$$

本测定中滴定指示剂是用按一定比例配成的甲基红-溴甲酚绿混合指示剂。甲基红在 pH 4.2~6.3 之间变色，由红变为黄，终点为橙色，溴甲酚绿在 pH 3.8~5.4 之间变色，由黄变蓝，终点为绿色。当两种指示剂按适当比例混合时，在 pH 5 以上呈绿色，在 pH 5 以下为橙红色，在 pH 5 时因互补色关系呈紫灰色，因此滴定终点十分明显，易于掌握。

凯氏定氮法可适用于所有动物性、植物性食品的蛋白质含量测定。

三、实验材料、仪器与试剂

1. 材料

肉与肉制品、乳制品、蛋品、粮食等。

2. 仪器

（1）天平　感量为 1mg。

（2）定氮蒸馏装置　如图8-6、图8-7所示。或自动凯氏定氮仪。

（3）消化炉（配套消化管）或定氮瓶。

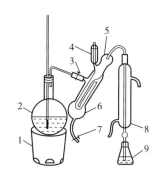

图8-6　定氮蒸馏装置图

1—电炉　2—水蒸气发生器（2L烧瓶）　3—螺旋夹
4—小玻杯及棒状玻塞　5—反应室　6—反应室外层
7—橡皮管及螺旋夹　8—冷凝管　9—蒸馏液接收瓶

图8-7　消化炉（配套消化管）

3. 试剂

（1）硼酸溶液（20g/L）　称取20g硼酸，加水溶解后并稀释至1000mL。

（2）氢氧化钠溶液（400g/L）　称取40g氢氧化钠加水溶解后，放冷，并稀释至100mL。

（3）0.0500mol硫酸标准滴定溶液或0.0500mol/L盐酸标准滴定溶液。

（4）甲基红乙醇溶液（1g/L）　称取0.1g甲基红，溶于95%乙醇，用95%乙醇稀释至100mL。

（5）亚甲基蓝乙醇溶液（1g/L）　称取0.1g亚甲基蓝，溶于95%乙醇，用95%乙醇稀释至100mL。

（6）溴甲酚绿乙醇溶液（1g/L）　称取0.1g溴甲酚绿，溶于95%乙醇，用95%乙醇稀释至100mL。

（7）A混合指示液　2份甲基红乙醇溶液与1份亚甲基蓝乙醇溶液临用时混合。

（8）B混合指示液　1份甲基红乙醇溶液与5份溴甲酚绿乙醇溶液临用时混合。

四、实验步骤

（1）试样制备

①称取充分混匀的固体试样0.2~2g、半固体试样2~5g或液体试样10~25g（当于30~40mg氮），精确至0.001g，移入干燥的消化管中。

②在消化管中加入0.4g硫酸铜、6g硫酸钾及20mL硫酸，轻摇后放在消化炉中进行消化（技能：消化炉的使用），待内容物全部碳化，泡沫完全停止后，加强火力，并保持瓶内液体微沸，至液体呈蓝绿色并澄清透明后，再继续加热0.5~1h。同时做试剂空白试验。

③取下消化管放冷，小心加入 20mL 水，移入 100mL 容量瓶中，并用少量水洗消化管，洗液并入容量瓶中，再加水至刻度，混匀备用。

（2）安装定氮蒸馏装置　按图 8-6 装好定氮蒸馏装置，向水蒸气发生器内（烧瓶）装水至 2/3 处，加入数粒玻璃珠，加甲基红乙醇溶液数滴及数毫升硫酸，以保持水呈酸性，加热煮沸水蒸气发生器内的水并保持沸腾。

注：仪器安装前的各部件洗涤：仪器安装前，各部件需经一般方法洗涤干净，所用橡皮管、塞须浸在 10% 氢氧化钠溶液中，煮约 10min，水洗、水煮 10min，再水洗数次。

（3）仪器管道洗涤　仪器使用前，全部管道都须经水蒸气洗涤，以除去管道内可能残留的氨，正在使用的仪器，每次测样前，蒸汽洗涤 5min 即可。较长时间未使用的仪器，重复蒸汽洗涤，不得少于 3 次，并检查仪器是否正常。仔细检查各个连接处，保证不漏气。洗涤方法如下所述。

①沿漏斗加入蒸馏水约 10mL 进入反应室，盖紧小玻杯及棒状玻塞（图 8-6 中 4）；

②立即用螺旋夹加紧废液排出口橡皮管（图 8-6 中 7），即关闭废液排放管上的开关，使蒸汽进入反应室，反应室内的水由于受热迅速沸腾，蒸汽进入冷凝管冷却，在冷凝管下端放置一个烧杯接收冷凝水。冷凝水连续蒸煮 5min，停止加热。冲洗完毕，夹紧蒸汽发生器与收集器之间的连接螺旋夹（图 8-6 中 3），由于气体冷却压力降低，反应室内废液自动抽到汽水反应室中（图 8-6 中 5 与 6 的夹层），此时方可打开废液排出口夹子（图 8-6 中 7）放出废液。上述方法清洗 2~3 次，仪器即可供测试样使用。

（4）试样消化液的蒸馏和吸收

①试样接瓶的准备：取洁净的试样接收瓶（图 8-6 中 9），向接受瓶内加入 10.0mL 硼酸溶液及 1~2 滴 A 混合指示剂或 B 混合指示剂，并使冷凝管的下端插入液面下。

②吸收：根据试样中氮含量，准确吸取 2.0~10.0mL 试样处理液由小玻杯注入反应室；以 10mL 水洗涤小玻杯并使之流入反应室内，随后塞紧棒状玻塞；将 10.0mL 氢氧化钠溶液倒入小玻杯，提起玻塞使其缓缓流入反应室，立即将玻塞盖紧，并水封；夹紧螺旋夹，开始蒸馏。蒸馏 10min 后移动蒸馏液接收瓶，液面离开冷凝管下端，再蒸馏 1min。然后用少量水冲洗冷凝管下端外部，取下蒸馏液接收瓶。

尽快以硫酸或盐酸标准滴定溶液滴定至终点，如用 A 混合指示液，终点颜色为灰蓝色；如用 B 混合指示液，终点颜色为浅灰红色。同时做试剂空白。

（5）自动凯氏定氮仪法　称取充分混匀的固体试样 0.2~2g、半固体试样 2~5g 或液体试样 10~25g（相当于 30~40mg 氮），精确至 0.001g，至消化管中，再加入 0.4g 硫酸铜、6g 硫酸钾及 20mL 硫酸于消化炉进行消化。当消化炉温度达到 420℃ 之后，继续消化 1h，此时消化管中的液体呈绿色透明状，取出冷却后加入 50mL 水，于自动凯氏定氮仪（使用前加入氢氧化钠溶液，盐酸或硫酸标准溶液以及含有混合指示剂 A 或 B 的硼酸溶液）上实现自动加液、蒸馏、滴定和记录滴定数据的过程。

五、结果与讨论

试样中的蛋白质含量按式（8-16）进行计算：

$$X = \frac{(V_1 - V_2) \times c \times 0.0140}{m \times V_2/100} \times F \times 100 \tag{8-16}$$

式中　X——样品中蛋白质的含量，g/100g；

　　　V_1——样品消耗硫酸或盐酸标准液的体积，mL；

　　　V_2——试剂空白消耗硫酸或盐酸标准溶液的体积，mL；

　　　c——硫酸或盐酸标准溶液的物质的量浓度，mol/L；

　0.014——1.0mL 硫酸或盐酸标准溶液 1 相当于氮克数，g；

　　　m——试样的质量，g；

　　　V_3——吸取消化液的体积，mL；

　　　F——蛋白质的系数，各种食品中氮转换系数；

　100——换算系数。

蛋白质含量 ≥1g/100g 时，结果保留三位有效数字；蛋白质含量<1g/100g 时，结果保留两位有效数字。

注：当只检测氮含量时，不需要乘蛋白质换算系数 F。

精密度：在重复性条件下获得的两次独立测定结果的绝对差值不得超过算术平均值的10%。

六、注意事项

（1）确保所用试剂溶液用无氨蒸馏水配制。

（2）在消化过程中硫酸钾、硫酸铜的作用。

①硫酸钾：在消化过程中添加硫酸钾可以提高温度，加快有机物分解，它与硫酸反应生成硫酸氢钾，可提高反应温度，一般纯硫酸加热沸点330℃，而添加硫酸钾后，温度可达400℃，加速了整个反应过程。另一方面随着消化过程硫酸不断地被分解，水分逸出而使硫酸钾的浓度增大，沸点增加。加速了有机物的分解。因此应该注意硫酸钾加入量不能太大，否则温度太高，生成的硫酸氢铵也会分解，放出氨而造成损失。

实验中除使用硫酸钾外，也可以用硫酸钠、氯化钾等盐类来提高沸点，但使用效果不如硫酸钾。

②硫酸铜：硫酸铜起催化剂的作用。凯氏定氮法中除使用硫酸铜外，还可以用氧化汞、汞、硒粉等作为催化剂，但考虑到效果、实验成本及环境污染等多种因素，实验中应用最广泛的是硫酸铜，使用时常加入少量过氧化氢、次氯酸钾等作为氧化剂，以加速有机物的氧化分解。

实验过程中待有机物全部被消化完后，不再有硫酸亚铜生成时，溶液就呈现清澈的二价铜的蓝绿色。故硫酸铜除起催化剂的作用外，还可指示消化终点的到达，以及在消化液蒸馏时作为碱性反应的指示剂。

（3）试样中若含脂肪或糖较多时，消化过程中易产生大量泡沫，为防止泡沫溢出瓶外，在开始消化时应用小火加热，并不断摇动；或者加入少量辛醇或液体石蜡或硅油消泡剂，并同时注意控制热源强度。

（4）当试样消化液不易澄清透明时，可将凯氏烧瓶冷却，加入30%过氧化氢2~3mL后再继续加热消化。

（5）若取样量较大，如干试样超过 5g，可按每克试样 5mL 的比例增加硫酸用量，试样中脂肪含量过高时，要添加硫酸量。

（6）一般消化至消化液呈透明后，继续消化 30min 即可。但对于含有特别难以氨化的氨化合物的试样，如含有赖氨酸、组氨酸、色氨酸、酪氨酸或脯氨酸等的试样时，需适当延长消化时间。

（7）在蒸馏过程的装置不能漏气，否则造成氨的泄漏，造成误差。

（8）蒸馏前若加碱量不足，消化液呈蓝色不生成氢氧化铜沉淀，此时需再增加氢氧化钠用量。蒸馏时加 50% 氢氧化钠，如果氢氧化钠量加的不够会产生 H_2S，使指示剂颜色变红。

（9）硼酸吸收液的温度不应超过 40℃，否则对氨的吸收作用减弱而造成损失，此时可置于冷水浴中使用。

（10）注意不能断电，否则容易倒吸，造成检验失败。

思考题

1. 为什么说用凯氏定氮法测定出食品中的蛋白质含量为粗蛋白含量？

2. 在消化过程中加入的硫酸铜、硫酸钾试剂有哪些作用？

3. 试述蛋白质测定中，试样消化过程所必须注意的事项，消化过程中试样颜色发生什么变化？为什么？

☞ **参考文献**

中华人民共和国国家卫生和计划生育委员会，国家食品药品监督管理总局. GB 5009.5—2016 食品安全国家标准 食品中蛋白质的测定［S］. 北京：中国标准出版社，2016.

内容二 分光光度法测定食品中蛋白质

一、实验目的

（1）掌握食品中蛋白质的测定方法。

（2）掌握比色法测定蛋白质的原理以及操作技术。

二、实验原理

试样中的蛋白质经硫酸消化转化为铵盐溶液后，在一定的酸度和温度下与水杨酸钠和次氯酸钠作用生成有颜色的化合物，可以在波长 660nm 处比色测定，求出试样含氮量，计算蛋白质含量。

三、实验材料、仪器与试剂

1. 材料

肉与肉制品、乳制品、蛋品、粮食等。

2. 仪器

分光光度计、恒温水浴。

3. 试剂

（1）氮标准溶液　称量经 110℃ 干燥 2h 的硫酸铵 0.4719g，用少量蒸馏水溶解，定容于 100mL 容量瓶中，此溶液每毫升相当于含 1.0mg 氮，使用时配制成 1mL 相当于 2.50μg 的氮标准溶液。

（2）空白酸液　称取 0.50g 蔗糖，加 15mL 硫酸和 5g 催化剂（包括硫酸铜 0.5g 和无水硫酸钠 4.5g，二者混匀），与试样一样消化处理后，定容于 250mL 的容量瓶。使用时吸收此液 10mL，加水至 100mL 于容量瓶定容，作为工作液备用。

（3）磷酸盐缓冲液　称取 7.1g 磷酸氢二钠、38g 磷酸三钠和 20g 酒石酸钾钠，用 400mL 水溶解后过滤；另称取 35g 氢氧化钠溶于 100mL 水中，冷至室温，一边慢慢地搅拌加入到磷酸盐溶液中，加入水稀释至 1000mL 备用。

（4）水杨酸钠溶液　称取 25g 水杨酸钠和 0.15g 亚硝基铁氰化钠溶于 200mL 水中过滤，加水稀释定容于 500mL 容量瓶。

（5）次氯酸钠溶液　吸 4mL 安替福民液，用水稀释至 100mL，摇匀备用。

四、实验步骤

（1）标准曲线的绘制　取 6 个 25mL 容量瓶或比色管编号，分别准确加入每毫升相当于 2.5μg 的氮标准液 0.0、1.0、2.0、3.0、4.0、5.0mL，然后分别加空白酸工作液 2mL、磷酸盐缓冲液 5mL，稀释至总体体积至 15mL，分别加水杨酸钠 5mL，36~37℃ 恒温水浴中加热 15min，取出分别加入次氯酸钠 2.5mL，再在 36~37℃ 水浴 15min，取出后加水至刻度线，马上在分光光度计上于 660nm 下进行比色，根据测得的吸光度绘标准曲线。

（2）试样处理　精密称取 0.20~1.00g 试样移入干燥的 100 或 500mL 定氮瓶中，加入 15mL 硫酸和 5g 催化剂（0.5g 硫酸铜，4.5g 无水硫酸钠），稍摇匀后于瓶口放一小漏斗，将瓶以 45° 角斜支于有小孔的电炉石棉网上。在毒气柜内小心加热，待内容物全部炭化，泡沫完全停止后，加强火力，并保持瓶内液体微沸，至液体呈蓝绿色澄清透明后，再继续加热 0.5h。取下放冷，小心加水，定容于 250mL 容量瓶。

（3）试样测定　准确吸取上述消化溶液 10.0mL，定容于 100mL 容量瓶中，准确吸取 2.0mL 于 25mL 容量瓶或比色管中，加入 5mL 磷酸缓冲液；以下操作与标准曲线绘制的步骤相同。

最后以试剂空白为参比液测定样液的吸光度，从前面绘制的标准曲线图上查出其含氮量。

五、结果与讨论

结果计算如式（8-17）、式（8-18）所示。

$$含氮量(\%) = \frac{C \times K}{m \times 1000 \times 1000} \times 100\% \qquad (8-17)$$

式中　C——从标准曲线中查出测定样液的含氮量，μg；

K——试样溶液的稀释倍数；

m——试样质量，g；

$$蛋白质含量（\%）= 含氮量（\%）\times F \qquad (8-18)$$

式中 F——蛋白质系数，可取值 6.25，也可查。

六、注意事项

（1）试样消化的要求与凯氏定氮法相同。

（2）当天消化液最好当天测定，结果重现性好，如果样液放至第二天比色就有变化，增大误差。

（3）当在酸度和试剂适当范围内，反应物的显色和温度有关，实验时应严格控制反应温度。

（4）这种方法测定结果基本与凯氏定氮法一致。

思考题

1. 蛋白质测定的结果计算为什么要乘以蛋白质系数？
2. 比色反应测定蛋白质的特点及注意事项有哪些？

☞ **参考文献**

中华人民共和国国家卫生和计划生育委员会，国家食品药品监督管理总局. GB 5009.5—2016 食品安全国家标准 食品中蛋白质的测定［S］. 北京：中国标准出版社，2016.

实验七 食品中还原糖的测定

内容一 直接滴定法

一、实验目的

（1）了解碳水化合物存在于食品的种类。

（2）掌握还原糖的分析检测方法。

（3）掌握氧化还原滴定在食品理化分析的检验应用技能。

二、实验原理

在加热条件下，以次甲基蓝作为指示剂，用除蛋白质后的试样溶液进行滴定，试样溶液中的还原糖与酒石酸钾钠铜反应，生成红色的氧化亚铜沉淀，待二价铜全部被还原后，稍过量的还原糖立即把次甲基蓝还原，溶液由蓝色变为无色，即为滴定终点。根据试样溶液消耗量，计算出还原糖含量。

本方法是国家标准分析方法，试剂用量少，操作和计算都比较简便、快速，滴定终点明显，适用于食品中还原糖含量的测定。但在分析测定酱油、深色果汁等试样时，因色素干扰，滴定终点常常模糊不清，影响准确性。

三、实验材料、仪器与试剂

1. 材料

淀粉的食品、酒精饮料、碳酸饮料水果、罐头等。

2. 仪器

（1）天平　感量为 0.1mg。

（2）水浴锅。

（3）可调温电炉。

（4）酸式滴定管　25mL。

3. 试剂

（1）盐酸溶液（体积比 1：1）　量取盐酸 50mL，加水 50mL 混匀。

（2）碱性酒石酸铜甲液　称取 15g 硫酸铜（$CuSO_4 \cdot 5H_2O$）及 0.05g 次甲基蓝，溶于水中并稀释到 1000mL。

（3）碱性酒石酸铜乙液　称取 50g 酒石酸钾钠、75g 氢氧化钠，溶于水中，再加入 4g 亚铁氰化钾，完全溶解后，用水稀释至 1000mL，储存于橡皮塞玻璃瓶中。

（4）乙酸锌溶液　称取 21.9g 乙酸锌，加 3mL 冰乙酸，加水溶解并稀释到 100mL。

（5）亚铁氰化钾溶液　称取 10.6g 亚铁氰化钾，溶于水中，稀释至 100mL。

（6）氢氧化钠溶液（40g/L）　称取氢氧化钠 4g，加水溶解后，放冷，并定容至 100mL。

（7）葡萄糖（$C_6H_{12}O_6$）　CAS：50-99-7，纯度≥99%。

（8）葡萄糖标准溶液（1.0mg/mL）：准确称取经过：（98±2）℃烘箱中干燥 2h 后的葡萄糖，加水溶解后加入盐酸溶液 5mL（防止微生物生长），并用水定容至 1000mL。此溶液每毫升相当于 1.0mg 葡萄糖。

四、实验步骤

（1）试样制备

①含淀粉的食品：称取粉碎或混匀后的试样 10.00～20.00g 试样，置于 250mL 容量瓶中，加 200mL 水，在 45℃水浴中加热 1h，并时时振摇。冷却后加水至刻度，混匀，静置，沉淀。吸取 200mL 上清液于另一个 250mL 容量瓶中，慢慢加入 5mL 乙酸锌和 5mL 亚铁氰化钾溶液，加水至刻度，混匀，沉淀，静置 30min，用干燥滤纸过滤，弃去初滤液，取后续滤液备用。

②酒精饮料：称取混匀后的试样 100g（精确至 0.01g），置于蒸发皿中，用氢氧化钠溶液中和至中性，在水浴上蒸发至原体积的 1/4 后，移入 250mL 容量瓶中，缓慢加入乙酸锌溶液 5mL 和亚铁氰化钾溶液 5mL，加水至刻度，混匀，静置 30min，用干燥滤纸过滤，

弃去初滤液，取后续滤液备用。

③碳酸饮料：称取混匀后的试样100g（精确至0.01g）于蒸发皿中，在水浴上微热搅拌除去二氧化碳后，移入250mL容量瓶中，用水洗涤蒸发皿，洗液并入容量瓶，加水至刻度，混匀后备用。

④其他食品：称取粉碎后的固体试样2.5~5g（精确至0.001g）或混匀后的液体试样5~25g（精确至0.001g），置250mL容量瓶中，加50mL水，缓慢加入乙酸锌溶液5mL和亚铁氰化钾溶液5mL，加水至刻度，混匀，静置30min，用干燥滤纸过滤，弃去初滤液，取后续滤液备用。

（2）碱性酒石酸铜溶液的标定　准确吸取碱性酒石酸铜甲液和乙液各5.0mL，置于150mL锥形瓶中，加水10mL，加玻璃珠2~4粒，从滴定管滴加约9mL葡萄糖标准溶液，控制在2min内加热至沸腾，趁沸以每2秒1滴的速度继续滴加葡萄糖标准溶液，直至溶液蓝色刚好褪去为终点。记录消耗葡萄糖标准溶液的总体积。同时平行操作3份，取其平均值，计算每10mL（碱性酒石酸甲、乙液各5mL）碱性酒石酸铜溶液相当于葡萄糖（或其他还原糖）的质量（mg）。

（3）试样溶液预测　吸取碱性酒石酸铜甲液、乙液各5.0mL，置于150mL锥形瓶中，加水10mL，加2~4粒玻璃珠，在2min内加热至沸腾状态，趁热以先快后慢的速度从滴定管中滴加试样溶液，滴定时要始终保持溶液呈沸腾状态。待溶液蓝色变淡时，以每2s 1滴的速度滴定，直至溶液蓝色刚好褪去为终点。记录试样溶液消耗的体积。［注意：当样液中还原糖浓度过高时，应适当稀释后再进行正式测定，使每次滴定消耗样液的体积控制在与标定碱性酒石酸铜溶液时所消耗的还原糖标准溶液的体积相近，约10mL左右，结果按式（8-19）计算；当浓度过低时则采取直接加入10mL样品液，免去加水10mL，再用还原糖标准溶液滴定至终点，记录消耗的体积与标定时消耗的还原糖标准溶液体积之差相当于10mL样液中所含还原糖的量，结果按式（8-20）计算。］

（4）试样溶液测定　吸取碱性酒石酸铜甲液及乙液各5.0mL，置于150mL锥形瓶中，加水10mL，加玻璃珠2~4粒，从滴定管中加入比预测时试样溶液消耗总体积少1mL的试样溶液至锥形瓶中，加热使其在2min内达到沸腾状态，趁沸以每2s一滴的速度继续滴加试样溶液，直至蓝色刚好褪去即为终点。记录消耗试样溶液的总体积。同法平行操作3份，取其平均值。

五、结果与讨论

试样中还原糖的含量（以某种还原糖计）按式（8-19）计算：

$$X = \frac{m_1}{m \times F \times V/250 \times 1000} \tag{8-19}$$

式中　X——试样中还原糖的含量（以某种还原糖计），g/100g；

　　　m_1——碱性酒石酸铜溶液（甲、乙液各半）相当于某种还原糖的质量，mg；

　　　m——试样质量，g；

　　　F——系数，"试样制备"①③④为1；"试样制备"②为0.80；

　　　V——测定时平均消耗试样溶液体积，mL；

250——定容体积，mL；

1000——换算系数。

当浓度过低时，试样中还原糖的含量（以某种还原糖计）按式（8-20）计算：

$$X = \frac{m_2}{m \times F \times 10/250 \times 1000} \qquad (8-20)$$

式中　X——试样中还原糖的含量（以某种还原糖计），g/100g；

　　　m_2——标定时体积与加入样品后消耗的还原糖标准溶液体积之差相当于某种还原糖的质量，mg；

　　　m——试样质量，g；

　　　F——系数，"试样制备"①③④为1；"试样制备"②为0.80；

　　　10——样液体积，mL；

　　　250——定容体积，mL；

　　1000——换算系数。

还原糖含量>10g/100g 时，计算结果保留三位有效数字；还原糖含量<10g/100g 时，计算结果保留两位有效数字。

精密度：在重复性条件下获得的两次独立测定结果的绝对差值不得超过算术平均值的5%。

六、注意事项

（1）碱性酒石酸铜甲液的配制，一定是选择硫酸铜（$CuSO_4 \cdot 5H_2O$），不能误选无水硫酸铜（$CuSO_4$）。

（2）实验中碱性酒石酸铜甲液和乙液各 5.0mL 可以改变，新的标准中可以选择 4～20mL 碱性酒石酸铜溶液（甲、乙液各半）来适应试样中还原糖的浓度变化。

（3）150mL 锥形瓶的选择。因氧化还原滴定中容器的体积会影响实验误差，故锥形瓶要选择相同体积的，即 150mL 锥形瓶。

（4）滴定时要保持沸腾状态，使上升蒸汽阻止空气侵入滴定反应体系中。一方面，加热可以加快还原糖与 Cu^{2+} 的反应速度；另一方面，次甲基蓝的变色反应是可逆的，还原型次甲基蓝遇到空气中的氧时又会被氧化为其氧化型，再变为蓝色。此外，氧化亚铜也极不稳定，容易与空气中的氧结合而被氧化，从而增加还原糖的消耗量。

（5）试样溶液预测之前，可以先用移液管试探加入沸腾的碱性酒石酸铜甲液、乙液中，取得试样大致的含糖量，然后再考虑试样的稀释或碱性酒石酸铜甲液、乙液的体积选择。

思考题

1. 为什么说用凯氏定氮法测定出食品中的蛋白质含量为粗蛋白含量？

2. 在消化过程中加入的硫酸铜、硫酸钾试剂有哪些作用？

3. 试述蛋白质测定中，试样消化过程所必须注意的事项，消化过程中试样颜色发生什么变化？为什么？

👉 **参考文献**

中华人民共和国国家卫生和计划生育委员会. GB 5009.7—2016 食品安全国家标准食品中还原糖的测定[S]. 北京：中国标准出版社，2016.

内容二 高锰酸钾滴定法

一、实验目的

（1）还原糖检测技能。

（2）不同试样制备技能。

二、实验原理

试样经除去蛋白质后，其中还原糖把铜盐还原为氧化亚铜，加硫酸铁后，氧化亚铜被氧化为铜盐，经高锰酸钾溶液滴定氧化作用后生成的亚铁盐，根据高锰酸钾消耗量，计算氧化亚铜含量，再查表得还原糖量。

本法为国家标准分析方法，适用于包括有色试样溶液在内的各类食品中还原糖的测定。优点是重现性好，准确度高；缺点是操作复杂，耗时太长，计算结果时，需使用特制的高锰酸钾法糖类检索表。

三、实验材料、仪器与试剂

1. 材料

肉与肉制品、乳制品、蛋品、粮食等。

2. 仪器

（1）天平 感量为 0.1mg。

（2）水浴锅。

（3）可调温电炉。

（4）酸式滴定管 25mL。

（5）25mL 古氏坩埚或 G4 垂融坩埚。

（6）真空泵。

3. 试剂

除非另有说明，本方法所用试剂均为分析纯，水为 GB/T 6682—2008 规定的三级水。

（1）盐酸溶液（3mol/L） 量取盐酸 30mL，加水稀释至 120mL。

（2）碱性酒石酸铜甲液 称取 34.639g 硫酸铜（$CuSO_4 \cdot 5H_2O$），加适量水溶解，加入 0.5mL 硫酸，再加水稀释至 500mL，用精制石棉过滤。

（3）碱性酒石酸铜乙液 称取 173g 酒石酸钾钠和 50g 氢氧化钠，加适量水溶解并稀释到 500mL，用精制石棉过滤，储存于橡胶塞玻璃瓶中。

（4）氢氧化钠溶液（40g/L） 称取 4g 氢氧化钠，加水溶解并稀释至 100mL。

（5）硫酸铁溶液（50g/L） 称取 50g 硫酸铁，加入 200mL 水溶解后，慢慢加入 100mL 硫酸，冷却后加水稀释至 1000mL。

（6）精制石棉　取石棉，先用盐酸（3mol/L）浸泡 2d～3d，用水洗净，再用 200g/L 氢氧化钠浸泡 2～3d，倾去溶液，再用碱性酒石酸铜乙液浸泡数小时，用水洗净。再以 3mol/L 盐酸浸泡数小时，用水洗至不呈酸性。加水振荡，使成微细的浆状软纤维，用水浸泡并储存于玻璃瓶中，可用于填充古氏坩埚。

（7）高锰酸钾标准溶液（0.1mol/L）　称取 3.3g 高锰酸钾溶于 1000mL 水中，缓缓煮沸 15～20min，冷却后于暗处密闭保存数日，用垂融漏斗过滤，保存于棕色瓶中。

（8）葡萄糖标准溶液（1.0mg/mL）　准确称取经过（98±2）℃烘箱中干燥 2h 后的葡萄糖，加水溶解后加入盐酸溶液 5mL（防止微生物生长），并用水定容至 1000mL。此溶液每毫升相当于 1.0mg 葡萄糖。

标定：精确称取 110～150℃ 干燥恒重的基准草酸钠约 0.2g，溶于 250mL 新煮沸过的冷水中，加 10mL 硫酸，加入约 25mL 配制的高锰酸钾溶液，加热至 65℃，用高锰酸钾溶液滴定至溶液呈微红色，保持 30s 不褪色为止。在滴定终了时溶液温度应不低于 55℃。同时做空白试验。

四、实验步骤

（1）试样制备　同"内容一　直接滴定法"。

（2）试样溶液测定　吸取 50.00mL 处理后的试样溶液于 500mL 烧杯中，加碱性酒石酸铜甲液、乙液各 25mL，于烧杯上盖一表面皿，加热，控制在 4min 内沸腾，再准确沸腾 2min，趁热用铺好精制石棉的古氏坩埚或 G4 垂融坩埚抽滤，并用 60℃ 热水洗涤烧杯及沉淀，至洗液不呈碱性为止。

将古氏坩埚或 G4 垂融坩埚放回原 500mL 烧杯中，加入硫酸铁溶液 25mL 和水 25mL，用玻璃棒搅拌使氧化亚铜完全溶解，以高锰酸钾标准溶液滴定至微红色为终点。记录高锰酸钾标准溶液的消耗量。

同时吸取水 50mL 代替试样溶液，加入与测定试样时相同量的碱性酒石酸铜甲液、乙液、硫酸铁溶液及水，按同一方法做空白试验。

五、结果与讨论

试样中还原糖的质量相当于氧化亚铜的质量，按式（8-21）进行计算：

$$X_0 = (V - V_0) \times C \times 71.54 \qquad (8-21)$$

式中　X_0——试样中还原糖质量相当于氧化亚铜的质量，mg；

　　　V——测定用试样溶液消耗高锰酸钾标准溶液的体积，mL；

　　　V_0——试剂空白消耗高锰酸钾标准溶液的体积，mL；

　　　C——高锰酸钾标准溶液的浓度，mol/L；

71.54——1mL 高锰酸钾标准溶液 $[C(1/5KMnO_4) = 1.000mol/L]$ 相当于氧化亚铜的质量，mg。

根据式（8-21）中计算所得的氧化亚铜质量，查"相当于氧化亚铜质量的葡萄糖、果糖、乳糖、转化糖的质量表"（本实验附表），再计算试样中还原糖的含量，如式（8-22）所示。

$$X = \frac{m_3}{m_4 \times V/250 \times 1000} \times 100 \tag{8-22}$$

式中　　X——试样中还原糖的含量，g/100g；

　　　　m_3——查表得的还原糖质量，mg；

　　　　m_4——试样质量（或体积），g 或 mL；

　　　　V——测定用试样溶液的体积，mL；

　　　　250——试样处理后的总体积，mL；

100、1000——换算系数。

还原糖含量≥10g/100g 时，计算结果保留三位有效数字；还原糖含量<10g/100g 时，计算结果保留两位有效数字。

精密度：在重复性条件下获得的两次独立测定结果的绝对差值不得超过算术平均值的 10%。

六、注意事项

（1）此法又称贝尔德蓝（Bertrand）法。还原糖能在碱性溶液中将两价铜离子还原为棕红色的氧化亚铜沉淀，而糖本身被氧化为相应的羧酸。这是还原糖定量分析和检测的基础。

（2）此法以高锰酸钾滴定反应过程中产生的定量的硫酸亚铁为结果计算的依据，因此，在试样处理时，不能用乙酸锌和亚铁氰化钾作为糖液的澄清剂，以免引入 Fe^{2+}，造成误差。

（3）测定必须严格按规定的操作条件进行，必须使加热至沸腾时间及保持沸腾时间严格保持一致。即必须控制好热源强度，保证在 4min 内加热至沸，并使每次测定的沸腾时间保持一致，否则误差较大。实验时可先取 50mL 水、碱性酒石酸铜甲液、乙液各 25mL，调整热源强度，使其在 4min 内加热至沸，维持热源强度不变，再正式测定。

（4）此法所用碱性酒石酸铜溶液是过量的，即保证把所有的还原糖全部氧化后，还有过剩的 Cu^{2+} 存在，所以，煮沸后的反应液应呈蓝色。如不呈蓝色，说明试样溶液含糖浓度过高，应调整试样溶液浓度。

（5）此法测定食品中的还原糖测定结果准确性较好，但操作烦琐费时，并且在过滤及洗涤氧化亚铜沉淀的整个过程中，应使沉淀始终在液面以下，避免氧化亚铜暴露于空气中而被氧化，同时严格掌握操作条件。

思考题

高锰酸钾法测定还原糖应注意什么？

附表

相当于氧化亚铜质量的葡萄糖、果糖、乳糖、转化糖质量表　　　单位：mg

氧化亚铜	葡萄糖	果糖	乳糖（含水）	转化糖	氧化亚铜	葡萄糖	果糖	乳糖（含水）	转化糖
11.3	4.6	5.1	7.7	5.2	41.7	17.7	19.5	28.4	18.9
12.4	5.1	5.6	8.5	5.7	42.8	18.2	20.1	29.1	19.4
13.5	5.6	6.1	9.3	6.2	43.9	18.7	20.6	29.9	19.9
14.6	6	6.7	10	6.7	45	19.2	21.1	30.6	20.4
15.8	6.5	7.2	10.8	7.2	46.2	19.7	21.7	31.4	20.9
16.9	7	7.7	11.5	7.7	47.3	20.1	22.2	32.2	21.4
18	7.5	8.3	12.3	8.2	48.4	20.6	22.8	32.9	21.9
19.1	8	8.8	13.1	8.7	49.5	21.1	23.3	33.7	22.4
20.3	8.5	9.3	13.8	9.2	50.7	21.6	23.8	34.5	22.9
21.4	8.9	9.9	14.6	9.7	51.8	22.1	24.4	35.2	23.5
22.5	9.4	10.4	15.4	10.2	52.9	22.6	24.9	36	24
23.6	9.9	10.9	16.1	10.7	54	23.1	25.4	36.8	24.5
24.8	10.4	11.5	16.9	11.2	55.2	23.6	26	37.5	25
25.9	10.9	12	17.7	11.7	56.3	24.1	26.5	38.3	25.5
27	11.4	12.5	18.4	12.3	57.4	24.6	27.1	39.1	26
28.1	11.9	13.1	19.2	12.8	58.5	25.1	27.6	39.8	26.5
29.3	12.3	13.6	19.9	13.3	59.7	25.6	28.2	40.6	27
30.4	12.8	14.2	20.7	13.8	60.8	26.1	28.7	41.4	27.6
31.5	13.3	14.7	21.5	14.3	61.9	26.5	29.2	42.1	28.1
32.6	13.8	15.2	22.2	14.8	63	27	29.8	42.9	28.6
33.8	14.3	15.8	23	15.3	64.2	27.5	30.3	43.7	29.1
34.9	14.8	16.3	23.8	15.8	65.3	28	30.9	44.4	29.6
36	15.3	16.8	24.5	16.3	66.4	28.5	31.4	45.2	30.1
37.2	15.7	17.4	25.3	16.8	67.6	29	31.9	46	30.6
38.3	16.2	17.9	26.1	17.3	68.7	29.5	32.5	46.7	31.2
39.4	16.7	18.4	26.8	17.8	69.8	30	33	47.5	31.7
40.5	17.2	19	27.6	18.3	70.9	30.5	33.6	48.3	32.2
72.1	31	34.1	49	32.7	103.6	45	49.4	70.5	47.3
73.2	31.5	34.7	49.8	33.2	10.7	45.5	50	71.3	47.8

续表

氧化亚铜	葡萄糖	果糖	乳糖（含水）	转化糖	氧化亚铜	葡萄糖	果糖	乳糖（含水）	转化糖
74.3	32	35.2	50.6	33.7	105.8	46	50.5	72.1	48.3
75.4	32.5	35.8	51.3	34.3	107	46.5	51.1	72.8	48.8
76.6	33	36.3	52.1	34.8	108.1	47	51.6	73.6	49.4
77.7	33.5	36.8	52.9	35.3	109.2	47.5	52.2	74.4	49.9
78.8	34	37.4	53.6	35.8	110.3	48	52.7	75.1	50.4
79.9	34.5	37.9	54.4	36.3	111.5	48.5	53.3	75.9	50.9
81.1	35	38.5	55.2	36.8	112.6	49	53.8	76.7	51.5
82.2	35.5	39	55.9	37.4	113.7	49.5	54.4	77.4	52
83.3	36	39.6	56.7	37.9	114.8	50	54.9	78.2	52.5
84.4	36.5	40.1	57.5	38.4	116	50.6	55.5	79	53
85.6	37	40.7	58.2	38.9	117.1	51.1	56	79.7	53.6
86.7	37.5	41.2	59	39.4	118.2	51.6	56.6	80.5	54.1
87.8	38	41.7	59.8	40	119.3	52.1	57.1	81.3	54.6
88.9	38.5	42.3	60.5	40.5	120.5	52.6	57.7	82.1	55.2
90.1	39	42.8	61.3	41	121.6	53.1	58.2	82.8	55.7
91.2	39.5	43.4	62.1	41.5	122.7	53.6	58.8	83.6	56.2
92.3	40	43.9	62.8	42	123.8	54.1	59.3	84.4	56.7
93.4	40.5	44.5	63.6	42.6	125	54.6	59.9	85.1	57.3
94.6	41	45	64.4	43.1	126.1	55.1	60.4	85.9	57.8
95.7	41.5	45.6	65.1	43.6	127.2	55.6	61	86.7	58.3
96.8	42	46.1	65.9	44.1	128.3	56.1	61.6	87.4	58.9
97.9	42.5	46.7	66.7	44.7	129.5	56.7	62.1	88.2	59.4
99.1	43	47.2	67.4	45.2	130.6	57.2	62.7	89	59.9
100.2	43.5	47.8	68.2	45.7	131.7	57.7	63.2	89.8	60.4
101.3	44	48.3	69	46.2	132.8	58.2	63.8	90.5	61
102.5	44.5	48.9	69.7	46.7	134	58.7	64.3	91.3	61.5
135.1	59.2	64.9	92.1	62	166.6	73.7	80.5	113.7	77
136.2	59.7	65.4	92.8	62.6	167.8	74.2	81.1	114.4	77.6
137.4	60.2	66	93.6	63.1	168.9	74.7	81.6	115.2	78.1
138.5	60.7	66.5	94.4	63.6	170	75.2	82.2	116	78.6
139.6	61.3	67.1	95.2	64.2	171.1	75.7	82.8	116.8	79.2

续表

氧化亚铜	葡萄糖	果糖	乳糖（含水）	转化糖	氧化亚铜	葡萄糖	果糖	乳糖（含水）	转化糖
140.7	61.8	67.7	95.9	64.7	172.3	76.3	83.3	117.5	79.7
141.9	62.3	68.2	96.7	65.2	173.4	76.8	83.9	118.3	80.3
143	62.8	68.8	97.5	65.8	174.5	77.3	84.4	119.1	80.8
144.1	63.3	69.3	98.2	66.3	175.6	77.8	85	119.9	81.3
145.2	63.8	69.9	99	66.8	176.8	78.3	85.6	120.6	81.9
146.4	64.3	70.4	99.8	67.4	177.9	78.9	86.1	121.4	82.4
147.5	64.9	71	100.6	67.9	179	79.4	86.7	122.2	83
148.6	65.4	71.6	101.3	68.4	180.1	79.9	87.3	122.9	83.5
149.7	65.9	72.1	102.1	69	181.3	80.4	87.8	123.7	84
150.9	66.4	72.7	102.9	69.5	182.4	81	88.4	124.5	84.6
152	66.9	73.2	103.6	70	183.5	81.5	89	125.3	85.1
153.1	67.4	73.8	104.4	70.6	184.5	82	89.5	126	85.7
154.2	68	74.3	105.2	71.1	185.8	82.5	90.1	126.8	86.2
155.4	68.5	74.9	106	71.6	186.9	83.1	90.6	127.6	86.8
156.5	69	75.5	106.7	72.2	188	83.6	91.2	128.4	87.3
157.6	69.5	76	107.5	72.7	189.1	84.1	91.8	129.1	87.8
158.7	70	76.6	108.3	73.2	190.3	84.6	92.3	129.9	88.4
159.9	70.5	77.1	109	73.8	191.4	85.2	92.9	130.7	88.9
161	71.1	77.7	109.8	74.3	192.5	85.7	93.5	131.5	89.5
162.1	71.6	78.3	110.6	74.9	193.6	86.2	94	132.2	90
163.2	72.1	78.8	111.4	75.4	194.8	86.7	94.6	133	90.6
164.4	72.6	79.4	112.1	75.9	195.9	87.3	95.2	133.8	91.1
165.5	73.1	80	112.9	76.5	197	87.8	95.7	134.6	91.7
198.1	88.3	96.3	135.3	92.2	229.7	103.2	112.3	157	107.6
199.3	88.9	96.9	136.1	92.8	230.8	103.8	112.9	157.8	108.2
200.4	89.4	97.4	136.9	93.3	231.9	104.3	113.4	158.6	108.7
201.5	89.9	98	137.7	93.8	233.1	104.8	114	159.4	109.3
202.7	90.4	98.6	138.4	94.4	234.2	105.4	114.6	160.2	109.8
203.8	91	99.2	139.2	94.9	235.3	105.9	115.2	160.9	110.4
204.9	91.5	99.7	140	95.5	236.4	106.5	115.7	161.7	110.9
206	92	100.3	140.8	96	237.6	107	116.3	162.5	111.5

续表

氧化亚铜	葡萄糖	果糖	乳糖（含水）	转化糖	氧化亚铜	葡萄糖	果糖	乳糖（含水）	转化糖
207.2	92.6	100.9	141.5	96.6	238.7	107.5	116.9	163.3	112.1
208.3	93.1	101.4	142.3	97.1	239.8	108.1	117.5	164	112.6
209.4	93.6	102	143.1	97.7	240.9	108.6	118	164.8	113.2
210.5	94.2	102.6	143.9	98.2	242.1	109.2	118.6	165.6	113.7
211.7	94.7	103.1	144.6	98.8	243.1	109.7	119.2	166.4	114.3
212.8	95.2	103.7	145.4	99.3	244.3	110.2	119.8	167.1	114.9
213.9	95.7	104.3	146.2	99.9	245.4	110.8	120.3	167.9	115.4
215	96.3	104.8	147	100.4	246.6	111.3	120.9	168.7	116
216.2	96.8	105.4	147.7	101	247.7	111.9	121.5	169.5	116.5
217.3	97.3	106	148.5	101.5	248.8	112.4	122.1	170.3	117.1
218.4	97.9	106.6	149.3	102.1	249.9	112.9	122.6	171	117.6
219.5	98.4	107.1	150.1	102.6	251.1	113.5	123.2	171.8	118.2
220.7	98.9	107.7	150.8	103.2	252.2	114	123.8	172.6	118.8
221.8	99.5	108.3	151.6	103.7	253.3	114.6	124.4	173.4	119.3
222.9	100	108.8	152.4	104.3	254.4	115.1	125	174.2	119.9
224	100.5	109.4	153.2	104.8	255.6	115.7	125.5	174.9	120.4
225.2	101.1	110	153.9	105.4	256.7	116.2	126.1	175.7	121
226.3	101.6	110.6	154.7	106	257.8	116.7	126.7	176.5	121.6
227.4	102.2	111.1	155.5	106.5	258.9	117.3	127.3	177.3	122.1
228.5	102.7	111.7	156.3	107.1	260.1	117.8	127.9	178.1	122.7
261.2	118.4	128.4	178.8	123.3	292.7	133.8	144.8	200.7	139.1
262.3	118.9	129	179.6	123.8	293.8	134.3	145.4	201.4	139.7
263.4	119.5	129.6	180.4	124.4	295	134.9	145.9	202.2	140.3
264.6	120	130.2	181.2	124.9	296.1	135.4	146.5	203	140.8
265.7	120.6	130.8	181.9	125.5	297.2	136	147.1	203.8	141.4
266.8	121.1	131.3	182.7	126.1	298.3	136.5	147.7	204.6	142
268	121.7	131.9	183.5	126.6	299.5	137.1	148.3	205.3	142.6
269.1	122.2	132.5	184.3	127.2	300.6	137.7	148.9	206.1	143.1
270.2	122.7	133.1	185.1	127.8	301.7	138.2	149.5	206.9	143.7
271.3	123.3	133.7	185.8	128.3	302.9	138.8	150.1	207.7	144.3
272.5	123.8	134.2	186.6	128.9	304	139.3	150.6	208.5	144.8

续表

氧化亚铜	葡萄糖	果糖	乳糖（含水）	转化糖	氧化亚铜	葡萄糖	果糖	乳糖（含水）	转化糖
273.6	124.4	134.8	187.4	129.5	305.1	139.9	151.2	209.2	145.4
274.7	124.9	135.4	188.2	130	306.2	140.4	151.8	210	146
275.8	125.5	136	189	130.6	307.4	141	152.4	210.8	146.6
277	126	136.6	189.7	131.2	308.5	141.6	153	211.6	147.1
278.1	126.6	137.2	190.5	131.7	309.6	142.1	153.6	212.4	147.7
279.2	127.1	137.7	191.3	132.3	310.7	142.7	154.2	213.2	148.3
280.3	127.7	138.3	192.1	132.9	311.9	143.2	154.8	214	148.9
281.5	128.2	138.9	192.9	133.4	313	143.8	155.4	214.7	149.4
282.6	128.8	139.5	193.6	134	314.1	144.4	156	215.5	150
283.7	129.3	140.1	194.4	134.6	315.2	144.9	156.5	216.3	150.6
284.8	129.9	140.7	195.2	135.1	316.4	145.5	157.1	217.1	151.2
286	130.4	141.3	196	135.7	317.5	146	157.7	217.9	151.8
287.1	131	141.8	196.8	136.3	318.6	146.6	158.3	218.7	152.3
288.2	131.6	142.4	197.5	136.8	319.7	147.2	158.9	219.4	152.9
289.3	132.1	143	198.3	137.4	320.9	147.7	159.5	220.2	153.5
290.5	132.7	143.6	199.1	138	322	148.3	160.1	221	154.1
291.6	133.2	144.2	199.9	138.6	323.1	148.8	160.7	221.8	154.6
324.2	149.4	161.3	222.6	155.2	355.8	165.3	178	244.5	171.6
325.4	150	161.9	223.3	155.8	356.9	165.9	178.6	245.3	172.2
326.5	150.5	162.5	224.1	156.4	358	166.5	179.2	246.1	172.8
327.6	151.1	163.1	224.9	157	359.1	167	179.8	246.9	173.3
328.7	151.7	163.7	225.7	157.5	360.3	167.6	180.4	247.7	173.9
329.9	152.2	164.3	226.5	158.1	361.4	168.2	181	248.5	174.5
331	152.8	164.9	227.3	158.7	362.5	168.8	181.6	249.2	175.1
332.1	153.4	165.4	228	159.3	363.6	169.3	182.2	250	175.7
333.3	153.9	166	228.8	159.9	364.8	169.9	182.8	250.8	176.3
334.4	154.5	166.6	229.6	160.5	365.9	170.5	183.4	251.6	176.9
335.5	155.1	167.2	230.4	161	367	171.1	184	252.4	177.5
336.6	155.6	167.8	231.2	161.6	368.2	171.6	184.6	253.2	178.1
337.8	156.2	168.4	232	162.2	369.3	172.2	185.2	253.9	178.7
338.9	156.8	169	232.7	162.8	370.4	172.8	185.8	254.7	179.2

续表

氧化亚铜	葡萄糖	果糖	乳糖（含水）	转化糖	氧化亚铜	葡萄糖	果糖	乳糖（含水）	转化糖
340	157.3	169.6	233.5	163.4	371.5	173.4	186.4	255.5	179.8
341.1	157.9	170.2	234.3	164	372.7	173.9	187	256.3	180.4
342.3	158.5	170.8	235.1	164.5	373.8	174.5	187.6	257.1	181
343.4	159	171.4	235.9	165.1	374.9	175.1	188.2	257.9	181.6
344.5	159.6	172	236.7	165.7	376	175.7	188.8	258.7	182.2
345.6	160.2	172.6	237.4	166.3	377.2	176.3	189.4	259.4	182.8
346.8	160.7	173.2	238.2	166.9	378.3	176.8	190.1	260.2	183.4
347.9	161.3	173.8	239	167.5	379.4	177.4	190.7	261	184
349	161.9	174.4	239.8	168	380.5	178	191.3	261.8	184.6
350.1	162.5	175	240.6	168.6	381.7	178.6	191.9	262.6	185.2
351.3	163	175.6	241.1	169.2	382.8	179.2	192.5	263.4	185.8
352.4	163.6	176.2	242.2	169.8	383.9	179.7	193.1	264.2	186.4
353.5	164.2	176.8	243	170.4	385	180.3	193.7	265	187
354.6	164.7	177.4	243.7	171	386.2	180.9	194.3	265.8	187.6
387.3	181.5	194.9	266.6	188.2	418.8	198	212	288.7	205
388.4	182.1	195.5	267.4	188.8	419.9	198.5	212.6	289.5	205.7
389.5	182.7	196.1	268.1	189.4	421.1	199.1	213.3	290.3	206.3
390.7	183.2	196.7	268.9	190	422.2	199.7	213.9	291.1	206.9
391.8	183.8	197.3	269.7	190.6	423.3	200.3	214.5	291.9	207.5
392.9	184.4	197.9	270.5	191.2	424.4	200.9	215.1	292.7	208.1
394	185	198.5	271.3	191.8	425.6	201.5	215.7	293.5	208.7
395.2	185.6	199.2	272.1	192.4	426.7	202.1	216.3	294.3	209.3
396.3	186.2	199.8	272.9	193	427.8	202.7	217	295	209.9
397.4	186.8	200.4	273.7	193.6	428.9	203.3	217.6	295.8	210.5
398.5	187.3	201	274.4	194.2	430.1	203.9	218.2	296.6	211.1
399.7	187.9	201.6	275.2	194.8	431.2	204.5	218.8	297.4	211.8
400.8	188.5	202.2	276	195.4	432.3	205.1	219.5	298.2	212.4
401.9	189.1	202.8	276.8	196	433.5	205.7	220.1	299	213
403.1	189.7	203.4	277.6	196.6	434.6	206.3	220.7	299.8	213.6
404.2	190.3	204	278.4	197.2	435.7	206.9	221.3	300.6	214.2
405.3	190.9	204.7	279.2	197.8	436.8	207.5	221.9	301.4	214.8

续表

氧化亚铜	葡萄糖	果糖	乳糖（含水）	转化糖	氧化亚铜	葡萄糖	果糖	乳糖（含水）	转化糖
406.4	191.5	205.3	280	198.4	438	208.1	222.6	302.2	215.4
407.6	192	205.9	280.8	199	439.1	208.7	223.2	303	216
408.7	192.6	206.5	281.6	199.6	440.2	209.3	223.8	303.8	216.7
409.8	193.2	207.1	282.4	200.2	441.3	209.9	224.4	304.6	217.3
410.9	193.8	207.7	283.2	200.8	442.5	210.5	225.1	305.4	217.9
412.1	194.4	208.3	284	201.4	443.6	211.1	225.7	306.2	218.5
413.2	195	209	284.8	202	444.7	211.7	226.3	307	219.1
414.3	195.6	209.6	285.6	202.6	445.8	212.3	226.9	307.8	219.8
415.4	196.2	210.2	286.3	203.2	447	212.9	227.6	308.6	220.4
416.6	196.8	210.8	287.1	203.8	448.1	213.5	228.2	309.4	221
417.7	197.4	211.4	287.9	204.4	449.2	214.1	228.8	310.2	221.6
450.3	214.7	229.4	311	222.2	470.6	225.7	241	325.7	233.6
452.6	215.9	230.7	312.6	223.5	471.7	226.3	241.6	326.5	234.2
453.7	216.5	231.3	313.4	224.1	472.9	227	242.2	327.4	234.8
454.8	217.1	232	314.2	224.7	474	227.6	242.9	328.2	235.5
456	217.8	232.6	315	225.4	475.1	228.2	243.6	329.1	236.1
457.1	218.4	233.2	315.9	226	476.2	228.8	244.3	329.9	236.8
458.2	219	233.9	316.7	226.6	477.4	229.2	244.9	330.8	237.5
459.3	219.6	234.5	317.5	227.2	478.5	230.1	245.6	331.7	238.1
460.5	220.2	235.1	318.3	227.9	479.6	230.7	246.3	332.6	238.8
461.6	220.8	235.8	319.1	228.5	478.7	231.4	247	333.5	239.5
462.7	221.4	236.4	319.9	229.1	481.9	232	247.8	334.4	240.2
463.8	222	237.1	320.7	229.7	483	232.7	248.5	335.3	240.8
465	222.6	237.7	321.6	230.4	493.1	233.3	249.2	336.3	241.5
466.1	223.3	238.4	322.4	231	485.2	234	250	337.3	242.3
466.7	223.9	239	323.2	231.7	486.4	234.7	250.8	338.3	243
468.4	224.5	239.7	324	232.3	487.5	235.3	251.6	339.3	243.8
469.5	225.1	240.3	324.9	232.9	488.6	236.1	252.7	340.7	244.7

参考文献

中华人民共和国国家卫生和计划生育委员会. GB 5009.7—2016 食品安全国家标准食品中还原糖的测定[S]. 北京：中国标准出版社，2016.

实验八　食品中金属物质的测定

内容一　食品中铁的测定

一、实验目的

（1）了解铁存在于食品的种类。

（2）掌握铁测定的分析检测方法。

二、实验原理

试样经湿法消化后，导入原子吸收分光光度计中，经火焰原子化后，以共振线248.3nm为吸收谱线，测定其吸光度，与标准曲线比较，计算试样中铁的含量。

三、实验材料、仪器与试剂

1. 材料

肉制品等。

2. 仪器

（1）原子吸收分光光度计，铁空心阴极灯。

（2）电热板或电沙浴。

3. 试剂

（1）0.5mol/L硝酸　量取32mL硝酸，加入适量的水中，用水稀释至1000mL。

（2）混合酸　硝酸、高氯酸按4∶1混合。

（3）铁标准储备液　精确称取1.000g金属铁（纯度>99.99%）或含1.000g铁相对应的氧化物，加硝酸使之溶解，移入1000mL容量瓶中，用0.5mol/L硝酸定容，储存于聚乙烯瓶内，4℃冰箱保存。此溶液每毫升相当于1mg铁。

（4）铁标准使用液　吸取铁标准储备液10.0mL置于100mL容量瓶中，用0.5mol/L硝酸稀释至刻度。储存于聚乙烯瓶内，4℃冰箱保存。此溶液每毫升相当于100μg铁。

四、实验步骤

（1）试样消化　准确称取均匀试样适量（根据试样含铁量确定，如干样0.5~1.5g，湿样2.0~4.0g，液体试样5.0~10.0g）于150mL三角烧瓶中，放入几粒玻璃珠，加入混合酸20~30mL，盖一玻璃片，放置过夜。次日置于电热板上逐渐升温加热，至溶液变为棕红色，应注意防止炭化。如未消化好而酸液过少时，可补加几毫升混合酸，继续加热消化，直至冒白烟并使之变成无色或黄绿色为止。消化完后，冷却，再加5mL去离子水，继续加热以除去多余的硝酸至冒白烟为止。放冷后用去离子水洗至25mL的刻度试管中并定容。同时做试剂空白。

（2）铁标准系列溶液制备　吸取0.5、1.0、2.0、3.0、4.0mL铁标准使用液，分别置于100mL容量瓶中，以0.5mL/L硝酸稀释至刻度，混匀，此标准系列每毫升含铁分别为 0.5、1.0、2.0、3.0、4.0μg。

（3）测定

①仪器条件：波长 248.3nm，灯电流、狭缝、空气乙炔流量及灯头高度均按仪器说明调至最佳状态。

②标准曲线的绘制：将铁标准系列溶液导入火焰原子化器进行测定，记录对应的吸光度值，以铁浓度为横坐标，吸光度为纵坐标，绘制标准曲线。

③试样测定：将消化好的试样液、试剂空白液分别导入火焰原子化器进行测定，记录吸光度值，与标准曲线比较定量。

五、结果与讨论

结果如式（8-23）计算。

$$X = \frac{(C_1 \times C_0) \times V}{m} \tag{8-23}$$

式中　X——试样中铁的含量，mg/kg；

　　　C_1——测定试样液中铁的含量（从标准曲线上查得），μg/mL；

　　　C_0——试剂空白液中铁的含量（从标准曲线上查得），μg/mL；

　　　V——试样处理液的总体积，mL；

　　　m——试样的质量，g。

六、注意事项

注意仪器条件波长 248.3nm，灯电流、狭缝、空气乙炔流量及灯头高度均按仪器说明调至最佳状态。

思考题

原子分光光度法测定铁含量的仪器条件如何？

知识拓展

铁是人体内不可缺少的重要元素之一。它与蛋白质结合形成血红蛋白，参与血液中氧的运输，缺乏铁会引起缺铁性贫血。铁还能促进脂肪氧化。我国推荐的每日膳食中铁的供给量为：成年男子 12mg，女子 18mg。因此测定食品中铁的含量，合理安排膳食，避免缺铁性贫血是非常重要的。食品在加工、贮藏过程中铁的含量会发生变化，并且会影响食品的质量，比如二价铁很容易氧化为三价铁，三价铁会破坏维生素，引起食品的褐变和维生素分解等；食品在储存过程中也常常由于污染了大量的铁而使之出现金属味。所以食品中铁的测定不但具有营养学意义，还可鉴别食品的铁质污染。

铁的测定方法通常有原子吸收分光光度法、邻二氮菲分光光度法和硫氰酸盐分光光度法等。

参考文献

中华人民共和国国家卫生和计划生育委员会，国家食品药品监督管理总局. GB 5009.90—2016 食品安全国家标准 食品中铁的测定[S]. 北京：中国标准出版社，2016.

内容二 食品中钙的测定

一、实验目的

（1）重点掌握容积法进行食品中钙的检测方法。

（2）掌握络合滴定在食品理化分析的检验应用。

（3）掌握钙标准储备液配制与标定技能。

二、实验原理

在适当的 pH 范围内，钙与乙二胺四乙酸二钠（EDTA）形成金属络合物。以 EDTA 滴定，在达到当量点时，溶液呈现游离指示剂的颜色。根据 EDTA 用量，计算钙的含量。

三、实验材料、仪器与试剂

1. 材料

肉与肉制品、乳制品、蛋品等。

2. 仪器

分析天平（感量为 0.1 和 1mg）、可调式电热炉、可调式电热板、马弗炉。

注：所有玻璃器皿均需硝酸溶液（1∶5）浸泡过夜，用自来水反复冲洗，最后用水冲洗干净。

3. 试剂

（1）氢氧化钾溶液（1.25mol/L） 称取 70.13g 氢氧化钾，用水稀释至 1000mL，混匀。

（2）硫化钠溶液（10g/L） 称取 1g 硫化钠，用水稀释至 100mL，混匀。

（3）柠檬酸钠溶液（0.05mol/L） 称取 14.7g 柠檬酸钠，用水稀释至 1000mL，混匀。

（4）EDTA 溶液 称取 4.5g EDTA，用水稀释至 1000mL，混匀，贮存于聚乙烯瓶中，4℃保存。使用时稀释 10 倍即可。

（5）钙红指示剂 称取 0.1g 钙红指示剂，用水稀释至 100mL，混匀。

（6）盐酸溶液（1∶1） 量取 500mL 盐酸，与 500mL 水混合均匀。

（7）钙标准储备液（100.0mg/L） 准确称取 0.2496g（精确至 0.0001g）碳酸钙，加盐酸溶液（1∶1）溶解，移入 1000mL 容量瓶中，加水定容至刻度，混匀。

四、实验步骤

（1）试样制备

①粮食、豆类样品：样品去除杂物后，粉碎，贮藏于塑料瓶中。

②蔬菜、水果、鱼类、肉类等样品：样品用水洗净，晾干，取可食部分，制成匀浆，

贮藏于塑料瓶中。

③饮料、酒、醋、酱油、食用植物油、液态乳等液体样品将样品摇匀。

注：在采样和试样制备过程中，应避免试样污染。

（2）试样消解

①湿法消解：准确称取固体试样 0.2 ~ 3g（精确至 0.001g）或准确移取液体试样 0.500 ~ 5.00mL 于带刻度消化管中，加入 10mL 硝酸、0.5mL 高氯酸，在可调式电热炉上消解（参考条件：120℃/0.5h ~ 120℃/1h，升至 180℃/2h ~ 180℃/4h，升至 200 ~ 220℃）。若消化液呈棕褐色，再加硝酸，消解至冒白烟，消化液呈无色透明或略带黄色。取出消化管，冷却后用水定容至 25mL，再根据实际测定需要稀释，并在稀释液中加入一定体积的镧溶液（20g/L），使其在最终稀释液中的浓度为 1g/L，混匀备用，此为试样。

②干法灰化：准确称取固体试样 0.5 ~ 5g（精确至 0.001g）或准确移取液体试样 0.500 ~ 10.0mL 于坩埚中，小火加热，炭化至无烟，转移至马弗炉中，于 550℃ 灰化 3 ~ 4h。冷却，取出。对于灰化不彻底的试样，加数滴硝酸，小火加热，小心蒸干，再转入 550℃ 马弗炉中，继续灰化 1 ~ 2h，至试样呈白灰状，冷却，取出，用适量硝酸溶液（1：1）溶解转移至刻度管中，用水定容至 25mL。根据实际测定需要稀释，并在稀释液中加入一定体积的镧溶液，使其在最终稀释液中的浓度为 1g/L，混匀备用，此为试样待测液。同时做试剂空白试验。

（3）滴定度（T）的测定　吸取 0.500mL 钙标准储备液（100.0mg/L）于试管中，加 1 滴硫化钠溶液（10g/L）和 0.1mL 柠檬酸钠溶液（0.05mol/L），加 1.5mL 氢氧化钾溶液（1.25mol/L），加 3 滴钙红指示剂，立即以稀释 10 倍的 EDTA 溶液滴定，至指示剂由紫红色变蓝色为止，记录所消耗的稀释 10 倍的 EDTA 溶液的体积。

根据滴定结果计算出每毫升稀释 10 倍的 EDTA 溶液相当于钙的毫克数，即滴定度（T）。

（4）试样及空白滴定　分别吸取 0.100 ~ 1.00mL（根据钙的含量而定）试样消化液及空白液于试管中，加 1 滴硫化钠溶液（10g/L）和 0.1mL 柠檬酸钠溶液（0.05mol/L），加 1.5mL 氢氧化钾溶液（1.25mol/L），加 3 滴钙红指示剂，立即以稀释 10 倍的 EDTA 溶液滴定，至指示剂由紫红色变蓝色为止，记录所消耗的稀释 10 倍的 EDTA 溶液的体积。

五、结果与讨论

试样中钙的含量按式（8-24）计算：

$$X = T \times (V_1 - V_0) \times V_2 \times 1000/m \times V_3 \qquad (8\text{-}24)$$

式中　X——试样中钙的含量，mg/kg 或 mg/L；

　　　T——EDTA 滴定度，mg/mL；

　　　V_1——滴定试样溶液时所消耗的稀释 10 倍的 EDTA 溶液的体积，mL；

　　　V_0——滴定空白溶液时所消耗的稀释 10 倍的 EDTA 溶液的体积，mL；

　　　V_2——试样消化液的定容体积，mL；

　　1000——换算系数；

　　　m——试样质量或移取体积，g 或 mL；

　　　V_3——滴定用试样待测液的体积，mL。

计算结果保留三位有效数字。

精密度：在重复性条件下获得的两次独立测定结果的绝对差值不得超过算术平均值的 10%。

六、注意事项

（1）在配制 EDTA 溶液时要保证固体要全部溶解。

（2）络合反应进行时要缓慢，保证其充分反应。

（3）酸式滴定管，移液管均应用标准液润洗。

思考题

1. 为什么食品要检测钙？国标有几种方法？EDTA 滴定检测原理是什么？

2. 所用基准试剂是什么？有什么要求？

3. 人体中有哪些矿物质元素？哪些是常量的？哪些是微量的？

参考文献

中华人民共和国国家卫生和计划生育委员会，国家食品药品监督管理总局. GB 5009.92—2016　食品安全国家标准　食品中钙的测定[S]. 北京：中国标准出版社，2016.

内容三　食品中铅的测定

一、实验目的

（1）掌握重金属的概念。

（2）掌握食品中重要的矿物质元素测定方法。

（3）掌握火焰原子吸收光谱法测定原理。

二、实验原理

试样经处理后，铅离子在一定 pH 条件下与二乙基二硫代氨基甲酸钠（DDTC）形成络合物，经 4-甲基-2-戊酮（MIBK）萃取分离，导入原子吸收光谱仪中，经火焰原子化，在 283.3nm 处测定吸光度。在一定浓度范围内铅的吸光度值与铅含量成正比，与标准系列比较定量。

三、实验材料、仪器与试剂

1. 材料

肉制品等。

2. 仪器

（1）原子吸收光谱仪　配火焰原子化器，附铅空心阴极灯。

（2）分析天平　感量 0.1 和 1mg。

（3）可调式电热炉。

（4）可调式电热板。

3. 试剂

（1）硝酸溶液（5∶95）　量取 50mL 硝酸，加入到 950mL 水中，混匀。

（2）硝酸溶液（1∶9）　量取 50mL 硝酸，加入到 450mL 水中，混匀。

（3）硫酸铵溶液（300g/L）　称取 30g 硫酸铵，用水溶解并稀释至 100mL，混匀。

（4）柠檬酸铵溶液（250g/L）　称取 25g 柠檬酸铵，用水溶解并稀释至 100mL，混匀。

（5）溴百里酚蓝水溶液（1g/L）　称取 0.1g 溴百里酚蓝，用水溶解并稀释至 100mL，混匀。

（6）DDTC 溶液（50g/L）　称取 5gDDTC，用水溶解并稀释至 100mL，混匀。

（7）氨水溶液（1∶1）　吸取 100mL 氨水，加入 100mL 水，混匀。

（8）盐酸溶液（1∶11）　吸取 10mL 盐酸，加入 110mL 水，混匀。

（9）铅标准储备液（1000mg/L）　准确称取 1.5985g（精确至 0.0001g）硝酸铅，用少量硝酸溶液（1∶9）溶解，移入 1000mL 容量瓶，加水至刻度，混匀。

（10）铅标准使用液（10.0mg/L）　准确吸取铅标准储备液（1000mg/L）1.00mL 于 100mL 容量瓶中，加硝酸溶液（5∶95）至刻度，混匀。

四、实验步骤

（1）试样制备

注：在采样和试样制备过程中，应避免试样污染。

①粮食、豆类样品：去除杂物后，粉碎，贮藏于塑料瓶中。

②蔬菜、水果、鱼类、肉类等样品：用水洗净，晾干，取可食部分，制成匀浆，贮藏于塑料瓶中。

③饮料、酒、醋、酱油、食用植物油、液态乳等液体样品：将样品摇奖。

（2）试样前处理

准确称取固体试样 0.2~3g（精确至 0.001g）或准确移取液体试样 0.500~5.00mL 于带刻度消化管中，加入 10mL 硝酸、0.5mL 高氯酸，在可调式电热炉上消解（参考条件：120℃/0.5~1h，升至 180℃/2~4h，升至 200~220℃）。若消化液呈棕褐色，再加少量硝酸，消解至冒白烟，消化液呈无色透明或略带黄色，取出消化管，冷却后用水定容至 25mL 或 50mL，混匀备用。同时做试剂空白试验。亦可采用锥形瓶，于可调式电热板上，按上述操作方法进行湿法消解。

（3）测定

①仪器参考条件：根据各自仪器性能调至最佳状态。

②标准曲线的制作：分别吸取铅标准使用液 0、0.250、0.500、1.00、1.50 和 2.00mL（相当 0、2.50、5.00、10.0、15.0 和 20.0μg 铅）于 125mL 分液漏斗中，补加水至 60mL。加柠檬酸铵溶液（250g/L）2mL，溴百里酚蓝水溶液（1g/L）3~5 滴，用氨水溶液（1∶1）调 pH 至溶液由黄变蓝，加硫酸铵溶液（300g/L）10mL，DDTC 溶液（1g/L）10mL，摇

匀。放置 5min 左右，加入 10mL MIBK，剧烈振摇提取 1min，静置分层后，弃去水层，将 MIBK 层放入 10mL 带塞刻度管中，得到标准系列溶液。

将标准系列溶液按质量由低到高的顺序分别导入火焰原子化器，原子化后测其吸光度值，以铅的质量为横坐标，吸光度值为纵坐标，制作标准曲线。

③试样溶液的测定：将试样消化液及试剂空白溶液分别置于 125mL 分液漏斗中，补加水至 60mL。加柠檬酸铵溶液（250g/L）2mL，溴百里酚蓝水溶液（1g/L）3~5 滴，用氨水溶液（1∶1）调 pH 至溶液由黄变蓝，加硫酸铵溶液（300g/L）10mL，DDTC 溶液（1g/L）10mL，摇匀。放置 5min 左右，加入 10mL MIBK，剧烈振摇提取 1min，静置分层后，弃去水层，将 MIBK 层放入 10mL 带塞刻度管中，得到试样溶液和空白溶液。

将试样溶液和空白溶液分别导入火焰原子化器，原子化后测其吸光度值，与标准系列比较定量。

五、结果与讨论

试样中铅的含量按式（8-25）计算：

$$X = \frac{m_1 - m_0}{m_2} \tag{8-25}$$

式中　X——试样中铅的含量，mg/kg 或 mg/L；

　　　m_1——试样溶液中铅的质量，μg；

　　　m_0——空白溶液中铅的质量，μg；

　　　m_2——试样称样量或移取体积，g 或 mL。

当铅含量 ≥ 10.0mg/kg（或 mg/L）时，计算结果保留三位有效数字；当铅含量 < 10.0mg/kg（或 mg/L）时，计算结果保留两位有效数字。

精密度：在重复性条件下获得的两次独立测定结果的绝对差值不得超过算术平均值的 20%。

六、注意事项

所有玻璃器皿均需硝酸（1∶5）浸泡过夜，用自来水反复冲洗，最后用水冲洗干净。

思考题

1. 哪些金属元素可以用火焰原子吸收光谱法检测？优点有哪些？
2. 火焰原子吸收光谱法进行铅检测的原理是什么？

☞ **参考文献**

中华人民共和国国家卫生和计划生育委员会，国家食品药品监督管理总局. GB 5009.12—2017　食品安全国家标准　食品中铅的测定——原子吸收光谱法 [S]. 北京：中国标准出版社，2017.

实验九　食品添加剂的测定

内容一　糖精钠的测定

一、实验目的

（1）了解食品添加剂的概念和分类。

（2）掌握糖精钠的测定的使用标准以及检测方法。

二、实验原理

样品经水提取，高脂肪样品经正己烷脱脂、高蛋白质样品经蛋白质沉淀剂沉淀蛋白质，采用液相色谱分离、紫外检测器检测，外标法定量。

三、实验材料、仪器与试剂

1. 材料

碳酸饮料、果酒、果汁、蒸馏酒、果冻、糖果、油脂、巧克力、奶油。

2. 仪器

（1）高效液相色谱仪　配紫外检测器。

（2）分析天平　感量为 0.001 和 0.0001g。

（3）涡旋振荡器。

（4）离心机　转速>8000r/min。

（5）匀浆机。

（6）恒温水浴锅。

（7）超声波发生器。

3. 试剂

（1）氨水溶液（1∶99）　取氨水 1mL，加到 99mL 水中，混匀。

（2）亚铁氰化钾溶液（92g/L）　称取 106g 亚铁氰化钾，加入适量水溶解，用水定容至 1000mL。

（3）乙酸锌溶液（183g/L）　称取 220g 乙酸锌溶于少量水中，加入 30mL 冰乙酸，用水定容至 1000mL。

（4）乙酸铵溶液（20mmol/L）　称取 1.54g 乙酸铵，加入适量水溶解，用水定容至 1000mL，经 0.22μm 水相微孔滤膜过滤后备用。

（5）甲酸–乙酸铵溶液（2mmol/L 甲酸+20mmol/L 乙酸铵）　称取 1.54g 乙酸铵，加入适量水溶解，再加入 75.2μL 甲酸，用水定容至 1000mL，经 0.22μm 水相微孔滤膜过滤后备用。

（6）苯甲酸、山梨酸和糖精钠（以糖精计）标准储备溶液（1000mg/L）　分别准确称取苯甲酸钠、山梨酸钾和糖精钠 0.118、0.134 和 0.117g（精确到 0.0001g），用水溶解并分别定容至 100mL。于 4℃贮存，保存期为 6 个月。当使用苯甲酸和山梨酸标准品时，需要用甲醇溶解并定容。

注：糖精钠含结晶水，使用前需在120℃烘4h，干燥器中冷却至室温后备用。

（7）苯甲酸、山梨酸和糖精钠（以糖精计）混合标准中间溶液（200mg/L）　分别准确吸取苯甲酸、山梨酸和糖精钠标准储备溶液各10.0mL于50mL容量瓶中，用水定容。于4℃贮存，保存期为3个月。

（8）苯甲酸、山梨酸和糖精钠（以糖精计）混合标准系列工作溶液　分别准确吸取苯甲酸、山梨酸和糖精钠混合标准中间溶液0、0.05、0.25、0.50、1.00、2.50、5.00和10.0mL，用水定容至10mL，配制成质量浓度分别为0、1.00、5.00、10.0、20.0、50.0、100和200mg/L的混合标准系列工作溶液。临用现配。

四、实验步骤

（1）试样制备　取多个预包装的饮料、液态乳等均匀样品直接混合；非均匀的液态、半固态样品用组织匀浆机匀浆；固体样品用研磨机充分粉碎并搅拌均匀；乳酪、黄油、巧克力等采用50~60℃加热熔融，并趁热充分搅拌均匀。取其中的200g装入玻璃容器中，密封，将液体试样于4℃保存，其他试样于-18℃保存。

（2）试样提取

①一般性试样：准确称取约2g（精确到0.001g）试样于50mL具塞离心管中，加水约25mL，涡旋混匀，于50℃水浴超声20min，冷却至室温后加亚铁氰化钾溶液2mL和乙酸锌溶液2mL，混匀，于8000r/min离心5min，将水相转移至50mL容量瓶中，于残渣中加水20mL，涡旋混匀后超声5min，于8000r/min离心5min，将水相转移到同一个50mL容量瓶中，并用水定容至刻度，混匀。取适量上清液过0.22μm滤膜，待液相色谱测定。

注：碳酸饮料、果酒、果汁、蒸馏酒等测定时可以不加蛋白质沉淀剂。

②含胶基的果冻、糖果等试样：准确称取约2g（精确至0.001g）试样于50mL具塞离心管中，加水约25mL，涡旋混匀，于70℃水浴加热溶解试样，于50℃水浴超声20min，之后的操作同"一般性试样"。

③油脂、巧克力、奶油、油炸食品等高油脂试样：准确称取约2g（精确至0.001g）试样于50mL具塞离心管中，加正己烷10mL，于60℃水浴加热约5min，并不时轻摇以溶解脂肪，然后加氨水溶液（1∶99）25mL，乙醇1mL，涡旋混匀，于50℃水浴超声20min，冷却至室温后，加亚铁氰化钾溶液2mL和乙酸锌溶液2mL，混匀，于8000r/min离心5min，弃去有机相，水相转移至50mL容量瓶中，残渣同"一般性试样"再提取一次后测定。

（3）仪器参考条件

①色谱柱：C18柱，柱长250mm，内径4.6mm，粒径5μm，或等效色谱柱。

②流动相：甲醇+乙酸铵溶液＝5∶95。

③流速：1mL/min。

④检测波长：230nm。

⑤进样量：10μL。

当存在干扰峰或需要辅助定性时，可以采用加入甲酸的流动相来测定，如流动相为甲醇+甲酸−乙酸铵溶液＝8：92，参考色谱图见图8-8、图8-9所示。

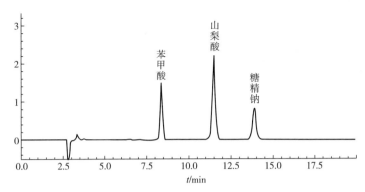

图8-8　1mg/L苯甲酸、山梨酸和糖精钠标准溶液液相色谱图
（流动相：甲醇+乙酸铵溶液＝5：95）

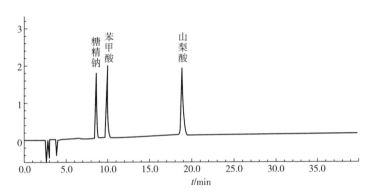

图8-9　1mg/L苯甲酸、山梨酸和糖精钠标准溶液液相色谱图
（流动相：甲醇+甲酸−乙酸铵溶液＝8：92）

（4）标准曲线的制作　将混合标准系列工作溶液分别注入液相色谱仪中，测定相应的峰面积，以混合标准系列工作溶液的质量浓度为横坐标，以峰面积为纵坐标，绘制标准曲线。

（5）试样溶液的测定　将试样溶液注入液相色谱仪中，得到峰面积，根据标准曲线得到待测液中苯甲酸、山梨酸和糖精钠（以糖精计）的质量浓度。

五、结果与讨论

试样中苯甲酸、山梨酸和糖精钠（以糖精计）的含量按式（8-26）计算：

$$X = \frac{\rho \times V}{m \times 1000} \tag{8-26}$$

式中　X——试样中待测组分含量，g/kg；

ρ——由标准曲线得出的样液中待测物的质量浓度，mg/L；

V——加入正己烷−乙酸乙酯（1：1）混合溶剂的体积，mL；

m——试样的质量，g；

1000——由 mg/kg 转换为 g/kg 的换算因子。

结果保留三位有效数字。

精密度：在重复性条件下获得的两次独立测定结果的绝对差值不得超过算术平均值的10%。

按取样量2g，定容50mL时，苯甲酸、山梨酸和糖精钠（以糖精计）的检出限均为0.005g/kg，定量限均为0.01g/kg。

六、注意事项

（1）苯甲酸钠（C_6H_5COONa，CAS号：532-32-1），纯度≥99.0%；或苯甲酸（C_6H_5COOH，CAS号：65-85-0），纯度≥99.0%，或经国家认证并授予标准物质证书的标准物质。

（2）山梨酸钾（$C_6H_7KO_2$，CAS号：590-00-1），纯度≥99.0%；或山梨酸（$C_6H_8O_2$，CAS号：110-44-1），纯度≥99.0%，或经国家认证并授予标准物质证书的标准物质。

（3）糖精钠（$C_6H_4CONNaSO_2$，CAS号：128-44-9），纯度≥99%，或经国家认证并授予标准物质证书的标准物质。

思考题

1. 糖精钠测定的方法和原理是什么？
2. 仪器测定条件如何？

☞ **参考文献**

中华人民共和国国家卫生和计划生育委员会，国家食品药品监督管理总局. GB 5009.28—2016　食品安全国家标准　食品中苯甲酸、山梨酸和糖精钠的测定——液相色谱法[S]. 北京：中国标准出版社，2016.

内容二　食品中二氧化硫的测定

一、实验目的

（1）掌握二氧化硫的测定的方法。

（2）掌握碘量法的原理。

二、实验原理

在密闭容器中对样品进行酸化、蒸馏，蒸馏物用乙酸铅溶液吸收。吸收后的溶液用盐酸酸化，碘标准溶液滴定，根据所消耗的碘标准溶液量计算出样品中的二氧化硫含量。

三、实验材料、仪器与试剂

1. 材料

粉丝、白砂糖、果脯、干菜、米粉类、粉条和食用菌等。

2. 仪器

（1）全玻璃蒸馏器　500mL，或等效的蒸馏设备。

（2）酸式滴定管　25 或 50mL。

（3）剪切式粉碎机。

（4）碘量瓶　500mL。

3. 试剂

（1）盐酸溶液（1:1）　量取 50mL 盐酸，缓缓倾入 50mL 水中，边加边搅拌。

（2）硫酸溶液（1:9）　量取 10mL 硫酸，缓缓倾入 90mL 水中，边加边搅拌。

（3）淀粉指示液（10g/L）　称取 1g 可溶性淀粉，用少许水调成糊状，缓缓倾入 100mL 沸水中，边加边搅拌，煮沸 2min，放冷备用，临用现配。

（4）乙酸铅溶液（20g/L）　称取 2g 乙酸铅，溶于少量水中并稀释至 100mL。

（5）硫代硫酸钠标准溶液（0.1mol/L）　称取 25g 含结晶水的硫代硫酸钠或 16g 无水硫代硫酸钠溶于 1000mL 新煮沸放冷的水中，加入 0.4g 氢氧化钠或 0.2g 碳酸钠，摇匀，贮存于棕色瓶内，放置两周后过滤，用重铬酸钾标准溶液标定其准确浓度，或购买有证书的硫代硫酸钠标准溶液。

（6）碘标准溶液（$c_{1/2I_2}$ = 0.10mol/L）　称取 13g 碘和 35g 碘化钾，加水约 100mL，溶解后加入 3 滴盐酸，用水稀释至 1000mL，过滤后转入棕色瓶。使用前用硫代硫酸钠标准溶液标定。

（7）重铬酸钾标准溶液（$c_{1/6K_2Cr_2O_7}$ = 0.1000mol/L）　准确称取 4.9031g 已于（120±2）℃ 电烘箱中干燥至恒重的重铬酸钾，溶于水并转移至 1000mL 量瓶中，定容至刻度，或购买有证书的重铬酸钾标准溶液。

（8）碘标准溶液（$c_{1/2I_2}$ = 0.01mol/L）　将 0.1000mol/L 碘标准溶液用水稀释 10 倍。

四、实验步骤

（1）试样制备　果脯、干菜、米粉类、粉条和食用菌适当剪成小块，再用剪切式粉碎机剪碎，搅拌均匀，备用。

（2）样品蒸馏　称取 5g 均匀样品（精确至 0.001g，取样量可视含量高低而定），液体样品可直接吸取 5.00～10.00mL 样品，置于蒸馏烧瓶中。加入 250mL 水，装上冷凝装置，冷凝管下端插入预先备有 25mL 乙酸铅吸收液的碘量瓶的液面下，然后在蒸馏瓶中加入 10mL 盐酸溶液，立即盖塞，加热蒸馏。当蒸馏液约 200mL 时，使冷凝管下端离开液面，再蒸馏 1min。用少量蒸馏水冲洗插入乙酸铅溶液的装置部分。同时做空白试验。

（3）滴定　向取下的碘量瓶中依次加入 10mL 盐酸、1mL 淀粉指示液，摇匀之后用碘标准溶液滴定至溶液颜色变蓝且 30s 内不褪色为止，记录消耗的碘标准滴定溶液体积。

五、结果与讨论

试样中二氧化硫的含量按式（8-27）计算：

$$X = \frac{(V - V_0) \times 0.032 \times c \times 1000}{m}$$

（8-27）

式中 X——试样中的二氧化硫总含量（以 SO_2 计），g/kg 或 g/L；

V——滴定样品所用的碘标准溶液体积，mL；

V_0——空白试验所用的碘标准溶液体积，mL；

0.032——1mL 碘标准溶液（$c1/2I_2 = 1.0mol/L$）相当于二氧化硫的质量，g；

c——碘标准溶液浓度，mol/L；

m——试样质量或体积，g 或 mL。

计算结果以重复性条件下获得的两次独立测定结果的算术平均值表示，当二氧化硫含量 ≥1g/kg（L）时，结果保留三位有效数字；当二氧化硫含量 <1g/kg（L）时，结果保留两位有效数字。

精密度：在重复性条件下获得的两次独立测定结果的绝对差值不得超过算术平均值的 10%。

六、注意事项

（1）硫代硫酸钠标准溶液（0.1mol/L）配制和标定需要严格的方法。需要现配现用。

（2）淀粉指示液应临用现配，否则会影响实验效果。

思考题

1. 银耳、粉丝食品要检测二氧化硫？国标有几种方法？检测原理是什么？

2. 所用基准试剂是什么？有什么要求？

参考文献

中华人民共和国国家卫生和计划生育委员会. GB 5009.34—2016 食品安全国家标准 食品中二氧化硫的测定[S]. 北京：中国标准出版社，2016.

模块二 综合性实验

实验十　酱油及酱类食品的质量检测

内容一　酱油中氯化物的测定

一、实验目的

（1）了解含有氯化物的食品种类。

（2）重点掌握食品中氯化物的分析检测方法。

（3）掌握沉淀滴定在食品理化分析的检验应用。

二、实验原理

样品经水或热水溶解、沉淀蛋白质、酸化处理后，加入过量的硝酸银溶液，以硫酸铁铵为指示剂，用硫氰酸钾标准滴定溶液滴定过量的硝酸银。根据硫氰酸钾标准滴定溶液的消耗量，计算食品中氯化物的含量。

本方法是国家标准分析方法，佛尔哈德法的最大优点是在酸性溶液中进行滴定，许多弱酸根离子都不干扰滴定，因而方法的选择性高，应用广泛。

采用返滴定法可以测定氯离子、溴离子、碘离子、硫氢酸根离子、PO_4^{3-}、AsO_4^{3-}、CrO_4^{2-} 等离子。

三、实验材料、仪器与试剂

1. 材料

酱油、酱。

2. 仪器

组织捣碎机、粉碎机、研钵、涡旋振荡器、超声波清洗器、恒温水浴锅、离心机（转速 ≥3000r/min）、天平（感量 0.1 和 1mg）。

3. 试剂

（1）硫酸铁铵 $[NH_4Fe(SO_4)_2 \cdot 12H_2O]$。

（2）硫氰酸钾（KSCN）。

（3）硝酸（HNO_3）。

（4）硝酸银（$AgNO_3$）。

（5）乙醇（CH_3CH_2OH）　纯度 ≥95%。

（6）硫酸铁铵饱和溶液　称取 50g 硫酸铁铵，溶于 100mL 水中，如有沉淀物，用滤纸过滤。

（7）硝酸溶液（1∶3）　将1体积的硝酸加入3体积水中，混匀。

（8）乙醇溶液（80%）　84mL 95%乙醇与15mL水混匀。

四、实验步骤

（1）试样制备

①粉末状、糊状或液体样品：取有代表性的样品至少200g，充分混匀，置于密闭的玻璃容器内。

②块状或颗粒状等固体样品：取有代表性的样品至少200g，用粉碎机粉碎或用研钵研细，置于密闭的玻璃容器内。

③半固体或半液体样品：取有代表性的样品至少200g，用组织捣碎机捣碎，置于密闭的玻璃容器内。

（2）试样溶液制备

①一般蔬菜制品、腌制品：称取约10g试样（精确至1mg）于100mL具塞比色管中，加入50mL 70℃热水，振摇5min（或用涡旋振荡器振荡5min），超声处理20min，冷却至室温，用水稀释至刻度，摇匀，用滤纸过滤，弃去最初滤液，取部分滤液测定。

②调味品：称取约5g试样（精确至1mg）于100mL具塞比色管中，加入50mL水，必要时，70℃热水浴中加热溶解10min，振摇分散，超声处理20min，冷却至室温，用水稀释至刻度，摇匀，用滤纸过滤，弃去最初滤液，取部分滤液测定。

（3）测定

①试样氯化物的沉淀：移取已经制备好的100mL样液中的50.00mL试液（V_1），氯化物含量较高的样品，可减少取样体积，于100mL比色管中。加入5mL硝酸溶液。在剧烈摇动下，用酸式滴定管滴加20.00~40.00mL硝酸银标准滴定溶液，用水稀释至刻度，在避光处静置5min。用快速滤纸过滤，弃去10mL最初滤液。加入硝酸银标准滴定溶液后，如不出现氯化银凝聚沉淀，而呈现胶体溶液时，应在定容、摇匀后，置沸水浴中加热数分钟，直至出现氯化银凝聚沉淀。取出，在冷水中迅速冷却至室温，用快速滤纸过滤，弃去10mL最初滤液。

②过量硝酸银的滴定：移取①制备后的样液50.00mL于250mL锥形瓶中，加入2mL硫酸铁铵饱和溶液。边剧烈摇动边用0.1mol/L硫氰酸钾标准滴定溶液滴定，淡黄色溶液出现乳白色沉淀，终点时变为淡棕红色，保持1min不褪色。记录消耗硫氰酸钾标准滴定溶液的体积（V_2，mL）。

③空白试验：用50mL水代替50.00mL滤液（与滤液用实验室用水一致）于250mL锥形瓶中，加入5mL硝酸溶液，边猛烈摇动边加入滴定试样时消耗0.1mol/L硝酸银标准滴定溶液体积的1/2，再加入2mL硫酸铁铵饱和溶液，边猛烈摇动边用0.1mol/L硫氰酸钾标准滴定溶液滴定至出现淡棕红色，保持1min不褪色。记录空白试验消耗0.1mol/L硫氰酸钾标准滴定溶液的体积（V_0，mL）。

五、结果与讨论

食品中氯化物的含量以质量分数 X 表示，按式（8-28）计算：

$$X = \frac{0.0355 \times c_2 \times (V_0 - V_2) \times V}{m \times V_1} \times 100\% \tag{8-28}$$

式中　X——试样中氯化物的含量（以氯计），%；

　0.0355——与 1.00mL 硝酸银标准滴定溶液（$c_{\mathrm{AgNO_3}} = 1.000\mathrm{mol/L}$）相当的氯的质量，g；

　　c_2——硫氰酸钾标准滴定溶液浓度，mol/L；

　　V_0——空白试验消耗的硫氰酸钾标准滴定溶液体积，mL；

　　V_1——用于滴定的试样体积，mL；

　　V_2——滴定试样时消耗 0.1mol/L 硫氰酸钾标准滴定溶液的体积，mL；

　　V——样品定容体积，mL；

　　m——试样质量，g。

当氯化物含量≥1%时，结果保留三位有效数字；当氯化物含量<1%时，结果保留两位有效数字。

六、注意事项

（1）试样称取过程，酱油等可以进行移取的样液也要用进行称取。

（2）试样溶液制备过程中，液体样品仅仅需要稀释（如酱油），制得样液。

（3）试样氯化物的沉淀中，要用到 100mL 比色管，这个与上面样品制备用到的 100mL 比色管容易混淆。实验中，很容易马虎到在样品制备时加入 5mL 硝酸、滴加硝酸银造成巨大实验错误。另外，比色管可以用同规格容量瓶替代。

（4）试样量的选取会直接影响实验能否完成。由于是间接滴定法，空白消耗的硫氰酸钾标准滴定溶液的体积（V_0，mL）根据实验设计是可以预测的，如果水的 Cl^- 很少，根据加入硝酸银的体积数可以初步判断硫氰酸钾标准滴定溶液的毫升数。而试样量中 Cl^- 的全部沉淀硝酸银，并且要过量。实验中会出现第一滴硫氰酸钾标准滴定溶液到终点的异常现象，这代表试样样液取多了。

思考题

1. 为什么食品要检测氯化钠？国标有几种方法？间接滴定检测原理是什么？

2. 哪些食品需要检测氯化钠？用流程图说明检测步骤？

3. 检测方法中，为什么试样中硝酸银加 20mL，空白只加 10mL？

4. 所用基准试剂是什么？有什么要求？

知识拓展

一、食品中的氯化物

氯化物在无机化学领域里是指带负电的氯离子和其他元素带正电的阳离子结合而形成

的盐类化合物。食品中最常见的氯化物，比如氯化钠（俗称食盐）。氯化钠是食盐的主要成分，化学式为 NaCl，氯化钠的用途广泛，蔬菜制品、淀粉制品、腌制品、鲜（冻）肉类、灌肠类、酱卤肉类、肴肉类、烧烤肉和火腿类肉禽及水产制品、调味品加工中都离不开食盐。婴幼儿食品、乳品中氯化物有含量的限制。食盐是易溶于水的无色结晶体，具有吸湿性，通过食盐腌渍，可以提高一些肉制品的保水性和黏结性，并可以提高产品的风味，抑制细菌繁殖。食盐具有保鲜、增鲜作用是因为食盐可以提高肉品的渗透压。当食盐溶液的浓度为 1% 时，可以产生 61kPa 的渗透压，而多数微生物细胞的渗透压只有 300～600kPa。在食盐渗透压的作用下，微生物的生长活动就受到了抑制。食盐在肉制品中作用有提供风味、抽取收缩性蛋白质、阻止细菌繁殖的效果。

二、测定氯化物的意义

在食品加工工艺中，食盐对改变食品的形态、组织结构、色、香、味等感官指标起着十分重要的作用。如食品加工中的肉类加工离开盐就没有口感；盐的比例直接关系到其风味和质量。

（1）食盐是易溶于水的无色结晶体，具有吸湿性，通过食盐腌渍，可以提高一些肉制品的保水性和黏结性，并可以提高产品的风味。

（2）抑制细菌繁殖。食盐的保鲜、增鲜作用是因为食盐可以提高肉品的渗透压。当食盐溶液的浓度为 1% 时，可以产生 61kPa 的渗透压，而多数微生物细胞的渗透压只有 300～600kPa。在食盐渗透压的作用下，微生物的生长活动就受到了抑制。食盐在肉制品中作用有提供风味、抽取收缩性蛋白质、阻止细菌繁殖的效果。

（3）许多酱油常因盐分过高而形成苦并影响鲜味。按照国家标准规定，酱油食盐含量不低 15（g/100mL，以氯化钠计）。按照部颁标准规定，二级酱油氯化钠为 17，三级酱油氯化钠为 16，但有不少酱油，全氮很低，但盐分却很高，造成酱油不鲜或咸苦。

（4）食品行业标准规定氯化钠含量标准，香肠小于 4%，培根小于 3.5%，酱卤制品也是小于 4%。可根据规定检测出肉制品中的氯化钠含量进行比对。

三、食品中的氯化物的国家标准与检测方法

目前国家颁布的国家标准是《食品安全国家标准　食品中氯化物的测定》（GB 5009.44—2016）。根据氯化物测定原理检测方法有三个方法：电位滴定法、佛尔哈德法（间接沉淀滴定法）、银量法（摩尔法或直接滴定法）。删除原来按食品类别测定的各种方法。该标准是 2016 年颁布 2017 年开始实施的。

☞ **参考文献**

中华人民共和国国家卫生和计划生育委员会. GB 5009.44—2016　食品安全国家标准　食品中氯化物的测定[S]. 北京：中国标准出版社，2016.

内容二　酱油中氨基酸态氮的测定

一、实验目的

（1）掌握酱油、酱、黄豆酱中氨基酸态氮的测定方法。

（2）了解酱油、酱、黄豆酱中氨基酸态氮的形成过程。

二、实验原理

利用氨基酸的两性作用，加入甲醛以固定氨基的碱性，使羧基显示出酸性，用氢氧化钠标准溶液滴定后定量，以酸度计测定终点。

三、实验材料、仪器与试剂

1. 材料

酱油、酱。

2. 仪器

酸度计（附磁力搅拌器）、10mL 微量碱式滴定管、分析天平（感量 0.1mg）。

3. 试剂

（1）0.050mol/L 氢氧化钠标准溶液。

（2）36% 甲醛，不含聚合物。

（3）0.050mol/L 氢氧化钠标准滴定溶液。

四、实验步骤

（1）试剂的准备　吸取 5.0mL 试样，置于 100mL 容量瓶中，加水至刻度线，混匀后吸取 20.0mL，置于 200mL 烧杯中，加 60mL 水。

（2）开动磁力搅拌器，放入上述准备液，用 $c_{氢氧化钠}=0.050$mol/L 标准液滴定至酸度计指示 pH=8.2，记下消耗的氢氧化钠的体积 V，可算出总的含量。

（3）继续加入 10mL 甲醛溶液，再用 $c_{氢氧化钠}=0.050$mol/L 标准液滴定至酸度计指示 pH=9.2，记下消耗的氢氧化钠的体积 V_1。

（4）同时去 80mL 水，先用 $c_{氢氧化钠}=0.050$mol/L 标准液调节 pH 至 8.2，再加入 10mL 甲醛溶液，用 $c_{氢氧化钠}=0.050$mol/L 标准液滴定至酸度计指示 pH=9.2，记下消耗的 NaOH 消耗的体积 V_2，做试剂的空白试验。

五、结果与讨论

计算按式（8-29）计算。

$$X = \frac{(V_1 - V_2) \times c \times 0.090}{5 \times V_3/100} \times 100 \qquad (8-29)$$

式中　X——试样中氨基酸态氮的含量，g/100mL；

V_1——测定用试样稀释液加入甲醛后消耗氢氧化钠标准滴定溶液的体积，mL；

V_2——试剂空白试剂加入甲醛后消耗氢氧化钠标准滴定溶液的体积，mL；

c——氢氧化钠标准滴定溶液的浓度，mol/L；

V_3——试样稀释液取用量，mL；

0.014——与 1.00mL 氢氧化钠标准滴定溶液（$c_{氢氧化钠}=1.000$mol/L）相当氮的质量，g。

六、注意事项

（1）试剂配制及稀释要根据试样含量而定。

（2）酸度计需要提前处理。

思考题

1. 为什么检测氨基酸态氮？

2. 氨基酸态氮含量与酱油的质量有什么关系？

3. 酱油的质量等级依据什么指标确定？

4. 特级、一级、二级、三级的氨基酸态氮含量要求分别为多少？

5. 造成氨基酸态氮不合格的原因主要有哪些？

参考文献

中华人民共和国国家卫生和计划生育委员会. GB 5009. 235—2016　食品安全国家标准食品中氨基酸态氮的测定[S]. 北京：中国标准出版社，2016.

实验十一　甜炼乳中总糖含量的测定

一、实验目的

（1）通过实验掌握总糖的测定方法。

（2）学习掌握样品的提取、澄清及酸水解方法。

二、实验原理

还原糖是指具有还原性的糖类。在糖类中，分子中含有游离醛基或酮基的单糖和含有游离潜醛基的双糖都具有还原性。葡萄糖分子中含有游离醛基、果糖分子中含游离酮基，乳糖和麦芽糖分子中含有游离的潜醛基，故它们都是还原糖。其他双糖（如蔗糖）、三糖乃至多糖（如糊精、淀粉等），其本身不具还原性，属于非还原性糖，但都可以通过水解而生成相应的还原性单糖，测定水解液的还原糖含量就可以求得样品中相应糖类的含量。因此，还原糖的测定是一般糖类定量的基础。

总糖是指蔗糖和还原性糖类的总和。样品经除蛋白质等干扰物后，加入稀盐酸，在加热条件下，蔗糖水解转化为还原糖，再以直接滴定法测定。

将一定量的碱性酒石酸铜甲、乙液等量混合，立即生成天蓝色的氢氧化铜沉淀，这种沉淀很快与酒石酸钾钠反应，生成深蓝色的可溶性酒石酸钾钠铜络合物。在加热条件下，以次甲基蓝作为指示剂，用样液滴定，样液中的还原糖与酒石酸钾钠铜反应，生成红色的氧化亚铜沉淀，待二价铜全部被还原后，稍过量的还原糖会把次甲基蓝还原，溶液由蓝色变为无色，即为滴定终点。根据样液消耗量可计算出还原糖的含量。各步反应式（以葡萄糖为例）如下：

$$CuSO_4 + 2NaOH \longrightarrow Cu(OH)_2 + Na_2SO_4$$

$$\underset{OH}{\overset{OH}{Cu}} + \begin{matrix} HO—CHCOONa \\ | \\ HO—CHCOOk \end{matrix} \longrightarrow \underset{O}{\overset{O}{Cu}} \begin{matrix} —CHCOONa \\ | \\ —CHCOOk \end{matrix} + 2H_2O$$

酒石酸钾钠铜(深蓝色)

$$2B + RC\overset{O}{\underset{H}{\diagdown}} + 2H_2O \longrightarrow Cu_2O\downarrow + 2A + RCOOH$$

还原糖   氧化亚铜(砖红色)

从上述反应式可知，1mol 葡萄糖可以将 6mol Cu^{2+} 还原为 Cu^+。实际上二者之间的反应并非那么简单。实验结果表明，1mol 葡萄糖只能还原 5mol 多点的 Cu^{2+}，且随反应条件而变化。因此，不能根据上述反应式直接计算出还原糖含量，而是用已知浓度的葡萄糖标准溶液标定的方法，或利用通过实验编制出的还原糖检索表来计算。在测定过程中要严格遵守标定或制表时所规定的操作条件，如热源强度（电炉功率）、锥形瓶规格、加热时间、滴定速度等。

三、实验材料、仪器与试剂

1. 材料

甜炼乳。

2. 仪器

水浴锅、电炉、电子天平、锥形瓶、碱式滴定管、250mL 容量瓶、烧杯。

3. 试剂

（1）碱性酒石酸铜甲液　称取 15g 硫酸铜（$CuSO_4 \cdot 5H_2O$）及 0.05g 次甲基蓝，溶于水中并稀释到 1000mL。

（2）碱性酒石酸铜乙液　称取 50g 酒石酸钾钠及 75g 氢氧化钠，溶于水中，再加入 4g 亚铁氰化钾，完全溶解后，用水稀释至 1000mL，贮存于橡皮塞玻璃瓶中。

（3）乙酸锌溶液　称取 21.0g 乙酸锌 [$Zn(CH_3COO)_2 \cdot 2H_2O$]，加 3mL 冰醋酸，加水溶解并稀释到 100mL。

（4）10.6%亚铁氰化钾溶液　称取 10.6g 亚铁氰化钾 [$K_4Fe(CN)_6 \cdot 3H_2O$]，溶于水中，稀释至 100mL。

（5）0.1%葡萄糖标准溶液　准确称取 1.0000g 经过 98~100℃ 干燥至恒重的无水葡萄糖，加水溶解后移入 1000mL 容量瓶中，加入 5mL 盐酸（防止微生物生长），用水稀释到 1000mL。

另有，6mol/L 盐酸、20%氢氧化钠、0.1%甲基红。

四、实验步骤

（1）样品处理

①样液的澄清：准确称取 2~2.5g 甜炼乳置于小烧杯中，用 100mL 蒸馏水分数次溶解并移入 250mL 容量瓶中，慢慢加入 5mL 乙酸锌溶液和 5mL 亚铁氰化钾溶液，加水至刻度，摇匀后静置 30min。用干燥滤纸过滤，弃初滤液，收集滤液备用。

②酸转化：吸取 50mL 上述滤液于 100mL 容量瓶中，加盐酸（1∶1）5mL，摇匀后置 68~70℃水浴加热 15min，取出，置流动水中快速冷却至室温，加甲基红指示剂 2 滴，用 20%氢氧化钠溶液中和近中性，加水定容备用。

（2）碱性酒石酸铜溶液的标定　准确称取碱性酒石酸铜甲液和乙液各 5mL，置于 250mL 锥形瓶中，加水 10mL，加玻璃珠 3 粒。从滴定管滴加约 9mL 葡萄糖标准溶液，加热使其在 2min 内沸腾，准确沸腾 30s，趁热以每 2s 一滴的速度继续滴加葡萄糖标准溶液，直至溶液蓝色刚好褪去为终点。记录消耗葡萄糖溶液的总体积。平行操作 3 次，取其平均值，按式（8-30）计算。

$$F = C \times V \tag{8-30}$$

式中　F——10mL 碱性酒石酸铜溶液相当于葡萄糖的质量，mg；

$\quad\quad C$——葡萄糖标准溶液的浓度，mg/mL；

$\quad\quad V$——标定时消耗葡萄糖标准溶液的总体积，mL。

（3）样品溶液预测　吸取碱性酒石酸铜甲液及乙液各 5.00mL，置于 250mL 锥形瓶中，加水 10mL，加玻璃珠 3 粒，加热使其在 2min 内至沸，准确沸腾 30s，趁热以先快后慢的速度从滴定管中滴加样品溶液，滴定时要始终保持溶液呈沸腾状态。待溶液蓝色变浅时，以每 2s 一滴的速度滴定，直至溶液蓝色刚好褪去为终点。记录样品液消耗的体积。

（4）样品溶液测定　移取碱性酒石酸铜甲液及乙液各 5.00mL，置于 250mL 锥形瓶中，加水 10mL，加玻璃珠 3 粒，从滴定管中加入比预测时样品溶液消耗总体积 1mL 的样品溶液，加热使其在 2min 内沸腾，准确沸腾 30s，趁热以每 2s 一滴的速度继续滴加样液，直至蓝色刚好褪去为终点。记录消耗样品溶液的总体积。同法平行操作 3 份，取平均值。

五、结果与讨论

结果可以按式（8-31）所示。

$$W(\text{以葡萄糖计}) = \frac{F}{m \times \dfrac{V_2}{100} \times \dfrac{50}{V_1} \times 1000} \times 100\% \tag{8-31}$$

式中　W——总糖的质量分数，%；

$\quad\quad V_1$——样品处理液的总体积，mL；

$\quad\quad V_2$——测定总糖量取用水解液的体积，mL；

$\quad\quad m$——样品质量，g；

$\quad\quad F$——10mL 碱性酒石酸铜溶液相当于葡萄糖的质量，mg；

$\quad\quad 50$——样品溶液的总体积，mL。

六、注意事项

（1）单糖在碱性条件下不稳定，易发生异构化和分解反应，因此在调整提取液的酸度时，若加入碱溶液过量，应立即用盐酸回调至溶液呈微酸性。

（2）整个滴定的过程必须在沸腾的溶液中进行。

思考题

1. 试分析哪些因素会使你的测定结果偏高或偏低？
2. 如果像酸碱滴定那样将酸式滴定管架在滴定台上进行此项操作可否？为什么？
3. 为什么要进行酸转化？

参考文献

[1]赵延华. 猕猴桃和野生软枣中总糖含量的测定方法[J]. 农业科技与装备, 2010 (1)：26-28.

[2]孔星云，郭明，等. 甘草制剂中还原糖及总糖含量的测定方法探讨[J]. 塔里木农垦大学学报, 2001, 13(2)：12-14.

[3]黄洁，宋纪蓉，徐抗震，等. 地蚕中多糖的提取与总糖含量的测定[J]. 食品科学, 2004, 25(8)：104-106.

实验十二　食品中淀粉的测定

内容一　酶水解法

一、实验目的

（1）明确与掌握各类食品中淀粉含量的原理及测定方法。

（2）掌握用酶水解法测定淀粉的方法。

二、实验原理

样品经除去脂肪及可溶性糖类后，其中淀粉用淀粉酶水解成双糖，再用盐酸将双糖水解成单糖，最后按还原糖测定，并折算成淀粉。

三、实验材料、仪器与试剂

1. 材料

适合于各类含淀粉的样品。

2. 仪器

水浴锅、高速组织捣碎机（1200r/min）、电子天平。

3. 试剂

（1）0.5% 淀粉酶溶液　称取淀粉酶 0.5g，加 100mL 水溶解，数滴甲苯或三氯甲烷，防止长霉，贮于冰箱中。

（2）碘溶液　称取 3.6g 碘化钾溶于 20mL 水中，加入 1.3g 碘，溶解后加水稀释至 100mL。

（3）盐酸溶液（1∶1）　量取 50mL 盐酸与 50mL 水混合。

（4）甲基红指示液（2g/L）　称取甲基红 0.20g，用少量乙醇溶解后，加水定容至 100mL。

（5）碱性酒石酸铜甲液　称取 34.639g 硫酸铜（$CuSO_4 \cdot 5H_2O$）。加适量水溶解，加 0.5mL 硫酸，再加水稀释至 500mL，用精制石棉过滤。

（6）碱性酒石酸铜乙液　称取 173g 酒石酸钾钠与 50g 氢氧化钠，加适量水溶解，并稀释至 500mL，用精制石棉过滤，贮存于橡胶塞玻璃瓶内。

（7）硫酸铁溶液　称取 50g 硫酸铁，加入 200mL 水溶解后，入 100mL 硫酸，冷后加水稀释至 1000mL。

另有，乙醚、85% 乙醇、20% 氢氧化钠溶液、0.1mol/L 高锰酸钾标准溶液。

四、实验步骤

（1）样品处理　称取 2~5g 样品，置于放有折叠滤纸的漏斗内，先用 50mL 乙醚分 5 次洗除脂肪，再用约 100mL 85% 乙醇洗去可溶性糖类，将残留物移入 250mL 烧杯内，并用 50mL 水洗滤纸及漏斗，洗液并入烧杯内，将烧杯置沸水浴上加热 15min，使淀粉糊化，放冷至 60℃ 以下，加 20mL 淀粉酶溶液，在 55~60℃ 保温 1h，并时时搅拌。然后取 1 滴此液加 1 滴溶液，应不显现蓝色，若显蓝色，再加热糊化并加 20mL 淀粉酶溶液，继续保温，直至加碘不显蓝色为止。加热至沸，冷后移入 250mL 容量瓶中，并加水至刻度，混匀，过滤，弃去初滤液。取 50mL 滤液，置于 250mL 锥形瓶中，并加水至刻度，沸水浴中回流 1h，冷后加 2 滴甲基红指示液，用 20% 氢氧化钠溶液中和至中性，溶液转入 100mL 容量瓶中，洗涤锥形瓶，洗液并入 100mL 容量瓶中，加水至刻度，混匀备用。

（2）测定　吸取 50mL 处理后的样品溶液，于 400mL 烧杯内，加入 25mL 碱性酒石酸铜甲液及 25mL 乙液，于烧杯上盖一表面皿，加热，控制，在 4min 内沸腾，再准确煮沸 2min，趁热用铺好石棉的古氏坩埚或 G4 垂融坩埚抽滤，并用 60℃ 热水洗涤烧杯及沉淀，至洗液不呈碱性为止。将古氏坩埚或垂融坩埚放回原 400mL 烧杯中，加 25mL 硫酸铁溶液及 25mL 水，用玻棒搅拌使氧化亚铜完全溶解，以 0.1mol/l 高锰酸钾标准溶液滴定至微红色为终点。

同时量取 50mL 水及与样品处理时相同量的淀粉酶溶液，按同一方法做试剂空白试验。

五、结果与讨论

结果按式（8-32）计算。

$$X_1 = \frac{(A_1 - A_2) \times 0.9}{m_1 \times \dfrac{50}{250} \times \dfrac{V_1}{100} \times 1000} \times 100\% \tag{8-32}$$

式中　X_1——样品中淀粉的含量,%;

$\quad A_1$——测定用样品中还原糖的含量，mg;

$\quad A_2$——试剂空白中还原糖的含量，mg;

$\quad 0.9$——还原糖（以葡萄糖计）换算成淀粉的换算系数;

$\quad m_1$——称取样品质量，g;

$\quad V_1$——测定用样品处理液的体积，mL。

六、注意事项

预先测试酶解的温度与时间。

思考题

1. 为什么酶解法中还要进行酸水解?

2. 如何进行空白试验?

3. 样品中的可溶性糖类是如何去除的?

内容二　酸水解法

一、实验目的

（1）明确与掌握各类食品中淀粉含量的原理及测定方法。

（2）掌握酸水解法测定淀粉的方法。

二、实验原理

样品经除去脂肪及可溶性糖类后，其中淀粉用酸水解成具有还原性的单糖，然后按还原糖测定，并折算成淀粉。

三、实验材料、仪器与试剂

1. 材料

半纤维素与多缩戊糖含量少的植物性样品均可。

2. 仪器

水浴锅、高速组织捣碎机（1200r/min）、皂化装置并附250mL锥形瓶。

3. 试剂

乙醚、85%乙醇溶液、6mol/L盐酸溶液、40%氢氧化钠溶液、10%氢氧化钠溶液、甲基红指示液、0.2%乙醇溶液。精密pH试纸、20%乙酸铅溶液、10%硫酸钠溶液、乙醚、碱性酒石酸铜甲液（配制同"内容一　酶水解法"）。碱性酒石酸铜乙液（配制同"内容一　酶水解法"）、硫酸铁（配制同"内容一　酶水解法"）、0.1mol/L高锰酸钾标液。

四、实验步骤

（1）样品处理

①粮食，豆类、糕点、饼干等较干燥的样品：称取 2.0~5.0g 磨碎过 40 目筛的样品，置于放有慢速滤纸的漏斗中，用 30mL 乙醚分三次洗去样品中的脂肪，弃去乙醚。再用 150mL 85%乙醇溶液分数次洗涤残渣，除去可溶性糖类物质。并滤干乙醇溶液，以 100mL 水洗涤漏斗中残渣并转移至 250mL 锥形瓶中，加入 30mL 6mol/L 盐酸，接好冷凝管，置沸水浴中回流 2h。回流完毕后，立即置流水中冷却。待样品水解液冷却后，加入 2 滴甲基红指示液，先以 40%氢氧化钠溶液调至黄色，再以 6mol/L 盐酸校正至水解液刚变红色为宜。若水解液颜色较深，可用精密 pH 试纸测试，使样品水解液的 pH 约为 7。然后加 20mL 20%乙酸铅溶液，摇匀，放置 10min。再加 20mL10%硫酸钠溶液，以除去过多的铅。摇匀后将全部溶液及残渣转入 500mL 容量瓶中，用水洗涤锥形瓶，洗液合并于容量瓶中，加水稀释至刻度。过滤，弃去初滤液 20mL，滤液供测定用。

②蔬菜、水果、各种粮豆含水熟食制品：按 1：1 加水在组织捣碎机中捣成匀浆（蔬菜、水果需先洗净、晾干、取可食部分）称取 5~10g 匀浆（液体样品可直接量取），于 250mL 锥形瓶中，加 30mL 乙醚振摇提取（除去样品中脂肪），用滤纸过滤除去乙醚，再用 30mL 乙醚淋洗两次，弃去乙醚。以下按① "再用 150mL 85%乙醇溶液" 起依法操作。

（2）测定　吸取 50mL 处理后的样品溶液，于 400mL 烧杯内，加 25mL 碱性酒石酸铜甲液及 25mL 乙液。于烧杯上盖一表面皿加热，控制在 4min 沸腾再准确煮沸 2min，趁热用铺好石棉的古氏坩埚或 G4 垂融坩埚抽滤，并用 60℃热水洗涤烧杯及沉淀，至洗液不呈碱性为止。将古氏坩埚或垂融坩埚放回原 400mL 烧杯中，加 25mL 硫酸铁溶液及 25mL 水，用玻棒搅拌使氧化铜完全溶解，以 0.1000mol/L 高锰酸钾标液滴定至微红色为终点。

同时吸取 50mL 水，加与测样品时相同量的碱性酒石酸铜甲乙液、硫酸铁溶液及水，按同一方法做试剂空白试验。

五、结果与讨论

结果按式（8-33）计算。

$$X_2 = \frac{(A_3 - A_4) \times 0.9}{M_2 \times \dfrac{V_2}{500} \times 1000} \times 100\% \tag{8-33}$$

式中　X_2——样品中淀粉含量，%；

A_3——测定用样品中水解液中还原糖含量，mg；

A_4——试剂空白中还原糖的含量，mg；

m_2——样品质量，mg；

V_2——测定用样品水解液体积，mL；

500——样品液总体积，mL；

0.9——还原糖折算成淀粉的换算系数。

六、注意事项

（1）样品预处理时必须除净可溶性碳水化合物。

（2）含半纤维素与多缩戊糖多的样品测定结果会偏高。

思考题

1. 与酶解法相比酸水解有哪些优缺点？

2. 实验中为什么加乙酸铅溶液？

3. 为什么做试剂空白试验？

☞ **参考文献**

[1]张建刚，李生泉，张丽. 微量淀粉含量测定的新方法研究[J]. 安徽农业科学，2009（26）：12377-12379，12398.

[2]吴志军. 肉制品中淀粉含量测定方法改进[J]. 食品研究与开发，2001，22（B12）：66-67.

[3]倪小英，刘荣，黄黎慧，等. 稻米直链淀粉含量测定方法探讨[J]. 粮食与油脂，2008（10）：46-48.

实验十三 番茄制品中番茄红素的测定

一、实验目的

（1）学习用分光光度计测定番茄中番茄红素的原理与方法。

（2）通过对实验结果的分析，了解影响测定准确性的因素。

二、实验原理

番茄红素分子中的碳骨架是由 8 个异戊二烯单位连接而成的，是四萜类化合物。它的分子中都有一个较长的 $\pi-\pi$ 共轭体系，能吸收不同波长的可见光，因而，番茄红素是红色物质，所以，又把它叫做多烯色素。番茄红素的分子式均为 $C_{40}H_{56}$，相对分子质量为536.85，番茄红素的熔点是 174℃。根据番茄红素的上述性质，可利用石油醚、乙酸乙酯等弱极性溶剂将其从植物材料中浸提出来。然后，根据它对吸附剂吸附能力的差异，用柱色谱进行分离，用薄层色谱检测分离效果。并根据其在可见光区有强烈吸收的性质，用紫外—可见分光光度法进行测定。实验试样经甲醇提取去除黄色素，再用甲苯提取番茄红素，用比色法测定。以苏丹 I 替代番茄红素标准品制作标准曲线进行定量。

三、实验材料、仪器与试剂

1. 材料

番茄及其制品。

2. 仪器

分光光度计、电子分析天平（感量为 0.1mg）、漏斗、定性快速滤纸（9cm）、100mL 棕色容量瓶。

3. 试剂

本方法所用试剂和水在没有注明其他要求时，均指分析纯试剂和 GB/T 6682—2008 中规定的三级水。

（1）苏丹Ⅰ标准品　纯度≥92%，使用前于 105℃烘 2h。

（2）苏丹Ⅰ标准溶液　准确称取 0.025g 苏丹Ⅰ标准品，用无水乙醇溶解并定容到 50mL。

另有，甲醇（分析纯）、甲苯（分析纯）、无水乙醇（分析纯）。

四、实验步骤

（1）取样

①番茄酱样品的称样量为 0.2g，精确至 0.0001g。

②新鲜番茄样品粉碎后取样 1.0g，精确至 0.0001g。

③番茄粉样品的称样量为 0.1g，精确至 0.0001g。

（2）测定

①样品制备

a. 去除黄色素：按（1）中规定称取试样，置于 50mL 烧杯中，每次加入甲醇 5～10mL 洗脱黄色素，将洗脱液移入带滤纸的漏斗中过滤，重复洗脱 5～7 次，直至滤液无色。弃去滤液，保留残渣备用。

b. 红素提取：将 a 中的滤纸和漏斗置于 100mL 棕色容量瓶上。每次向烧杯中加入 5mL 甲苯提取红色素，小心将甲苯提取液倒入漏斗中过滤。收集滤液于 100mL 棕色容量瓶中。重复上述提取 5～7 次，直至滤液无色。然后用滴管吸取甲苯，冲洗滤纸上存留的红素及少量样品颗粒，从滤纸上沿开始从上到下依次冲洗，直至滤纸及少量样品颗粒无色。最后用甲苯定容至 100mL 刻度，摇匀，待测。

②标准曲线制作：分别吸取苏丹Ⅰ标准品 0.0、0.26、0.52、0.78、1.04、1.30mL 于 6 只 50mL 容量瓶中，用无水乙醇稀至刻度，得到相当于 0.0、0.5、1.0、1.5、2.0、2.5μg/mL 浓度的番茄红素标准液。用 1cm 比色皿，无水乙醇为空白，在 485nm 下测定吸光度，绘制标准曲线，求出线性回归方程。

③样品测定：按②中规定的方法测定样品，用标准曲线或回归方程求出试液含量。

（3）抗氧化剂 BHT 对样品测定以及标准溶液的稳定性的影响　在样品中加入 BHT 或不加 BHT 分别进行测定，比较其对番茄红素含量测定的影响。分别取一定体积的标准储备液配置成 0.180、0.360、0.720、1.440、2.880μg/mL 的两个标准系列，在一个系列中均加入 50mg BHT，于室温下放置（并注意避光和隔绝空气），分别在 0、1、2、4、8 和 24h 末测定吸光度值，并进行方差分析。

五、结果与讨论

样品中番茄红素含量按式（8-34）计算：

$$X = \frac{C \times 10}{m}$$
(8-34)

式中　X——番茄红素的含量，mg/100g；

　　　C——测试液中番茄红素的含量，μg/mL；

　　　m——样品质量，g；

　　　10——换算系数，mL。

精密度：同一样品的两次测定值之差；番茄粉<6mg/100g，番茄酱<2mg/100g。

六、注意事项

（1）由于番茄红素纯品价格昂贵，且极不稳定（需-70℃保存），苏丹Ⅰ的吸收波长与番茄红素的吸收波长相近，本方法以苏丹Ⅰ替代番茄红素标准品制作标准曲线。

（2）应避免静电影响，使用牛角勺，在相对干燥的环境中尽快完成称量操作。

（3）番茄红素对光、热、紫外线较敏感，全部操作过程应避光，并尽快完成。

（4）用玻棒顶端碾压样品即可，避免样品过于分散并粘附在杯壁上。

（5）尽可能地使样品保留在杯底，避免样品在甲醇洗脱结束前移入漏斗。

（6）将样品保留在烧杯中，尽肯能将烧杯中的残留提取液全部倒入漏斗中。再用滴管吸取甲醇溶液冲洗滤纸上残留的黄色素，直至滤纸无色（保留该滤纸用于番茄红素的提取）。

（7）尽可能地将样品保留在杯底，避免样品在红色素提取结束前过多移入漏斗。

思考题

1. 番茄酱样品处理方法有哪些？

2. 如果是用番茄红素纯品做标准曲线，请写出实验方案。

3. 实验中要注意的事项有哪些？

参考文献

［1］李世雨，于千，尚德军. 出口番茄制品检验［M］. 北京：中国计量出版社，2010.

［2］中华人民共和国国家质量监督检验检疫总局，中国国家标准化管理委员会. GB/T 14215—2008　番茄酱罐头［S］. 北京：中国标准出版社，2008.

模块三 设计研究性实验

实验十四　蔬菜中亚硝酸盐的测定及影响其含量的因素分析

一、实验目的

（1）掌握不同保藏条件下蔬菜亚硝酸盐的含量变化。

（2）分析蔬菜亚硝酸盐的含量变化，确定蔬菜保藏条件。

二、实验原理

蔬菜样品经磨碎后，样品中的亚硝酸盐可被饱和硼砂溶液提取至溶液中；弱酸性条件下，亚硝酸盐与对氨基苯磺酸反应生成重氮盐，再与盐酸萘乙二胺偶合成红色染料，于538nm处测定吸光度，亚硝酸盐含量与溶液吸光度成正比。

三、实验材料、仪器与试剂

1. 材料

各种蔬菜。

2. 仪器

分光光度计、分析天平、搅拌机、振荡机、电热恒温水浴锅；烧杯、移液管、容量瓶等。

3. 试剂

（1）饱和硼砂溶液（50g/L）　称取10.0g硼酸钠（$Na_2B_4O_7 \cdot 10H_2O$），溶于200mL热水，冷却后备用。

（2）亚铁氰化钾溶液（0.25mol/L）　称取26.5g亚铁氰化钾［$K_4Fe(CN)_6 \cdot 3H_2O$］，溶于水，定容至250mL。

（3）乙酸锌溶液（1mol/L）　称取55.0g乙酸锌［$Zn(CH_3COO)_2 \cdot 2H_2O$］加7.5mL冰醋酸（$CH_3COOH$）。

（4）对氨基苯磺酸（0.4%）　称取0.4g对氨基苯磺酸（$C_6H_7NO_3S$），溶于100mL 20%（体积分数）盐酸中，置棕色瓶中混匀，避光保存。

（5）盐酸萘乙胺溶液（0.2%）　称取0.2g盐酸萘乙二胺（$C_{12}H_{14}N_2 \cdot 2HCl$），溶于100mL水中，混匀后，置棕色瓶中，避光保存。

（6）亚硝酸钠标准储备液（200μg/mL）　称取0.1000g于110~120℃干燥恒重的亚硝酸钠（预先在干燥器中放置24h以上），加水溶解移入500mL容量瓶中，加水稀释至刻度，混匀，储于棕色瓶，冰箱中保存。

（7）亚硝酸钠标准使用液（10μg /mL）　吸取储备液 5.00mL 于 100mL 容量瓶中，定容，临用时配制。

四、实验步骤

（1）样品前处理　烹煮后的白菜暴露在空气中冷却 30min，模拟一般家庭进食情况，随后把样品分成 3 份。对照组暴露在空气中常温保存；实验组 A 置于冰箱中 4℃ 下保存；实验组 B 用保鲜膜密封于常温下保存。

每隔 2h 取各组样品，先用滤纸尽量吸干水分，粗称约 20g，切碎，用搅拌机制成匀浆备用。

（2）样品中亚硝酸盐的提取　称取上述匀浆约 10g，放入 200mL 烧杯中，加 5mL 饱和硼砂溶液和 100mL 热蒸馏水（70℃ 左右），在振荡机上振荡 10min，然后置沸水浴中加热 30min 并不断摇动，取出冷却，加入 5mL 亚铁氰化钾溶液和 5mL 乙酸锌溶液和 1.0g 活性炭粉，每次加后均充分摇匀。然后，转入 250mL 容量瓶中，用水定容。放置 5~10min 后过滤，弃去初滤液，收集约 50mL 无色清亮提取液备用。同时做空白试验。

（3）标准曲线的绘制　吸取亚硝酸钠标准使用液（10μg /mL）0.00、0.20、0.50、1.0、1.5、2.0、3.0、4.0mL 于 100mL 比色管中，各加水至 30mL，然后各加入 0.4% 对氨苯磺酸 3mL，混匀，静置 3~5min 后各加入 0.2% 盐酸萘乙二胺溶液 2mL，加水至刻度线，混匀。静置 15min，在分光光度计上于 538nm 处测其吸光度并绘制出标准曲线。

（4）样品测定　吸取提取液于 50mL 比色管中，定容至 25mL，按绘制标准曲线的同样方法操作。

（5）蔬菜中亚硝酸盐含量影响因素分析　不同菜品在不同贮藏条件、不同贮藏时间时测定其亚硝酸盐含量，并进行对比分析。

五、结果与讨论

不同菜品在不同贮藏条件、不同贮藏时间时测定其亚硝酸盐含量，进行对比分析。填入表 8-1 中。

表 8-1　　　不同菜品在不同贮藏条件、不同贮藏时间下测定的亚硝酸盐含量

菜品	时间		
	12h	24h	48h
白菜（常温）			
白菜（4℃）			
胡萝卜（常温）			
胡萝卜（4℃）			

六、注意事项

注意显色时间、显色温度、样品 pH 值。显色温度、显色时间和样品 pH 值等因素均对检测结果都有一定的影响。

思考题

为什么腌制食品要检测亚硝酸盐？有哪些方法？

📖 参考文献

中华人民共和国国家卫生和计划生育委员会，国家食品药品监督管理总局. GB 5009. 33—2016　食品安全国家标准　食品中亚硝酸盐与硝酸盐的测定[S]. 北京：中国标准出版社，2016.

实验十五　烤肉中 3，4-苯并芘的测定及影响其含量的因素分析

一、实验目的

（1）掌握致癌化合物的种类。

（2）气相色谱-质谱联用仪的原理使用技能。

（3）《食品安全国家标准　食品中苯并（a）芘的测定》（GB 5009. 27—2016）。

二、实验原理

试样经过有机溶剂提取，中性氧化铝或分子印迹小柱净化，浓缩至干，用乙腈溶解，反相液相色谱分离，荧光检测器检测，根据色谱峰的保留时间定性，外标法定量。

三、实验材料、仪器与试剂

1. 材料

（1）熏制肉、鱼、豆制品（熏鱼、腊肉、火腿、香肠、熏豆、烤鸭等）；谷物、油脂等。

（2）中性氧化铝柱　填料粒径 75~150μm，22g，60mL。

注：空气中水分对其性能影响很大，打开柱子包装后应立即使用或密闭避光保存。由于不同品牌氧化铝活性存在差异，建议对质控样品进行测试，或做加标回收试验，以验证氧化铝活性是否满足回收率要求。

（3）苯并（a）芘分子印迹小柱　500mg，6mL。

注：由于不同品牌分子印迹柱质量存在差异，建议对质控样品进行测试，或做加标回收试验，以验证是否满足要求。

（4）微孔滤膜　0.45μm。

2. 仪器

（1）液相色谱仪　配有荧光检测器。

（2）分析天平　感量为 0.01 和 1mg。

（3）粉碎机。

（4）组织匀浆机。

（5）离心机　转速≥4000r/min。

（6）涡旋振荡器。

（7）超声波振荡器。

（8）旋转蒸发器或氮气吹干装置。

（9）固相萃取装置。

3. 试剂

（1）甲苯（C_7H_8）　色谱纯。

（2）乙腈（CH_3CN）　色谱纯。

（3）正己烷（C_6H_{14}）　色谱纯。

（4）二氯甲烷（CH_2Cl_2）　色谱纯。

（5）苯并（a）芘标准品（C_2OH_{12}，CAS 号：50-32-8）：纯度≥99.0%，或经国家认证并授予标准物质证书的标准物质。

注：苯并（a）芘是一种已知的致癌物质，测定时应特别注意安全防护！测定应在通风柜中进行并戴手套，尽量减少肢体暴露。如已污染了皮肤，应采用 10% 次氯酸钠水溶液浸泡和洗刷，在紫外光下观察皮肤上有无蓝紫色斑点，若有蓝紫色斑点，应一直洗到蓝色斑点消失为止。

（6）苯并（a）芘标准储备液（100μg/mL）　准确称取苯并（a）芘 1mg（精确到 0.01mg）于 10mL 容量瓶中，用甲苯溶解，定容。避光保存在 0~5℃ 的冰箱中，保存期 1 年。

（7）苯并（a）芘标准中间液（1.0μg/mL）　吸取 0.10mL 苯并（a）芘标准储备液（100μg/mL），用乙腈定容到 10mL。避光保存在 0~5℃ 的冰箱中，保存期 1 个月。

（8）苯并（a）芘标准工作液　把苯并（a）芘标准中间液（1.0μg/mL）用乙腈稀释，得到 0.5、1.0、5.0、10.0、20.0ng/mL 的校准曲线溶液，临用现配。

四、实验步骤

（1）试样制备、提取及净化

①谷物及其制品

预处理：去除杂质，磨碎成均匀的样品，储于洁净的样品瓶中，并标明标记，于室温下或按产品包装要求的保存条件保存备用。

提取：称取 1g（精确到 0.001g）试样，加入 5mL 正己烷，旋涡混合 0.5min，在 40℃ 下超声提取 10min，4000r/min 离心 5min，转移出上清液。再加入 5mL 正己烷重复提取一次。合并上清液，用下列 2 种净化方法之一进行净化。

净化方法一：采用中性氧化铝柱，用 30mL 正己烷活化柱子，待液面降至柱床时，关闭底部旋塞。将待净化液转移进柱子，打开旋塞，以 1mL/min 的速度收集净化液到茄形瓶中，再转入 50mL 正己烷洗脱，继续收集净化液。将净化液在 40℃下旋转蒸至约 1mL，转移至色谱仪进样小瓶中，在 40℃氮气流下浓缩至近干。用 1mL 正己烷清洗茄形瓶，将洗涤液再次转移至色谱仪进样小瓶中，并浓缩至干。准确吸取 1mL 乙腈到色谱仪进样小瓶中，涡旋复溶 0.5min，过微孔滤膜后供液相色谱测定。

净化方法二：采用苯并（a）芘分子印迹柱，依次用 5mL 二氯甲烷及 5mL 正己烷活化柱子。将待净化液转移进柱子，待液面降至柱床时，用 6mL 正己烷淋洗柱子，弃去流出液。用 6mL 二氯甲烷洗脱并收集净化液到试管中。将净化液在 40℃下用氮气吹干，准确吸取 1mL 乙腈涡旋复溶 0.5min，过微孔滤膜后供液相色谱测定。

②熏、烧、烤肉类及熏、烤水产品

预处理：肉去骨、鱼去刺、贝去壳，把可食部分绞碎均匀，储于洁净的样品瓶中，并标明标记，于−16~−18℃冰箱中保存备用。

提取：同①中提取部分。

净化方法一：除了正己烷洗脱液体积为 70mL 外，其余操作同①中"净化方法一"。

净化方法二：操作同①中"净化方法二"。

③油脂及其制品

提取：称取 0.4g（精确到 0.001g）试样，加入 5mL 正己烷，旋涡混合 0.5min，待净化。

注：若样品为人造黄油等含水油脂制品，则会出现乳化现象，需要 4000r/min 离心 5min，转移出正己烷层待净化。

净化方法一：除了最后用 0.4mL 乙腈涡旋复溶试样外，其余操作同①中的"净化方法一"。

净化方法二：除了最后用 0.4mL 乙腈涡旋复溶试样外，其余操作同①中的"净化方法二"。

试样制备时，不同试样的前处理需要同时做试样空白试验。

（2）仪器参考条件

①色谱柱：C18，柱长 250mm，内径 6mm，粒径 5μm，或性能相当者。

②流动相：乙腈+水=88:12。

③流速：1.0mL/min。

④荧光检测器：激发波长 384nm，发射波长 406nm。

⑤柱温：35℃。

⑥进样量：20μL。

（3）标准曲线的制作　将标准系列工作液分别注入液相色谱中，测定相应的色谱峰，以标准系列工作液的浓度为横坐标，以峰面积为纵坐标，得到标准曲线回归方程。苯并（a）芘标准溶液的液相色谱图见图 8-10。

（4）试样溶液的测定　将待测液进样测定，得到苯并（a）芘色谱峰面积。根据标准曲线回归方程计算试样溶液中苯并（a）芘的浓度。

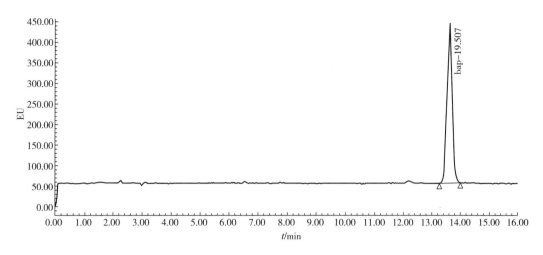

图 8-10 苯并（a）芘标准溶液的液相色谱图

五、结果与讨论

试样中苯并（a）芘的含量按式（8-35）计算：

$$X = \frac{\rho \times V}{m} \times \frac{1000}{1000} \tag{8-35}$$

式中 X——试样中苯并（a）芘含量，$\mu g/kg$；

ρ——由标准曲线得到的样品净化溶液浓度，ng/mL；

V——试样最终定容体积，mL；

m——试样质量，g；

1000——由 ng/g 换算成 $\mu g/kg$ 的换算因子。

结果保留到小数点后一位。

精密度：在重复性条件下获得的两次独立测试结果的绝对差值不得超过算术平均值的 20%。

六、注意事项

（1）方法检出限为 0.2μg/kg，定量限为 0.5μg/kg。

（2）高效液相色谱分离多环芳烃的效果与洗脱液的比例、柱温和流速等有关，其最适宜的条件随仪器而异。

 **思考题**

1. 样品处理时影响 3,4-苯并芘含量的因素有哪些？

2. 食品中 3,4-苯并芘的危害及预防措施分别是什么？

3. 苯并（a）芘存在于哪些食品中？

4. 苯并（a）芘的检测过程中，使用苯并（a）芘标准品需要注意什么？

5. 根据你的实验结果，分析实验的影响因素，探讨实验的经验或教训。

☞ **参考文献**

中华人民共和国国家卫生和计划生育委员会，国家食品药品监督管理总局. GB 5009. 27—2016 食品安全国家标准 食品中苯并（a）芘的测定［S］. 北京：中国标准出版社，2016.